KB044436

영혼 다시 쓰기

REWRITING THE SOUL
IAN HACKING

이언 해킹
최보문 옮김

영혼 다시 쓰기
다중인격과 기억의 과학들

바다출판사

올리버에게

차례

옮긴이의 말

　정신의학 분야에서 그 출몰 시기와 지역을 명확히 지목할 수 있는
질환은 거의 없지만, 확실히 알 수 있는 것 중 하나가 다중인격장애
이다. 1973년 갑자기 등장한 다중인격은 폭발적으로 증가하기 시작
하여, 1980년 미국 정신의학 공식 진단분류인 DSM-III에 등재되면서
는 연간 수만 명씩 진단되기에 이르렀다. 20세기 이전 100여 년간 이
중인격으로 보고되거나 진단된 사례는 겨우 수십 명에 불과했고 서
구의 전 역사를 통해서도 그런 증상을 가졌다고 기록된 사례는 200명
도 채 되지 않았으니, 가히 현상이라고 부를 수밖에 없었다. 이 현상
이 미국이라는 특정 지역에 나타난 때가 정확히 1973년이다. 그 현상
을 우선 간략히 설명하고자 한다.
　1973년,《시빌: 16개의 독립된 인격을 가진 한 여자에 관한 실제 이
야기》가 출판되었다. 작가는 주로 과학잡지에 정신과 분야의 칼럼을
기고하던 저널리스트인 플로라 리타 슈라이버다. 책의 표지에는 퍼
즐조각으로 깨어진 젊은 여자의 초상이 그려져 있는데, 그 내용은 한
여자환자의 정신분석치료 일대기였다. 시빌(본명 셜리 메이슨)은 정신
분석가 코넬리아 윌버에게 1943년 잠시 불안 증상을 치료받았다가,

윌버가 뉴욕으로 이사하면서 진료가 중단되었다. 시빌이 미술 공부를 위해 컬럼비아대학교에 오면서 1954년부터 다시 본격적인 분석치료가 시작되었다. 그 책에는 11년에 걸친 분석치료 과정에서 각기 성격도, 직업도, 국적도, 성별도, 연령도 다른 총 16개의 다른 인격들이 수시로 전환되는 장면이 상세하게 기술되어 있다. 공들여 기술된 다른 한 부분은, 미네소타주 닷지센터라는 작은 마을에 살던 시빌이 아동학대의 피해자라는 점이었다. 시빌은 어려서부터 어머니에게 받은 잔혹하고도 기괴한 방식의 신체적, 성적 학대를 기억하지 못했다. 윌버의 분석치료는 그 기억을 찾게 해줬을 뿐만 아니라 16개의 다른 인격들을 하나로 통합시켜주었다. 학대에서, 망각으로, 그리고 다중성의 고통, 나아가 억압된 기억의 회복과 다른 인격들의 대통합까지 이어져서 드디어 새로운 17번째 인격이 탄생되는, 장장 2,354시간에 걸친 정신분석치료의 해피엔딩이 그려져 있다. 《시빌》은 출판 첫해에만 40만 부가 팔렸고 그해 논픽션 베스트 10에 올랐다. 다중인격이라는 단어는 그 책에서 윌버와 슈라이버가 만든 신조어였다.

편지가 쇄도했다. 주로 젊은 여자들로부터 감동과 전율을 느꼈다는 소감에서부터, 책을 통해 비로소 자신을 발견했다는 내용, 자신의 삶이 왜 이렇게 되었는지 깨달았다는 것, 이제야 과거를 기억하게 되었다는 것에 이르기까지 다양했으나, 그 근저에는 전형적인 여성 역할과 페미니즘이 문을 연 새로운 기회 사이의 갈등이 깔려 있었다. 그리하여 다중인격은 하나의 현상이 되었다. 영화로, TV 드라마로, 다양하게 변주되는 자서전과 소설로 확산되어갔고, 더불어 "억압된 기억을 회복시키기 위한 요법", 일명 회복요법 산업이 번창해갔다. 1980년대가 되자 환자는 수십만 명으로 불어났고, 다중인격전문치료센터, 전국적 자조그룹 네트워크, 지지운동단체, 연구그룹, 전문학회와 전문학술지의 발간이 잇따랐다. 이 책의 저자인 이언 해킹은 다중인격이 1960년대에 싹을 틔우고, 1970년대에 꽃을 피워, 1980년대에 만개했다고 했다. 《시빌》은 다중인격의 원형으로 자리 잡았다.

미국정신의학협회는 1994년의 DSM-IV에서 다중인격장애의 명칭과 정의를 개선했다. 즉 온전한 인격들이 여러 개 있다고 본 게 아니라, 하나로 온전해야 할 한 개인의 인격이 붕괴되어 파편화된 것이 문제의 핵심이라고 정의하면서 해리성정체감感장애로 개명한 것이다. 하나의 몸에 여러 개의 인격 정체성이 공존하는 신비로운 현상이, 또한 마음의 철학에 대한 예시처럼 여겨지던 질환이 어떻게 30년 만에 파편조각으로 변화된 것일까? "다중인격의 선두 주자, 다중인격의 새로운 패러다~아~임." 2004년 개그콘서트 봉숭아학당 '다중이'의 대사다. 개그의 소재가 되었다는 것은 그 주제가 이미 진지함이나 신비에서 벗어나 풍자와 익살, 심지어는 조롱의 대상이 되었음을 의미한다.

사실 이 질환이 20세기 들어 처음 등장한 때는 1973년이 아니다. 1906년 모턴 프린스의 저술에 나오는 샐리 비첨도 있었고, 1954년 《이브의 세 얼굴》의 크리스 시즈모어도, 1964년 자전적 소설 《난 너에게 장미정원을 약속하지 않았어》의 작가 본인도 있었고, 모두 영화로도 나왔다. 그러나 《시빌》과 같은 파급력을 갖지는 못했다. 그들의 질환명은 이중인격 또는 히스테리아였다. 그런데 왜 그때, 1970년대에서 1980년대를 넘어 1990년대까지, 그리고 왜 그곳, 미국 사회를 사로잡았던 걸까? 저자는 어떤 일이 불가피하게 보일 때, 그 일이 바로 그때 거기에서 일어날 수밖에 없었다고 느껴질 때 호기심이 솟는다고 말한다.

1960년대는 불공평에 대항하는 시민운동과 사회개혁의 희망으로 격동의 시대로 불렸지만, 베트남전쟁의 패전과 희망을 이끌던 정치 지도자의 암살로 막을 내렸다. 애국심과 이타주의의 미몽에서 벗어난 사람들은 자기 내면을 들여다보기 시작했다. 1970년대 문화를 설명하는 단어는 '자아 찾기의 10년me decade' '쾌락주의의 10년decade of hedonism'이다. 과장된 자기 표현과 원칙 파괴가 첨단으로 인식되고, 정신분석은 유행 아이템이 되면서 진정한 자아를 찾아준다는 온갖 변칙적 심리상담이 독버섯처럼 퍼져나갔다. 프리섹스, 과장되고 번쩍이는 소위 두려움 없는fearless 패션과 젠더 역할의 변화를 반영하는 커다란 어깨뽕 등 양성적 스타일이 유행했다. 스트리킹과 같은 기행과 방종함이 박수를 받았다. 한 저널리스트는 "우리는 나날이 새롭게 더욱 천박해지고 있다"라고 한탄했다. 1980년대의 문화는 탐욕의 시대greed decade로 불린다. 자본주의가 확장되고 냉전 종식과 정치적 안정으로 신보수주의와 신종교주의가 부상했다. 아직은 아이들이 안심하고 밖에서 놀던 시대, 정치적 올바름과 지난날의 사죄를 요구하지 않던 시대, 전통적 가정 형태가 유지되던 그 시절을 많은 미국인들은 '좋았던 시절'로 회상한다.

1970년대 문화가 지속되고 한편으로 새로운 1980년대 문화가 생성되며 뒤섞이던 그 20년이 다중인격의 배지 역할을 했다. 어떤 분야든 유행은 그것이 사회적 감성의 카타르시스를 자극할 때 일어난다. 다중인격의 유행이 바로 그러했다. 그 유행이 정점에 올라선 1980년대 후반부터 기억전쟁이 시작되었다. '기억전쟁'은 1995년 크루스Frederick Crews가 만든 신조어로, 아동학대로 인한 억압된 기억의 존재 여부를 두고 벌어진 난장판을 지칭한다. 회복되었다는 기괴한 기억의 고백과 폭로전이 끝없이 쏟아져 나오고, 이를 가열시키는 언론, 가족구성원 사이에서 벌어지는 수많은 소송과 맞소송의 법정 쟁투, 전문가들 사이의 도발적이고 어이없는 논란, 그리고 시민운동권의 시위와 집회 및 이에 따른 사회적 소요를 지칭한다.

이 책은 기억전쟁을 기점으로 하고, 그 전장의 한가운데에 신기루처럼 솟아 있는 다중인격의 탑에서 출발하여 19세기 말 기억의 과학들이 태동되던 시대로 거슬러 올라갔다가 다시 전쟁의 중심 무대로 내려오는, 긴 우회로를 가진 과학철학자의 저술이다. 저자는 책의 전반부에서 탑을 이루는 벽돌을 하나씩 빼내어 제시한다. 다중인격의 실재성에 관한 존재론적 질문부터 다중인격임을 확정하는 기준이나 방법에 관한 인식론적 문제 등을 설명한다. 다중인격을 문화적 실체이자 의학적 진단으로 정립시키는 과정은 다각적으로 이루어졌다. 가정 내에서 일어난 아동성학대로 가정의 와해에 민감한 신보수주의가 자극되고, 미국의 정치적·사회적 도덕성이 타격을 받았으며, 악마숭배의례 학대로 신종교주의가 반응을 했고, 가부장제의 가정폭력은 급진 페미니스트 사회운동의 핵심 주제가 되었다. 아동학대에 대한 의식 고취와 시민운동이 다중인격을 문화적 실체로 자리 잡게 한 것이다. 개인적으로는, 벗어나고자 하는 불행과 부적응에 이름이 붙여지는 것이자 자기서사적 기억의 빈틈이 채워지고 환자로서의 공감과 연민을 받는 길이기도 했다.

정신의학 공식 진단체계에 편입되는 데에는 과학이라는 이름으로 다중성을 수량화하고 측정하여 타당성을 확보한 바가 크게 작용했다. 하지만 저자는 실증주의적 방식의 함정과 논점 회피식 가정, 잘못된 설문지 구성, 자기 밀봉식 순환논리를 꼼꼼히 분석하고, 이는 과학으로 볼 수 없다고 단정한다. 저자가 이름 붙인 '고리 효과'는, 분류한 것이 누구인지를 결정하고, 그렇게 만들어진 우리가 다시 분류에 영향을 미치는 현상이다. 그렇게 구성된 것이 그 어떤 문화적 실체 못지않게 실재적이라고 강조하는 점은 저자의 독특한 면이다. 현상학적으로는 다중성과 관련된 정신병리를 훑어 내려오는데, 특히 자기 내부의 느낌과 생각을 외부에서 오는 것으로 오귀인하는 조현병 환자의 만들어진 감정과 생각made emotions & thoughts을 다중인격의 다른 인격의 것과 세심하게 구별했다.

이렇게 무너진 탑의 잔해를 치워낸 책의 후반부에서, 비로소 저자는 기억전쟁의 단초에 시선을 던진다. 19세기 말부터 발전하기 시작한 기억에 관한 과학들이 어떻게 인간의 영혼-마음을 설명할 합리적 담론으로서의 정당성을 갖추게 되었는지를 설명하기 위해, 저자는 12년간의 좁은 틈을 열어 들여다볼 것을 제안한다. 그 틈은 1874년부터 1886년 사이로서, 저자는 그 시기에 기억의 개념이 본질적인 형성기를 통과했다고 보았다. 그 시기는, 한편으로는, 인상파 화가들의 첫 전시회와 마지막 전시회의 기간이다. 인상주의는, 주지하다시피, 미술뿐만 아니라 사상사에서도 근대적 감성의 해방운동이자 객관주의에서 주관주의로 넘어가는 교량 역할로 말해진다. 저자는 다중인격의 뿌리인 히스테리아를 인상파 화가의 시선과 카메라의 시선이 합쳐진, 현실과 같으나 어느 한 부분만 시각에 따라 강조되고 다른 빛으로 번뜩이는 것으로 묘사한다. 이렇게 가시화된 히스테리아와 당시 심리화된 트라우마 개념이 도덕철학 담론의 세속화와 과학화에 핵심적 역할을 했다. 당대를 주름잡던 히스테리아의 대가 샤르코와 히스테리아 치료에 전념하던 자네가 사건의 트라우마 기억을 병인적 요인으로 보게 된 것이다.

트라우마 기억이 과학지식의 대상이 되면서 "진리의 위기"가 초래되는데, 저자는 이를 샤르코의 제자이자 경쟁자인 프로이트와 소박한 의사이자 해리라는 단어의 창시자인 자네를 비교하여 제시한다. 프로이트에게는 환자가 자기 기억의 의미를 이해하는 것이 절대적으로 중요했고, 저자는 이를 "진리에의 의지에 끔찍하게 내몰리는 프로이트"로 묘사한나. 반면 자네는 환자가 고통에서 벗어나는 것을 최우선으로 생각했고, 거짓된 과거를 믿어서라도 고통을 해소할 수 있다면, 서슴없이 최면을 사용하여 병인적 기억을 제거하고 심지어는 즐거운 기억으로 바꿔주었다. 환자의 고통을 외면한 채 과거의 진실을 캐내야 한다는 프로이트와 고통의 위무를 중시한 자네의 차이가 기억전쟁의 양 진영을 대표하는 핵심 주제라고 저자는 말한다.

다음 문단에 기억전쟁이 왜 불가피했는지를 주장하는 저자의 의도가 압축되어 있다.

> 잃어버린 기억과 회복된 기억에 관한 한, 우리는 프로이트와 자네의 후계자들이다. 한 사람은 진리를 위해 살았고, 상당히 오랫동안 자신을 기만했을 가능성이 농후하며, 심지어는 자기 기만을 스스로 알고 있었을 수도 있다. 다른 한 사람은 훨씬 존경할 만한 사람이었으며, 환자에게 거짓을 말함으로써 그들에게 도움을 주었고, 그러면서 자신이 다른 숭고한 무언가를 하고 있다고 스스로를 기만하지 않았다. 20세기 말 우리를 괴롭히던 기억 속의 진실 논쟁은, 프로이트의 고뇌와 자네의 위로를 비교함에 따라, 마치 헛되이도 과거의 전쟁을 끊임없이 반복하는 것처럼 보인다. 이렇게 반복하는 이유는, 기억에 관한 지식이 영혼의 영적 이해를 대리했던, 1874~1886년의 12년 사이에 만들어진 기본 구조 안에 우리가 갇혀 있기 때문일 것이다. 트라우마의 심리화가 그 구조의 핵심 부분이다. 그토록 오랫동안 존재론에 공헌해왔던 영혼의 영적 고통이 이제는 숨겨진 심리적 고통이 될 수 있었기 때문이다. 그 고통은 우리 안에 내재된 유혹에 의해 생긴 죄악의 결과가 아니라, 밖에서 우리를 유혹한, 죄지은 자가 일으킨 고통이기 때문이다. 이 혁명은 트라우마를 축으로 그 방향을 틀었던 것이다.

그러나 이들 과학이 특정한 배경에서 어떤 목적으로 구성되었음을 보여주는 것이 이 책의 핵심 주제의 다가 아니다. 기억에 관해 찾아내어야 할 심층적 사실이 존재하는가? 저자는 17장에서 앤스콤의 행위이론을 차용하여 그 답을 찾으려 했다. 과거의 불확정성은 그 행위의 의도성에 관한 의문이자 그 의도 아래에서 벌어졌다고 간주되는 행위를 어떻게 기억할지 그 해석에 관한 의문이다. 현재의 언어적 도식이 가닿지 못하는 과거의 사건을 현재의 언어로 서술하는 과정에는 필시 자의적 왜곡이 끼어든다. 그러므로 과거를 소급하여 재해석할 때에는 당시에는 존재하지 않았던 의도와 의미가 씌워지고, 더 나아가 현재 유통되는 새로운 의미의 사건으로 재분류되는 의미론적 전염이 일어난다. 즉 과거가 다시 쓰이는 것이다. 저자가 지칭한 과거의 불확정성은 출판 당시 심리학계로부터 가장 크게 비판을 받았던 부분이었다. 굳이 저자의 편을 들자면, 과거의 사건이 관측자의 시선에 따라 존재 여부가 달라진다는 의미는 아니다. 그러하다면 치료자의 시선에 따라, 환자의 시선에 따라서도 달라질 수 있기 때문이다. 현재의 관측 행위가 과거의 사건을 결정할 수는 없다. 저자가 말하는 것은 과거의 사건이 아니라, 기억을 말하는 것이다. 저자의 설명이 모든 기억에 해당하는 것은 아니지만, 좋든 나쁘든 간에 감정적 부하가 많이 걸려 있는 과거는 재편집될 가능성이 농후하다. 의미론적 전염으로 당시에는 느끼지 않았던 감정까지도 현재의 서사구조에 맞춰 재구성해낼 수 있다는 점에서 플래시백의 진정성도 지금은 의혹의 대상이 되었다.

《시빌》의 진면모는 한때 시빌을 대리진료했던 허버트 스피겔의 1997년 《뉴욕리뷰오브북스》와의 인터뷰에서 드러났다. 그는 시빌이 다중인격이 아니라 고도의 암시성을 지닌 히스테리아였다고 말했다. 윌비가 거짓기억을 심어 다른 인격들을 만들어냈다는 것이다. 그리고 소유하고 있던 녹음테이프를 공개했는데, 거기에는 《시빌》 저작을 하며 윌버와 슈라이버가 논의한 대화와 윌버가 시빌에게 다른 인격들에 이름을 붙여주며 설명하는 내용이 들어 있었다. 존 제이 사법대학 형법연구소가 테이프를 검증했다. 슈라이버는 1988년에, 윌버는 1992년에, 시빌인 셜리 메이슨은 1998년에 사망했다. 윌버가 유언으로 기밀을 걸어둔 시빌 관련 자료는 2001년 공개되었다. 1992년 설립되었던 거짓기억증후군재단은 2019년 해체되었다. 지금의 사회는 더 이상 다중인격을 필요로 하지 않는다. 더 이상 고정된 사회적 역할이 요구되지 않고, 내적으로 일관된 통일된 자아라는 게 상상된 구조에 불과하다는 설명이 당연한 게 되었기 때문일 것이다.

저자를 수식하는 말은 많다. 푸코주의 고고학자, 과학의 분석철학자, 역사주의 과학철학자, 도덕이론가, 심지어 '명예여성'까지. 독자들은 이 책에서 그 수식어의 자취를 다 찾아낼 수 있을 것이다. 2장에서 다중인격 상태를 설명하며 저자는 그들에게 사죄해야 한다고 말한다. 자신의 인격이 파편화되는 것을 보고 고통을 느껴왔을 사람들에게 거리를 두고 연구자료로만 기술하는 자신의 행위를 사죄한다. 그리고 거식증 여자가 90kg의 트럭 운전사로 전환되었다가 다시 겁에 질린 3살 아이로 전환되는 모습을 찍은 동영상을 보며, "왜 우리가 이런 모습을 기대해야 하는가"라고 분노한다. 분노의 대상은 동영상 속의 여자가 아니라, 그 모습을 보고 즐기는 대중의 관음증적 시선임을 독자는 알아챌 수 있으리라. 사실 사족과 같은 18장은 냉정한 얼굴을 한 과학철학자의 따뜻한 충고다. "[학대의] 그 기억은 충분히 사실일 수 있다. 그러나 [다중인격이라는] 그 최종 결과는…… 철저하게 주조된 인간일 수 있다는 생각에서 경계"하라고, 자율성은 편안하지 않지만 과거와 현재를 직면할 수 있을 만큼 성숙한 인간으로 성장하는 것은 좋은 것이라고 말한다.

고대의 폐쇄된 지식의 저장고로서의 기억이, 살아있는 인간 경험의 역동적인 기억으로 변환되기까지 수백 년의 시간이 필요했다. 그 출발점은 현대의 과학적 사유의 출발점인 17세기 과학혁명이었고, 그 전체 윤곽은 19세기 말에야 드러났다. 그리고 신경인지과학의 발달로 과거의 기억은 현재에서 멀어질수록 확실성이 줄어드는 것임을 이제는 안다. 이 순간에도 몸에는 끊임없이 감각이 들어오고 사건은 계속 일어나고 두뇌의 신경세포가지는 계속 뻗어나가며 신경세포 간의 시냅스는 재배열된다. 그렇게 과거의 기억은 조금씩 변화된다. 소위 회복된 기억은 거의 모든 사법권 내에서 더 이상 법적 증거로 인정되지 않는다. 대부분의 아동학대의 피해자와 재난 생존자들은 기억자극기법을 쓰지 않아도 쉽사리 사건을 떠올린다는 사실은 매우 불행한 일이다. 트라우마를 가진 사람은 거의 완전히 새로운 자신과 새로운 기억조합을 만들어내야 한다. 유년 시절의 파괴적인 기억의 트라우마가 괴물 같은 자기서사로 이어지는 경우도 있지만, 장기간의 추적연구 결과 대부분은 보통의 삶을 영유한다. 가장 큰 요인은 주위에 따뜻한 영향을 주는 일상적이고도 밀접한 인간관계가 있었다는 점이다. 소위 억압된 기억을 회복시키려는 심리치료보다 더 중요하게 여겨야 할 점이다. 트라우마에 의미를 부여하는 것은 위험한 일이다.

마지막으로 질문을 던지자면, 과학철학자인 저자가 왜 정신질환인 다중인격을 주제로 삼은 것일까? 수학과 물리학과 같이 패러다임이 안정된 성숙한 과학과 달리, 정신의학은 진단분류가 그 대상을 변화시키는 미성숙한 과학이기 때문일 것이다. '만들어진 인간'과 고리효과를 단적으로 보여준다는 점에서 정신질환만큼 저자의 논리를 뒷받침하는 것은 많지 않다. 그러나 정신의학이 성숙한 과학이 되는 것은 매우 요원한 일이다. 그 이유는 정신의학의 특수성에 있다. 정신의학에는 신경학과 심리학을 오가는 모호한 영역이 곳곳에 함정처럼 파여 있지만, 모두가 인정할 수밖에 없는 것은 인간 경험의 어떤 부분은 심리적이고 사회적이며 어떤 부분은 기질적이라는 사실이다. 도발적으로 들리겠지만, 정신장애는 사회적 구성물이다. 정신장애에 대한 생물학적 검사방법은 없다. 정신장애의 정의와 진단 범주는 복합적인 담론과 합의를 통해 사회적으로 구성된다. 결과적으로, 슬픔과 우울증, 성격적 특성이나 성적 취향의 정상성 또는 병리성의 구별은 시대에 따라 바뀌며, 그 변화의 과학적 근거를 찾기 어려운 경우가 대부분이다. 따라서 정신의학이 과학으로서 미성숙함은 부정할수 없는 사실이다. 그러나 정신장애를 사회적 구성물로 인식한다고해서 그 분류법과 치료적 접근법이 무익하다는 말은 아니다. 사회의 기능은 사회적 구성에 관한 일정 수준 이상의 합의에 달려 있다. 예를 들어, 개인의 권리침해 범위는 어디까지인지를 정하는 것과 같다. 이런 점에서 고통에 처한 사람을 돕기 위한 목적의 정신의학적 구성은 필요하다. 정신의학이 성숙해지는 날이 되면, 정신적 고통은 어떻게 정의될 수 있을지 상상해본다.

불두화가 만개한 2024년 4월 29일
최보문

머리말

　기억은 이해, 정의正義, 지식을 추구하는 데 강력한 도구다. 기억은 의식을 불러일으킨다. 기억은 상처를 치유하고, 자존감을 회복시키며, 봉기를 촉발한다. 캐나다 퀘벡주의 자동차 번호판 표어로 이보다 더 나은 것이 있을까? Je me souviens―나는 기억한다.* 홀로코스트와 노예제의 기억은 세대를 통해 전해져야 한다. 극심하고 반복적인 아동학대가 다중인격장애**의 원인이라고들 말한다. 잃어버린 고통스러운 기억이 회복되어야 그 병은 치료가 된다. 고령층은 기억의 질병으로 간주되는 알츠하이머병을 두려워한다. 생화학을 통해 마음을

---

* 　1883년 퀘벡 국회의사당 건물 정문의 문장에 새겨진 글. 1939년부터 공식 표어로 사용되었고, 1978년부터는 차량번호판에 쓰였던 La Belle Province(아름다운 지방)를 대체했다. 그 의미에 대한 논란에 대해 표어를 새긴 건축가 외젠 에티엔 타셰Eugène-Étienne Taché의 손녀는 "Je me souviens / Que né sous le lys / Je crois sous la rose(나는 기억한다 / 백합 아래에서 태어났음을 / 나는 장미 아래에서 자란다)의 첫 문장"이라고 말했다. 백합은 프랑스를, 장미는 영국을 의미한다. 퀘벡의 프랑스령 수민들이 영국군에 맞서 싸운 과거, 불행과 그 의미를 잊지 않겠다는 각오를 상징한다. (이 책의 모든 각주는 역자의 것이며, 저자의 주는 원서처럼 미주로 처리하였다.―편집자)

** 　이 책에 나오는 모든 병명은 책이 저술된 당시의 명칭 그대로 번역했다.

탐사하려는 대단히 놀라운 시도에서, 뇌과학 연구의 초점은 기억에 맞춰진다. 놀라울 만큼 다양한 관심사가 기억이라는 하나의 주제 아래에 모여든다.

어떤 것이 피할 수 없는 것으로 보일 때 나는 호기심이 솟는다. 왜 이렇듯 다양한 관심사가 *기억*이라는 우산 아래에 무리지어 모여 있는가? 과학만큼 예술에도 전념한 미국의 원로 철학자 넬슨 굿맨Nelson Goodman은 자신을 회의적이고, 분석적이며, 구성주의자라고 칭했다. 나 역시 그런 경향들이 있다. 나는 회의적 호기심을 지녔다. 그 많은 연구기획이 기억의 관점에서 체계화되는 게 왜 중요했을까? 나는 분석적인 호기심을 느낀다. 양육에서부터 애국심까지, 노화에서 불안까지, 인생의 수많은 문제들에 대한 접근법을 기억에 한정시키는 지배적 원칙은 무엇인가? 나는 어떤 구성이 이러한 원칙들의 근저에 있는지 궁금하다. 기억에는 여러 종류가 있다는 진부한 지혜를 찾으려는 게 아니다. 내가 알고 싶은 것은, 그렇듯 많은 종류가 있다는 바로 그 '기억'이 왜 있느냐다.

나는 지금 기억에 관한 웅대한 성찰이나, 대량학살과 아동학대처럼 기억과 관련된 공포를 들여다보려는 게 아니다. 회의론자들은 체계에도, 모든 것에 관한 이론에도 열정이 없다. 나는 기억-사고memory-thinking의 완전히 특수한 사례를 면밀히 살펴보자고 제안한다. 다중인격*은 그 목적에 완벽하게 부합한다. 25년 전에는 아무것도 아닌 것처럼 보였던 그 질환이 북미 전역에서 번성하고 있다. 이제 해리성 정체감장애dissociative identity disorder로 개명된 이 병의 공식 진단기준에 기억상실이 포함되었다. 인격이 파편화되는 해리는 (현재 이론화된 바에

---

* 이 책에서 '다중인격'이라는 용어는 때로는 '정신장애의 명칭'으로, 때로는 '그 정신장애를 가진 사람'으로 혼용된다.

따르면) 오래전에 망각된 아동학대로 발생한다고 한다. 다중인격은 아주 적지만 전형적인 기억-개념이다.

우리는 어떻게 기억이 작동되었는지 어느 정도 조망할 수 있는데, 왜냐하면 다중인격이 비록 지금 번성하고 있지만 새로운 것은 아니기 때문이다. 1876년에 등장한, 다중인격의 앞선 화신들 중 한 명은, 기억에 관한 완전히 새로운 담론이 생겨났을 때 출현했다. 사람들은 언제나 기억에 매료되었다. 고대 그리스와 중세 성기 때, 숙련된 *기억술*은 가장 찬양받는 기술 중 하나였다. 그러나 기억의 과학들은 19세기 후반이 되어서야 출현했다. 이 과학들 중 특히 프랑스에서 발전한 한 가지 과학은 병리적 기억에 집착했고, 다중인격은 그러한 새로운 과학의 한 부분이었다. 내가 논증하려는 것은, 기억의 과학들이 진화되어온 방식이 오늘날 기억을 둘러싸고 최전선에서 벌어지는 대치 상황과 깊은 연관이 있다는 것이다.

나는 연구전략의 하나로서 미셸 푸코가 고고학이라 칭한 것에 언제나 매혹되었다. 내 생각에, 사상 체계에는 때로 상당히 급격한 돌연변이가 발생하는데, 개념들의 이런 재분배는 후일 되돌아보면 불가피하고 의심의 여지가 없고 필연적으로 보이는 것을 형성한다. 내가 고수하는 견해는, 다중인격의 짧은 모험담에서 가장 최근의 사건들을 가능케 했던 게 무엇이든 간에, 그것은 19세기 후반 출현한 기억에 관한 거대한 지식 분야의 근본적이고 장기적인 측면들과 밀접히 연결되어 있다는 것이다. 나는 그때와 지금의 다중인격을, 그때와 지금, 기억에 관해 생각하고 말하는 것의 소우주로 사용할 수 있다. 그래서 책의 중반쯤에서 나는 오래전의 기억과 오래전의 다중인격을 들여다볼 좁은 창을 열 것이다. 그 장소는 1874~1886년의 프랑스다. 그 시기를 선택한 이유는, 기억에 대한 근대 과학들의 구조가 그 존재를 드러낸 시기의 한가운데에 해당하기 때문이다.

바로 그 시기에 *트라우마*라는 단어가 새로운 의미를 얻게 된 일은 결코 우연이 아니다. 그 단어는 항상 병변이나 상처를 의미했으나, 어디까지나 신체적·생리적 상처에 국한되었다. 그러더니 갑자기 가장 대중적이고도 강력한 의미인 심리적 고통, 영적 병변, 영혼의 상처라는 의미를 가지게 되었다. 어떤 역사사전들은 프로이트가 1890년대 초에 그 단어를 그런 의미로 처음 사용했다고 말한다. 실상은 이보다 훨씬 더 전으로 거슬러 올라가야 하는데, 프로이트는 당시 이미 유행하고 있던 단어를 차용했을 뿐이기 때문이다. 그는 기억과 관련하여 그 단어를 사용했는데, 우리를 얼어붙게 만드는 것이 바로 정신적 트라우마의 기억이기 때문이다. 트라우마 개념은 이미 다중인격과 밀접하게 연관되어 있었다. 내가 선택한 20년의 기간 동안 너무나 많은 놀라운 변화가 일어나서, 나는 어떤 근본적 형성기, 기억의 개념 자체도 형성되던 시기를 보고 있다고 확신하게 되었다. 우리가 이러한 변화에 관해 깊이 생각해보지 않는다는 사실은―트라우마가 어떻게 영혼의 병변이 되었는지 누가 궁금해하겠는가?―이 변화가 필연적이고 눈에 드러나지 않으며 원래부터 있었다고 생각하게 되었음을 보여준다.

이 책을 준비하던 중 광기의 촉수에 사로잡힌 듯 느끼다가 문득 정신을 차리고 보니 캘리포니아주 버클리에 있는 '뮤지컬 오퍼링'이란 카페 안이었다. 카페 벽에는 커다랗고 멋진 포스터가 붙어 있었는데, 비 오는 파리 거리를 그린 그림에 '인상파 화가들이 보는 세상, 1874~1886년'이라는 제목이 쓰여 있었다. 나는 내가 조사한 이상한 이야기들에 너무 빠져든 나머지 우리 모두가 그때의 시공간에 대해서 알고 있는 것들을 까맣게 잊고 있었다. 우리 모두는 그때의 세상이 어떻게 보였을지, 적어도 그 선택받은 소수의 사람들에게 어떻게 보였을지 그려볼 수 있다. 나는 그 세상을 기준점으

영혼 다시 쓰기

로 삼으려 한다. 독자들에게 청하건대, 내가 이 인상파 화가들이 바라보던 세상에 관해서 말하고 있다고 상상해보길 바란다. 시각적으로 그것은 새로운 세상이었다. 화가뿐만 아니라 카메라로도 창조된 신세계였다. 카메라는 대상과 기록 사이에 어떤 인간 관찰자도 끼어 있지 않다는 점에서 실로 객관적이었다. 우리는 물감으로 그린 그림의 인상들 옆에 나란히 렌즈로 포착한 복제 가능한 이미지들도 두어야 한다. 내가 선택한 12년의 막판에 당시 신경학의 대가였던 장-마르탱 샤르코Jean-Martin Charcot는 히스테리아의 옛 모습과 새로운 모습을 시각적으로 표현하는 데 몰두했다. 그는 제자들과 함께 그 질환을 가시적인 것으로 만들어냈다. 히스테리아 환자들은 사진으로 찍힐 수 있도록 가시적인 고통을 드러내야 했다. 다중인격은 괴이한 형태의 히스테리아로 간주되었다. 최초의 *다중인격*—다중은 *2개보다 많음을 의미한다*—은 10개의 인격 상태 각각에서 사진이 찍혔다. 내가 가지고 있는 오늘날의 한 인쇄본에도 1885년 사진건판에 포착된 그 사람의 여러 포즈가 원본 그대로 충실하게 실려 있다.

　다중인격은 여러 방식으로 지식의 대상이 되었다. 사진은 다중성의 초기 수사법 중 하나였다. 오늘날에는 해리解離의 정도를 측정하는 양적 검사가 비슷한 역할을 한다. 이 책의 종장으로 가면서 내가 초점을 맞춘 주제는, 기억에 관한 지식으로 알려진 새로운 과학이 영혼을 세속화하기 위해 어떻게 철저히 의도적으로 창조되었는지가 될 것이다. 그전까지 과학은 영혼의 연구에서 배제되어왔다. 기억에 관한 새로운 과학들은 서구의 사상 및 실천에서 그 질긴 정수精髓를 정복하기 위해 출현했다. 그것이 내가 언급한 서로 다른 모든 지식과 수사를 *기억*이라는 주제 아래에 연결시키는 결속체이다. 가족이 붕괴할 때, 부모가 아이를 학대할 때, 근친강간이 언론에 오르내릴 때, 어떤 사람들이 다른 사람들을 파멸시키려 할 때, 우리는 영혼의 결함에 관심을 갖는다. 그러나 우리는 어떻게 영혼을 지식으로, 과학으로 대체할지를 알게 되었다. 그리하여 영적인 전쟁은 영혼이라는 명시적 영역 안에서가 아니라, 알아야 할 지식이라는 것이 존재한다고 전제된, 기억의 영역에서 벌어진다.

영혼을 말하면 케케묵은 것처럼 들리겠지만, 나는 이를 진지하게 생각한다. 과학의 대상이 된 영혼은 선험적이고 아마도 불멸인 어떤 것이었다. 나와 같은 철학자들이 영혼을 말할 때면, 영원한 무엇을 암시하기 위해서가 아니라 품성, 사려 깊은 선택, 자기 이해, 타인과 자신에 대한 정직함 같은 가치 그리고 몇 가지 유형의 자유와 책임을 언급하기 위해서다. 사랑, 열정, 시기, 무료함, 후회, 고요한 자족 등이 영혼의 재료다. 이는 소크라테스 이전의 매우 오래된 영혼 개념일 것이다. 나는 영혼이 일원一元의 것이라거나, 본질적인 것이라거나, 단 하나의 것이라거나, 심지어 그 어떤 것이라고도 생각하지 않는다. 영혼이 한 인간의 인격 정체성에서 불변의 정수를 나타내는 것은 아니다. 하나의 인격, 하나의 영혼이 다양한 면을 가질 수도 있고, 여러 언어로 말할 수도 있다. 영혼에 관해 생각한다는 것이 모든 목소리가 흘러나오는 하나의 본질이나 하나의 영적 지표가 존재한다는 의미는 아니다. 내가 생각하는 방식에서 영혼은 이보다 소박한 개념이다. 영혼이란 때로 내적인 것으로 이미지화되는, 한 개인에게 존재하는 여러 측면의 이상한 혼합물을 상징한다. 이는 몸이 영혼의 최상의 그림이라고 말한 비트겐슈타인의 금언과 모순되지 않는 생각이다.

나는 다중인격에 관한 책에서 독자들이 으레 기대하는 방식으로 영혼에 관해 쓰지는 않을 것이다. 나는 기억의 연구를 통해 영혼을 과학적으로 다루려 했던 시도들에 집중하려 한다. 일부 철학자와 상당수의 임상가clinician*는 다중인격을 전혀 다른 방식으로 이용하길 원한다. 그들은 다중인격이 한 개인person**이라는 것이 무엇인지에 관해, 또는 개인의 정체성의 한계에 관해 무언가를 보여준다고 주장한다. 누군가는 이 장애가 뇌와 마음의 관계를 들여다보게 해주는 창을 제공하거나, 심지어는 몸-마음의 문제를 푸는 데 기여한다고 말하기까지 했다. 나는 그런 환상도, 그런 의도도, 그런 문제의식도 가지고 있지 않다.

　나는 어떻게 인간 유형들kinds of people***이 등장하게 되었는지를 생각하다가 이 주제에 이르게 되었다. 인간 유형에 관한 지식체계는 그에 따라 알려진 사람들과 어떻게 상호작용을 하는 걸까? 다중인격에 관한 이야기는, 아주 다양한 방식에서, 내가 인간 만들기making up people****1라고 부르는 것에 관한 이야기다. 나는 어떠하다고 알려진 사람들과 그런 이들에 관한 지식 그리고 그 지식을 소유한 사람들 사이의 역동적 관계에 매료되었다. 이는 공적인 역학관계다. 더 사적인

---

*　　북미에서는 공인된 자격을 갖추고 (실험실이나 연구실이 아니라) 임상 현장에서 환자를 접하는 의사, 간호사, 사회복지사, 심리사 등이 모두 '임상가'로 불린다. 정신분석 번성기에 분석이 가능한 정신과의사가 부족해지면서 정신분석 자격을 다른 여러 의료직종으로 확대하는 과정에서 생겼다. 허용되는 기능에 따라 역할과 경계가 주어진다. 정신과의사psychiatrist, 임상가clinician, 치료사therapist로 구분해서 번역했다.

**　　person은 흔히 인격, 사람으로 번역되어, individual(개인), man, human(사람, 인간) 등과 구별된다. 본서에서는 '개인'으로 번역했다. alter를 '다른 인격'으로 번역하면서 본래의 인격과 혼동될 수 있고, 복수로 셀 수 없는 한 사람의 본래 개인이라는 의미에서다.

***　　과학철학의 '자연종natural kinds' 개념과 대비하여 '인간종'으로 번역할 수 있겠지만, 인간의 유형에 대한 인위적 분류라는 의미를 더 직관적으로 보여줄 수 있도록 '인간 유형들'로 옮겼다.

****　해킹의 다른 저서 《우연을 길들이다》에서는 '만들어진 인간'으로 번역되었다. 그러나 본서에서 해킹이 강조한 것은, 개인의 정체성은 오로지 자신에 의해 독립적으로 만들어진 것이 아니며, 삶 속의 여러 모습들을 본뜨고 덧붙이고 고치면서 '그렇게 되고 싶은 자아'로 진화시켜간다는 의미여서, '인간 만들기'로 번역하였다.

역학관계도 있다. 오늘날 다중인격의 이론과 실천은 아동기의 기억, 회복되어야 할 뿐만 아니라 재서술되어야 할 기억과 얽혀 있다. 새로운 의미가 과거를 변화시킨다. 과거는 물론 재해석되지만, 그 이상으로 재조직되고, 다시 채워진다. 과거는 우리를 현재의 우리로 이끈 새로운 행위, 새로운 의도, 새로운 사건으로 채워져간다. 나는 인간 만들기뿐만 아니라 기억의 재작업에 의한 우리 자신 만들기에 관해서도 말하고자 한다.

　이 난제들은 책의 말미에서 사세히 논의될 것이고, 중반부에서는 수많은 현재 관심사의 발판이 되어주는 기억의 과학들을 발굴해내려 한다. 이 책은 최근의 역동적 상황을 묘사하는 것으로 시작한다. 지난 몇 년 동안 다중인격 환자, 다중인격 이론 그리고 이 장애의 전문가가 어떻게 상호작용을 해왔는지를 내 논의에 필요한 정도만 설명하겠다. 다중인격 영역 전체는 참여관찰과 사회학적 분석이 가능할 정도로 숙성되어 있지만, 그건 그쪽 분야의 일이다. 나는 논의의 대상을 공적 기록으로만 엄격히 제한했다.

1장   다중인격은 실재하는가?

1982년부터 정신과의사들은 "다중인격의 유행"[1]에 관해 말해왔는데, 그때만 해도 초창기였다. 다중인격의 "주 특징은, 한 개인 안에 2개 이상의 뚜렷한 인격이 존재하고, 각 인격마다 특정한 시간대에 그 개인을 지배하는 것"으로서, 겨우 1980년에야 미국정신의학협회의 공식 진단명이 되었다.[2] 그때까지는 임상가들이 진료 현장에서 본 사례를 이따금 보고했을 뿐이었다. 얼마 안 가 그 수가 엄청나게 증가하면서 통계수치만으로도 이 분야를 어렴풋이 알 수 있는 지경에 이르렀다.

그 10년 전인 1972년에 다중인격은 그저 호기심거리에 불과해 보였다. "지난 50년 동안 보고된 사례는 채 12명도 되지 않았다."[3] 서양 의학사상 보고된 다중인격 전부를 일일이 열거할 수 있을 정도였다. 이들 중 몇 명이 진짜인지 전문가들 사이에 이견은 있었지만. 1791년 한 독일 의사가 다중인격에 관해 최초로 명료하게 기술한 이후로 채 100명이 넘었을까? 아니면 84명? 0명?[4] 어쨌든 매우 *희귀*했다.

10년 후인 1992년이 되자, 북미에서 치료 중인 환자 수는 꽤 큰 도시마다 수백 명에 이르렀는데, 1986년에 이미 6000명이 다중인격으로 진단되었다고들 했다.[5] 이후로 환자 수는 더 이상 집계되지 않고 그저 진단율이 기하급수적으로 증가하고 있다고만 했다. 다중인격을 위한 클리닉, 병동, 통합센터, 사립전문병원이 미대륙 온 군데에 설립되었다. 일반 인구 20명당 1명꼴로 해리장애에 시달리고 있는 것 같았다.[6]

무슨 일이 일어났던 걸까? 지금까지 거의 알려지지 않은 새로운 종류의 광기가 이 대륙을 휩쓸고 있는 것일까? 아니면, 인지되지 않았지만 다중인격이 항상 우리 주변에 있어왔던 것일까? 그들이 도움을 필요로 했을 때 어떤 다른 질병을 앓고 있다고 분류된 것일까? 어쩌면 임상가들이 근래에 와서야 정확히 진단할 수 있게 되었는지 모른다. 이제 해리성 인격의 가장 많은 원인—아동기에 겪은 반복적인 성학대—에 관해 알게 되었으니 진단이 훨씬 쉬워졌을 거라고들 말한다. 가정폭력이 도처에 만연해 있음을 받아들일 태세가 된 사회만이 도처에서 다중인격을 발견할 수 있다.

아니면, 아직도 대다수 정신과의사들이 벌이는 논쟁처럼, 다중인격장애라는 것은 아예 존재하지 않는 것은 아닐까? 그 유행이란 것도 다중인격 치료에 헌신하는 소수의 치료사들이, 타블로이드판 신문의 선정적 기사와 TV 저녁 토크쇼로부터 알게 모르게 도움과 사주를 받아 만들어낸 것은 아닐까?

이런 생각을 하자마자 우리는 중대한 질문과 맞닥뜨리게 된다. 그것은 실재하는가? 이 질문은 내가 다중인격에 관심을 가지고 있음을 알게 된 사람들이 나에게 묻는 첫 질문이다. 비전문가만 그런 것은 아니다. 1988년 미국정신의학협회 연례총회의 찬반논쟁 주제 중 하나는 "다중인격은 진정한 독립된 질병체인가?"였다. 찬성팀은 리처드 클러프트Richard Kluft와 데이비드 스피겔David Spiegel이었고, 반대팀

영혼 다시 쓰기

은 프레드 프랭클Fred Frankel과 마틴 오른Martin Orne이었다. 토론자 모두는 중진 전문가였고, 지금까지도 심각한 의견 차이를 보이고 있다. 양 팀이 얼마나 격렬히 대립했는지를 알고 나면 사람들은 어리둥절해한다. 다중인격은 정신의학에서 가장 논란이 심한 진단명이 되었다. 그리하여 우리 같은 구경꾼은 어쩔 수 없이 재차 묻게 된다. 그것은 실재하는가?

이렇게 논란을 일으키는 다중인격이란 도대체 어떤 것인가? 인격이 분열되었다고 해서, 분열된 인격으로 불리는 정신분열증을 의미하지는 않는다. 정신분열증schizophrenia이란 진단명은 20세기 초에 등장했고, 이는 그리스어로 "분열된 뇌split brain"*라는 의미다. 분열이라는 은유는 여러 방식으로 사용되었다. 예를 들어, 프로이트는 자기 경력의 각 단계마다 뚜렷이 다른 3가지 방식으로 그 단어를 사용했다.[7] 정신분열증이란 진단명의 배후에 있는 생각은 어떤 개인의 사고, 정서, 신체 반응이 서로 분열되어서, 생각에 대한 정서적 반응이나 정서에 대한 신체적 반응이 완전히 어긋나거나 괴이해진다는 것이다. 그 결과가 망상, 사고장애, 광범위한 고통이다. 정신분열증이 과연 단일한 하나의 질병인지, 여러 가지 질병이 합쳐져 나타나는 것인지는 아직 다 밝혀지지 않았다. 한 가지 유형은 10대 후반이나 20대 초에 발병하는 것으로, 그 발병시기로 인해 한때 조기치매dementia praecox라고 불렸다. 정신분열증에는 아마도 신경화학적 요인이 작용하는 것 같고, 일부는 유전적인 듯하다. 1960년대 이후 수많은 약물이 개발되어 정신분열증 환자들의 삶의 질을 근본적으로 향상시켰다.

정신분열증에 관해 지금까지 말한 것 중 그 어떤 것도 다중인격에는 해당되지 않는다. 다중인격에 특효인 약물은 없다. 다만, 기분을 변

---

*   그리스어 skhizein(분열)과 phrēn(횡격막 또는 마음)이 조합된 병명이다.

화시켜주는 약물이 인격들 사이의 전환과 여타 이상행동을 누그러뜨릴 수는 있다. 가장 흔히 처음 진단되는 시기도 사춘기가 아니라 30세 이상이다. 그 특징도 사고, 정서, 신체 반응이 분열되는 것이 아니다. 다중인격은 짧은 시간 동안 '정신분열형型'* 행동을 보일 수 있어서 정신분열증을 닮기는 하지만 이런 일화는 오래 가지 않는다. 정신분열증에 관해서는 뒤에 다시 논의하기로 하고 지금은 잠시 제쳐두자.

그래서, 다중인격은 무어란 말인가? 우선 공식 지침에서부터 시작해보자. 널리 사용되는 정신질환의 표준분류법에는 두 가지가 있다. 세계보건기구의 국제질병분류법International Classification of Diseases(ICD)은 1992년에 10차 개정안인 ICD-10에 이르렀는데, 해리장애의 유형들을 확장 분류하기는 하지만 다중인격을 별개의 범주로 다루지는 않는다.[8] ICD-10은 주로 유럽에서 사용되고, 유럽 정신의학 단체 대부분은 다중인격 진단명을 무시한다. 다른 분류법은 미국정신의학협회가 인가한 《정신장애의 진단과 통계 요람*Diagnostic and Statistical Manual of Mental Disorders*》(DSM)이다.** 대서양 건너편에서는 ICD-10이 널리 사용되지만 북미에서는 DSM이 표준이다. 1980년에 발표된 3차 개정판인 DSM-III에서 다중인격장애의 진단기준은 다음과 같다.

A. 한 개인에게 2개 이상의 뚜렷한 인격이 존재하며, 각 인격은 특정 시간 동안 지배적이다.

B. 특정 시간 동안 지배적인 인격이 그 개인의 행동을 결정한다.

C. 각 인격은 복합적이고, 저마다 독특한 행동양상 및 사회적 관계로 통

---

* 조현병(정신분열장애)과 증상은 동일하나 지속 기간이 1개월 이상, 6개월 미만이다. 우리말 번역은 DSM-IV에서는 '정신분열형장애', DSM-5에서는 '조현양상장애'다.

** 가장 최근 버전인 DSM-5는 2013년 5월에, ICD-11은 2019년 5월에 출간되었다. 다중인격은 양쪽 다에서 '해리성정체감장애'로 불린다.

영혼 다시 쓰기

합되어 있다.[9]

　보다시피 추상적인 이 기준들은 연구와 임상 모두에서 중요하다. 미국의 주요 의학저널들은 작금의 DSM 분류법에 따라 작성된 논문을 요구한다. 보험회사와 공공 의료보험은 현행 DSM에서 부호화된 명세서에 따라 의사, 병원 및 클리닉에 진료비를 상환한다.

　다중인격의 진단기준은 DSM-III의 개정판인 1987년 DSM-III-R에서 C항이 삭제되면서 느슨해졌다. 한 개인 내의 여러 인격들이 더 이상 복합적이고 통합되어 있지 않아도 되고, 다른 인격마다 구별되는 사회적 관계를 형성하지 않아도 된다.[10] 따라서 더 많은 사람이 다중인격으로 진단될 수 있었다. 그러나 미국 국립정신건강연구소 NIMH의 프랭크 퍼트넘Frank Putnam은 느슨해질 게 아니라 DSM-III보다 더 엄격한 기준이 만들어져야 한다고 주장했다. "진단하는 임상가는 (1)하나의 인격이 다른 인격alter으로 전환되는 것을 목격해야 한다. (2)다른 인격 상태의 독특함과 안정성의 정도를 평가하기 위해 적어도 3번 이상 각기 다른 시기에 그 특정한 다른 인격을 만나야 한다. (3)환자의 기억장애 행동을 목격하거나 환자의 보고에 의해 환자에게 기억장애가 있음을 확증해야 한다."[11] 기억장애 조건은 1994년 DSM-IV의 진단기준*에 추가되었다.

---

*　　DSM-IV는 다중인격장애의 핵심이 여러 개로 나누어진 인격이나 정체성이 아니라, 통합된 단일한 정체감의 결여라고 보고 '해리성정체감장애'로 개명했다. 또한 '인격'이란 한 개인의 사고, 느낌, 정서, 행동의 특징적 양상인데, 다중인격이라고 칭할 경우 여러 다른 인격마다 각기 개인으로 전제해야 된다는 문제점이 있다. 따라서 '정체성' '인격'이라는 표현 대신에 "정체감 상태 또는 인격 상태"라고 명시되었다. DSM-III-R에서 배제되었던 '인격 상태 간의 기억상실'이 주된 2개 증상 중 하나로 추가되었다. DSM-5에는 빙의와 예전의 전환 증상인 기능성 신경학적 증상이 추가되었다. '인격 상태'는 DSM-IV-TR(2000)부터 사용되었으므로 이 책에서는 계속 '다른 인격'으로 번역했다.

진단기준의 이런 변화는 다중인격이라고 하는 게 과연 실재하느냐는 긴박한 질문과는 상관없어 보인다. 단순하게 답하자면 분명히 '그렇다'이다. 1980년 진단기준에 해당하는 환자들이 있었고, 1987년 진단기준에는 더 많은 사람들이 맞았다. 일부 환자는 퍼트넘의 엄격한 요구에도 맞았다. 어떤 진단기준을 사용하든 환자 수는 빠르게 증가했다. 다중인격이란 게 무엇인지, 어떻게 정의할 것인지 수많은 질문이 있겠지만, 간단하게 결론을 내리자면, 그런 장애는 존재한다.

그것이 답인가? 이런저런 책이 어떤 증상들을 열거했다는 이유로, 일부 환자들이 그 증상을 보인다는 이유만으로 다중인격이 실재한다는 말인가? 우리는 그보다는 좀 더 까다로워질 필요가 있다. 우선, "그것은 실재하는가[진짜인가]?Is it real?"라는 질문은 그 자체로 명료한 질문이 아니다. 'real'이라는 단어에 관한 고전적 성찰은 일상언어 철학의 원로인 오스틴J. L. Austin에서 유래했다. 그가 역설하는 바대로, 우리는 "진짜 무엇이냐?"라고 물어야 한다. 더욱이, "어떤 것이 진짜다, 진짜 이러저러한 것이라는 주장에 명확한 의미가 부여되는 것은, 그것이 진짜일 수 있는, 그렇지 않다면 진짜가 *아니었을* 특수한 방식에 비추어서만이다."[12] 어떤 것은 진짜 크림일 수 없는데, 유지방의 함량이 낮기 때문에 혹은 합성크리머이기 때문이다. 저 남자는 진짜 경찰일 수 없는데, 경관으로 분장하고 있기 때문에, 아니면 아직 선서를 마치지 않아서, 혹은 민간인이 아니라 군인을 상대하는 헌병이기 때문이다. 이 그림은 진짜 컨스터블의 작품일 수 없는데, 위조품이거나 복제품이기 때문에, 아니면 진품이지만 존 컨스터블의 제자의 작품이라서, 혹은 단지 이 대가의 태작이기 때문이라서일 수도 있다. 이러한 예들에서 우리가 얻는 교훈은 "그것은 진짜인가?"라고 질문하려면 명사noun를 덧붙여야 한다는 것이다. 우리는 "그것은 진짜 N인가?"라고 질문해야 한다. 다음에는 그것이 어떻게 진짜 N일 수 없는지, "무엇과 대조하여 진짜 N"일 수 없는지를 지적해야 한다. 그렇게 한다고 해도 무엇이 진짜인가라는 질문이 성립한다고 장담하지 못한다. 명사와 대안이 있어도, 진짜인 어떤 것도 파악하지 못할 수 있다. 심해어의 '진짜' 색깔과 같은 것은 존재하지 않는 것처럼.

미국정신의학협회의 논쟁은 다중인격이 "진정한 독립된 질병체true disease entity"인지를 묻는 것이었다. 다중인격의 선두적 옹호자인 콜린 로스Colin Ross는 말한다. "미국정신의학협회의 논쟁은 제목이 올바르지 않았다. 다중인격장애는 생의학적 의미로 진정한 독립된 질병disease 체가 아니기 때문이다. 그것은 진정한 정신의학적 실체이자 진정한 장애disorder*이지만, 생의학적 질병은 아니다."[13] 미국정신의학협회는 하나의 명사구("독립된 질병체")를 내걸었고, 로스는 2개 이상의 용어 ("정신의학적 실체"와 "장애")를 사용했다. 이게 도움이 될까? 우리는 진정한 혹은 진짜 정신의학적 실체가 *무엇인지* 알 필요가 있다. *무엇과 대조하여 진정한 혹은 진짜 장애인가?*

질문 하나는 이것이다. 다중인격은 의사와 환자가 고조시킨 행동 유형에 대조했을 때 실재하는 장애인가? '예-아니오'로만 대답해야 한다면 그 답은 '예'로서, 그것은 실재한다―즉 다중인격은 대체로 '의원성醫原性'은 아니다.[14] 물론 이 대답은 일부 회의론을 허용한다. 다중인격 행동 중 현란한 많은 부분은 여전히 의원성일 수 있기 때문이다.

두 번째 질문은 이러하다. 다중인격은, 사회적 상황의 산물, 스트레

---

* 장애disorder는 정신이나 신체의 정상적 기능의 이상이고, 질병disease은 실험실적 검사로 실체를 밝힐 수 있는 병이다. 정신과의 진단은 주관적 불편함이나 고통, 관찰 가능한 행동 패턴의 집합적 증상에 기반하는 기능장애다. 반면, 모두 '질환'으로 번역되는 illness는 고통의 주관적 경험을, sickness는 치료를 필요로 한다고 간주되는 고통의 사회적·문화적 관점을 의미한다.

스나 불행을 표현하는 문화적으로 허용되는 방식과 대조되는, 실재하는 장애인가? 이 질문은 우리가 기각해야 할 것을 전제한다. 이 질문에는, 실재하는 장애와 사회적 상황으로 인한 결과가 정반대로 대조된다는 의미가 함축되어 있기 때문이다. 특정 유형의 정신질환이 역사적으로 지리적으로 특정 맥락에서만 나타난다고 해서 그 질환이 가짜라거나, 인위적이라거나, 그 어떤 식으로든 실재하지 않음을 의미하지는 않는다. 이 책 전체는 다중성, 기억, 담론, 지식, 역사 사이의 관계성에 관한 것이다. 역사적으로 구성된 질환에도 어느 정도는 할애되어야 한다.

약 1800년경부터 시작된 정신의학의 공식적 역사에서 정신질환을 분류하는 양대 방식이 항상 각축을 벌여왔다. 한 방식은 증상들이 무리 지어 나타나는 양상에 따라서 분류하는 것이다. 다른 방식은 질환의 바탕에 있는 원인, 즉 질환에 관한 이론에 따라 분류하는 것이다. 미국의 정신과의사들이 가진 신조는 매우 다양했기에, 단순히 증상에 따라 분류법을 만드는 게 편리해 보였다. 원인이나 치료법에 관해 의사들의 의견이 일치하지 않더라도, 증상에 관해서라면 학파가 달라도 동의하리라는 생각에서였다. 애초부터 미국의 DSM은 순수하게 증상에만 치중하고자 했다. 이것이 다중인격의 실재성에 관한 질문에 답하기에는 DSM의 적절성이 제한적이라고 보는 이유 중 하나다.* 단순히 증상들만 모아놓은 것은 증상마다 제각기 다른 원인으로 생길 수도 있다고 느끼게 한다.

실재성 논란을 해결하려면 우리는 증상 너머, 따라서 DSM 너머로

---

* DSM-III부터 차원적dimensional 분류에서 범주적categorical 분류로 바뀌었다. 원인론을 밝힐 과학성이 부족한 상태에서 최대한 객관성을 담보하고 의과학의 일원으로서의 위치를 확보하기 위한 시도였으나, 그로 인해 또 다른 종류의 문제가 계속 이어지고 있다.

들어가 봐야 한다. 모든 자연과학 분야에서는 원인을 이해한다고 생각될 때 훨씬 더 실재성을 확신하게 된다. 마찬가지로, 개입하고 변화시킬 수 있을 때에도 더욱 확신을 가질 수 있다. 다중인격에 관한 질문은 두 가지로 요약되는데, 이는 모든 과학 분야에서는 익숙한 것이다. 즉 개입과 인과관계가 그것이다.

개입은 실로 심각한 일이다. 진단기준에 적당히 맞는다고 해서 많은 사람을 다중인격장애 환자인 것처럼 치료하는 것이 도움이 되겠는가? 현재 그런 치료방식에는, 여러 인격 상태가 있음을 깨닫게 해주고, 그 인격들을 통합하기 위해 각 인격과 따로 작업하는 방법이 포함되어 있다. 그런데 실제로 그런 방식은 언제나 나쁜 것일까? 누군가 진료실로 걸어 들어와 자신이 3개의 서로 다른 인격들에 의해 연이어 조종되고 있다고 단언하는 경우에도? 회의론자들은 애초부터 인격의 파편화를 저지해야 한다고 말한다. 다른 인격들을 자꾸 유도해내서 환자를 더 이상 와해시키지 말고, 하나의 온전한 개인에 초점을 맞추어 닥쳐올 위기와 기능장애, 혼란, 절망에 대처하도록 도와주어야 한다는 것이다. 다중인격 옹호자들은 이런 전략을 "온화한 무관심"이라고 부르며 장기적으로 봤을 때 효과가 없다고 말한다. 그러나 좀 더 신중한 다중인격 임상가들은 긴 안목으로 보고, 당연히 그 진단명을 붙일 만한 상황에서조차 인격의 파편화는 강력히 저지한다.[15]

이 주장은 불안한 환자와 어떻게 소통할지에 관한 것만은 아니다. 임상가는 단독으로 할 수 있는 일이 거의 없다. 질병과 장애의 식별은 건강과 인류에 관한 비전과, 인간은 어떤 종류의 존재인지, 우리에게 무엇이 잘못될 수 있을지의 비전에 근거해서 이루어진다. 다중인격 분야가 해리에 관한 온갖 모델로 가득 차게 된 이유다. 이는 앞으로 설명하게 될 것이다. 우리는 치유하길 원하는 만큼 이해도 하고 싶다. 치유의 실천에는 이론이 필요하다. 이론에는 인과관계에 관한 것이 있다. 다중인격 분야에 종사하는 사람들은, 다중성은 일종의 대응기전으로, 어린 날의 반복적이고 때로는 성적인 트라우마에 대한 반응이라는 인과 개념으로 대동단결해왔다.

아동학대와 연결시켜 보면, 다중인격은 가족, 가부장제 및 폭력에 대한 강경론을 불러온다. 치료사 중 많은 이들은 페미니스트로서, 문제의 뿌리는 가정에 있고, 방임, 잔인함, 공공연한 성폭력, 남성의 무관심, 남자*에게 유리한 사회의 제도적 억압에 있다고 확신한다. 다중인격 대부분이 여자라는 것은 우연이 아니라고, 여자들은 영아기 때부터 극심한 가정폭력을 직접 견뎌야 했기 때문이라고들 말한다. 해리는 영아기나 아동기에 학대를 받을 때 시작된다. 다중인격에 헌신하는 것은 사회적 책무가 된다. 어떤 종류의 치유자가 되기를 원하는가? 이는 어떻게 치료할 것이냐는 질문일 뿐만 아니라 당신 자신이 어떤 삶을 살기 원하는지를 묻는 질문이다.

우리는 도처에서 도덕적 확신의 말을 듣는다. 다중인격을 배척하는 정신과의사들은 학대받은 여자와 아이들을 염두에 두지 않는다고 비난받는다. 사실일까? 대부분의 의사들이 의식 함양을 받을 필요가 있는가? 이런 반발에 대해, 덜 선동적인 설명으로는, 의사들은 의료제도, 의사훈련과정 및 세력과 관련될 수밖에 없다는 말이 있다. 다중인격운동에는 대중영합적인 민초의 분위기가 있어왔다. 다중인격 치료사들 중 많은 이는 임상의사가 아니고 자격을 갖춘 임상심리사도 아니다. 대부분은 다른 종류의 자격증―(서열 순서대로 말하자면) 사회복지 석사, 간호사 면허, 그리고 2주일간의 기억퇴행memory regression 주

---

* 저자는 '남성 히스테리아'의 경우처럼 특별히 성을 강조할 때 이외에는 남성male과 남자man를 큰 의미를 두지 않고 혼용하는데, male/female은 '남성/여성'으로, woman/man은 '여자/남자'로 번역했다.

말교육과정 이수―을 가지고 있는 사람들로서, 엄격하게 말해서 결코 자격을 갖춘 자들이 아니다. 미국을 휩쓸고 있는 온갖 절충주의적 치료법에서 끌어온 신봉자들이 마구잡이로 뒤섞여 있다. 그러므로 더 회의적인 정신과의사들은 페미니즘과 포퓰리즘 그리고 뉴에이지의 잡소리를 모두 불신한다. 이들 의사들은 대개가 남자이고, 전문직 영역의 권력구조상 상층부에 위치하고 있을 뿐만 아니라 그들 자신은 사회적 운동이 아니라 객관적 사실에 헌신하는 과학자라고 생각한다. 그들은 다중인격을 둘러싼 미디어의 과장광고에 분개하고, 그 유행의 진짜 범위를 수상쩍어한다. 정신질환 하나가 시간과 장소에 따라 어떻게 완전히 달라질 수 있는가? 어떻게 사라졌다가 다시 또 나타날 수 있는가? 북미 어디에나 존재한다는 다중인격이, 일부 치료사들에 의해 유럽과 오스트랄라시아로 전파되어 교두보가 확보되기 전까지는 어떻게 그곳에 존재조차 하지 않았던 것일까? 대서양 건너편에서 유일하게 번성하던 곳은 네덜란드인데, 그 이유는 다중인격 운동의 지도자급 미국인들이 집중적으로 방문하여 자양분을 공급했기 때문이라고 회의론자들은 말한다.[16]

전문가들이 신중한 데에는 더 확실한 근거가 있다. 어떤 치료법은, 환자로 하여금 오래전의 끔찍했던 장면을 기억해내어 재경험하도록 권장한다. 각기 다른 인격들은 어린 날에 겪은 무서운 사건에 대응하기 위해 만들어진 것이라고들 말하는데, 종종 친부, 계부, 삼촌, 형제, 베이비시터 등에게 당한 성폭력이 포함된다. 다중인격을 전문으로 하는 어떤 지지요법이든, (적어도 치료 도중에) 떠오르는 기억은 그대로 인정을 하고 있다. 그러면서 점차로 괴이한 사건들이 기억되기 시작했다. 이교, 제식, 악마숭배, 식인을 비롯해서, 미래에 끔찍한 일을 저지르게끔 프로그래밍이 된 무죄한 자들, 인간 제물로 바칠 아기를 낳기 위해 아기공장으로 사용된 10대 소녀 등. 이 기억에는 입증되지 않는, 친척이나 이웃과 같은 실제 인물에 관한 주장도 포함되어 있다. 경찰조사에서 그런 고발이 유효한 경우는 거의 없고, 재판에서도 거의 기각된다. 치료 중인 다중인격의 기억구조의 신뢰성에 금이 가면서 그들이 가진 다른 인격들은 환상을 실현하는 방법으로 간주되는 사태에 이르렀다.

이런 의심이 단체로 만들어진 것이 1992년 설립된 거짓기억증후군재단False Memory Syndrome Foundation(FMSF)이다. 이 행동단체는 고발당한 부모를 지원하고 법적 소송에 도움을 주고 무책임한 정신치료의 위험성을 알리는 것을 목적으로 한다. 이들은 다중인격을 진료하면서 일어났던 적도 없는 아동학대의 기억을 생성해내는 치료사들을 포함하여 잘 속아 넘어가는 임상가들을 비난한다. 그 반작용으로, 반대진영의 운동가들은 FMSF가 아동학대 가해자를 지원하는 단체라고 비난한다.

이런 사건들은 매일 진행되고 있지만, 다중인격에 관한 예전의 고민을 간과해서는 안 된다. 다중인격은 항상 최면술과 연관되어 있었다. 최면에 더 쉽게 빠지는 사람이 있는데, 그중에서도 다중인격은 최고의 피최면성과 피암시성을 가지고 있다. 다중인격자의 정교한 인격구조라는 게, 최면술 등을 매우 적극적으로 사용하는 치료사들이 의도치 않게 혹은 의도적으로 조장해놓은 것은 아닐까? 최면술은 정신의학과 그 연관 분야에서는 악명 높은 문젯거리였고 지금도 그러하다. 최면술을 임상에 적용하는 의사들은 흔히 주변화되는 경향이 있다. 치료과정의 다중인격은 최면의 사용 여부와 상관없이 증상의 진화방식이 똑같아 보인다고 옹호자들이 항의해봤자 허사다. 다중인격 자체가 이미 오래전부터 최면술로 물들어왔기 때문이다. 옹호자들은 이렇게 항의한다. 환자가 가진 피암시성은 그 질환을 이해하는데 중요한 단서라고. 다중인격은 *해리*장애라고 불리는 연속선상에 놓인 한쪽 극단일 뿐이라는 것이다. 최면술을 연구하는 반대진영의 과학자들은 이렇게 주장한다. 최면은 피암시성이라는 단선적 척도만으로 재기에는 너무 복합적이고, 그것과 나란히 놓일 해리의 연속선 같은 것은 없다고.[17]

논쟁이 난무한다. 이 논쟁은 순수한 의학의 영역에 속하지 않고, 오히려 도덕성과 더 깊이 연루되어 있다. 수전 손택Susan Sontag은 결핵, 암 그리고 후천성면역결핍증후군AIDS에 걸린 사람의 품성이 그 질병에 대한 선입견으로 얼마나 가혹하게 재단되었는지를 감동적으로 묘사한 바가 있다. 아동기의 트라우마는 질병의 도덕성에 여태까지와는 전혀 다른 차원을 열었다. 근래에 가장 세상을 놀라게 한 트라우마가 아동학대다. 트라우마로서의 학대는 도덕과 의료의 방정식에 놓이게 되었다. 학대는 피해자를 무죄로 해주거나 가해자에게 유죄를 선고한다. 다중인격을 가진 사람은 정말로 병들었을 뿐만 아니라, 그 병을 들게 한 누군가가 있다. 내가 도덕과 은유의 강조를 과장하는 게 아니라는 것은, 다중인격에 관한 1993년의 연례총회 개회사를 보면 알 수 있다. "AIDS는 개인이 걸리는 전염병이다. 아동학대는 개인을 망가뜨리는 것이고, 우리 사회의 암이다. 너무도 흔히 간과된 채로 가족과 세대를 통해 전이되어 번성하고 있다."[18] AIDS, 전염병, 암, 전이라니……. 다중인격에 관한 과장된 도덕적 은유를 알아채기 위해 수전 손택까지 들먹일 필요는 없을 것이다.

이제 도덕성에서 원인론으로 다시 되돌아오자. 정신의학 임상에서는 한 환자가 DSM상 여러 개의 장애를 가진 경우가 흔하다. 원인에 따른 분류체계의 경우라면, 이것은 한 환자가 논리적으로 연관되지 않는 별개의 둘 이상의 원인을 가졌다는 말이 된다. 그러나 DSM은 증상 중심이고 따라서 환자의 생활상과 행동에서 여러 가지 다른 증상군, 예컨대 우울증, 물질 남용, 공황장애 등이 함께 나타나는 것은 놀라운 일이 아니다. 이제 임상의사는 이런 증상군 중 하나가 문제의 핵심이라고 추정할 수도 있다. 예를 들어 전통적인 정신과의사들은 주主진단으로 정신분열증을 붙이면 다른 행동들―다중인격적인 행동과 유사한―도 정신분열증의 기본 원인에 종속된다는 관점을 취할 것이다. 따라서 실제 장애는 정신분열증이므로, 항정신증 혼합약물로 치료하려 할 것이다. 범주상 다른 장애들이 종속되는 것을 상위장애라고 부른다. 주 치료 대상은 상위장애이고, 상위장애가 완화되면 다른 증상들도 어느 정도는 개선되리라고 기대한다. 다중인격장애는 상위장애 진단인가? 다중인격을 치료하면, 그 하위장애인 우울, 다식증多食症, 공황장애 등의 다른 증상의 개선을 기대할 수 있을까? 옹호자들은 그렇다고 본다.[19] 회의론자들은 완전히 다른 의견을 가지고 있다. 회의론자들이 보기에, 다중인격 증상을 보이는 환자들은 분명 문제를 가지고 있기는 하지만, 서로를 기억하지 못하는 인격의 파편들은 어떤 기저 장애의 증상에 불과하다. "다중인격장애 진단은 심각한 심리적 문제의 해결을 저해하는 방향으로 잘못 이끌어가고 있다"라는 것이다.[20]

아마도 독자는 내가 다중인격에 관해 판단하길 망설이며 약간은 두 마음으로 갈등하고 있다고 여길 것 같다. 어떤 순간에는 다중인격이 당연히 실재하는 장애라고 주장하는 전문가들의 논리를 기술하는가 하면, 다음 순간에는 회의론자들의 견해를 그대로 반복하고 있으니 말이다. *나는 어떻게 생각하는가? 다중인격은 실재하는가, 아닌가?*

이 질문에는 답하지 않겠다. 이 책을 읽고 나서 독자들 누구도 이 질문은 하고 싶어지지 않기를 희망한다. 내가 실재 혹은 실재론에 관해 강박관념이 있기 때문은 아니다. 요즘 포스트모더니스트라고 자칭하는 지식인들이 *실재*라는 단어에 퍼붓듯 따옴표를 치고 비꼬는 것이 유행이다. 그건 나의 방식이 아니다. 나는 반발을 유도하는 따옴표를 사용하지 않을 것이며 실재에 관해 비꼬지도 않을 것이다. 나는 다중인격 옹호자와 반대자 모두가 나의 논평에 불쾌해하리라고 예상한다. 나는 어느 한쪽을 편들 생각이 없다. 내가 관심을 가진 것은 인격에 관한 영구불변의 진리를 밝혀내는 것과 관련이 없고, 인격의 파편화와 정신적 고통 사이의 관련성에도 직접적으로는 상관이 없다. 내가 알고 싶은 것은 어떻게 개념들의 이러한 설정이 나타나게 되었는지, 그리고 그것이 어떻게 우리의 삶, 관습, 과학을 만들고 주형하기에 이르렀는지에 관한 것이다.

내가 고수하는 중립성이 이 책의 주제에 관한 명칭에도 신중하게 만든다. 이름은 생각을 구조화한다. 1980~1994년 사이에 공식 진단명은 '다중인격장애Multiple Personality Disorder'였다. 이 분야에 관여하는 사람들은 간단하게 'MPD'라고 칭했다. 나는 인용할 때를 제외하고는 그렇게 칭하지 않을 것이다. 무언가를 두문자로 지칭하는 것만큼 그 대상을 영구히, 의문의 여지가 없는 것으로 만드는 게 없기 때문이다. (이 책에서 나는 오직 두 개의 두문자만 사용하는데, 이 둘은 지극히 실재하는 실체이다. 하나는 DSM이고, 다른 하나는 다중인격운동 전문단체인 '다중인격및해리연구국제협회'의 ISSMP&D이다.) 다중인격에 관해 얘기하려고 하지만, 내가 '다중인격장애'라고 기술하는 경우는 매우 드물다. 한 가지 이유는 '장애disorder'라는 단어에 대한 우려 때문이다. 그건 DSM이 사용하는 만능 표준단어다. 좋은 선택이긴 하나 가치관이 실리지 않을 수 없다. 그것은 이 세상은 필히 질서order가 있어야 한다는 비전으로 규정된 단어이다. 정연함은 바람직하고 건강한 것이고 목적이다. 진리와 진짜 인간은 장애가 생기면 붕괴된다. 나는 그런 유의 병리病理관을 삼가는 편이다. 일부는 다중인격을 '장애'로 부르는 데 적극적으로 항의하고 있다. 이들 과격파들은 어쩌면 우리 모두가 다중인격일 수 있다고 주장한다. 세간의 인정을 받는 임상가 중에도 이런 주장을 하는 몇몇이 있는데, 일부 환자 지지그룹도 똑같은 말을 한다.[21]

'장애'보다 더 비판을 받는 단어는 '인격'이다. 이제 다중인격장애는 사라졌다. 1994년 DSM-IV에서 '해리성정체감장애'로 공식 명칭이 바뀌었기 때문이다. 인격이 괄호로 묶여버린 것이다. 무슨 일이 일어났던 걸까?

이 주제에 관한 가장 견실한 1980년대 에세이 중 하나를 쓴 필립 쿤스Philip Coons는 1984년에 이렇게 경고했다. "각각의 다른 인격을 완전히 독립된 전인全人이나 자율성을 갖춘 개인으로 간주하는 것은 크게 잘못된 것이다. 다른 인격들은 본래 인격의 어느 한 상태, 다른 자아 혹은 인격의 파편으로 묘사하는 것이 가장 적절할 것이다."[22] 처음에는 동의를 얻지 못했다. 1986년 브라운B. G. Braun은 다른 인격들과 "인격의 파편들"을 구별할 수 있는 명칭을 제안했다.[23] 그 말은 파편들도 있지만 당연히 인격들도 있다는 의미다.[24]

다중인격에 관한 교과서로는 프랭크 퍼트넘의 《다중인격의 진단과 치료》가 있다. 그 책은 인문학적으로 명료히 저술된 것으로서 1989년 출간 당시의 최신 지견이 담겨 있다. 나는 앞으로 종종 퍼트넘의 연구 결과와 논쟁을 벌일 것인데, 내 의도는 그 분야에서 가장 명확하고 가장 신중한 전문가에게 진심으로 존중을 표하려는 것이다. 그 책에서 그는 한 인격체 안에 있는 모든 다른 인격들 각각과의 집중적 소통을 포함하는 치료법을 강조했다. 이들 다른 인격들은 뚜렷한 특성과 행동을 가진다. 여러 인격들이 한 개인 안에서 어우러지며 오히려 원숙한 '인격들'을 얻게 된다고 설명했다. 그럼에도 불구하고 그는 유익한 경고의 말을 남겼다.

다중성 자체를 지나치게 강조하는 것은 이 질환을 새로 접한 치료사들이 흔히 범하는 잘못이다. 다중인격장애는 인간의 마음에 관해 우리가 알게 된 것들을 최대한 활용하여 하나의 질문을 던지는 매혹적인 현상이다. 지금까지의 사례보고 문헌을 보면, 다른 인격들 사이의 차이점을 기록으로 남기고자 하는 것이 치료사의 처지에서 가장 흔히 가지는 욕구이다. 이렇게 다른 인격들 사이의 차이에 매혹되는 치료사의 모습은 그것이야말로 환자 자신이 치료사와 다른 사람들의 관심을 받는 이유라는 명확한 메시지가 된다.[25]

1992년 한 대담에서 퍼트넘은 "다른 인격들에 대해 알려진 게 거의 없고 그게 무엇을 의미하는지도 알려지지 않았다"[26]라고 말했다. 다른 인격들에 관한 퍼트넘의 우려가 깊어감에 따라 다중인격운동 내의 세력 있는 정신과의사들도 그 견해에 동조하고 있다. 그들은 다른 인격들에 초점을 맞추는 것은 잘못된 방향이라는 의견을 오랫동안 유지해왔던 사람들이다. DSM-IV에서 해리장애위원회의 위원장이었던 데이비드 스피겔은 1993년 이렇게 말했다. "해리장애의 주요 정신병리에 관한 오해가 널리 퍼져 있다. 해리장애는 정체감, 기억, 의식 등의 다양한 측면이 제대로 통합되지 않은 것이다. 문제는 하나 이상의 인격이 있다는 게 아니라, 하나보다 적은 인격을 가지고 있다는 데 있다."[27]《이상한 나라의 앨리스》를 연상시키는 말이다. "이 호기심 많은 어린이는 두 사람인 체하는 걸 좋아한다. 불쌍한 앨리스는 이렇게 생각한다. '두 사람인 체하는 건 소용없어! 그야, 나는 훌륭한 사람 *하나*를 만들 정도의 나도 제대로 가지고 있지 않은걸!'"[28]

그러나 다른 인격들을 각기 독립된 인간처럼 치료해야 한다고 강조하는 말은 사라지지 않았다. 같은 해인 1993년, 한 치료사와 한 목사가 어느 독실한 기독교 신자의 치료 문제를 기술했다. 그녀의 다른 인격들은 신자가 아니었다. "몇몇 다른 인격들은 종교활동에 거의 참다"[29]라고 했다. 논리적 모순은 없지만, 인격의 파편을 위한 종교교육이 상상이 되는가?

전인으로서의 인격이 아닌, 인격의 파편을 강조한 데에는 나름의 취지가 있다. DSM-IV에서 개명된 '해리성정체감장애'는 다중인격에 붙어 다니는 극히 단순한 개념을 와해시키려 의도된 것이었다. 스피겔은 이렇게 말했다.

> 나는 이 장애를, 어떤 점에서는, 본류로 끌어들이고 싶었다. 이 장애가 서커스 여흥처럼 보이길 원치 않았고, 다른 정신장애와 마찬가지로 진지하게 고려되길 원했다. 그래서 다른 장애와 일치하는 용어로 만드는 데 심혈을 기울였다. 그러나 중요하게 강조되어야 할 점은, 이 장애의 주된 문제는 인격이 증식되었다기보다는, 오히려 기억, 정체감, 의식의 여러 요소를 통합하는 데에 어려움이 있는 것으로 생각된다는 것이다.[30]

스피겔은 개명을 위한 표결을 몰아쳐 통과시켰다고 강력한 비난을 받아왔다. "해리장애 분야의 주된 표결권자는 학대받은 남자, 여자, 어린이 그리고 이들을 치료하는 전문가들이다."[31] 그리고 이 유권자들은 자문을 받지 않았다! 미국정신의학협회가 "성차별주의적으로, 아니면 정치적 방식으로 행동했다"라고 고발되기야 하겠는가? 운동 지도자들은 재빠르게 상황을 파악했다. 연구할 다중인격 같은 것은 더 이상 존재하지 않는다. 그러므로 ISSMP&D는 그 명칭을 바꿔야 했다. 1994년 5월 봄 회의에서 압도적 다수의 투표로 결정이 되었다. 그 명칭은 해리연구국제협회ISSD가 되었다.

스피겔은 "진단명의 변화가 진단기준의 변화에 해당하지는 않는다"[32]라고 말했지만, 엄밀히 말하면 맞는 말이 아니다. 1994년 기준은 4항목으로 되어 있다.

A. 2개 이상의 별개의 정체감이나 인격 혹은 인격 상태가 현존한다.(정체감 마다 주변환경과 자신을 지각하고 관계를 맺고 생각하는 양상이 비교적 일관되어 있다.)

B. 적어도 2개 이상의 정체감이나 인격 상태가 그 개인의 행동을 반복해서 통제한다.

C. 중요한 개인의 정보를 기억해내지 못하는데, 보통 건망증으로 보기에는 그 범위가 광범위하다.

D. 이 장애는 물질의 직접적 생리적 영향이나(예를 들어, 알코올중독에 의한 블랙아웃이나 혼돈에 빠진 행동), 의학적 상태(예를 들어, 복합부분발작)에 의한 것이 아니다. 주: 아동의 경우 그 증상은 상상의 친구나 다른 환상유희에 의한 것이 아니어야 한다.[33]

마지막 부분의 '주'에는 숨은 의미가 있다. 많은 지지자들은 아동기 다중인격장애 진단범주가 새로 만들어지길 원해왔다. 받아들여지지는 않았으나 적어도 한 발은 들이민 셈이다. 그들은 향후 DSM-V에서는 더 많은 것이 이루어지길 기대하고 있다.*

정의의 미묘한 차이는 그 정신장애 자체가 어떻게 변화하고 있는지 이해하는 데에 뜻밖에도 유용한 출발점이 될 수 있다.[34] DSM-III에서는 하나 이상의 인격 혹은 인격 상태가 *존재*existence해야 한다고 했다. 1994년에는 오직 *현존감*presence만 있으면 된다. 존재와 현존의 차이는 무엇일까? 스피겔의 설명에 따르면, "존재는 진짜로 12명의 사람이 있다는 일종의 믿음을 의미한다고 생각하는데, 정말로 우리가 강

---

*   DSM-5에서도 4번째 항에 '주'로 포함되었다.

조하려는 것은 환자들 자신이 그렇게 경험한다는 점이다."[35] 이렇듯 단어 선택의 사소한 변화가 우리로 하여금 다중인격의 실체에서 멀어지게 하고 대신 환자의 경험으로 관심을 돌리게 한다. 둘째로, '현존감'이라는 단어는 정신분열증의 특징적 증상 중 하나인 망상에 사용되는 것이다. 이런 단어의 병치는 의도적이었다. 단지 단어 하나를 바꿈으로써 다중인격의 다른 인격들은 망상에 더 가까워졌다. 스피겔은 사실상 다중인격이 주 장애는 아니라고 말한다. 문제는 개인의 정체감의 붕괴라는 것이다. 우리는 다중인격이 움직이는 목표물처럼 종잡기 어렵다는 것을 거듭 발견하게 될 것이다. 어쩌면 금방 시야에서 사라질지도 모른다.

그럼에도 두 가지는 여전히 염두에 두어야 한다. 기억과 정신적 고통이다. 이 질환이 하나 이상의 인격들과 관련되건 아니면 하나보다 적은 인격의 파편들이건 간에, 또 해리든 와해든 간에, 이 장애는 어린 날의 트라우마에 대한 반응으로 추정된다. 그때의 잔혹함의 기억은 숨어 있지만, 인격의 진정한 통합과 완치를 위해서는 기억해내야만 한다. 다중인격과 그 치료법은, 기억의 본질에 관한 축적된 지식을 통해서 그 괴로운 마음을 이해할 수 있다는 가설에 기반한 것이다. 나는 다중인격에 대한 신념을 의문시하려는 게 아니다. 그보다는, 옹호자와 반대자 모두가 기억이 영혼의 열쇠라는 가정을 왜 당연시하는지 알아보려는 것이다.

2장   다중인격이란 어떠한 걸까?

다중인격이 된다는 건 어떠한 걸까? 공식 진단요람의 기준은 너무 몰인격적이다. 19세기의 '이중의식double consciousness' 환자들도 그 진단기준에 맞지만, 그들의 경험, 다중인격으로 지내는 방식(혹은 벗어나는 방식), 결과적으로 가정생활과 사회생활 등 모든 것은 현대 다중인격의 삶과는 상당히 차이가 있었다. 우선, 당시에는 분명한 다른 인격이 하나만 있었지만, 현대에는 16개가 평균이다. 1세기 전의 프랑스 이중의식 사례들은 당시의 현란한 히스테리아와 연관되어 있어서, 부분 마비, 부분적 감각 이상, 장 출혈, 시야 축소 등의 증상을 보였다. 영국의 이중의식은 훨씬 절제되어 있었지만, 두 개의 인격 사이를 오갈 때면 무의식이나 혼돈을 거쳐 규칙적으로 몽환 상태에 빠졌다. 덧붙이자면, 두 번째 상태second state*가 자주 몽환으로 묘사되었으나,

---

* 　이중인격에서는 제2의 상태를 의미했으나, 다른 인격의 수가 많아지면서 서수序數로 표현되었다.

남들에게는 충분히 정상으로 보였다.

   시간이 흐르고 사람도 변한다. 문제를 가진 사람들도 마찬가지다. 그러나 다중인격의 생활방식은 시대 변화보다 훨씬 더 많이 변화했다. 사람들은 특히 권위 있는 인물, 예를 들어 의사와 같은 사람이 기대하는 바대로 행동하는 경향이 있다. 1840년대에도 의사들은 다중인격을 진료했는데, 그때의 모습은 1990년대에 흔히 보이는 모습과는 매우 달랐다. 환자가 다르므로 의사의 시각도 달랐다. 그러나 환자는, 의사의 기대가 다르므로, 달랐다. 이는 매우 보편적 현상의 한 예이다. 즉 인간 유형의 고리 효과looping effect다.[1] 특정 방식으로 분류된 사람은 자신이 서술되는 대로 순응해서 그대로 행동하거나 변화되어 간다. 한편으로는 자신만의 방식으로도 발전하면서, 분류와 서술은 되먹임되고 꾸준히 개정되어간다. 다중인격은 이러한 되먹임 효과를 보여주는 거의 완벽한 실례다.

   뒤에 가서 옛날의 이중의식에 대해 기술할 터이지만 우선은 다중인격이 된다는 건 어떠한 것인지부터 살펴볼 필요가 있다. 여기에서 한 가지 문제가 제기된다. 치료과정에 있는 사람들은 여러 단계를 거치는데, 그중 어떤 단계는 매우 고통스럽다. 해리장애 클리닉에서만큼 이것이 현저하게 드러나는 데는 없다. 가장 독특한 증상들은 오직 치료과정에서만 완전히 드러난다. 그러므로 현재 보고된 다중인격의 묘사에 가장 잘 들어맞는 사람은 치료 중에 있는 환자들이다. 최근에 널리 알려진 덕에 스스로 여러 개의 인격을 가지고 있다고 주장하며 진료실을 찾는 사람도 있지만, 1980년대에는 특정 징후를 잘 포착하는 임상가만이 다중인격을 발견할 수 있었다. 수많은 임상가들이 적극적으로 다른 인격들을 찾아내려 했지만, 환자가 자신의 상태와 원인을 충분히 붙잡고 씨름할 수 있을 때까지 다중성이 동면해 있기를 원하는 더 신중한 핵심적인 임상가들도 언제나 있었다.

                                          영혼 다시 쓰기

이제 1980년대에 통용되던 다중인격을 묘사하려 하는데, 이는 다중인격운동 내부의 것임에 주목하자. 회의론자들은 그 현상을 달리 묘사하고, 다중인격 진단을 받은 사람조차도 진단받기 전과는 매우 다르게 자신을 묘사한다. 다중인격이 무엇인지 설명하기 전에 먼저 가벼운 논리적 기초 작업을 할 필요가 있다. 우리가 능숙한 소설가나 유능한 전기작가, 또는 통찰력 있는 저널리스트는 아니더라도 개인을 어떻게 서술할지는 알고 있다. 그러나 어떤 한 개인이 아니라 어떤 유형의 사람의 특징을 묘사하려 할 때, 추출 수준을 한 단계만 달리해도 분명하게 서술하는 게 어려워진다. 예를 들어, 어떤 질환을 가진 사람들의 유형이라고 말할 때의 유형은 필요충분조건들에 의해 정의된다. 이 말은 그 유형에 들어가려면 모든 조건을 갖추어야 하고(필요조건), 모든 조건에 맞는 사람은 누구나 자동적으로 그 유형에 들어간다(충분조건)는 의미다. DSM은, 항상 성공적이지는 않았지만, 이런 방식으로 정신장애를 정의해왔다. 정신분열증은 참혹하고도 복합적인 그 질병에 어울리게 혼란스러운 방식으로 설명되어 있다. 그 정의는 마치 메뉴판처럼 읽힌다. 진단기준 세트 안에서 항목을 골라서 선택해야 하는데, 어느 항목 하나도 엄밀하게 말해서 필요조건은 아니다. 그러나 다중인격에 대해서는 우려할 필요가 없는 것이, DSM의 그 항목들이 필요충분조건들처럼 보이기 때문이다.

하지만 항상 그런 식으로 사용되는 건 아니다. 예를 들어 DSM-IV는 진단기준에 명시적인 기억장애 조건을 추가했다. 그렇지만 가장 현란하고 복합적인 증상을 가진 다중인격일지라도 다소간의 기억장애는 언제나 존재하나, 뚜렷이 드러나지 않는 경우도 있다는 데에 여러 사람이 동의한다.[2] 보고된 사례의 90%는 기억장애를 가지고 있다고 한다. 그러나 90%는 100%가 아니다. 어쨌든 그 조건은 필요조건으로 취급되지 않는다. 임상가들이 더 엄격하게 진단기준을 적용해야 할까? 퍼트넘은 DSM으로는 너무 쉽사리 다중인격이 진단될 수 있어서 그 기준이 허술하다고 우려한다. DSM-III보다 엄격해졌다는 DSM-IV도 퍼트넘에게는 충분치 않다. "DSM-IV 진단기준의 특이성을 더 높게 개정하려는 최근의 시도는 부분적으로만 효과가 있었다."[3] 그가 생각하기로는, 진단 자체가 비판받고 있는 상황에서 과잉진단이야말로 실제적인 위험이다. 퍼트넘이 속한 미국 국립정신건강연구소에서 사용하는 진단기준에 관해 앞서 언급한 바가 있다. 다중인격을 진단하려면, 임상가가 두 개의 다른 인격 상태 사이의 전환을 실제로 목격해야 하고, 적어도 두 번 이상 특정 다른 인격과 만나야 하고, 기억장애를 마주쳐야 한다. 더 엄격한 필요조건들로 확인을 해서 더욱 신중하게 진단할 것을 요구하는 이러한 진영과는 대조적으로, ISSMP&D의 최근 회장인 콜린 로스는 태평하게도 이렇게 말했다. "나는 다른 의사가 진단한 위僞양성 다중인격 환자를 본 적이 없다. 따라서 더욱 엄밀한 기준의 필요성도 느낀 적이 없다."[4] 어느 전문의학회 회장이 오진을 본 적이 없노라고 이처럼 확언하던가?

퍼트넘이 제시한 보조적 기준은 연구 규약의 일부분이다. 그의 팀은 연구 절차를 평가할 때, 연구 목적으로 다중인격으로 평가된 개인들에 대한 엄격한 통제를 요구한다. 나는 퍼트넘에게 전적으로 동감하는 바이지만, 엄밀함은 매일의 임상진료에서 그리 필수적이지 않다. 예를 들어, 환자에게 기억장애가 없더라도 다중인격으로서 치료받는 것이 도움이 될 수도 있다. 이것은 타당한 주장이다. 정신장애는 증상군으로 구성되고, 보통은 필요충분조건으로 구성되지 않는다. 대부분의 일상적인 것도 마찬가지다. 영국의 저명한 과학철학자인 윌리엄 휴얼William Whewell은 1840년에, "누구나 개에 관해 참인 주장을 할 수 있다. 그러나 누가 개를 정의할 수 있을까?"[5]라고 썼다. 엄밀한 필요충분조건이 없이도 때로는 표식만으로도 효과를 나타낸다. 최근

언어학자와 인지심리학자들은 이런 사실을 설명할 수 있는 한 가지 방식을 제안했다. 그들은 많은 단어들이 '가족유사성'[6]에 의해 대상을 연결한다는 비트겐슈타인의 말에서 힌트를 얻었다. 모든 가족 구성원이 공유하는 단 하나의 특징은 없다. 아버지, 딸, 조카딸은 들창코를 가졌고, 조카딸, 아들, 사촌 두 사람은 옅은 갈색머리이고, 어머니와 사촌 한 사람은 발이 작고 등등이다. 조카딸 한 사람만이 들창코와 옅은 갈색머리를 지녔다. 가족 어느 누구도 가족의 특성 전부를 지니고 있지 않다. 또한 비트겐슈타인은 집합class들의 명칭을 옛날식 삼으로 만든 밧줄에 비유했다. 매우 질긴 이 100미터짜리 밧줄에서 100미터 전체를 처음부터 끝까지 관통하는 삼은 한 가닥도 없다. 개체들의 한 집합에게 동일한 일반적 단어('개' '다중인격' 등)를 적용하기 위해 공통점―필요충분조건―이 하나라도 있어야 할 필요는 없다.

　이론언어학자들은 집합들에는 단지 가족유사성만이 아니라 더 많은 구조가 있음을 알아냈다. 각 집합에는 최적의 예('개'의 또는 '다중인격'의)가 있고 거기서부터 방사상으로 뻗어나가며 다른 사례들이 분포한다. 사람들에게 새의 예를 들어보라고 말하면, 선뜻 '울새'를 댄다. 곧바로 '타조'나 '펠리컨'을 말하는 사람은 드물다. 울새가 최적의 예다. 울새는 심리언어학자 엘리노어 로쉬Eleanor Rosch가 말한 원형prototype이다.[7] 타조는 어떤 점에서 울새와 다르고, 펠리컨은 다른 점에서 울새와 다르다. 모든 새를 새다움의 순서대로 일직선 위에 배열할 수는 없다. 말하자면 펠리컨은 타조보다 더 새답다든가 아니면 울새보다 덜 새답다든가 하는 식으로 말이다. 굳이 도식을 그려야 한다면, 일직선이 아니라 원이나 구에서 타조와 펠리컨이 매나 참새보다 울새로부터 더 멀리 위치하는 식일 것이다. 새의 집합은 방사상 배열이라 생각되는데, 여러 새들은 가족유사성이라는 사슬들로 이어지고, 그 연쇄는 중심에 있는 원형으로 이어진다.[8] 마찬가지로 정신질환을 가진 환자 개인도 표준사례로부터 더 '가깝다'거나 더 '멀리 떨어져 있다'라고 단순하게 배열될 수 없다. 한 환자가 표준과 구별되는 방식은 그 자체로 구조화될 수 있기 때문이다. 기억장애가 없는 환자는 자기 개인사에 기억의 공백이 있다거나, 자신이 알지 못하는 옷이 옷장에 걸려 있다는 점만으로 주목받지는 않을 것이다. 악의적인 가해자 인격을 가진 환자는 자기 파괴적이고 자해도 했으리라고 예상할 수 있을 것이다. 기억장애가 없는 환자는 자기 파괴적인 환자보다 다중인격 원형에 더 가깝지도, 더 멀리 떨어져 있지도 않다. 환자들 사이에는 일련의 가족유사성이 있고, 그중 어느 환자는 원형에 해당하는 최적의 예가 된다.

원형에 대한 생각은 정신의학의 저변에 깔려 있다. 예를 들어, DSM과 동반 출판되는《사례집》이 있다.[9] 코드가 부여된 각각의 진단 분류 아래에 그 장애를 가진 환자의 사례를 평이한 문체로 기술해놓았다. 이런 소품문小品文은 DSM의 공식 기준에 생기를 불어넣어 준다. DSM도《사례집》도 임상경험을 대체할 수는 없지만, 장애를 이해하는 데에는《요람》보다도《사례집》이 더 도움이 되는 것 같다. 새에 관해서건 정신질환에 관해서건 간에, 원형과 방사상 집합은 단순히 정의의 보조 수단이 아니고, 이해에 필수적이다. 언어철학이 강력하게 주장하는 것은, 사람들은 단어를 정의가 아니라 원형 및 원형 주변에 구조적으로 배열된 사례 집합을 통해서 이해한다는 것이다. 7장에서 나는 해리가 사람들 사이에 연속선상으로 분포되어 있다는 인식을 면밀히 들여다볼 것이다. 그 말은, 해리라는 것이 있고, 모든 사람은 조금씩 해리를 하고, 정도가 더 심한 사람도 있고, 그중 가장 심하게 해리하는 사람이 다중인격이라는 것이다. 그러나 다중인격과 해리 모두가 방사상으로 배치된다고 생각한다면 이 가설은 그리 매력적이지 않다. 펠리컨이 타조보다 더 새답다고 말하면 생뚱맞은 것처

　　　　　　　　　　　　　　　　　　영혼 다시 쓰기

럼, 두 사람 중 하나가 더 해리가 잘된다고 말하는 것도 이치에 맞지 않다.

1980년대 다중인격의 원형은 연구문헌이나 임상문헌에서 쉽사리 추출할 수 있다. 요점은, 다채로운 사례를 보여주려는 것이 아니라, 그 시대의 사람들에게 다중인격이 무슨 의미였는지를 제시하려는 것이다. 우선 다중인격이 극심한 우울증으로 진료소를 찾았다는 얘기부터 시작해보자. 아마도 우울증은 가장 흔한 증상이었겠으나, 다른 많은 질환에서도 나타난다는 점이 문제다. 무언가 더 특이적 증상을 찾아보려 할 때, 초기에 보이는 징후 중 한 가지는, 얼마간의 시간이 기억에서 사라져 있다는 점이다. 환자는 어제 오후 2시간 동안 자신이 무얼 했는지 기억하지 못한다. 재니스는 어제 낮에 친구와 함께 카페에서 간식을 즐기고 자신이 접수원으로 근무하는 치과의원으로 산책하며 돌아온 일은 기억한다. 그러나 그녀는 도착해서 질책을 받았는데, 이미 3시 30분이 지났기 때문이다. 그사이의 일은 기억에 없다. 그리하여 최근 과거의 시간에도 여러 군데 공백이 있음이 밝혀진다. 공인된 본本 인격이 다른 인격으로 바뀌었기 때문이고, 본 인격은 다른 인격들이 한 일을 알지 못한다.

결손된 시간에 관해 덜 노골적인 실마리가 있다. 임상가는 개인의 내력을 들은 후 그녀가 말하는 서사의 앞뒤가 맞지 않음에 주목했다. 과거의 기억은 흐릿했고 자기 인생에서 언제 무슨 일이 일어났는지 기억할 수 없었고, 일어난 일의 순서도 뒤죽박죽으로 혼란스러웠다. 아마도 다른 미지의 인격들이 시시때때로 그녀를 장악하고, 본 인격은 언제 무엇을 했는지 전혀 알지 못하기 때문일 것이다. 추측하기로는, 다른 인격 하나가 1년간 그녀의 삶 전체를 장악했고, 그 1년은 그녀의 개인사 전체와 조화되지 않은 시기였다. 다른 예로, 스티브는 학교 기록에 난폭한 괴짜라고 적혀 있지만, 7학년 전까지는 우등생이었다. 그런데 그때, 성적증명서에 따르면, 그가 다니던 혁신학교에서 '식품Food(가정경제 혹은 옛날의 직설적 표현에 의하면 요리)'이라 불리는 과목을 제외하고는 전 과목 D를 받았다. 식품 과목은 A학점이었다. 8학년 때 그는 다시 우등생이 되었다. 스티브의 여성형 다른 인격이 7학년 때 등장했기 때문이었을까? 지금 세계은행에서 근무하는 스티브는 "7학년 때에는 말하는 바비인형처럼 수학을 싫어했다"라고 말했다. 임상가는 스티브의 삶의 두 가지 다른 측면에 신중하게 주의를 기울일 것이고 마침내 지금까지도 번갈아 나타나는 두 개의 인격을 발견하게 될 것이다.

사라진 그 시간은 임상가에게는 익숙한 기억상실과 밀접하게 연관되고, 이는 이제 다중인격의 진단기준 중 하나가 되었다. 기억상실은 어떤 이유에서든 당혹스러운 일이다. 당신을 안다고 공언하는 어떤 사람을 파티에서 만났는데 당신은 누구인지 전혀 알지 못한다. 어떤 환자는 거짓말쟁이라는 비난을 받았는데, 자기가 했던 일을 목격한 사람 앞에서 그걸 부인했기 때문이다. 아마도 어떤 다른 인격이 범인일 것이다.

다중인격에서 보이는 많은 증상들은 다른 질환에서도 흔히 나타난다. 심한 두통, 몽유증, 악몽, 때로는 오래전에 나쁜 일이 일어났던 것처럼 느껴지는 흐릿한 기억이 있을 수 있다. 어떤 환자는 제어되지 않는 강렬한 플래시백과, 어린 날의 생생하고도 무서운 이미지를 호소하기도 한다. 매일 극심한 기분 변화를 겪기도 한다. 잠에 빠지기 전에(입면환각), 혹은 잠에서 빠져나오기 전의 혼몽한 상태에서(탈면환각) 나타나는, 악몽도 아니고 환상도 아닌, 끔찍한 환각도 있다.

많은 다중인격은 알코올중독이나 약물중독의 병력이 있는데, 어떤 경우에는 다른 인격 하나만 과음하기도 한다. 어떤 다른 인격은 술 한 방울로도 취하고, 한 병을 다 마시고도 단정한 다른 인격도 있다.

영혼 다시 쓰기

설화같이 전해지는 이야기를 경계해야 하는데, 어떤 다른 인격들은 본 인격이 알지 못하는 언어를 말하더라는 주장―이중언어 사용자이거나, 아니면 공적 상황에서는 모국어를, 다른 상황에서는 제2외국어를 사용하는 현상과는 확연히 다른―또한 경계해야 한다. 강박과 중독은 아동학대에 대한 반응이거나 그 결과라는 견해도 있다. 예를 들어, 많은 치료저항적 섭식장애 환자는, 한 다른 인격이 본 인격에게 먹지 말라고 하는 반면, 또 다른 인격들은 폭식하라고 말하기 때문이라고 설명된다. 음식 섭취에 관한 강박성은 어렸을 때 구강성교를 강요당했기 때문이라고 말한다.[10]

휘몰아치는 듯한 결혼이나 연애는 예외가 아니라 거의 정례적이다. 첫 진료에서 임상가가 알 수 있는 것은 환자가 우울, 중독 또는 결혼 파탄 등의 익히 아는 증상으로 도움을 받으러 온다는 것이다. 현란한 증상의 다중인격은 낯선 장소, 호텔 방 혹은 지하철 칸에서 자신이 왜 거기에 있는지, 거기에서 무얼 하고 있었는지 알지 못한 채 정신을 차리고는 겁에 질려 진료소를 찾아온다. 목소리를 듣기도 하는데, 외부에서 오는 소리는 아니고, 신의 목소리도 아닌, 자기 머릿속에서 들려온다고 말하기도 한다. 더 흔한 것은 무질서한 잡다한 증상을 호소하는 경우인데, 환청과 같은 몇몇 증상은 정신분열증과 유사하다. 다중인격들 사이에서 오가는 전형적 뒷공론은 이러하다. "병원에 가서는 목소리가 들린다고 말하지 마라. 그랬다가는 정신분열증으로 진단될 것이다. 목소리에 대해 말해야겠다면, 그 소리는 확실히 *머릿속에서* 나온다고 말해라!"

DSM의 다중인격에 대한 증상 개요에는 매우 색다른 항목이 기재되어 있다. "환자는 오래전부터 여러 정신장애 진단을 받아왔다." 1980년대에 연구자들은 환자가 다중인격으로 진단받기 전에 다른 정신장애 진단으로 치료받은 기간이 평균 7년여가 된다는 것을 발견했다. 오늘날에도 다중인격에 편향된 임상가만이 그 진단에 충분한 확신을 가지는 것 같다. 진단하려면 다른 인격들을 목격하고 그 다른 인격들과 접촉해야 하고, 다른 인격들이 등장해서 본 인격을 장악하는 현장까지 목격해야 한다.

이들 다른 인격들은 어떤 모습일까? 1980년 DSM-III는 이렇게 설명했다. "개인 안에 있는 인격들은 거의 항상 서로 어긋나고 자주 정반대로 보인다." 그 개인 즉 본 인격이 보수적이고 신중하며 소심하다면, 눈에 띄는 다른 인격들은 활기차고 경박하고 상스럽다. DSM은 "얌전하고 사교성 없는 노처녀"와 "화려하고 문란한 술집 단골"을 대비해놓았다. 현대 다중인격의 원형과 1세기 전의 이중의식이 뚜렷이 공통적으로 가진 성향은 본 인격이 내성적이고 자기 억제적인 반면, 다른 인격들은 활기차고 명랑하다는 것이다. 그런데 이것은 시작에 불과하다. 옛날의 이중의식 시대와 달리, 오늘날 2개의 인격만 가진 다중인격은 만나기 어렵다. 12개의 다른 인격들은 흔한 모습이고, 어떤 조사에서는 평균 25개로 나타나기도 했다. 100개 이상의 다른 인격을 가진 경우들도 보고되었지만, 이들 사례에서 고정적으로 통제권을 행사하는 다른 인격은 20개 이하였다. 다른 인격이 많을수록, 이들은 한층 더 인격의 부스러기에 불과해진다.

다중성을 말하는 언어가 있다. DSM-III에서는 "한 인격에서 다른 인격으로의 이행은 갑자기 일어난다"라고 했는데, 다중인격 커뮤니티에서는 이를 *전환switching*이라고 부른다. 다른 인격이 통제권을 장악한다는 말은 경영대학원 용어같이 들리지만, 현실에서 다중인격들은 다른 인격이 *나타났다out* 혹은 커밍아웃했다고 말한다. 때로 어떤 다른 인격은 혼자 있고 싶어서 *다른 장소로* 떠나기도 한다. 사회적으로 다중인격이 좀 더 용인되자, 일부 다중인격은 치료사, 가족, 다른 다중인격 환자와 혹은 자신의 *다른 인격들끼리* 얘기할 때에 자기 자신을 *우리*라고 지칭하길 선호한다.

많은 다른 인격들은 본 인격 안에 또 다른 인격들이 존재하는 것을 인식하지 못한다. 특히 치료를 시작할 때 자신이 다중인격임을 부인하는 본 인격이 더욱 그러하다. 반면 어떤 다른 인격은 다른 인격들의 존재를 알고, 서로 잘 알기도 하고, 말도 나누고, 합동해서 활동하기도 한다. 이는 공共의식 혹은 공재共在의식co-consciousness이라고 불린다. 다른 인격들은 서로 말싸움하고 으르렁거리거나 서로 위로하기도 한다. 한 다른 인격이 등장하면 또 다른 인격은 왼쪽 귀에서 저 인간은 얼마나 얼간이 같은지 모르겠다고 투덜댄다. 많은 치료사들은 여러 다른 인격들이 서로를 다 아는 완전한 공존은 통합에 필요한 단계이므로 다른 인격들을 서로 소개시키려 노력한다. 진단을 받자마자 다른 인격들이 튀어나온다는 말은 아니다. 한 임상가가 말하기를, 다중인격을 치료하는 일은 담요 아래에 숨어 있는 고양이들의 싸움을 보는 것 같다고 했다. 그 많은 소리와 움직임과 고통에도 불구하고 고양이 하나하나를 알아보기는 어렵다고.

치료에서 첫 단계는 다른 인격들끼리 서로 존중하게 하는 일이다. 다른 인격들 중에는 악의적이고 잔인하며, 자기가 싫어하는 다른 인격들을 죽이기 위해 자살을 부추길 정도로 사악한 것도 있기 때문에 이 일은 꼭 필요하다. 정신과의사는 가해자 인격들이 일정 선을 넘지 않도록 협정을 맺어야 할 때도 있다. 다른 인격들은 평범하지만 논쟁적이다. 그들은 약속을 잘 지키기는 하지만 협정을 깨뜨릴 수 없도록 단단히 맺어야 한다. 빠져나갈 구멍이 있으면 다른 인격들 중 하나가 이를 발견해서 이득을 취하려 할 것이다.[11]

균형을 맞추기 위한 조력자 인격도 있어서, 일부 치료사는 이들을 찾아내어서 치료의 조수 역할을 장려하기도 한다. 가장 유용한 인격은 내재적 자아-조력자Inner Self-Helper로서, 모든 다른 인격들을 알고 있고 치료사 및 또 다른 인격들과 서로 협력하도록 권할 수 있다. 또한 여러 종류의 보호자 인격들도 있다. 현대 다중인격운동의 창립자이자, 1973년 출간된 유명한 다중인격 일대기《시빌》에 나오는 의사 코넬리아 윌버Cornelia Wilbur의 환자 한 명이 그러했다.[12] 미국 켄터키 주 렉싱턴에 살던 아프리카계 미국인 조나는 3개의 다른 인격들—새미, 킹 영, 우소파 압둘라를 가지고 있었다. 새미는 조나가 6살 때 어머니가 아버지를 칼로 찌른 사건 후에 만들어졌다. 킹 영은 어머니가 그에게 여자아이 옷을 입혔을 때 나타났다. 4번째가 보호자 인격이었다. 9살의 조나가 백인 소년들에게 구타당하고 있을 때 갑자기 우소파 압둘라가 튀어나와 그 패거리를 무찔렀다. 그 후로 위기 상황마다 그가 나타났다. 풍부한 개성의 새미나 킹 영과는 달리, 우소파 압둘라는 인격의 파편과 같았고 감정도 거의 없었고 누구와도 관계하지 않았다. 슈퍼맨처럼 그는 성에 관심이 없었다. 오직 조나를 보호할 때에만 존재했다. 그는 그 문헌에 나오는 인격들 중 가장 품위 있고 동정적인 인물이다.[13]

조나는 블랙 프라이드와 블랙 팬서의 시대인 1960년대 말의 사람이었다. 그는 오직 4개의 인격만 가지고 있었지만, 그 인격들을 통해 어린 날의 사건을 추적할 수 있었다는 점에서 후대의 원형을 예고했다. 그 인격들은 모욕과 폭력에 대응하려고 나타났고, 이로부터 대응 기전으로서의 다른 인격이라는 이론이 등장하게 되었다. 이는 부분적으로는 윌버의 공이다. 동시에 여성운동가들의 헌신으로 학대와 성폭력에 대한 감수성이 전 세계적으로 변화했기 때문이기도 하다. 1970년대에 아동학대와 방임에 관한 대중의 통념은 성학대와 근친강간으로 옮겨갔다. 다중인격 이론도 그 뒤를 따랐다. 1986년에 다중인격을 담당하는 임상가들에게 설문조사를 했는데, 그들은 100명의 환자 사례를 보내왔고, 그중 97명의 환자에게서 어린시절의 트라우마,

대개는 성적인 트라우마의 경험이 보고되었다.[14] 이 결과는 이후로도 되풀이해서 확증되었다. 1990년이 되자 다중인격이 아동기의 트라우마에 의해, 특히 반복적인 성학대로 야기된다는 것보다 더 탄탄한 지식은 없게 되었다. 이 지식에는 상호 강화하는 두 가지 측면이 담겨 있다. 하나는, 실제로 치료과정에 있는 모든 다중인격은 어린이 인격을 가지고 있다는 것이다. 다른 하나는, 치료과정에서 이 어린이 인격들은 자신들을 탄생시킨 학대를 증언한다는 것이다.

　아동기에 다른 인격이 만들어지는 경로는 대략 2가지다. 어떤 인격은 계속 어린이로 남아 영원한 시간에 갇혀 있다. 또 다른 인격은 성장하다가 나중에 최초의 트라우마를 상기시키는 사건을 겪게 되면 이에 대응하기 위해 출현한다. 한 개인의 다른 인격들은 나이뿐만 아니라 인종, 성벽, 심지어는 성별까지 다를 수 있다. 반대 성을 가진 다른 인격의 지배를 받을 때면, 통상적 근거를 배척하면서까지 반대 성의 생리를 주장한다. 어떤 분석가들은 반대 성을 가지길 소망하는 것이 문제의 뿌리라고 해석하기도 하나, 내가 말하려는 것은 그게 아니다. 그 인격은 단순히 반대 성을 가졌을 뿐이다. 남자의사가 이러한 망상에 대해 현실감을 일깨우려고 "화장실에서는 어떻게 합니까?"라고 묻자, "당신과 똑같이 하지, 멍청이"라는 답이 돌아왔다. 그 밖에도 극심한 젠더 혼란이 나타나고, 때로 어린 날의 근친강간, 강간, 계간을 포함하는 성폭력과 연관되어 있다는 것이 치료과정에서 밝혀진다. 이러저러한 다른 인격들은 옛 히스테리아의 가벼운 증상을 보이기도 한다. 이 증상들은 이제 전환증conversion*이라고 불리는데, 아무

---

*　　옛 히스테리아 증상으로. 정신적 문제가 신체 증상으로 전환되어convert 나타난다는 의미로 '전환신경증'으로 불렸다. DSM-5에서는 신체형장애 범주에 속하는 '기능성신경학적장애'로 개명되었다.

런 신경학적 이상이 없는데도 신체 어느 부위에 통증을 느끼지 못하거나 사지 일부가 일시적으로 마비되는 등의 증상을 말한다. 때로 그런 증상으로 과거의 폭력을 역추적할 수 있는데, 이상반응을 나타내는 부위에 어린 날에 폭력이 가해졌을 수 있다.

다중인격자는 여러모로 체제순응자다. 일부 다른 인격들은 그저 다른 종류의 평범한 사람일 뿐, '광기'와는 거리가 멀다. 다중인격의 삶에서 현대 문화에 관해 많은 것을 배울 수도 있다. 앞서 조나와 블랙 팬서에 관해 언급한 바 있다. 또 다른 옛 사례에서, 매우 점잖은 사람이 난잡한 다른 인격을 가졌는데, 그 인격은 아이오와의 작은 마을에서 최초로 미니스커트를 입었다. 근래에 나온 "동전 한 푼까지 다 쇼핑하라"라는 말은 질 나쁜 농담이 아니라 정상적인 사회의 한 단면인데, 본 인격은 분별 있고 인색한 데 반해, 다른 인격은 마구 돈을 써대는 낭비벽을 가지기도 한다. 혹은 어느 유망한 행정관의 비서는 냉정하고 단정하며 흠잡을 데 없이 깔끔한 맞춤복을 입는다. 그녀의 작은 옷장에는 상황에 맞는 옷들이 패드를 덧댄 옷걸이에 단정하게 걸려 있다. 그런데 그녀가 멀리하는 다른 옷장에는 한밤에 재방송되는 옛날 B급 영화에서나 보던 요란한 반짝이 장식이 달린 옷들이 어지럽게 가득 차 있다. 지난번에 옷장을 들여다보다가 그녀는 서둘러 닫아버리고 말았다. 거기 있는 것들은 불쾌하고 경박하고 추잡스러웠다. 그녀는 수많은 신용카드를 가지고 있는데, 필요 없는 것을 파기해버려도 계속 새로운 카드가 나타난다. 시내 다른 지역의 낯선 가게에서 끊임없이 청구서가 날아오고, 그녀는 지불한다.

진단을 받은 많은 다중인격은 교육, 간호, 법조계, 웨이트리스, 운전면허 발급, 쇼핑센터 판매업 등의 서비스업에서 일한다. 직장상사나 고객과 얘기하고 있을 때 적대적인 인격이 튀어나올 수 있기 때문에 직장에서 다른 인격들은 골칫거리다. 다중인격들은 행실 나쁜 인격들이 저지르는 고약한 실수를 숨기는 전략을 개발했다. 이런 점에서는 사회생활을 유지하는 알코올중독자maintenance alcoholics*와 비슷하다. 덩치가 큰 마리는 오타와 거리에서 핫도그와 푸틴(감자튀김과 코티지치즈에 그레이비 소스를 뿌린 퀘벡 요리)을 팔고 있다. 남자 두 명이 차를 타고 와 핫도그를 주문했다. 이 남자들과 비엔나소시지는 어떤 기억을 떠올리게 했다. 드라이브시켜준다고 끌고 나가 학대했던 삼촌과 술 취한 친구를 떠올렸던 것이다. 비명을 지른 그녀는 자신이 4살 아이의 몸으로 오그라든 것 같았다. 그녀는 조리대 아래로 몸을 웅크리고 흐느낌을 삼켰다. 에스더가 튀어나왔다가 재빨리 후퇴했다. 마리는 다시 일어나 미소 지으며 말했다. "제기랄, 푸틴을 쏟아서 치우느라고요."

　이는 이야기의 단면에 불과하다. 어떤 다중인격의 인격들은 각기 다른 직업을 꾸려나간다. 구술을 받아쓰는 직무를 할 때, 본 인격은 다른 장소에 은신해 있기도 한다. 성관계를 질색하는 아내의 다른 인격이 남편과의 성생활을 맡기도 한다. 어머니라면 아이에게 해가 될 일은 하지 않을 것이다. 그러나 그녀는 아이들을 구타하는데, 주위에서 말하기를, 아이들의 멍든 몸이 이를 입증한다고 한다. 오직 그 어머니의 다른 인격만이 분노를 드러낼 수 있다. 미국 사우스캐롤라이나주 컬럼비아에서 이혼 위자료와 관련된 재판이 매우 오랫동안 진행되었다. 그곳에서는 아내가 불륜을 저지르면 이혼 위자료를 받을 수 없다. 그녀의 치료사인 임상심리사 래리 넬슨은 재판정에서, 불륜을 저지른 건 의뢰인의 다른 인격이므로 의뢰인에게 죄가 없다고 변

---

*　　알코올 금단증상을 완화시키기 위해 낮에는 소량의 알코올을 마시며 사회적 기능을 하고 밤에 다시 음주 행동을 하는 알코올중독자로, '고기능high-functioning 알코올중독자'라고도 한다.

론했다.[15]

다른 인격들이 다른 필체를 쓸 때도 있다.[16] 안경을 쓰는 나이 많은 다중인격은 다른 인격들에게 저마다 다른 도수의 안경 처방이 필요하다며 여러 개의 안경을 소지하기도 한다. 일부 임상가들은 한 다른 인격에서 또 다른 인격으로 전환될 때 생리학적·생화학적 변화가 동반된다고 믿는다. 좋은 연구과제이지만, 현재로서는 보통 사람의 기분 변화에 따른 차이만큼이라도 변화를 보인다는 근거는 찾아내지 못했다.[17] 불쾌한 자극에 대한 자율신경계 반응도 전환에 의해 방해받지 않고 한 다른 인격에서 또 다른 인격으로 계속된다.[18] 그럼에도 불구하고 다른 인격들 사이에는 온갖 종류의 소위 객관적 차이가 있으리라고 기대된다. 화가 나면 혈압이 올라가고 공포를 느낄 때 진땀을 흘리는 것은 당연한 생리학적 변화이다. 그러나 가해자 인격이 튀어나올 때에도, 무뚝뚝한 웨이트리스가 공포에 질린 어린아이로 바뀔 때에도, 아무런 생리학적 변화가 감지되지 않는다는 것을 알면 놀랄 것이다.

다중인격은 믿을 수 없을 정도로 피암시성이 높고 쉽사리 최면에 빠진다. 어떤 다른 인격은 치료과정에서 몽환과 비슷한 상태에 빠져서 기억이 깜박거리며 떠오르고 빠른 속도로 인격의 전환이 이루어진다. 다중인격운동 설립자 중 한 사람인 유진 블리스Eugene Bliss는 1980년에 이렇게 썼다. "인격들의 영역에 들어가는 것은 유치할 정도로 간단하다. 그 열쇠는 최면술이고, 이들 환자는 훌륭한 최면 대상이다. 그건 최면의 세상이다. 수십 년간 숨어 있던 인격들이 불려 나와 인터뷰를 하거나, 잊힌 기억과 마주치고, 마치 지금 사건을 겪는 것처럼 격렬한 정서적 반응이 재현된다."[19] 암시와 거짓기억에 관한 현재의 공론을 감안하면 블리스의 말처럼 경솔한 것은 없다. 그럼에도 그 순진한 열정을 무시해서는 안 된다. 지난 200여 년의 과정을 살펴보면, 몽환 상태는 DSM의 다중인격 진단기준에 맞는 사람 대부분에서 발견되는 몇 안 되는 공통분모다.

다중인격을 관찰해온 사람들은 항상 서로 다른 '모습'의 다른 인격들을 보고했고, 그 차이를 주장하기 위해 때로는 그림이나 사진을 함께 실었다. 이런 관행은 한 세기 전부터 있어왔다. 역사상 의학적으로 보고된 최초의 사례인, 2개 이상의 일관적이고도 뚜렷한 다른 인격들을 가진 *다*중인격을 찍은 일련의 사진이 있다. 1885년 다중인격자로 첫 보고된 루이 비베Louis Vivet인데, 12장에서 기술할 것이다. 마찬가지로 1887년 최초의 해리성 둔주fugue 환자로 보고되어 장기간에 걸쳐 연구된 알베르 다다Albert Dada*도 다른 세 가지 상태, 소위 정상 상태, 최면 상태, 둔주 상태에 있는 사진을 남겼다.[20] 따라서 다중성은 애초부터 시각적으로 다가왔고 충실하게 첨단기술을 따라왔다. 영화가 등장하면서 전환의 순간이 기록되었고,[21] 지금은 수많은 동영상이 있다. 그러나 동영상도 우연한 목격자들에게는 경험 많은 치료사들이 그것을 보며 느끼는 것만큼 놀랍지는 않다. 그 간극을 해소하기 위해 일부 옹호자들은 급격한 태도 변화의 장면을 제공하기도 한다. 나도 여러 차례 그런 동영상을 볼 기회가 있었는데, 해설자는 동영상 시작 전에 "가장 뛰어난 여배우도 이렇듯 훌륭하게, 이렇듯 재빨리 역할을 바꾸지는 못할 것입니다"라고 말했다. 내가 받은 인상은 아무리 서투른 배우도 그보다는 잘하겠다는 것이었다. 나는 그 환자가 가장하고 있었다고 말하려는 게 아니다. 단지 그 역할을 제대로 하지 못했다는 것이다. 어찌 잘하겠는가? 시카고에서 온 거식증 여자가 당황해서 빨개진 얼굴로, 어느 순간 90kg의 앨라배마 트럭 운전사

---

* 알베르 다다와 해리성 둔주遁走에 관한 더 자세한 내용은 저자의 다음 작품인《미치광이 여행자》를 보라.

처럼 행동하고, 다음 순간에는 눈보라에 겁에 질린 3살 아이처럼 행동하리라고, 왜 우리가 기대해야 하는가? 그 동영상은 다른 인격들이 별개의 인격을 가졌음을 확실히 보여주기 위해 뚜렷이 구별되는 모습으로 희화화된 것이다. 그래서 그 영상에서는 다른 인격들이 나이, 인종, 체격, 목소리가 다 다르게 보인다.

　심한 기능장애가 있는 일부 다중인격의 경우, 망가진 누더기 같은 인격의 파편들이 빠른 속도로 전환되면서 매번 다른 진부한 특성을 나타낸다 그 결과는 TV 채널을 이리저리 돌리는 것 같다. 그 느낌이 강한 이유는 아주 많은 수의 다른 인격을 가진 환자들은 종종 시트콤, 연속극, 범죄드라마 시리즈에 나오는 이름과 인격을 선택하기 때문이다. 미국에서 TV 리모컨이 널리 퍼진 시기는 우연히도 다중인격이 많아지기 시작한 때이다. 내가 말하려는 것은 다중인격이 의도적으로 TV 속의 상상을 재현한다는 의미도 아니고, 어찌 되었든 보통 사람들보다는 더 그렇다는 의미도 아니다. 우리는 항상 남을 모방하며 살아간다. 위대한 예술부터 겉만 번드르르한 것에 이르기까지 모든 예술은 양식화된 특성을 우리에게 보여주고, 우리는 그 특성으로부터 무언가를 조금씩 얻어내서 선택적으로 개인의 스타일을 만들고 자기의 개성으로 계속 진화시켜나간다. 매우 중요한 점은, 다중인격에 특별한 종류의 진실이 있다고 생각하지 말아야 한다는 것, 다른 인격이 어린 날 실재한 학대로부터의 도피 수단이었던 숨겨진 비밀스러운 영혼이라고 생각하지 말아야 한다는 점이다. 특별한 종류의 진실이 있는 것도 아니고, 비밀스러운 영혼이 숨겨져 있던 것도 결코 아니다. 이 점에서는 다른 인격들도 우리와 똑같고, 단지 정서적 범위가 제한되어 있을 뿐이다. 그들도 주위환경에, 만나는 사람들에, TV 속의 이야기에 똑같이 반응한다.

　내가 원형에 관해 묘사하고 있음을 강조해야겠다. 많은 환자들은 원형에서 방사상으로 멀어지며 분포하는데, 그렇다고 해서, 타조가 이상하다고 새가 아니라고 말할 수 없는 것처럼, 그들이 다중인격 환자가 아닌 것은 아니다. 새로 출간된 어느 책에서는 이렇게 설명한다. "나에게 다중인격이 있다고 해서, 내 몸 안에 여러 사람이 살고 있는 것처럼 느껴지지는 않는다. 오히려 내가 다른 음조와 다른 어조로 생각하고 혼잣말하고 있다는 걸 발견하게 된다. 내 안에서 말하는 어떤 목소리는 어린아이 같다. 남들과 얘기해도 좋다고 허락하면 말을 하는데, 남에게 깊은 인상을 주거나 극적으로 보이려고 아이처럼 말하는 게 아니다. 내가 말하고자 하는 바를 표현하기 위해 때로 그렇게 말해야 하고, 어른 목소리로는 그렇게 할 수가 없다는 것이다. ...... 그러고 나서 의미심장하게도 강한 쇳소리로 상상하기 어려울 정도의 비열한 말을 내뱉는다. 그 목소리들이 그런 식으로 말할 때면, 나는 마음이 힘들어지고 자신이 냉혹하고 타산적이라고 느낀다."[22] 이 글을 쓴 작가는 자신을 극도로 잔혹한 악마숭배의식에 의한 학대ritual abuse의 피해자로 묘사했다. 글을 읽으면 알다시피 그녀는 대체로 자신을 통제하고 있고, 어린아이 목소리는 그녀가 말해도 된다고 *허용할 때*에 나온다. 그러나 이교의식이 대화의 주제가 되면 다른 목소리들이 통제할 수 없이 입에서 쏟아져 나온다. 이 작가는 내가 묘사해 온 원형과는 어느 정도 거리가 있는데, 특히 다중인격이 조화되지 않는 행동이나 기억상실로서가 아니라 거의 담화로만 나온다는 점에서 그러하다. 그렇다고 내가 말한 원형이 잘못 기술된 것은 아니다. 오히려 반대로, 수많은 사례가 핵심의 원형에서 어느 정도 떨어져 방사상으로 배열되어 있는데, 원형에서 변화된 사례들은 저마다의 특이성을 가지고 있다.

1980년대의 다중인격 원형을 요약하는 일은 어렵지 않다. 사회적으로 자신이 속한 집단의 가치관과 기대치를 가진 중산층 30대 백인 여자. 그녀는 뚜렷한 많은 다른 인격들, 예를 들어 16개의 인격을 가지고 있다. 그녀는 오랫동안 이들 다른 인격의 존재를 부인해왔다. 다른 인격 중에는 어린이들, 가해자들, 조력자들 그리고 적어도 남자 인격 하나가 있다. 그녀는 아주 어렸을 때 믿었던 가족 중 한 남자에게 여러 차례 성학대를 당했다. 또 자신을 사랑해주기를 원했던 사람에게서 많은 다른 종류의 모욕도 겪었다. 특히나 사랑은 그녀가 속한 계층의 가치관인데, 가해자는 그 욕구를 부추기고 그녀를 갈취한 것이다. 전에 정신건강 계통의 치료를 받았고 여러 증상에 대한 진단도 받았지만, 다중인격을 잘 포착하는 임상가에게 오기 전까지는 도움이 되지 않았다. 그녀는 일부 과거에 대한 기억상실이 있다. 어떻게 그 상황에 처하게 되었는지 기억하지 못한 채 낯선 곳에서 "돌연 정신을 차리는" 경험을 하게 되었다. 심한 우울함에 빠져 자주 자살을 생각했다. 이 모습이 원형이다.

전형적 다중인격이라고 북미 전역의 정신건강 전문가들이 해설한 이 원형은 치료사가 되고자 훈련과정에 들어선 사람 모두에게 점차 표준교육이 되어갔다. 이건 공식 진단요람에 규정된 어떤 것이 아니라, 문화의 한 부분이자 다중성에 특화된 언어에 가깝다. 지식의 모든 특수 부문에는 그러한 원형들이 있다. 그 어떤 교과서에도 원형이 명확히 명시되어 있지 않다는 사실은 다중인격운동의 결함이 아니다. 원형이란 교과서에 쓰이거나 파악이 되기 이전에 의미를 전달하는 것이기 때문이다. 완전한 통달은 오로지 임상경험으로만 이루어진다. 정신의학이 무언가 '엄격하지 않고' 애매한 과학이어서 그런 것은 아니다. 물리학도 마찬가지이다. 토머스 쿤T. S. Kuhn은 유명한 저서《과학혁명의 구조》에서 책으로만 물리학을 배울 수 없다고, 책 너머에서 문제를 해결해야 한다고 말했다.

그렇다면 무엇이 원형인지 어떻게 알 수 있을까? 오직 관찰과 귀 기울여 듣는 것에 의해서다. 내가 언급한 모습은 모두 문헌에 나오는 것이지만, 원형은 그보다 훨씬 더 막연하다. 그것은 사람들이 개념으로 이해하는 부분이자, 설명할 때 가리키는 그 어떤 것이다. 일반인을 위한 절충적 치료법의 훈련을 받던 사람을 우연히 만났는데, "아 참, 지난주에 다중인격요법을 배웠어요"라고 내게 말했다. 그래서 물어봤더니 내가 기술한 원형과 비슷한 모습을 말해주었다.

원형의 오용 가능성은 자명하다. 귀가 얇은 사람에게 극적인 효과를 일으키도록 제시될 수 있다. 8장에서 말하겠지만, 다중인격운동 내의 과격파는 많은 환자들이 이교의식에 의해 프로그래밍되었다고 믿는다. 또한 운동 내부에서는 수상한 종교적 장식물과 함께 이교 입회식에서 사용되는 물건과 유사한 것들을 발견할 수 있다. 이들은 강력한 흥미를 불러일으키는 서사로 원형을 제시하고, 듣는 사람마다 자기 안의 원형이 각성되는 것을 느끼도록 하는 데에 역점을 둔다. 인상적인 예가 1994년 7월 노스캐롤라이나의 한 뉴스레터에 실렸다. 개리 피터슨Gary Peterson이 쓴 글로서, 그는 아동다중인격 연구의 최선봉에서 영향력을 행사하는 정신과의사다. 그는 문하 연구생들에게 원형에 관한 생각을 사방에 퍼뜨릴 것을 지시했다. 그는 아직도 너무나 많은 사람들이 이브나 시빌 혹은 오프라 윈프리로부터 정보를 얻는다고 말한다.

특별한 지식이 없는 이들을 어디에서 찾을 수 있을까? 그들은 도처에 있다. 교회 등의 예배 장소에서, 여성센터와 남성센터에서, 성폭력 위기대응센터에서, 정신건강센터에서, 학교에서, 지역 자조집단과 경영조직 및 많은 지역 기관에서 찾을 수 있다.

피터슨은 자기 추종자들에게 그런 곳 중 어디에든 들어가 일할 것을 요구한다. 그가 제시한 방법 중에는 이런 것이 있다. "인생행로에 관한 이야기"로 발표를 시작하라. 우선, 청중에게 각자 출생하던 순간으로 시간을 역행해보자고 권하면서 워밍업을 한다. 그러고는 "이제 곧 설명해줄 사람과 똑같은 인생을 산다면 어떠할지 생각해보자"라고 청한다. 다음에는 준비한 원고를 읽는다. 그는 조수들에게 "신중하고도 감상적으로 원고를 읽고, 청중들이 이야기의 충격을 그대로 흡수하도록 적절한 곳에서 잠시 읽기를 멈추라"라고 말한다. 탄생의 순간까지 내려갔던 시간역행은 거꾸로 한 살씩 올라오면서, 앞서 말한 다중인격의 원형에 들어 있는 모든 특징적 모습을 드러낸다. 여기에 학대와 혼란으로 점철된 인생사가 더해진다. 두 번의 이혼과 망각된 시간과 수많은 치료과정을 거치며 무너져버린 28세 여자의 생애가 재현되고, 청중들은 이를 그대로 느끼고 경험하게 된다.[23] 청중들에게 그녀처럼 느끼고, 그녀 자체가 되어보라고 한다. 이는 민감한 청중에게 정신적 문제를 일으키게 하는 효과적인 방법이다. 이 책에서 나는 텍스트 분석이 아닌 개인적 비판은 자제하고 있으나, 그런 방식은 매우 사악해 보인다고 밝히지 않는 것은 잘못일 터이다.

그러나 원형으로 어떤 질환을 특징짓는 일에는 잘못된 것이 없다. 다시 말하지만, 원형은 평균이 아니다. 많은 다중인격은 새와 타조의 관계와 같다. 이 책의 사례들 중에는 아프리카계 미국인 남자 조나, 매일 헐(퀘벡주)의 프랑스어권 빈민가에서 다리를 건너 세련된 오타와(온타리오주)로 출근해서 감자튀김을 파는 저임금노동자 마리가 있다. 조나, 마리 그리고 앞서 예로 든 이교의식의 피해자는 다중인격 분류의 가장자리에 위치한다. 저마다의 방식으로 원형과 조금씩 다르다. 방사상 분류법에서는 어떤 것도 일직선상에 놓이지 않는다.

원형적인 사례를 드는 것은 모호하기는커녕 건전한 과학적 방법이고, 때로는 의미 전달에 매우 중요하다. 그런데 바로 그 이유로 현실

속의 사람과는 동떨어져 있게 된다. 방금 예로 든 것처럼 원형이 다채로우면 도리어 고정관념을 만들기만 한다. 다중인격이 된다면 어떻게 느끼게 될지 원형은 알려주지 않는다. 어떻게 느껴질까? 이는 자연스러운 질문이지만, 조심하시라. 그런 질문을 받은 다중인격들은 완벽한 대답을 해주지만, 특별한 것은 결코 말하지 않는다. 그들 사이에 통용되는 단어를 사용하는 경향은 있지만, 자신에 대해서는 남들이 흔히 아는 만큼만 말해준다. 그것이 언어가 작동하는 방식이다. 다중인격이 다른 인격들을 앞세우지 않을 때에, 우울 외에 가장 두드러지는 특징은 혼란, 멍함, 몽롱함, 여기저기 부분적으로 불분명한 과거 그리고 과거의 기억과 현재의 불행 사이에 아귀를 맞출 수 없는 것 등이다. 어떻게 느껴지냐고? 비참함, 공포, 이게 그들이 느끼는 것이다. 멍하다는 것은 어떠한 걸까? 술 취한 느낌? 혹은 생각에 골똘히 빠져 있는 것 같을까? '무엇과 같다'라는 이런 단어를 사용하지 않고 제대로 묘사할 수 있을까? 대부분은 하지 못한다. 하지만 그 단어들로 충분하다. 술을 한 방울도 입에 대지 않는 사람이 술에 취했을 때 어떻게 느껴지는지, 사지가 멀쩡한 사람이 팔이 부러졌을 때 어떤 기분일지 알지 못하는 것처럼, 우리는 알지 못한다. 그렇다고 정신 상태에 특별히 문제가 있는 것은 아니다. 많은 치료사들은 다중인격 환자로 하여금 어떻게 느끼는지 말로 표현하게 하면 도움이 된다고 믿는다. 그들이 얘기를 한다면 그걸 이해하는 데에 어려움은 없다.

이제 우리는 다른 마음의 문제the problem of other minds*라는 철학의 영역에 들어서게 된다.[24] 여기서는 상식적인 증인, 다중인격 전문가,

---

* 　생각, 감정 및 기타 정신적 속성을 가진 다른 존재가 존재한다는 것을 내가 어떻게 알 수 있는지를 묻는 주제로서, 분석철학, 현상학적 전통은 물론 심리학, 신경과학, 정신의학과 깊이 관련된다. 다중인격과 관련해서, 다른 인격의 존재를 어떻게 인식하는지 개념적·인식론적 논쟁이 있다.

하지만 비트겐슈타인처럼 고차원적 수준은 아닌 사람을 불러오는 게 좋겠다. 내가 말하는 사람은 코넬리아 윌버다. '시빌'을 진료해온 그녀의 이야기가 1973년 발표된 이후 많은 다중인격 일대기가 출간되었다. 최근에 나온 것으로는《떼*The Flock*: 한 다중인격자의 자서전》[25]이 있는데, 이 책은 자서전은 아니고,《시빌》처럼 전문작가에 의해 쓰인 소설 형식의 실화이다. 윌버는 사망하기 직전인 1992년, 홍보 목적으로 자신의 말을 인용해도 좋다고 출판사에게 허락했다.《떼》에 대해서 그녀는 "이 정신장애를 깊이 이해하고 설명했으며, 다중인격이 된다는 것은 어떠한지를 명확하게 알려준다"라고 했다.[26] 바로 그렇다. 달리 알아낼 수 있는 길도 없고, 다중인격이라는 게 어떤 건지 아는 데에 특별한 문제는 없다.

그러나 인간 존재를 연구자료로 다루는 것은 문제가 된다. 의사의 관점이나 교실의 입장에서 또는 의료인류학자의 관점에서는, 모든 다중인격은 원형 주변에 이리저리 뭉쳐 있으면서 비참하리만큼 서로가 비슷해 보인다. 그렇지만 모두는 서로가 다르다. 저마다의 치욕과 고통, 혼란의 역사로 가득 차 있지만, 또한 좋았던 시절, 희망에 차고, 가끔은 성취감으로 뿌듯했던 시간들을 알고 있다. 그래서 나는 사죄해야만 한다. 현실 속의 사람을 말하면서 몰인격적으로 그들과 거리를 두는 것에 대하여. 다중성에 관해 설명하다 보면 어느새 금방 기형쇼freak show가 되어버린다. 실제로 바넘P. T. Barnum*은 외견상 다중인격처럼 보이는 한 사람을 서커스에 출연시킨 적이 있었다.[27] 다중인격은 제랄도 리베라 쇼와 오프라 윈프리 쇼에 출연하기도 했다. 그 토크쇼들은 현대 미국인의 생활에서 중요한 역할을 하지만, 대상

---

* 19세기 미국의 정치인. 코네티컷주 브리지포트의 시장을 역임했으나, 이후 서커스사업가, 쇼맨, 사기꾼 등으로 알려졌다.

을 선정적으로 보이게 만들고, 상투적 모습으로 굳혀버리는, 우리 시대의 서커스다. 그런 쇼들에 관한 경멸적인 언사를 나는 다중인격 치료사들의 글, 발표, 강의 등에서 많이 접했고, 기괴함을 눈에 띄게 강조하면서 떠들썩하게 논쟁을 벌이는 토크쇼에 관해서는 한 마디의 좋은 평가도 듣지 못했다. 그런데 나는 이를 달리 해석한다. 그런 쇼는 대개는 훌륭하고, 아무도 큰 관심을 쏟지 않는 다양한 보통 미국인들—놀랍도록 명확히 자기 의견을 표현하는—을 위한 공개토론회이다. 다중인격은 그들 사이에 있다. 고통을 겪는 매우 평범한 사람들 사이에서, 아마도 더 많이 고통스러워했을지 모른다. 우리는 지금, 매우 흔히 적대적인 이 세상에서 그들이 어떻게 대처하고 생존하는지를 말하고 있다. 실패한 사랑과, 이면에 도사린 잔인함과, 가정폭력에 관해서, 또 그들이 공포, 사악함, 무관심을 어떻게 직면하고 극복했는지에 관해 얘기하고 있다. 어디엔가 있을 그 모든 개인들에게 나는 사죄해야 한다. 자신의 인격이 파편화되는 것을 보고 느꼈던 그들에게, 자신이 연구자료로 취급되는 것에 분개하는 그들에게. 나 스스로를 그들의 고통으로부터 멀리 떼어놓았던 그 거리만큼 나는 미안하게 생각한다. 회의론자든 옹호자든 간에 나는 앞으로 종종 이런저런 다중인격 전문가에게 비판적일 것이고, 심지어는 무례해지기도 할 것이다. 물론 어린 날의 학대 경험과 뒤이은 다중성이라는 온탕에 몸을 담그고 대중의 관심을 즐기는 몇몇 여배우에 대해서는 남들만큼 나도 냉소적일 것이다. 그러나 보통 환자에게 우리가 가져야 할 감정은 공감과 존중이다. 이 말은 관대하다든가 방종을 허용한다는 의미가 아니다.

다중인격은 스스로 여러 자조집단을 만들어 나갔다. 초기 시도는 안정적이지 못했는데, 그 이유는 어느 한 사람이 미팅 도중 공격적인 인격으로 전환이 되면 다른 사람들이 위협감을 느꼈기 때문이다. 미팅에 비非다중인격 관리자가 없다면 더 많은 전환이 일어나면서 그곳은 아수라장이 될 수 있다. 스스로 힘을 모으던 한 그룹이 노스캐롤라이나주 애슈빌에 있는 하일랜드병원 해리장애 병동에서 자조집단을 만들었다. 1993년 1월, 환자들 일부가 다중인격 조합을 형성했고, 이제는 법적 비영리단체로 통합이 되었다. 30명의 회원으로 시작된 것이 그해 연말이 되자 130명으로 불어났다. 사업가이자 다중인격인 데비 데이비스Debbie Davis가 조합장에 이어, ISSMP&D 산하 환자동맹위원회 위원장이 되었다.[28] 그녀는 그 명칭을 고객동맹위원회로 바꾸길 원한다. "우리는 그 명칭이 더 동기부여를 한다고 느낍니다." 조합은 입원환자가 사회에 적응할 준비를 할 수 있는 재활가정을 운영한다. 정기적으로 열리는 지지집단 모임이 있어서 대개 11~20명의 다중인격이 참석한다. 조합은 짧은 여행(예를 들어 조지아주에 있는 테마파크인 식스 플래그스Six Flags로 가는 여행)도 주선하고 동료들끼리 꾸려나가는 정기 모임을 가진다. 친목 모임은 특히 환영하는데, 그 이유는 어린이 인격들이 튀어나올 기회가 되기 때문이다. 어느 날 저녁에는 4살 어린이들을 위한 핑거 페인팅을 하고, 다른 날에는 [키플링의]《바로 그런 이야기들Just So Stories》을 읽는다. 데이비스와 이들 그룹은 자신들의 이름이 다중인격장애든 해리성정체감장애든 간에 '장애'라는 이름으로 불리는 것을 불쾌해한다.

데이비스가 조합에 관해 전부 다 말했든 아니든 간에─그러한 단체는 본래 분열될 수밖에 없다─우리는 여기서 다중성의 진화 과정에 또 다른 단계가 있다는 증거를 얻는다. 다중인격이 더 이상 장애가 아니라 삶의 방식이 될 수 있을까? 어떤 다중인격자는 완치되어 오직 하나의 인격만 가지게 된다는 생각에 위협감을 느끼기도 한다. 어려운 상황에 대처할 수 있도록 도움을 주는 동료를 잃게 되기 때문이다. 어떤 이들은 해리를 경험하는 동지들로 이루어진 공동체를 찾았다고 느끼기도 했을 것이다. 다중인격 자조집단은 미 대륙 어디에서나 발견되고 지금까지 자신들만의 방식으로 발전을 거듭해왔다. 데이비스는 모든 그룹을 소통되는 네트워크로 끌어들이려 한다. 몇 년 전에 다중인격 인터넷 게시판이 만들어졌다. 이들은 더욱더 힘을 갖추기를 희망한다. 그리하여 다중인격의 하위문화로, 아니면 더 광범위하게 네트워크로 연결된 대륙적 하위문화로 진화할지도 모른다. 이 현상을 모두가 환영하는 것은 아니다. 리처드 클러프트는 1993년 11월 시카고에서 열린 동료 전문가 모임에서 그가 "다중인격장애 하위문화"라고 부른 이 현상에 문제 제기를 하는 것으로 연설을 마무리했다.

> 사회적으로 규정된 환자로서의 역할에는 병에서 벗어나 회복되려 애쓰는 것도 포함되어 있다. 많은 다중인격장애 환자는 물론 우리들 중에서도 이를 명심하지 않는 사람들이 있다. 우리는 다중인격장애 환자에게 그들끼리 둘러앉아 자신들의 환경에 어떻게 대응할지 정보를 주고받고, 친구를 만들고, 다중인격에 대해 온종일 떠들어도 되는 면허를 내주고 있다. …… 나는 우리가 많은 환자들에게 다중인격장애는 영구히 지속된다는 암묵적인 메시지를 주고 있다고 생각한다. …… 환자로서 인정받고 홀로 질환을 겪지 않기를 바라는 소망은 이해가 된다. …… 집단에 대한 소속감과 유대감이 주는 강력한 힘도 이해된다. 그러나 자기들의 공통점에는 다중인격장애를 가졌다는 것뿐만 아니라, 가능한 한 빨리 그것을 제거하고 자기 삶을 살아가야 한다는 점도 있음을 깨달아야 한다.

나는 되먹임 효과로 이 장을 시작했는데, 이는 분류 자체가 그렇게 분류된 사람들에게 영향을 미치고, 그 사람들이 다시 분류에 영향을 미치는 방식을 말한다. 의료에서는 의학지식의 권위자인 의사가 지식의 대상인 환자를 지배하는 경향이 있다. 지식의 대상은 지식을 가진 자가 기대하는 방식에 따라 행동한다. 그러나 항상 그렇지는 않다. 때로 지식의 대상이 스스로 행동에 나서기도 하는데, 유명한 예가 게이해방운동이다. '동성애자homosexual'라는 단어는 19세기 후반 의학적·법적 분류로 등장했다. 이후 그 단어는 한동안 의학, 의사와 정신과의사의 전유물이었다. 지식의 소유자가 동성애자라는 게 무엇인지를, 적어도 표면적으로는, 정의했다. 그러나 그다음에는 지식의 대상인 자가 주도권을 장악했다. 나는 다중인격도 그리될 것이라고 아직은 추측할 수가 없다. 그렇지만 사태가 어떻게 변화되는지는 잘 알고 있다. 1983년 가을 나는 이렇게 말한 적이 있다. "불쾌를 유발할 것을 각오하고 하는 말인데, 다중인격 만들기와 동성애자 만들기 사이의 대조점을 가장 빨리 이해할 수 있는 방법은 다중인격 바bar를 상상해보는 것이다. 다중인격은 다중인격이라고 선고받은 한 치료를 받아야 하고, 증후군 표출방식과 행동양상을 전문가팀에게 조정받아야 한다. 의료-법 전문가들이 그 진단범주로 무엇을 하려 했든, 동성애자들이 자율적으로 표식을 붙이게 된 것과 달리, 다중인격은 그렇게 할 수가 없다."[29] 하지만 이 말을 취소하게 될 날이 올지도 모르겠다.

3장 다중인격운동

　광기의 의료화 이후로 그리고 확실하게는 정신분석의 출현 이후로, 우리는 심리적 '운동'에 익숙해져왔다. 정신분석운동은 지그문트 프로이트가 창시하고 지휘했다고 누구도 주저치 않고 말하리라. 다중성을 창시하고 지배하는 모체는 없었으나, 운동이라고 부를 만한 것이 있었다면 그건 다중인격운동이다. 그건 꽤 신선하고 미국적 특징이 부여된 것이었고, 도시 깍쟁이들보다는 별스러운 것에 훨씬 관대한 시골 사람들의 마음을 움직였다. 다중인격및해리연구국제협회 ISSMP&D는 정신과의사들과 몇몇 심리학자들이 설립했지만, 다중인격운동은 외견상으로는 평등주의적이어서, 환자와 의사가 동등한 수준에 있는 것처럼 보였다. 1994년 5월 ISSMP&D의 4차 춘계 총회의 등록비는 정회원의 경우 250달러였고, '다중인격 회원'에게는 25달러가 할인되었다. 총회 시작부터 연단 위의 인물은 닥터 누구누구가 아니라 코니, 버디, 릭, 캐시 등의 이름으로 지칭되었다. 환자 쪽에서 보면, 자신을 밝히고 공개적으로 다중성을 드러낼 수 있다는 데에서 위안을 느끼기도 한다. 따라서 이 운동은 최근에 나온 해방—예를 들어 게이해방운동—의 언어와 옛 기독교 근본주의자들 부흥회의 기억을 끌어낼 수 있었다. 통계는 없고, 아무것도 존재하지 않을지 모르나, 다중인격을 치료하는 많은 치료사가 자신도 해리장애로 고통받았다고 말하고, 치료 도중 아동학대를 기억해냈다고 덧붙인다.

시대를 대략적으로 구분하면, 다중인격운동은 1960년대에 싹이 터서, 70년대에 전체 모습을 드러냈고, 80년대에 숙성하면서 90년대의 새로운 환경에 스스로 적응해나갔다. 내 글이 약간은 냉소적으로 읽히겠으나, 그럴 만한 사정이 있다. 나는 'ISSMP&D의 공식 정기간행물'이자 협회 자회사인《해리 *Dissociation*》를 구독 신청한 후, 의과대학 졸업증서처럼 디자인된 서류 한 장을 받았다. 동봉된 전단지에는 이런 글이 인쇄되어 있었다. "당신의 전문성을 드러내 보이고, 다중인격과 해리장애 분야에 참여하신 것을 자랑스러워하십시오. 회원증서를 멋진 명판(발송 경비 포함 18달러)에 담아 전시하세요." 운동이 성공하려면 사건, 핵심 주제 그리고 단체가 필요하다. 운동은 같은 마음을 가진 사람들과 복도 구석에서 우연히 이루어진 만남에서, 늦은 밤의 대화에서, 소규모의 활발한 만남에서부터 시작된다. 힘든 작업과 통솔력이 요구된다. 그러나 더 넓은 사회 환경이 이를 수용할 수 있을 때에만 운동으로 '발전'할 수 있다. 다중인격운동의 본질적 요소는 아동학대에 관한 미국의 강박과 그에 대한 감응, 혐오, 분노, 공포가 뒤섞인 복잡한 감정이었다. 다음 장에서 그 일부를 자세히 기술하겠지만, 관련 기관에 대해 약간의 설명을 하고 이 주제를 넘어가려 한다. 먼저, 별개로 발생한 세 개의 사건이 기폭제로서 뚜렷한 표식을 남겼음을 설명하려 한다. 다중인격 단체에 대한 생각이 미처 떠오르기 이전에 두드러지게 눈에 띈 3명의 인물이 있다. 코넬리아 윌버 (1908~1992), 앙리 엘렌베르거 Henri Ellenberger(1905~1992) 그리고 그다음

영혼 다시 쓰기

세대인 랠프 앨리슨Ralph Allison이다.

월버는 정신과의사이자 정신분석가였으나 전문가로서의 영향은 그녀의 환자 시빌을 다룬 소설에서 비롯되었다. 다중인격 개념에는 항상 유명 인물이 끼어 있다. 19세기의 낭만적 소설과 시에는 확실히 이중성의 낌새가 스며 있었다.《지킬 박사와 하이드 씨》가 가장 유명하고, 도스토옙스키의《분신》에서 골랴드킨은 가장 위대한 예술적 창조물이고, 제임스 호그James Hogg*의《사면된 죄인의 사적 비망록과 고백》은 내가 가장 공포를 느낀 소설이다. 이들보다 가벼운 수많은 작품들이 있는데, 이중인격 개념은 의학보다는 소설을 통해 유럽인의 의식 속에 확고히 자리잡았다. 현대의 다중인격운동은 소설이 아니라, 새로운 장르인 다중인격 일대기multobiography에 의해 꽃을 피웠다. 이것은 한 다중인격의 책 한 권에 달하는 이야기로, 대개는 "구술에 의거하여 전문작가가 쓰는" 식으로 제시되었고, 영화나 TV 특집극으로 만들어지기도 한다.

그 선두에는 1957년작《이브의 세 얼굴》이 있다.[1] 놀랍게도 많은 사람들이 그 책이나 영화를 보지 않았어도 제목은 들어본 적이 있다고들 한다. 아마도 잊기 어려운 제목 때문인지도 모른다.《이브》는 크리스 코스트너 시즈모어Chris Costner Sizemore를 치료했던 두 정신과의사의 작품이다. 이들은 1954년 한 학술지에 그녀의 사례를 보고했다.[2] 그 사례를 대중적으로 출간하자 곧 베스트셀러가 되었고 영화도 인기를 끌었다. 그러나《이브》는 현대 다중인격운동의 시조가 되지는 못했다. 운동에 관한 문헌에서 그 책을 호평한 사람은 한 명도 없

---

* 1800년 전후 스코틀랜드의 시인, 소설가, 언론인. 그의 이름을 알린 소설《사면된 죄인》(1824)은 고딕 스타일의 반영웅, 동성애와 악마 빙의 등을 주제로 한 미스터리 소설로 '악을 가장 탁월하게 묘사한 작품'이라는 평을 받았다.《지킬 박사와 하이드 씨》에 영감을 주었고, 영화, 연극, 오페라 등으로 번안되었다.

었고, 많은 비평가들은 두 정신과의사를 혹독하게 비판했다. 다중인격이 날아오르기 위해서는 설명이 가능하고 터를 잡을 수 있는 넓은 문화적 체계가 필요하다. 그 배경이 바로 아동학대였다.《이브》는 아동학대가 미국인의 강박이 되기 전에 일어난 일이다. 순수의 시대에 쓰인 그 책은 다중성을 이해 가능한 것으로 만들지 못했다.

이브가 근래의 다중성과 왜 그리 멀리 동떨어져 있는지에는 특별한 이유가 있다. 담당의사들은 그녀에게서 단지 3개의 인격만 끌어냈다. 환자는 그 이야기를 이어받아, 자신의 삶을 서로 다른 시각에서 본 세 권의 책을 썼다. 돌이켜보건대, 이 책들이 정말 이브의 세 얼굴이다. 처음에 그녀가 가명을 사용하고, 담당의사들의 도움을 받아, 전작을 자신의 관점에서 쓴 것이《이브의 마지막 얼굴》로 출판되었다.[3] 그러나 그 얼굴은 마지막이 아니었다. 그녀는 1975년 5월 25일자《워싱턴 포스트》에 특종으로 보도되는 것을 수락하며 자신을 공개했다. 다음 책인《나는 이브다》[4]에서는 담당의사들에게 등을 돌리고 비난을 퍼부었다. 그녀는 20개 이상의 인격과 학대받았던 숨겨진 과거를 발견했다. 그녀는 1970년대에 출현한 새로운 비전의―전 세대 의사들의 오진과 잘못된 치료법도 포함하여―다중성의 완벽한 표본이었음에도 불구하고 운동에는 그리 많이 협조하지 않았다. 그녀는 계속 순회강연을 다니며 전 담당의사들을 깎아내렸고, 운동을 지지하는 의사들은 그녀와 거리를 두는 것 같았다. 누가 이중간첩을 신뢰하겠는가? 시즈모어는 거기서 그치지 않았다. 1989년《나 자신의 마음》[5]을 출간했다. 그 책에서 밝힌 바에 의하면, 최초의 다른 인격들은 출생 시부터 존재했는데, 전생의 인격들이기 때문이라고 했다.

이브의 전 담당의사들은 나중에 다중인격운동의 선동과 선전으로 인해 너무 많은 환자가 출현하게 되었다고 운동을 비난했다.[6] 그들은 그녀를 올바르게 치료했지만, 이브가 나중에 나쁜 꼬임에 빠졌다는

영혼 다시 쓰기

말이었다. 진짜 다중인격은 의사가 기껏해야 평생 한두 명 만날 수 있을까 말까 한 정도인데, 1970년대 후반 급증한 다중인격 유행은 주로 스스로를 중요한 사람이라고 느끼려고 증상을 키운 불행한 사람들로 이루어졌고 무비판적인 의료계에 의해 조장되었다고 했다.

그러므로 다중인격운동은 《이브의 세 얼굴》이 아니라, 매우 다른 성격의 다중인격 일대기에 의해 시작된 것이다. 바로 1973년 출간된 《시빌》[7]이다. 이 또한 장편 영화로 만들어졌다. 나는 최근에 여러 학부의 학생들과 함께 그 영화를 보았다. 미디어와 친숙하고 가정폭력에 대해 뚜렷한 의식을 가진 학생들도 꽤 무서운 내용이라고 말했다. 그 책은 '구술을 바탕으로' 전문작가가 소설화한 것이다. 코넬리아 윌버는 시빌을 네브래스카에서 만나 치료를 시작했다. 윌버가 정신분석 훈련을 받기 위해 뉴욕으로 이사했는데, 시빌 역시 대학원에 들어가기 위해 뉴욕으로 이사 오면서 치료가 재개되었다. 윌버는 시빌의 다른 인격들을 발굴해내기 시작했다. 이 과정은 윌버가 의과대학에 교직을 얻어 켄터키주 렉싱턴으로 이사하면서도 계속되었다.[8]

윌버의 사례보고는 아무도 다중인격을 진지하게 생각하지 않는다는 이유로 학술지와 의학잡지에서 계속 거절당했다. 미국정신분석학술원 연례회의에서 사례를 발표한 후에는 참담한 모욕까지 당했다. 윌버는 학술원에서 발표된 논문은 모두 다 출간해주는 것으로 알고 있었는데, 학술원으로부터 "지면이 모자란다"라는 전화를 받았던 것이다. 시빌의 이야기가 전문가들에게 받아들여지지 않게 되었으니 직접 대중에게 알려야 했다. 그 이야기는 저널리스트인 플로라 리타 슈라이버Flora Rheta Schreiber가 집필했다. 슈라이버는 집필을 시작하기 전에 시빌이 완치되어야 한다고 고집했다.[9] 해피엔딩이 아닌 책은 팔리지 않기 때문이다. 시빌이 완치되자 슈라이버가 윌버와 시빌이 사실상 동거하던 집으로 입주해서 책을 쓰기 시작했다. 그 시기 동안

월버는 최소 6명의 다른 다중인격을 진료하고 있었는데, 그중 한 명이 앞서 말한 조나다.[10]

월버의 작업은 아동기의 트라우마를 적극적으로 찾으려 했다는 점에서 다중인격의 새로운 장을 여는 것이었다. 그녀는 시빌의 다중성을 어머니의 심술궂고 징벌적인 그리고 흔히 성적인 폭력에서부터 추적해 들어갔다. 월버는 정통 프로이트파가 아니었다. 월버는 (프로이트가 혐오했던) 최면 및 아미탈*을 사용해서 시빌의 기억을 탐색했다.[11] 미국의 정신분석이 요구하는, 환자와 분석가 사이에 일정 거리를 두어야 한다는 의례적 원칙도 지키지 않았다. 두 여자는 친구가 되었고, 시골로 드라이브를 즐기는 등 한동안 한집에 살았다. 시빌의 치료시간은 2,534시간에 달했다. 월버는 그토록 오랜 시간이 걸린 것에 대해 그저 1960년대에는 다중인격에 대한 지식이 없었기 때문이라고 말했다.[12]

프로이트 교조주의자라면 학대받았던 기억이 현재의 시빌에게 어떤 의미인지 그 이해를 돕기 위해 기억을 다루려고 했을 것이다. 그 일이 실제 기억인지 환상인지는 그리 중요하게 여기지 않았을 것이다. 그러나 아동학대와 가정 내의 변태적 성생활 사이의 연관성에 관해 대중의 인식이 높아지면서, 시빌의 어머니의 행동은 학대에 완벽하게 들어맞았다. 단순히 잔인함에 그치는 것이 아니라 거의 노골적인 성적 페티시즘까지 있었다. 냉수 관장액을 넣고 배출하지 못하도록 엉덩이를 묶어두는 처벌을 끊임없이 가했다. 뾰족한 물건으로 시

---

* 바르비투르산계 약물. 항불안 효과, 수면 효과 등으로 제2차 세계대전 중 전투신경증 치료에 많이 사용되었다. 그러나 긴 반감기와 강한 약물의존성, 효과적인 다른 약물의 개발 등으로 지금은 거의 사용되지 않는다. 정맥 내로 서서히 주입할 경우, 정신 억제 기능을 풀리게 하여 진실을 토로하게 하는 효과가 있다고 하여 '자백제truth serum'로 불리기도 했으나, 정반대로 거짓기억을 심을 수 있다는 이유로 그러한 사용법은 금지되었다.

빌의 항문과 질을 찌르는 등, 성적 잔인성에 대한 음산한 설명이 장황하게 이어지면서 나온 얘기였다. 시빌이 힘들게 기억해낸 일이 실제로 일어났는지 윌버는 나름 최선을 다해 확인했다. 가족의 집으로 찾아가서 고문 도구라는 관장 주머니, 항문 등을 틀어막는 데 사용되었다던 장화끈 뭉치를 최소한 목격하기는 했다. 순종적인 아버지는 이 얘기에 아무런 반박도 하지 않았다. 물론 그 고문 도구라는 것이, 당시에는 가정집에 흔히 비치되는 잡화라서 그 물건의 존재만으로 가학적 목적으로 사용되었다는 증거가 되지는 않는다. 그러나 윌버는 시빌의 말을 신뢰했고, 책이 출간되고 그리고 무엇보다도 영화화된 후에는 그 실재성을 의심하는 사람은 아무도 없었다.

시빌은 다중성이란 무엇인지를 설명하는 원형이 되었다. 그녀는 지적이고 유망한 경력을 가진 젊은 여자로서, 꽤 오랜 기간의 과거를 기억하지 못했다. 일화성 둔주도 있었다. 어떻게 그곳에 왔는지 알지 못한 채 낯선 장소에서 정신을 차리기도 했다. 그러나 더 중요한 것은 다른 증상들이었다. 과거의 환자들은 2~3개, 간혹 4개의 다른 인격을 가졌다. 시빌에게는 16개의 인격이 있었고, 그중에는 어린이 인격, 2명의 남성 인격도 있었다. 어떤 인격들은 서로를 알고, 말다툼을 벌이고, 싸우거나 서로를 돕기도 하고 해치려 하기도 했다. 서로 다른 인격들이 역동적 관계를 맺을 수 있다는 생각은 이전에도 언뜻 지나갔지만, 이를 중요하게 여기게 한 것은 시빌에 관한 보고서였다. 무엇보다도 시빌이 가진 장애의 원인이 뚜렷이 부각되었다. 그녀는 정말로 아동학대를 받았던 것이다. '시빌'의 본 인격은 그 유감스러운 사건들을 기억하지 못했다. 그러나 그녀의 다른 인격들은 기억했다. 실로 그들은 그 공포에 대처하려고 만들어진 것이었다. 본 인격으로부터 해리됨으로써 시빌은 사건으로 인한 상처를 의식하지 않아도 되었다. 자기를 학대한 어머니를 미워할 필요도 없었고, 심지어 어머니를 사랑할 수도 있었다. 증오는 다른 인격들이 해주니까. 또 다른 인격들은 어릴 때 그렇듯 폭력을 겪지 않았더라면 시빌이 영유하고 싶었을 삶을 살아갔다.

시빌은 뒤이어 출현하는 다중성의 원형과 한 가지 점에서 달랐다. 학대자가 아버지나 다른 남자가 아니라 자신의 어머니라는 점이다. 《시빌》이 출간된 지 2년 후인 1975년까지도 성학대와 근친강간은 충분히 대중의 관심을 받지 못했다. 그 후에도 성학대는 주로 대가족 내의 남자에 의한 것이었다. 시빌의 이야기는 그 틀에 맞지 않았다. 그녀의 아버지는 수동적이었고, 기껏해야 촉진자였다. 사악한 인물은 가학적 어머니였다.

《시빌》이 무대를 마련한 것이라면, 매우 다른 종류의 아주 두꺼운 책 하나가 다중인격과 해리의 부활에 훌륭한 배경을 제공했다. 앙리 엘렌베르거의 《무의식의 발견》은 정신의학 역사상 존재했던 대부분의 저술을 왜소하게 만드는 책이다.[13] 그 책은 프로이트 이전 시대에 무의식에 관해 어떻게 생각했는지를 연구한 가장 풍부한 내용의 저술이자, 무의식에 관한 옛 생각과 후일의 역동정신의학dynamic psychiatry 사이의 관계에 관한 가장 뛰어난 연구서로 오랫동안 남아 있을 것이다. 그 책은, 연구 주제에 심취하여 일생을 그 연구에 헌신한, 정신과의사이자 교육자로서 성실하게 생계를 꾸렸던, 가장 훌륭한 의미의 아마추어의 비범한 작품이다.[14] 엘렌베르거는 19세기 다중인격 역사의 상당 부분을 발굴해냈다. 그는 그 주제의 위대한 이론가를 부활시켰다. 현대 정신의학적 의미로 *해리*라는 단어를 발명한 그리고 한때 큰 영향력을 가졌던 프랑스 이론가이자 연구가였던 피에르 자네Pierre Janet가 그 사람이다. 정신분석은 독립된 질환명으로서의 다중인격에 반대해왔고, 아마도 20세기 초반 다중성의 쇠퇴는 그로 인한 것일지도 모른다. 한 가지는 확실하다. 프로이트는 개인적으로 자네를 위협적인 경쟁자로 보았고, 자기 생각의 독창성을 강조하려 노심초사했으며, 자네의 생각을 하찮게 보이도록 하려 애썼다는 점이다. 자네는 정신분석운동을 자의식 과잉으로 다루던 프로이트의 희생자다. 학자였던 자네에 비교하면, 프로이트는 자네의 명성을 압살한 기업가다. 그러나 불행히도, 자네가 프로이트의 성공에 대해 반복적으로 기술한 것을 읽다 보면 어린아이의 시기심 같아서 패배자에 대한 동정심이 약해진다.[15]

자네가 사망한 1947년, 그는 거의 완전히 잊혀져 있었다. 그러나 자네의 업적을 흠모하던 엘렌베르거는 달랐다. 엘렌베르거는 프로이트를 다중인격에 기여한 인물들의 긴 목록에 올리기는 했지만 자네에게 오히려 큰 빚을 진 사람으로 보았다. 자네 자신은 프랑스 다중인격의 전성기에 완숙의 경지에 이르렀다. 그는 프랑스에서 가장 유명한 여러 명의 다중인격을 개인적으로 연구했다. 다중성의 이론과 정신역동학을 체계화했고, *해리* dissociation와 *해체* désagrégation 같은 프랑스 단어들을 선택함으로써 그 의미가 암시하는 이론적 모델을 창안했다. '해리'라는 단어가 영어권에 도입된 시기는 1890년으로, 프랑스 심리학 및 자네라는 한 인간에 깊이 심취했던 윌리엄 제임스William James에 의해서다. 미국에서 다중인격의 선구자인 모턴 프린스Morton Prince는 보스턴 심리학계의 리더였는데, 프랑스 방문 후인 1890년 그 역시 출판물에 이 단어를 사용했고 영어권에 확실히 자리잡게 했다.[16] 이와 대조적으로, 자네는 1889년 철학 학위논문 〈심리적 자동증〉을 쓴 이후 그 단어를 폐기해버렸다. 9장에서는 그가 다중인격을 더 이상 진지하게 생각하지 않게 되었음을 지적할 것이다. 그는 다중인격이 오늘날 양극성장애로 불리는 것의 특수한 사례라고 판단했다. 말하자면, 다중인격은 조울증이라고 생각하기에 이르렀던 것이다. 그러나 엘렌베르거는 자네의 이러한 후기 작업에 대해 실질적으로 아무런 언급을 하지 않았다. 그리하여 자네 주위에 계속 전설이 쌓이면서 해리 이론의 위대한 창시자가 되어버린 것이다.

엘렌베르거는 다중인격운동과 아무런 상관이 없다. 그러나 그의 저서는 다중인격이 한때 정신의학 사상의 중요한 한 부분이었음을 명백히 보여준다. 정신분석이 존재하기 이전에 마음에 관한 역동정신의학적 모델이 있었음을, 그리고 분석가들이 이를 파묻어버렸음을 들춰낸 것이다. 그 책은 다중인격을 정당화하는 데 일조했다. 엘렌베르거는 무심결에 자네가 해리의 창시자가 되도록 만든 것이다. 갓 생겨난 운동은 마니교도적 세계관을 가지고 있다. 즉 현실에 존재하는 악에 대항하는 선의 세력이 운동이라는 것이고, 이런 시각은 신화적 인물들로 하여금 선악의 대립을 상징하게 했다. 일단 엘렌베르거가 자네를 부활시키자, 자네는 영웅으로, 일종의 반反프로이트로 해석할 수 있게 되었다.

엘렌베르거는 다른 일에도 영향을 끼쳤는데, 그 일은 순전히 우연이었다. 리처드 클러프트가 그에게 고무되었던 것이다. 클러프트는 ISSMP&D의 창립회원이자 협회지《해리》의 편집자였다. 클러프트는 그 누구보다도 다중인격을 많이 진료했고, 환자의 다른 인격들을 통합하는 치료에서 가장 높은 성공률을 보였다. 그에게 평가를 의뢰해온 환자 수는 어떤 의사보다 훨씬 많았을 것이다.[17] "1970년에 다중인격장애 현상을 처음 접한" 젊은 정신과의사인 클러프트는 다중인격에 매혹되었다. 그에게는 조언을 구할 데가 없었다.《시빌》이 출간되었을 때 어느 교수가 그건 꾸며낸 것이라고 말해서 그는 그 책을 읽지 않았다. 곧 얘기하게 될 랠프 앨리슨은 멀리 서부에 있었고 그의 책은 아직 나오지 않았던 시기였다. 클러프트는 어디에서 다중인격 이야기를 들었을까? "내가 높이 평가하고 스승으로 존경하는 앙투안 데스핀Antoine Despine은 프랑스의 명망 있는 개원의이자 자기학

magnetism(최면) 연구자로서, 다중인격장애 환자 '에스텔'을 최초로 비非엑소시즘 치료법으로 완치시킨 것으로 보인다."[18] 데스핀은 당시 유행하는 온천 사교계에서 일하는 의사였고, 에스텔은 11살이었다. 데스핀은 1836년 그녀를 치료했고 그 보고서는 1838년에 나왔다. 에스텔에 관해서는 10장에서 자세히 얘기할 것이다. 클러프트는 "데스핀은 참으로 나의 스승"이라고 되풀이 말했지만 그는 데스핀의 저술을 읽지 않았다. "나는 엘렌베르거의 책에 나오는 데스핀에 관한 부분을 되풀이해서 읽고 또 읽었다"라고 했는데, 그 책에 나오는 데스핀의 부분은 에스텔 사례를 정리한 2쪽에 불과했다. 되풀이해서 읽고 또 읽기에 딱 알맞은 분량이긴 하다.[19] 엘렌베르거는 데스핀에 대해 들은 바가 있었는데, 이는 자네가 왕성하게 일하던 때에 잠시 에스텔을 언급했기 때문이었다. 게다가 자네의 초기 환자인 레오니가 이전의 치료사로부터 에스텔의 행동을 필히 그대로 따라 하도록 훈련받았음을 알게 되었기 때문이기도 했다. 이제 이 지점에서 과학사에서 전형적인 우발적 사건이 일어난다. 130년 전에 출간된 한 책에 관한 엘렌베르거의 무비판적인 설명이 우연히도 정신의학에 새로운 이정표를 세우려는 야심 찬 한 젊은이의 모델이 되어버린 것이다.

랠프 앨리슨은 자신만의 모델을 창조했다. 1980년 조지 그리브스 George Greaves는 "지난 10년간" 즉 1970년부터 1979년 사이에 "확인된 다중인격 사례는 어림잡아도 50명이 넘는다"라고 말했다.[20] 그가 계산한 50명은 놀랄 만한 기록이었는데, 그가 겨우 찾아낸 14명의 사례도 1944년부터 1969년 사이에 확인된 것이고, 그중 7명은 코넬리아 윌버의 환자였기 때문이다. 새로운 50명의 사례 중 20명은, 랠프 앨리슨을 *제외한*, 총 28명의 다른 임상의사들에 의해 기술되었고 일부는 중복되어 있었다. 앨리슨은 50명 중 36명과 관련되어 인용되었다.[21] 또한 "호놀룰루의 한 정신과의사는 50명의 사례를 진료했고, 피닉스의 의사는 30명을 보았다"라고 말했다. 피닉스의 인물은 유명한 최면치료사인 밀턴 에릭슨Milton Erickson인데, 그는 그 30명이 완치가 불가능한 환자였다고 앨리슨에게 말했다고 한다.[22]

앨리슨의 글을 보면, 그가 비상한 열의를 가지고 환자를 깊이 염려하는 매력적인 낭만주의자임을 알 수 있다. 1980년에 나온 자서전 《산산이 부서진 마음들Minds in Many Pieces》에서 그는 다중인격의 회복은 물론 그들의 고통에 대해서도 묘사했다. 그는 자학이라고 보일 정도로 지나치게 솔직해서 자신이 저지른 두 가지 실수를 고백했다. 그의 환자 한 명은 자살했고, 다른 한 환자는 집단강간살인 사건에 가담했다.[23] 그는 아이들에게 가해지는 해악에 민감했지만, 성적 잔인함과 성착취가 수많은 해악의 일부에 불과함을 알고 있었다. 1974년 캘리포니아의 새로운 정기간행물인 《가족치료》에 그는 〈부모를 위한 안내서: 딸을 다중인격으로 키울 것인가〉[24]를 실었다. 담당환자 세 명을 예로 들어, 딸을 다중인격으로 만드는 부모의 행동 7가지를 제시했다. 우선, 원치 않는 아이여야 한다. 부부싸움을 하는데, 적어도 한쪽 부모는 아이의 모델이 되고, 다른 쪽 부모는 경멸당한다. 아이가 좋아하는 한쪽 부모는 아이가 6살이 되기 전에 가정을 저버린다. 형제자매와의 경쟁의식을 북돋운다. 나이 많은 친인척과 가족의 족보를 수치스러워하게 만든다. 딸의 첫 성경험이, 말하자면 13살에 강간을 당한다든가 하는 식으로 역겨운 것이어야 한다. 가정생활이 너무나 불행해서, 딸이 하루라도 빨리 집을 떠나기 위해 결혼을 하는데, 그 배우자가 비참했던 가정생활을 되풀이하게 한다.

최근 다중인격에 관한 여러 출판물은 통계수법으로 속임수를 쓰는데, 거기에는 세련된 과학적 은유법, 병렬분산처리법, 상태의존학습법 등이 있다. 앨리슨의 글은 지금과는 다른 시대에 다른 세상에서 온 것이다. 그는 캘리포니아주 샌타크루즈에서 1960년대 말에 의원

영혼 다시 쓰기

을 운영했다. 그는 자아를 이해하는 데에는 신지학theosophy, 神智學*이 최고의 모델이라고 말했다. "모든 존재에는 하나의 생이 있다." 모든 인간 존재에 주어진 과제는, 평온하고 깨달음에 도달한, 하나 된 세상의 생을 함께 하는 자아, 즉 자신의 내재적 자아Inner Self를 깨닫는 데 이르는 것이다. "진정한 내재적 자아에 가닿는 것이 정신적·영적 건강의 열쇠다. 다중인격 환자는, 창조적이고, 신경증으로부터 자유롭고, 문제해결적인 자아, 있는 그대로의 세상에서 생존하고 성장하는 데 필요한 모든 것과 연결이 끊긴 인간을 단적으로 보여주는 두드러진 실례다." 의사에게는 이런 감수성이 필요하다. "치료사는 치료사 자신의 내재적 자아와 접촉해야 하는데, 그 이유는 치료사의 내재적 자아와 환자의 내재적 자아가 부단히 소통해야 하기 때문이다."

새로운 과학이 가장 원치 않았던 것은 마담 블라바츠키**의 암시였고, 따라서 앨리슨은 다소 주변화되어 있었다. 돌이켜보면, 그는 최초로 다중인격장애 치료계획안을 고안한 명예로운 선구자로서, 이는 과학적으로 적절해 보인다.[25] 그러나 다중인격운동을 점화시킨 것은 바로 그가 행한 홍보활동이었다. 1970년대 후반, 미국정신의학협회 연례총회에서 다중성 워크숍을 기획하고, 본 프로그램에서 발표한 사람은 다른 누구도 아닌 바로 그였다.[26] 그는 다중인격 정신치료를 위한 두 가지 소책자를 유포했다.[27] 그가 제안한 내재적 자아 조력자 Inner Self Helper(ISH)라는 개념은 적어도 초기에는 일부 주류 정신과의

---

* 19세기 신비주의운동. 그 뿌리는 고대 영지주의와 신플라톤주의까지 거슬러 올라가고, 마니교 전통, 장미십자회, 프리메이슨과도 겹친다. 근대 신지학은 러시아인 블라바츠키와 미국인 올콧이 1875년 신지학협회를 설립하면서 시작되었다.

** 근대 신지학 부흥을 위한 협회 창립자 중 한 사람인 러시아 귀족으로, 어릴 때부터 초자연적 현상을 보고 한때 영매로도 활약했다. 사업가와 탐험가로도 활동했고, 티베트 밀교와 이집트 마술에 심취하기도 했으며, 이 경험이 신지학 이념에 녹아 있다. 사기성으로 고발되기도 했다.

사들에게 신중하게 받아들여졌다. 그가 말한 개념에서, 조력자는 현대 다중인격이론이 그려낸 다른 인격들과는 전혀 다른 것으로, 어린 날 트라우마에 대처하기 위해 만들어진 게 아니다. "다른 인격들처럼 만들어진 날이 있는 것도 아니다. ISH는 환자의 억눌린 분노와 폭력적 트라우마에 대처하기 위해 '태어난' 것이 아니다." 그것은 "태어날 때부터 존재했고, 보통 사람에게는 물론 다중인격에게도 존재하지만, 다중인격의 경우 ISH는 분리된 개인처럼 보인다." 조력자는 증오할 줄을 모른다. 조력자는 오직 사랑만 느끼고 신의 존재를 인식하고 신에 대한 믿음을 표현한다. "조력자는 신의 치유력과 사랑을 전달하는 통로이다." 그들은 무성無性적이고, 무정서적이다. 그들은 "컴퓨터가 프로그램된 정보를 반복하는 방식으로" 소통한다.[28] 이는 마치 스탠리 큐브릭 감독의 1968년 영화 〈2001: 스페이스 오디세이〉에 나오는 친절한 컴퓨터 할Hal처럼 들린다. 앨리슨의 조력자는 할의 목소리처럼 침착하고 절제되고 세련된, 약간은 경외를 느끼게 하는 목소리를 가졌다. 《시빌》을 읽고 영향을 받은 일부 환자에 대하여 임상가들이 보고하기는 했지만, 다중인격은, 내가 앞서 얘기했듯, 그보다 더 넓은 현 문화의 스펙트럼을 반영하거나 왜곡하며, 그런 점에서 큐브릭의 영화는 당시의 대중적 상상에 크게 다가왔다.

앨리슨은 ISH란 "실제로는 양심"이라고 했다.[29] 그는 환자에 관해 더 잘 알기 위해 조력자를 연구대상으로 삼았다. "환자와 조력자 사이의 동반적 관계와 비교될 만한 인간 대 인간의 관계는 없다. 그만큼 독특한 관계여서 경험해야만 믿게 될 것이다."[30] "내재적 자아 조력자Inner Self Helper"는 자연스럽게 문법상 내재적 자아-조력자Inner self-Helper로 분석된다. 즉 자아를 돕는 내재적인 무엇이라는 것이다. 앨리슨이 말한 것은 내재적-자아Inner-Self로부터 나온 조력자를 의미했고, 그 자아는 언제나 함께한다고 보았다. 앨리슨은 1980년 자서전에서 조력자를 초월적 개인으로 묘사했다. "하나 이상의 ISH가 있을 수 있고, 그들 사이에는 위계가 있어서, 가장 높은 위치의 조력자는 신 바로 아래에 위치한다. 이 유형의 조력자는 소환하기 어렵다는 것을 잘 안다. 마치 치료사는 이 조력자와 접촉할 자격이 없는 것처럼 느껴진다"라고 했다. 앨리슨은 자문하기를, "내가 이것을 믿느냐고?" 그리고 이렇게 답했다. "달리 설명할 방법이 없다."

퍼트넘은 자신의 교과서에 ISH를 사용하는 치료에 대해 논평은 했지만 신지학적 배경은 생략했다. 이후 그 개념은 세속화되었는데, 아마도 '내재적inner'에서 '내적internal'*으로 바뀐 자아 조력자의 개념이 이 세속화를 상징한다(그리하여 '내재적-자아 조력자'에서 '내적 자아-조력자'로 바뀌었다).[31] 다른 사람들의 관점은 이보다 덜 호의적이었다. 다중인격의 인격 구조는 수많은 사건의 줄거리와 보조적 줄거리, 위협과 그에 대항하는 위협이 있고, 조력자에 관한 것 또한 예외가 아니다. 데이비드 콜David Caul이 말하기를,

> 치료사는 환자의 ISH와 '현실적 타협'을 꺼려서는 안 된다. ISH는 다른 인격들에게는 항상 보호적이고, 치료가 이루어지는지, 인격들에게 최대한 이로운 치료가 이루어지는지 끝까지 지켜본다. …… ISH는 거의 항상 속내를 다 드러내지 않는다.[32]

다중인격은 강신술spiritism** 및 환생과 오랫동안 밀접하게 연관되

---

* 내재적inner은 "내부에서 생겨나서, 작동하고, 지리잡은"의 의미로 방향성을 강조하고, 내적internal은 외부와 구별하여 무언가의 안에 있다는 위치를 강조한다.

** 심령주의 또는 유심론spiritualism과 혼용되어 사용되기는 하나 굳이 구별하자면, 강신술은 환생을 신봉하고 영혼과의 접촉을 위한 영매, 초자연적 현상을 꿰뚫어 보는 천리안과 신비주의를 강조한다.

어왔다. 다른 인격은 다중인격 안에 깃든 영혼일 수 있고, 영매도 영혼들에게 숙주가 되는 다중인격일 수 있다. 이런 식의 개념에 관한 과학적 해석은 1870년대까지 거슬러 올라간다. 다중인격에 관한 19세기 말 전후의 영어권 연구물 대부분은 런던이나 보스턴에 기반을 둔 초자연현상psychical 연구협회 잡지에서 출판되었다. 앨리슨은 이런 사상에 동조적이었다. 한때는 환자에게 침투한 악령을 구마할 필요가 있다고 생각하기도 했다. 그의 중요한 환자 중 한 사람인 헨리 호크스워스는 초자연적 능력을 가지고 있고 만나는 사람의 기氣를 인식할 수 있다고 했다. 완치가 되자 그 능력을 인사관리 사무관인 자기 직무에 활용해서 고용인과 잠재적 고용인의 기를 평가해서 적용했다. 앨리슨은 호크스워스를 격려해서 다중인격 일대기인《다섯 개의 나》[33]를 쓰도록 했다.

호크스워스가 범죄를 저지르면서, 법정신의학의 고통스런 업무가 앨리슨의 소명이 되었다. 한 환자가 잔혹한 강간-살해 범죄로 사형선고를 받았다. 처음에 앨리슨에게는 방화범이라고 소개되었는데, 나중에 밝혀진 바에 의하면, 마크는 다른 인격 상태에서 방화를 저질렀다. 그는 청소년기에 또래들로부터 집단강간을 당하는 등의 끔찍한 사건을 겪었다. 그의 어머니는 차 사고로 목이 절단되어 사망했는데, 마크는 부당하게도 한동안 자기 탓이라 여겼다. 오랜 노력 끝에 앨리슨은 "격분한 괴물"칼과 구조자 인격을 유도해낼 수 있었다. 칼로서의 마크는 앨리슨의 환자인 릴라와 결혼했는데, 릴라의 다른 인격인 에스터 역시 폭력적이었다. 결혼식 와중에도 전환이 일어났고 결혼생활은 파탄이 날 수밖에 없었다. 그 후 칼은 동성애 연인을 살해했다. 마크는(아니면 다른 인격이든 간에) 친구와 함께 예쁜 여자를 무작위로 골라서 강간했고, 그런 다음 칼은 그녀를 살해했다. 앨리슨은 마크의 책임면제를 청하지 않았다. 그는 마크의 모든 다른 인격들이 여러 번

영혼 다시 쓰기

의 살인 행위를 다 알고 있었고, 심지어 앨리슨이 ISH로 간주했던 구조자 인격도 살인에 관해 알고 있었다고 단언했다. 이 끔찍한 일련의 사건들로 앨리슨은 강렬하게 깨닫게 되었다. 내재적 조력자는 심각한 잘못을 허용하지 않는다는 그의 견해와는 반대로, 구조자는 살인 행위들에 대해 알고 있었다. 앨리슨은 마크가 양심을 가지고 있지 않았다고 기술했다.

앨리슨은 범죄자와의 작업을 계속해나갔다. 거의 탈진 상태에 이른 그는 1994년 당시 교도소 체제하에서는 다중인격을 제대로 치료하기란 불가능하다고 주장했다.[34] 다른 수인들의 잔혹성, 환자들의 욕구 그리고 무엇보다도 교도소 당국의 태도 자체가 그 어떤 정신의학적 방법도 효과를 볼 수 없게 만든다고 주장했다.

이 분야의 선구자로서 앨리슨은 1970년대 말 로스앤젤레스를 공포에 몰아넣은 유명한 '힐사이드 교살자'*의 형사재판에 전문가증인으로 서게 되었다. 오하이오주 콜럼버스의 한 강간범은 1977년 다중인격으로 진단되었고, 심신미약으로 무죄판결을 받았다.[35] 힐사이드 교살자 중 한 명인 케네스 비안치도 똑같은 이유를 들며 로스앤젤레스와 워싱턴주에 살인죄에 대해 탄원했다. 그는 사법거래를 했고, 그 소송은 마치 역겨운 연쇄 살인이 아니라 최면과 정신의학 진단에 관한 심리인 것 같았다.[36] 그 소송의 막바지에 앨리슨이 내린 결론은, 피고인은 다중인격이 아니며, 정신과 인터뷰 중에만 해리가 일어났다고 말했다.

이런 재판을 무언가 새로운 일로 보아서는 안 된다. 1876년 프랑스에서 이중인격의 새 파도가 밀어닥치자마자, 최초의 환자이자 가장

---

*   1977년 10월부터 4개월 동안 로스앤젤레스에서 10명을 살해한 연쇄 살인범 두 명에 대한 별칭. 범인은 사촌 간으로 밝혀졌다. 1979년 가석방 없는 종신형에 처해졌다.

유명한 환자를 진료했던 의사는 법정신의학적 의문을 제기했다. "그런 사람이 저지른 범죄나 비행에 대해 어디까지 책임을 물을 수 있는가?"라고 물은 것이다. 그는 보르도의 여러 치안판사와 법전문가에게 자문을 구했다. 대부분은 다른 인격들이 저지른 행위에 대해 책임을 져야 한다고 주장했으나, "저명한 정신과의사들은 달리 생각했다." 그 이후 100년간 달라진 건 거의 없다. 전문가들의 견해는 아직도 일치하지 않는다. 그 의사는 결론적으로, "지금까지는 법정에서 그런 상황이 다뤄지지 않았으나, 내일이라도 그런 일은 일어날 수 있다"라고 말했다.[37] 그 말은 옳았다. 서로 대립하는 전문가증인들을 내세운 힐사이드 교살자 사례는, 1892년 니스에서 일어난 프랑스 재판*을 재현한 것 같았다. 그 사건은 덜 섬뜩하긴 했지만, 피해자가 여자들이었고, 두 차례의 살인미수 그리고 (당시의 용어를 사용하여) 피고인의 다른 인격들이 범행을 저질렀다고 탄원했다는 점에서 그러하다. 변호인은 샤르코를 비롯해서 당대 최고의 전문가증인을 세웠다. 세 명의 검찰측 전문가도 우열을 매길 수 없이 모두가 저명인사들이었다.[38] 검찰측 증인은 피고인이 자신에게 장애가 있다고 주장한 그 장애에 관해 공부를 했고 의학적 사실도 너무 잘 알고 있다고 했다. 피고인은 3개월간 집중관찰하에 있었는데, 지금 시각으로 보면 의심의 여지 없이 그의 시민권을 침해한 것이었다. 탄원은 받아들여지지 않았고 유죄로 판결되었지만 한정치산으로 감형된 선고가 내려졌다.

앨리슨은 자기 환자를 선정적으로 묘사하지 않았다. 다중인격에

---

* 1880년대 말부터 최면이 피험자의 자유의지와 도덕관념을 저해한다며 금지해야 한다는 여론이 활성화되었다. 특히 개인의 범죄 가능성과 대중의 폭력시위 가능성을 고려하여 1892년 벨기에는 최면규제법을 통과시켰다. 프랑스에서도 1892년 최면과 관련된 의료행위 규제법안으로 이어졌다. 1892년의 재판은 정신과의사와 법조인 사이에서 정신과환자의 범죄책임능력에 관한 대표적 논쟁으로 거론된다.

관해서, 법리학과 법심리학 연구자는 당연히 책임의 문제에 초점을 맞춘다.[39] 하지만 그것의 다른 측면, 즉 고딕 스타일의 무서운 이야기에 익숙한 세대를 사로잡았던 관음증적 엿보기를 간과해서는 안 된다. 내가 좋아하는 플롯은 독일의 파울 린다우Paul Lindau의《다른 사람 The Other》*으로 1893년 빈에서 초연된 연극이다. 한 수사 판사가 자신이 담당한 범죄사건이 자신의 제2의 자아가 저지른 일임을 점차 깨달아간다는 이야기다.[40]

이 이야기들은 다중인격의 특정 이미지를 끊임없이 강화하면서 오늘날까지 이어지고 있다. 빈에서《다른 사람》이 초연된 지 100년이 지난 1992년 11월, TV 드라마〈세상이 돌아가는 대로As the World Turns〉에는 한 성공한 건축가가 나온다. 그는 아동학대를 겪고 여러 다른 인격들을 가졌으며 그중 하나가 여동생을 죽이는 인물이었는데, 배우 테리 레스터가 맡았다. 시청자는 재판정 장면, 무죄 선고와 치료 장면까지는 보았으나, 중간에 시나리오작가가 사망하는 바람에 이 살인자는 재판 후에 겨우 두 차례의 치료만 받고 완치되어야 했다. 첫 회가 방영된 후 수많은 다중인격과 일부 의사들이 현실에 매우 충실한 내용이라는 소감을 적었다. 작가 사망 후 각본의 흐름이 붕괴되어버리자, 레스터는 "우리가 그 모든 걸 평범한 일로 만들어버린 것 같아서 자신들의 이야기를 들려준 다중인격들에게 특히 미안했다. 팀 전체를 대표해서 사죄의 편지를 보냈다"[41]라고 말했다.

다중인격 이론의 최신판이라 말하는 스릴러와 돈벌이용 책은 끊임없이 양산될 것이다.[42] 그 어떤 정신질환 영역에서도 사실과 허구와 공포가 서로 이렇듯 수그러들지 않고 영향을 주고받으며 작동되지

---

*　1913년 만들어진 영화판의 제목은 흔히 '타자' '타인' 등으로 번역되고 있으나, 내용상 '또 다른 나'라는 의미에서 '다른 자아' 또는 '다른 사람'으로 번역했다.

않을 것이다. 진지한 의사들은 이런 소란을 유감스러워하지만 피할 수는 없다. 다중인격 주제가 대중적으로 받아들여진 핵심 이유가 실제 아동학대라면, 그보다 덜 중요한 이유가 환상 속의 범죄이다.

운동이 성공하려면 사건들, 핵심 주제 그리고 단체가 있어야 한다고 앞서 말했다. 앨리슨, 엘렌베르거, 윌버의 등장은 예기치 않았던 일이고 밤하늘에 나타난 뜻밖의 유성과 같았다. 1960년대 후반, 본질적 요소인 아동학대는 미국의 정치적·사회적 주요 문제로 진전되었고, 곧 급진 페미니스트 사회운동의 핵심 주제가 되었다. 단체들이 고립된 소수의 운동가로부터 다중인격을 넘겨받았다. 《시빌》의 출간 2년 후, 오하이오주 애선스에 위치한 정신건강센터에서 다중인격 심포지엄이 열렸다. 1979년에는 앨리슨이 뉴스레터 《다중성에 관한 메모》를 배포하기 시작했다. 그와 동료들은 미국정신의학협회 연례총회에서 워크숍을 열었다. 진짜 정치공작은 미국정신의학협회가 DSM-III을 작업하던 1970년대 후반에 나타났고, 그 결과는 1장에서 설명한 바 있다. DSM-III으로 다중인격운동은 정당성을 얻게 되었다. 지역 연구회들이 만들어졌다. 그중 최초이자 가장 오래 지속된 것은 보수정당의 요새와도 같은 로스앤젤레스 근방 오렌지카운티에 있던 그룹이었다. 이들은 안정적인 단체임을 입증했다. 1995년 4월 ISS-MP&D의 오렌지카운티 지부는 트라우마와 해리에 관한 8차 연례 서부 임상총회를 주최했다.

1982년은 이러한 발전과정의 분수령이라고 볼 수 있는데, 데이비드 콜이 전국적 기구를 창립할 운영위원회를 조직했던 때이기 때문이다. 그런 일은 은밀히 조심스레 계획해야 하는데, 분수령이라는 것이 흔히 그렇듯이 《타임》지는 나름대로 이를 공개하려 했다. 그해 가을 《타임》에 '찰스의 27개 얼굴'이라는 기사가 실렸다. 찰스는 플로리다주 데이토나비치에서 발견된 29살의 텍사스 청년으로, 두 개의 목소리로 말을 했다. "하나는 어린아이 말투의, 똑똑하지 않은 발음과 겁에 질린 목소리의 '어린 에릭'이고, 다른 하나는 진중한 어조의 '어른 에릭'으로서, 이들은 아동학대와 공포에 관해 이야기했다." 치료과정에서 밝혀진 바로는, 종교적 신비주의자 사이, 48세의 가정주부 마리아, 무식한 운동광 마이클, 깡패 마크, 독일어를 말하는 사서 맥스, 스페인어를 하는 피트, 소송광 필립, 동성애 여자 레이첼, 매춘부 티나 등 총 27개의 다른 인격을 가지고 있었다. 다중인격은 계속 발전하고 있었고《타임》은 이를 정확히 포착한 것이다. 1980년대 말이 되자 인격들의 수가 많아지고, 나이와 젠더가 바뀌는 일은 흔한 일이 되었다. 아동학대 사건은 다중인격의 표준적 원인으로 간주되었다. 어쩌면《타임》은 대단히 선견지명이 있었는데, 에릭의 학대받은 기억은 환상이라고 보도했기 때문이다.[43]《타임》이 기사를 출판하기 직전, 다른 곳에서 보도한 바에 따르면, 집중적인 최면치료가 있었는데 "그의 대부분의 인격은 청산이 되었고, 서너 개만이 치료 중에 있다고 공식 발표되었다. 자신의 사례를 논평하도록 [심리치료사에게] 허락하는 동의서에 기명한 것은 에릭의 본 인격이었다."[44]

그 사이에 1982년 내내 단체들이 조용히 연합해갔다. 운동의 전설 같은 비사에 의하면, 1983년 4월 30일 토요일, 뉴욕의 마마 리오우니 레스토랑의 역사적인 만찬장에서 주사위가 던져졌다.[45] 마이런 부어Myron Boor, 브라운, 콜, 제인 더브로Jane Dubrow, 클러프트, 퍼트넘, 로버타 삭스Roberta Sachs가 모여 ISSMP&D를 설립하기로 결의했다. 첫 연례총회가 그해 12월 시카고에서 열렸다. 1995년까지 총회는 브라운, 삭스 그리고 시카고에 있는 러시-프레스바이테리언-세인트루크 병원이 후원했는데, '실험적임상최면미국협회'와의 공동주최로 진행되었다. 1983년에 325명이 참석했다. 1983년과 1984년 사이에 2개의 최면 및 2개의 정신의학 주요 전문학술지가 다중인격을 주제로 전체

호를 다 채웠다.[46] 1985년 10월 어느 활동적인 다중인격자가 뉴스레터 《우리 생각을 말한다》를 창간했다. 특수클리닉이 세워지기 시작했다. 애틀랜타의 릿지뷰 의료원에 정식 프로그램이 개시된 것은 1987년 6월 2일이었다. 그해 7월 31일에는 삭스와 브라운이 시카고 러시-프레스바이테리언-세인트루크 병원의 해리장애 센터에 최초로 다중인격 전문 입원병동을 만들었다. 그해 DSM-III-R에 공식 진단체계로 등재되면서 다중인격의 위치가 공고해졌다. 1987년 7월 뉴스레터에 ISSMP&D의 회장 그리브스는 "나는 승리를 사랑합니다"라고 적었다.[47] 오직 하나 빠진 것은 전문학술지였다. 1988년 3월 리처드 클러프트가 법적으로 소유하고 편집하는 《해리: 해리장애의 발전》이 창간되었다.[48]

ISSMP&D의 첫 총회는 통설에 도전했다. 1992년 9번째 총회는 의료보험을 주제로 했다. 기조연설은 고수익성 보험 항목을 개발한 대형 의료보험회사인 애트나의 부회장이 맡았다. 캐나다에서 온 조지 프레이저George Fraser 역시 그 연단에 서서 로열 오타와 병원과 연계되는 자신의 클리닉을 근거로 들어 다중인격 치료의 비용효율성에 대해 강연했다. 그런데 캐나다는 오래전부터 주 단위로 종합의료보험제도를 가지고 있다. 정신치료에서 독자노선을 걷는 파가 보험업자의 이득을 위해 의료비 절감이 되었다고 문제 삼기 시작하면, 그 방식은 수용되기 쉽다는 것을 우리는 알고 있다. 그러나 거기에는 위험이 도사리고 있다. 다중인격운동이 오웰의 《동물농장》처럼 된 것은 아닌가? 한때 급진적이던 리더십이 원래의 관심사에 만족하여 거기에서 그치고, 환자가 아닌 회계보고에 더 관심을 쏟고 있는 것은 아닌가? 나는 다중인격운동에 관해 말하고 있는 것이다. 1994년 가을, 원로 한 사람이 운동이라고 불릴 만한 것이 아직도 존재하느냐 혹은 앞으로 생길 것이냐고 내게 질문할 때까지 그 문구에 의문을 표하는 사람은 없었다.

나는 스피겔과 클러프트의 말을 인용했는데, 스피겔은 그 장애의 명칭을 바꾸기 위해 애를 썼고, 클러프트는 다중인격 하위문화를 통렬히 비난했다. 이 두 사람은 운동의 가장 중추적 인물이라고 할 수 있다. 이들은 단체가 발전하기 위해 꼭 필요한 일을 하고 있었다. 그 분야의 훈련체계를 재정립하고, 선출된 사람들로 구성된 회의체에 의해 관리되는 과학의 한 분야임을 선언한 것이다. 일반 회원들도 무슨 일이 벌어지고 있는지 알고 있었다. 운동 내부에 계급 차이가 나타나기 시작한 것이다. 퍼트넘은 다중인격운동의 포퓰리스트적 기반에 대해 심각한 우려를 표했다. "북미의 다중인격장애 문헌들은 질적으로 크게 차이가 있는데, 이는 이 증후군에 영향을 끼치는 임상적·치료적 관점들의 이질성을 보여주는 것이다." 그는 치료사의 훈련에 대해서도 우려했다. 그런 훈련은 대부분은 현찰로 거래되며 대충 무신경하게 제공된다. 퍼트넘의 조심스러운 표현에 따르면,

현재 다중인격장애 치료사 교육은 주로 최근에 개설된 교육방식으로 이루어지고, 치료사들이 전문가 면허를 유지하도록 최신 정보를 제공받을 수 있게 고안되어 있다. 지속적 의학교육Continuing Medical Education(CME)으로 알려진 이 제도는 대개는 규제를 받지 않고, 돈을 지불하는 참가자의 흥미를 끌려고 대중적 흥밋거리를 내놓는다. CME 과정과 워크숍은 1~2일 만에 끝나고, 임상현장의 감독이나 직접적인 환자와의 접촉 같은 것은 제공되지 않는 게 전형적이다.[49]

마침내 이 질환은 누구의 차지가 되었을까? 오랜 기간의 훈련으로 충분한 자격을 갖춘 임상가일까, 아니면 다중인격만의 문화를 환영하고 인격들을 조장하는 치료사와 환자들 간의 포퓰리스트 연합일

까? 이 운동은 분열할 가능성을 완벽히 갖추고 있었다. 얻을 수 있는 이익은 많다. 미국인들이 어떤 의료보험제도에 동의하든 간에 보험은 더욱더 보편적으로 적용될 것이다. 누가 무엇에 대해 지불할 것인가? 정신장애는 두 가지 유형으로 나뉜다. 하나는 일정 시간 내에 약물치료로 꽤 잘 치료되는 장애, 다른 하나는 그렇지 않은 장애. 약물은 얼마나 고가든 간에 오랜 시간이 필요한 정신치료보다는 훨씬 돈이 적게 든다. 보험회사는 약물치료를 선호한다. 이 분야의 어느 누구도 가까운 장래에 해리성정체감장애가 약물로 치료가 될지 확신하지 못하지만, 그럼에도 행동, 기분, 태도를 개선할 수 있는 비특이적 약물은 당연히 사용될 것이다. 해리 전문가들은 비약물성 치료 보험 항목을 가능한 한 많이 찾아내야 할 것이다. 의료영역에 들어가 있는 다중인격 분야 중에서 그 안건이 최우선적 주제가 될 것이다. 또한 약물을 사용하지 않는 수많은 치료법들 사이에서 해리는 공공의료기금을 얻어내는 데에 주요 역할을 하게 될 것이다. 퍼트넘이 의견을 제시했듯이, 잡다한 것들을 모아 만든 치료법에 공공기금은 주어지지 않을 것이다. 그러므로 민초 치료사들의 경제적 관심은, 이제 처음으로, 이 분야의 선도적 정신과의사와 심리학자의 관심과 어긋나기 시작했다.

다중인격장애에서 해리성정체감장애로의 명칭 변경은 중요한 일이다. 수년 전, 전문가들은 치료과정에서 단 하나의 다른 인격도 제거해서는 안 된다며, 그건 살인과 마찬가지라고 충고했다. 이제 그 메시지는 다른 인격들은 한꺼번에 제거해야 된다는 말로 바뀌었다. 해리는 게임의 이름, 장애의 이름, 잡지와 단체기구의 이름이 되었다. 운동의 상위급 인사들이 지금의 방식을 계속한다면, 다중인격은 사라지게 될 것이다. 그럼에도 해리라는 게임의 심층부에는 다중인격처럼 오래된 게임 즉 기억 게임이 있다. 그 질환이 어떤 것이든 간에 더

영혼 다시 쓰기

이상의 불화가 일어나지 않도록 막아줄 근본적 신념의 열쇠는 잃어버린 기억이 될 것이다. 다중인격운동에게 일어난 최고의 사건은 반反기억운동인 거짓기억증후군재단FMSF이 등장한 일이다. 공통의 적만큼 불화를 잘 해소시켜주는 건 없기 때문이다.

4장   아동학대

아동학대는 다중성을 이해가 될 만한 것으로 만들어주었다. 최근의 이론에 따르면, 대부분의 다중인격은 어린아이일 때 해리가 시작된다. 해리는 흔히 아동학대를 받던 당시에 공포와 고통에 대처하던 방식이었다. 이 원인론이 임상경험으로 충분히 확인되기도 전에 어떻게 하나의 신념이 되었는지를 알아보려면, 아동학대 개념의 궤적을 살펴볼 필요가 있다. 그것은 생각하는 즉시 이해되는 명료한 개념도 아니고, 사례에 주목해도, 자신의 기억을 들여다봐도 그렇듯 명료하게 떠오르는 개념이 아니기 때문이다. 적어도 피해자 쪽에서는, 학대 경험이 자명한 것이라고 생각할지 모르겠다. 그럼에도 그 사건들은, 얼마나 고통스럽고 무서운 일이었을지와 상관없이, 사회적 의식이 고쳐진 뒤에야 비로소 *아동학대로서* 경험되고 기억되었다. 여기에 필요한 것은, 과거의 행위를 새롭게 해석할 새로운 서술의 발명과, 커다란 사회적 동요다. 강력한 파급효과를 지녔던, 주디스 허먼Judith Herman의 저서 《트라우마와 회복*Trauma and Recovery*》에 적혀 있듯이, 우리가 트라우마를 심각하게 받아들일 때마다 "트라우마는 정치적 운동과 동맹을 맺어왔다."[1]

그렇기는 하지만, 아동학대는 항상 우리 곁에 있어왔다는 관점을 우리는 고수해야 한다. 1800년 이후의 산업화 시대로 시기를 국한하더라도, 우리는 아이들에게 행해졌던 끔찍한 일들, 당시에도 무시무시했고, 아이들이 명백히 혐오했을 일들에 관한 끝없는 기록을 가지고 있다. 지금 생각하기에 나쁘고 지금의 아이들이 싫어할, 하지만 오래전에는 아무도 나쁘다고 명료하게 인식하지 않았을, 다른 많은 일들도 분명 행해졌다. 그러나 이 말은 요점을 벗어난 것이다. 누구라도 진저리를 칠 만한 잔인한 행위와 착취는 언제 어느 곳에나 존재했다. 아이들에게 가하던 특정 종류의 야비한 행위에 초점을 맞추면 비교적 멀지 않은 과거에서도 쉽사리 기록을 찾아낼 수 있다. 하지만 이 단어를 아주 오래전의 유럽문화에 투영하기에는 주저되는데, 그 이유는 아동학대 개념은 아동이라는 개념이 당연시되어야 성립되는 것이기 때문이다. 필리프 아리에스Philippe Ariès의 '아동기의 발명'에 관한 유명한 논문은 충분히 설득력 있는 것이어서 잠시 살펴볼 필요가 있다. 아리에스는 우리가 지금 당연시하는 어린이의 사회적 역할은 가장 오래전으로 거슬러 올라가도 겨우 18세기에야 시작된 것이라고 주장한다. 그는 더 급진적 논제를 제시했는데, 어린이라는 그 개념과 거기에 함의된 모든 것들이 꽤나 최근의 일이라는 것이다.[2] 아동성학대라는 개념은, 어린이들은 순차적으로 단계를 거쳐 발달하고, 각 단계마다 '적절한' 성적 행동의 표준이 있다는 견해와 밀접히 연결되어 있다. 아동발달 개념은 19세기 들어서야 인정을 받았다.[3] 그러나 이것만으로는 현재의 아동학대 개념이 충분히 설명되지 않는다. '아동학대child abuse'라는 문구—정확히 문자 그대로의 문구—는 1960년 이전에는 찾아보기 어렵고, 그 전신은 '어린이에 대한 잔학행위cruelty to children'였다. 더 중요한 점은, 우리가 아는 (단어 그대로의) 아동학대 개념은 1970년대에 여러 차례 상당히 급격한 변이를 거친 것이다. 이 변이과정에 관해 다른 매체에서 상세하게 쓴 바가 있으니[4] 여기에서는 주요 부분만 설명하겠다.

빅토리아 시대의 '어린이에 대한 잔학행위'는 '아동학대'와 매우 유사하지만 그 차이점은 설명되어야 한다. 차이가 있는 부분은 계급, 잔학함의 정도, 성별 그리고 의료 부분이다. 어린이에 대한 잔학행위에 반대하는 빅토리아 시대의 운동 자체에는 수많은 전신이 있었는데, 여론의 소요로 어린이의 노동시간을 제한하는 여러 공장법이 만들어진 것이 그 예이다. 최초의 어린이자선협회가 1853년 뉴욕에 설립되었고 이를 본떠 다른 여러 곳에도 만들어졌다. 그러나 *어린이에 대한 잔학행위*가 특별한 개념으로서 이 이름을 달고 전면에 나오게 된 것은 늦은, 1874년이 되어서였다. 어린이에 대한 잔학행위가 여론의 도마 위에 오른 것은 세상을 놀라게 한 사건—그 후로도 계속 똑같은 양상의 아동학대가 되풀이되었다—이후였다. 계모에게 잔혹하게 구타당하고 모멸당한 한 여자아이는 숨겨진 공포의 상징이 되었다. 그 여파로 어린이에 대한 잔학행위 예방을 위한 뉴욕협회NYSPCC가 설립되었다. 그것은 여태까지 동물에 대한 잔학행위의 예방을 목표로 했던 미국인도주의협회의 한 분파였다. 어린이에 대한 잔학행위라는 개념이 들어설 자리가 없어 보이자, 동물을 돌보던 기존 단체에서 가장 먼저 우려를 키워야만 했다. 미국에서 이 개념은 급격히 확산되었고 곧바로 대서양을 건너 리버풀, 이어서 런던으로 퍼져나갔다. 시간에 주목해보자. 1874년 이후이다. 최초의 다중인격 파도가 시작된 것이 그 무렵인 1876년이었다. 하지만 당시에는 어린이에 대한 잔학행위와 다중인격 사이에는 아무런 연관이 없는 듯 보였다.

어린이에 대한 잔학행위는 빅토리아 시대 도덕이념의 총체적 구성에서 주목받는 곳에 있었다. 노예제 반대가 첫 번째 대의였다. 노예나 다름없는 어린이의 노동시간에 대한 시위가 있었다. 금주 운동, 투표권 확대, 동물 생체해부와 잔학행위에 대한 반대, 무엇보다도 여성권리운동이 산업화된 세상에서 도덕적 감수성을 고취하고 다양한 유형의 피해자를 돕기 위한 강력한 상호연결망이 되었다. 이들 캠페인은 비슷한 용어로 표현되었다. 지지를 보내는 이들은 동일한 사회 하위 계층들이었고, 자주 겹쳤다.

이 운동들은 산업사회 여러 곳에서 다른 형태로 일어났다. 건강보험, 산업재해보상보험, 연금을 보장하는 표준적 사회입법 운동은, 국가와 국민의 관계에 대한 생각이 개인주의적이기보다 집단주의적이었던 프로이센에서 비롯되었고 독일제국이 이어받았다. 유치원을 포함하는 교육제도 개혁과, 도시 빈민 아이들을 정신적·신체적 건강을 위해 시골로 보내야 한다는 생각도 모두 독일어권 사회에서 비롯되었다. 더 구성원이 다양하고 더 개인주의적인 프랑스, 영국, 미국과 같은 서구 국가에서는 개인적 자선행위가 표준이었다. 빅토리아 시대에는 개인적인 열렬한 관심, 자선행위, 자기 이익이 고상하게 뒤섞여 여론을 움직였으나, 운동가들은 대체로 두려움이 없었다. 그들을 두렵게 하는 게 있었다면, 그건 노동계층 및 범죄자계층, 그리고 혁명의 징조였다.

이 현상은 아동학대와 어린이에 대한 잔학행위 사이에 내가 생각하는 첫 번째 차이점으로 이어진다. 미국에서 아동학대는 사회계급과는 무관하다고 간주되었다. 거의 모든 계급에서 일정 비율로 발생하며, 빈곤이 원인은 아니라고 보았다. 이것이 미국의 정치적 요구였는데, 대개 자유주의적 사회개혁으로 인식되지 않아야만 입법화에 성공할 수 있기 때문이다. 따라서 계급 간의 차이는 확실히 배제되었다. 반면, 어린이에 대한 잔학행위는 부유계층의 사례도 있기는 했지만 주로 하층계급의 악덕으로 제시되었다. 현대 아동학대운동의 배후에 있는 강력한 힘은, 불만 가득한 빈민에 대한 두려움이 아니라, 미국 가정의 부패에 대한 내부적 공포였다. 가정의 파멸에 대한 공포는 아동학대운동 내에서 보수파를 형성했고, 아동학대는 가부장제의 한 부분이라고 확신하는 급진 페미니즘과 한목소리를 내게 되었다. 아동학대로 인한 사회적 동요가 전통 가정에 문제 제기를 하던 사람들과 그 와해를 두려워하던 사람들 사이에 이례적으로 연합을 이루게 하였다. 박애주의적 어린이에 대한 잔학행위 운동의 일부를 이끌던 이런 계급 전쟁은, 아동학대운동가들의 공동전선 구축을 위해 가능한 한 배제되었다.

어린이에 대한 잔학행위와 아동학대 사이의 차이점으로 내가 두 번째로 꼽는 것은 사악함evil과 관련된다. 어린이에 대한 잔학행위는 매우 악질적인 행위였다. 악의적이고, 악덕하고, 야비하고, 잘못된, 한마디로 말해서 잔혹함을 의미했다. 그러므로 최초로 만들어진 반反잔학행위 운동단체를 동물보호를 위한 인도주의협회에 소속시킨 일이 터무니없지는 않다. 어린이에 대한 잔학행위는 많은 잔혹한 행위 중 하나였고, 무죄한 어린이를 고통스럽게 한다는 점에서 특히나 나쁜 행위였으며, 때로는 나중에 범죄계층에 들어감으로써 국가에 위협이 될 수도 있다는 점에서도 그러했다. 이와 대조적으로, 현대적 사고방식에서는 아동학대, 특히 성적 내용이나 느낌을 주는 것이 가장 사악한 것으로 여겨진다. 그러나 19세기에는 그런 행위가 눈에 띄게 악랄한 것으로 느껴지지 않았다. 어린이에 대한 잔학행위는 나쁜 것이었다. 이제 아동학대는 궁극적인 악이다.

이는 세 번째 차이점인 성으로 이어진다. 여론이 아동학대로 끓어오르기 시작한 계기는 1961년 미국의학협회에서 피被학대아증후군battered baby syndrome(매 맞은 아기 증후군)이 발표되었을 때였다. 곧 의욕

적인 페미니스트들은 성학대에 방점을 찍기 시작했다. 가정 내의 성
학대와 아동학대의 의미가 통합되면서, 아동학대는 근친강간을 의
미하게 되었다. 근친강간은 많은 사회에서 특별한 공포심을 유발한
다. 이 공포심에 대한 설명들은 불충분하다. 그 설명들은 진실을 말한
다기보다는 저명한 심리학자나 인류학자가 낭독하는 칙령처럼 들린
다. 그러나 근친강간이 왜 그렇듯 광범위하게 혐오감을 일으키는지
그 이유가 무엇이든 간에, 현실에서는 일어나고 있었고, 그 혐오감은
아동학대 전반으로 확산되었다. 게다가 아동학대는 전형적인 근친강
간과 아무 상관없는 이유 때문에 대부분이 극악무도하다고 간주되
는 일련의 행위와 연관되었다. 3살 어린이가 남자 친척으로부터 항문
성교로 강간을 당한 사건과 같은 일은 단지 역겨울 뿐만 아니라, 우
리가 악마를 이해할 수 없듯이 이해 불가능한 일이라고 생각된다. 그
런 행위가 많은 이들에게는 아동학대의 확실한 원형이 되었다. 그런
행위는 어린이에 대한 잔학행위에서는 주요한 것이 아니었다. 빅토
리아 시대 사람들은 오늘날 우리가 어린이와 미성년자들에 대한 성
학대라고 부르는 것을 충분히 인식하고 있었고, 많은 경우 가해자는
재판을 받았다. 그러나 그런 악행들은 대개는 어린이에 대한 잔학행
위와 함께 다뤄지지 않았다. 악행이 일어났을 경우, 비참한 사람들les
misérables이나 때로는 타락한 부자의 악행이라는, 계급의 넓은 범주 안
에 들어갔을 뿐이다. 개념적으로 볼 때, 아동학대 개념이 성적인 사악
함으로까지 확장된 것과는 달리, 어린이에 대한 잔학행위는 그런 종
류의 사악함에 해당되지 않았다.

　사회계급, 사악함, 성은 아동학대와 어린이에 대한 잔학행위를 충
분히 구별하는 것처럼 보인다. 이들 세 가지 요인은 사회학 대부분에
서 다루고 있다. 그러나 한 가지 요인이 더 있는데, 그것은 바로 의료
화다. 일찍이 1960년대부터 의사들은 아동학대와 아동방임을 정치적

의제로 삼았다. 의사들은 가해자가 병자라고 단언했다. 의료계가 아동학대에 일관적으로 통제력을 행사하지는 못했으나, 그럼에도 아동학대를 통제하려는 사람이라면 과학의 영역 안에서 다루어야 했다. 빅토리아 시대의 잔학행위와 대조되는 점이다. 19세기의 의료화, 더 일반적으로, 일탈의 과학화는 지식의 역사에서는 진부한 주제이다. 그러나 어린이에 대한 잔학행위는 빅토리아 시대의 의료적, 심리학적, 심지어는 사회통계적 지식에도 진지한 주제로 반영되지 않았다. 의사들과 의학이론을 통해 가정에 부분적으로 사회적 통제가 행사되었으나 잔학행위를 억제하려는 노력은 다른 경로를 통해 이루어졌다. 사람들은 잔학행위에 특화된 지식을 통해 그러한 행위를 통제하려 하지 않았다. 가장 기민하게 여론에 호소한 사람들은 의료인이었으나, 그들은 단지 어쩌다 의사라는 직업을 가진 높은 신분의 박애주의자로서 캠페인을 했을 뿐이다. 그들은 잔학한 부모가, 지금 우리가 아동학대자도 한 인간 유형으로 받아들이는 식으로, 명백히 인간의 한 유형임을 이해하려 하지 않았다. 자기 딸을 때리고 강간하는 남자는 짐승으로 불려야 했고, 그런 종류의 인간을 도와주거나 치료하거나 관리할 수 있는 전문지식은 없었다. 처벌받아야 할 비열한 남자일 뿐이었다. 잔인하게 아이를 방치하거나 술에 취해 홧김에 아이를 바닥에 던져버린 어머니는 아이에게 해를 끼치는 종species이라서가 아니라 아이에게 해를 입혔기 때문에 가족과 분리시켜야 했다.

의료화는 성, 계급, 사악함보다는 덜 흥미를 끌었지만, 그래도 어떤 관점에서는 아동학대 개념의 증명서다. 특정 유형의 사람들—예컨대 아동학대 가해자, 피학대아동 같은 사람—이 있다고 가정하고, 그런 이들에 관한 과학적 설명이 가능하다고 본다. 그 지식이 온전하다면, 온갖 종류의 학대행위, 가해자, 피해자는 다양한 유형의 의학적, 정신의학적, 통계적 법칙의 대상이 될 것이다. 이들 법칙은 아동학대를 어떻게 개입하고 예방하며 개선할지를 알려줄 것이다. 이런 식으로, 다중인격은 아동학대를 발판으로 해서 *지식의 대상*으로 발돋움했다. 어린이에 대한 잔학행위는 나쁜 것이기는 하지만, 그 본질상 정신질환을 일으킬 수는 없다. 개별적 잔학행위가 한 인간을 미쳐버리게 할수도 있다. 고딕풍의 무서운 이야기들이 다 그런 식이지 않은가? 그러나 그런 행위에 관해 쓴 의사들의 저술에서는, 소설가의 책과는 반대로, 광기를 유발하는 종류가 아니라고 했다. 임상적으로 중요한 히스테리아에 관한 최초의 논문은 1859년 출판된 폴 브리케Paul Briquet*의 것이고, 그 논문은 많은 여성 히스테리아 사례가 가정폭력, 특히 아동기에 겪은 폭력의 산물임을 분명히 기술했으나,[5] 폭력 자체와 그원인이 과학지식의 대상이어야 한다고 주장하지는 않았다.

원인 규명은 지식의 대상이다. 만일에 아동학대가 소위 자연종이라 불리는, 오직 자연에서 일어나는 사건의 한 종류이자 자연법칙의 지배하에 있는 다른 사건과도 엮여 있는 그러한 것이라면, 아동학대는 어떤 질환의 원인이 될 수 있다. 아동학대에 관한 의학지식은 사건의 종류와 사건들이 서로 연결되는 법칙에 관한 지식이다. 어린이에 대한 잔학행위가 성행했던 후기 빅토리아 시대에 잔학행위는 그러한 지식의 대상이 될 가능성이 없었고, 통제나 의료적 개입의 대상이 될 가능성도 없었다.

어린이에 대한 잔학행위 근절을 위한 개혁운동은 1910년이 되자관심에서 멀어져 있었다. 1910년 이후 1960년까지의 반세기 동안 어린이 및 청소년 관련 문제는 수없이 산재해 있었다. 잔학행위는 안건에서 제외되었지만, 영아사망률, 곧이어 소년 비행이 현저히 증가했

---

* '브리케 증후군'을 명명했다. 히스테리성 과호흡, 실성失聲, 기절 등의 증상으로 현재의 신체화장애에 해당한다.

다. 그러다가 1961년에 아동학대가 등장했다. 콜로라도 덴버에서 헨리 켐프C. H. Kempe를 리더로 하는 일군의 소아과의사들이 방사선 촬영 결과를 객관적 근거로 제시하며 어린이의 반복적 상해에 관심을 촉구한 것이다. 아이들의 팔다리에서 반복골절 흔적과, 의무기록지에 적히지도 보고되지도 않은 상해의 증거가 발견되었다. 반복골절의 흔적은 구타에 의해 영아기 때부터 생기는 것임이 최소한 1945년부터 알려져 있었음에도 불구하고, 이 사실을 아무도 감히 입 밖에 내려 하지 않았다. 덴버 그룹이 1962년 매 맞은 아이 증후군(피학대아증후군)을 출판하자 신문, TV, 주간 미디어 등은 이를 새로운 재앙이라고 보도했다.

일련의 새로운 지식체계가 사방으로 퍼져나갔다. 종종 묘하게도 선천적일 경우도 있었다. "때로 부모는 자신이 양육되었던 방식을 되풀이할 수도 있다."[6] 이 관찰 결과는 매 맞은 아기들에 관한 최초의 논문에서 나온 것이다. '때로' '~할 수도 있다' 등으로 표현하여 매우 신중하게 쓰였지만, 이는 조건항을 제거하고 함의의 방향을 뒤바꿀 채비를 하는 것이었다. 즉 "학대당한 아이, 학대하는 부모"가 그것이다. 이 표어는 대부분의 임상가와 사회복지사에게는 자명한 이치가 되었고, 대중에게는 보편적 지식이 되었다. 그렇지만 아동학대의 '대물림'에 관한 과학문헌은 확실한 신념을 담은 것에서부터 근거를 요구하는 회의론에 이르기까지 뒤섞여 있었다. 신념을 가진 자들이 이 분야를 장악한 데에는 두 가지 이유가 있다. 첫째, 그 주장은 옳은 말처럼 들린다. 즉 아동기의 경험이 성인의 삶을 형성한다는 20세기의 믿음과 부합된다는 의미이다. 둘째로, 학대하는 부모는 어릴 때 자신이 학대당한 아이였다고 고백할 터이고, 이로써 학대행위가 설명되고 형벌이 경감된다는 것은 이미 다 알려져 있는 결론이다. 그리하여 그 주장을 확증해주는 수많은 근거가 나타났다. 이 신념은 다중인격

영혼 다시 쓰기

운동으로 완벽하게 흡수되어 들어갔다. ISSMP&D의 1993년 총회에서 브라운이 한 인상적인 선언을 상기해보자. 아동학대는 흔히 "가족과 세대를 통해 퍼져나간다."[7]

거기에 확실한 사실이 있는가? 가해자 대부분이 어릴 때 학대당했는가, 아닌가? 1993년의 면밀한 실태조사 보고서는, 1973년의 고전적 연구에 적힌 글을 한 가지 예로 인용했다. "[아동학대와 관련된] 가장 일관된 사실은 부모 자신들이 거의 언제나 학대받았거나 매 맞는 아이였거나 방치된 아이였다는 것이다." 또 1976년의 논문에 나온, "아동에서 성인에 이르기까지 부모의 학대가 반복되며 끊임없이 이어진다는 것은 잘 알려져 있다"라는 말도 인용했다. 그러나 1993년의 보고서는 "이 논평이 나온 지 15년 이상이 지난 지금, 그러한 견해를 받아들이는 과학 커뮤니티는 거의 없다"[8]라고 했다. 우리가 주목할 단어는 '과학 커뮤니티'이다. 이 커뮤니티에 무슨 문제가 있는 걸까? "대부분의 학자는 이용 가능한 데이터베이스에는 본질적으로 한계가 있음을 너무나 잘 알고 있다." 사람들이 데이터베이스에 대해 불평할 때에는 대개는 데이터가 거의 없음을 의미한다. 그런데 여기에서는 그 문제가 아니다. 그 논문에는 90여 개의 통계연구 결과가 인용되었고, 대규모의 표본조사 중 많은 것은 "아동학대의 원인론"을 담고 있었기 때문이다. 나는 언뜻 보기에도 엄청나게 많은 이 연구들의 방법론을 비판하고 싶지는 않다. 이 모든 연구는 알아내야 할 지식이 당연히 존재한다고 가정한다. 그 가정은 틀렸을 수 있다. "부모는 왜 자기 자식을 X-학대할까?"(여기에서 X는 아동학대의 유형이다)라는 질문에 보편적으로 진실한 답은 없을지 모른다. 더욱이 앞서 말했듯이, 인간 유형에게는 고리 효과라는 게 있다. 아동학대 개념 자체는 지식을 얻고 개입하려는 시도로 만들어지고 주조된 것일 수 있고, 이들 연구에 대한 사회적 반응으로 만들어졌을 수도 있으며, 아동학대는 알아야 할 지식으로서는 견고한 대상이 아닐 수 있다.

아동학대에 대한 사회적 불안이 팽배하던 초기에 가해자가 한때 피학대자였다는 논제가 유일한 원칙은 아니었다. 예를 들어, 학대받은 아이를 부모나 돌보는 사람과 격리시키라는 실질적인 법원명령도 있었다. "의사는 학대가 어느 정도 재발가능성이 있다면, 아이를 그 환경으로 다시 돌려보내는 걸로 자기 임무를 마쳤다고 생각해서는 안 된다."[9] 그리고 관련된 모든 주제가 의사에게 주어진 일임을 명백히 했다. "이 분야에서 리더십을 가지는 것이 의료전문가의 책무다."[10] 대중언론은 의료계에 충실하게도, "그런 범죄를 저지르는 병든 성인"에 관한 기사를 실었다. 아동학대의 원인론에 관해 말한다는 것은 이미 의학적 모델의 권위를 인정한 것이다. '원인론[병인론]etiology'은 원인을 지칭하는 의학용어이다. 이는 증명해야 할 것을 미리 전제한 것인지도 모른다. "왜 사람들은 자기 자식들을 학대하는가?"라는 질문에는 의학적으로 보편적인 정답이 아예 없을 수도 있다.

처음에는 매 맞는 아이 증후군이 있었는데, 이는 3살 이하의 영아에게 적용되었다. 후일 덴버 소아과의사들이 말하기를, 미국의 많은 가정에서 일어나는 일들에 신체적 학대라는 막연한 표식을 붙여서 공개하지 말자고 결정했다고 했다. 그들은 보수적인 동료 의사들이 X-선으로 증명 가능한 것 이상은 인정하지 않을지 모른다고 두려워했다. 그러나 무죄한 아이들의 망가진 모습을 담은 사진이 공개되자—지팡이나 돌로 때린 것뿐만 아니라 가죽끈, 손톱, 담배꽁초, 끓는 물로도 학대했다—피해자가 영아에게 국한되지 않음을 인정하게 되었다. 정치적 전략으로서는 영아학대부터 시작하는 것이 효과가 있었다. 그렇게 함으로써 의사들은 자식들에게 행하는 가혹한 신체적 처벌이 부모의 권리라는 관점을 극복할 수 있었다. 부모가 그저 아기에 불과한 자식을 처벌할 권리를 가지고 있다고 주장하는 사람은 아무도 없었다.

일단 외침이 울려퍼지자, 매 맞은 아기들은 상위분류인 학대받은 아이의 하위분류로만 인식되었다. 신체적 학대와 그보다는 덜 자극적이지만 훨씬 더 저변에 퍼져 있는 방임에 초점이 맞추어졌고, 성학대는 관심에서 밀려나 있거나 아예 관심 범위에 두지 않았다. 후일 1962년의 덴버 선구자팀에 있던 사람이 말하기를, 그들은 그때 이미 성학대 문제를 뚜렷이 인지하고 있었고 미래의 목표로 상정해놓았다고 했다. 경찰, 사회복지사, 정신치료사, 학교 교사, 성직자들은 성학대와 신체적 학대가 자주 동일한 가정에서 벌어진다는 사실을 분명 모르고 있지는 않았다. 그러나 대중의 관심은 미루적거려지고 있었다. 최초의 일성은 1971년 4월 17일 뉴욕 급진 페미니스트 총회에서 플로렌스 러시Florence Rush가 외친 말이었을 것이다. 그때의 격동이 일반 대중에 와 닿은 것은 1975년이었다. "아동 성추행: 아동학대 최후의 전선"[11]이라는 제목으로.

예전에 성추행범은 이방인이라고 생각되었다. 피해자와 안면이 있는 가정 내 고용인이 고용주의 아이들을 추행했거나, 고용주가 고용인의 아이를 추행하는 것이었다. 성학대 가해자는 돌보는 사람이나 임시 수양부모, 사악한 계부, 성도착증적 교사, 성직자일 거라 여겼다. 성추행은 계급의 경계를 넘어, 혈연관계 밖에서 일어났다. 그러나 아기들은 가족 안에서 구타를 당했다! 그러면 가족 안에서 일어나는 성추행은? 가족 내 학대와 성추행이라는 두 개의 생각이 융합되기 시작했다. 가족 내 성추행은 근친강간을 의미한다. 1977년 5월 잡지《미즈》에 머리기사 "근친강간: 아동학대는 가정에서 시작된다"가 실렸을 때, 폭발적으로 사회적 소요가 일어났다. 뒤죽박죽으로 어수선한 통계가 확증해주는 것은, 남자들은 자기 집안의 여자아이를 남자아이보다 더 학대한다는 것이었다.[12]

전통적인 근친강간의 금기는 성교에 적용되는 것이었다. 근친강간과 아동학대가 동일선상에 놓이자 근친강간의 개념이 급격히 확장되었다. 쓰다듬고 귀여워하고 만지는 신체접촉이 성교와 같은 수준의 근친강간이 되어버렸다.[13] 코넬리아 윌버는 한 걸음 더 나아갔다. "영아와 어린이를 성적 표현과 성적 행동에 장기간 접하게 하는 것은 학대다. 아이가 8~9살이 될 때까지 부모와 한 침실에서 자도록 강요할 때 이런 일이 일어난다."[14] 과거에는 한 가지 종류로 보지 않았던 다양한 행동이 아동학대 안으로 주조되어 들어갔다. 한편으로는, 한 가정 안에 있는 성인과 아이 사이에 어떤 종류의 것이든 성적 경향을 띤 활동은 모두 다 근친강간을 의미하기에 이르렀다. 심지어 보모와 탁아소까지 포함되는 미국식 대가족 내로도 그러한 암묵적 의미가 흘러 들어갔다. 다른 한편으로는, 아동학대 개념이 모든 행동 범위에 적용되었고, 그 모든 행동은 근친강간의 공포에 잠식되었다.

이 사건들은 엄청난 해방 효과를 불러일으켰다. 많은 여자들 그리고 점차로 많은 남자들이 혈연관계 안에서, 혹은 결혼관계나 편의적 관계 안에서 대개는 남자들에게 당했던 처참한 경험을 드러낼 수 있도록 해준 것이다. 아버지, 삼촌, 할아버지, 사촌, 계부, 남자친구, 동료, 애인, 사제가 그 남자들이었다. 어머니와 이모나 숙모와 강요된 성관계를 가진 기억도 있었다. 그 일을 입 밖으로 말할 수 있다는 것이 카타르시스였다. 고통스러웠던 것은, 그 순간의 폭력이나 다시 다가올 폭력에 대한 공포만이 아니라, 계속 붕괴되어가는 인격과, 어떤 인간과도 애정과 신뢰관계를 맺을 수 없게 되어간다는 데에 있다. 성적 반응이 왜곡될 뿐만 아니라, 애정에 대한 반응 또한 일그러져간다. 구타당한 아기들이 아니라 구타당한 삶이었다. 이것이야말로 다중인격 임상가들이 밝히려 했던 것이었다. 그들이 다시 일으켜 세우려는 불행한 삶들은 끔찍한 어린 시절을 가지고 있었다.

몇 걸음 더 나아간 지식 부분도 있다. 아이와 성인 사이의 성적 경험은 필연적으로 아이에게 해롭다고 생각할지 모른다. 남성의 성에 관한 연구로 이미 유명해진 킨제이A. Kinsey는 1953년 여성 정보제공자의 24%가 소녀 시기부터 성인의 성적 관심을 경험했음을 발견했다. 킨제이는 이 경험이 소녀에게 이로울 수 있다고 생각한 것 같은데, 이는 아동학대가 구타부터 근친강간까지 다 아우르는 개념으로 등장하기 이전의 일이다.[15] 당시에는 누구도 킨제이의 견해에 우려를 표하지 않았던 것 같다. 아동학대 개념이 뚜렷이 형성된 후인 1979년에, 이 분야에서 가장 영향력이 큰 전문적 과학자는 미국의 사회학자 데이비드 핀켈호어David Finkelhor였다. 그는 거의 검증도 하지 않은 채, 성인의 성적 관심은 차후의 아동발달을 저해시킨다고 결론지었다.[16] 이후로 아동학대 후유증에 관해 놀라울 만큼 많은 연구 결과가 나타났다. 사용된 의학용어를 다시 한 번 주목해보자. 핀켈호어 등이 최근에 언급한 것을 다시 말하는 게 좋겠다. 아동학대는 아이의 성장에 뚜렷한 영향을 미치지 않는다고 하더라도 사악하고 해로운 것이라고 했다.

성학대의 영향을 해석할 때 (아동기 트라우마에 관한 다른 연구에서도) 장기적인 충격을 최종 기준으로 지나치게 강조하는 경향은 유감스러운 일이다. 학대의 충격이 일시적이고 발달과정에서 사라진다면, 영향은 덜 '심각한 것'으로 간주되는 것 같다. 그러나 모든 것을 장기적 영향의 관점에서 강조하는 것은 '성인 중심'의 편견을 드러내는 것이다. 강간 같은 성인의 트라우마는 노년에 어떤 영향을 미칠지 여부로 평가되지 않는다. 그 영향이 1년만 지속된다 할지라도 그건 고통스럽고 경악할 사건이다. 마찬가지로 아동기의 트라우마는 '장기적인 영향'을 증명하지 못한다는 이유로 무시되어서는 안 된다. 아동성학대는

그 순간의 고통과 당황 그리고 이어지는 혼란만으로도 심각한 문제로 인식될 필요가 있다.[17]

이 말은 절대적으로 옳다. 그러나 행간에 숨은 의미가 있다. 아동학대의 악영향에 관해서는 놀랍도록 알려진 바가 적었다. 1993년 핀켈호어와 동료들은 한 논평에서, "1985년 이후로…… 특히 성적으로 학대받은 어린이에게 초점을 맞춘 연구가 폭발적으로 늘어났다"라고 말했다. 그러나 그 결과는 만족스럽지 않았다. "자존감의 저해가 향후 발달에 어떤 영향을 미치는지, 본래 기질과 취약성이 어떤 역할을 하는지 그 실체는 아직 밝혀지지 않았다." 임상의사들에게 "외견상 증상이 없는 성학대 아동이 매우 많다"라고 주의를 환기시켰다. 그리고 관찰연구가 폭발적으로 증가함에도 불구하고 아무런 "이론적 토대"가 없음을 불만스러워했다. "성학대의 후유증이 지대한 관심사임에도 왜 그러한 결과가 생기는지에 대해서는 실망스러울 만큼 관심이 적다." 그래서 지금 어디까지 와 있는가? 성학대 아동이 "학대받지 않은 대조군 아이들보다 더 많이 증상을 보임"을 우리는 분명히 알고 있다. 그러나 연구대상으로 선택된 성학대 아동은 이미 다른 증상이 나타나서 치료를 받는 환자 상태였고 그 증상으로 인해 연구대상으로 선택된 아이들이다. 성학대 아동을 "임상증상을 가진, 학대병력이 없는 아동"(즉 다른 진단으로 이미 정신과 치료를 받는 아동)과 비교했을 때에는, 성학대 아동은 과잉으로 "성적 특색을 보인다"라는 점 이외에는 대체로 증상이 *적었다*.[18] 성학대가 아동발달에 악영향을 미친다는 점은 누구에게나 자명해 보이지만, 되풀이 말하자면, 과학적으로는 그리 잘 입증되어 있지 않다.

신체적 학대와 방임의 장기적 영향은 비교적 많이 연구되어 있다.[19] 어느 한 연구만 보면 많은 것이 증명된 것처럼 보이지만, 여러 개를 한데 모아놓고 보면 서로 조화되지 않고, 최종 결론은 확정될 만한 게 없다. 성학대든 신체적 학대든, 모든 연구 결과는 놀랍게도 사회계급과 관련이 없었다. 바버라 넬슨Barbara Nelson은 고전적 정치학 논문에서 아동의 신체 학대와 방임이 어떻게 미국의 정치 영역으로 진입하게 되었는지를 분석했다.[20] 애초부터 학대아동 문제를 그 어떤 사회적 주제와도 분리시키는 일이 중요했다. 미국 내 입법 추진을 이끌던 상원의원이자 후일 부통령이 된 먼데일Walter Mondale은 "이것은 정치적 문제이지 빈곤의 문제가 아니다"라고 주장했다. 그 접근방식은 만장일치를 보장할 만한 것이었다. 진보와 보수 모두 동의할 것이고, 사회적 문제 제기도 일어나지 않게 될 것이었다. 아동학대는 병이라고 했으니 말이다. 먼데일의 "빈곤의 문제가 아니다"라는 말은 이후 미국의 대부분의 연구자들 머리 위를 맴돌았다. 그럼에도 "반복해서 동일하게 나타난 결과는 빈곤과 저소득은 아동학대 및 방임과 연관된다"라는 것이었고, 이 1993년의 논문에는 참고문헌 10개가 인용되어 있었다.[21] 미국 국외에 있는 연구자들은 더 단호하게 자기 의견을 발표하는 경향이 있었다. "그 모든 공포에도 불구하고 아동성학대나 신체적 구타는 영국에서든 미국에서든 간에 단순히 비참하고 끈덕진 빈곤보다는 훨씬 덜 해를 끼치고, 확실히 덜 치명적이다. 빈곤이 심화되고 복지계획이 소진될 때면, 왜 성학대 등으로 관심이 돌려지는가?"[22] 그 저자의 관점에서, 한 가지 답은 아동학대, 특히 아동성학대가 종종 대신 희생양이 된다는 것이었다. 학대로 사망하는 아이들이 가난한 집 아이들임은 명백하다.[23] 1980년대 미국에서는 어린아이를 둔 빈곤 가정에 지원되는 공공기금이 매년 실질적으로 축소되어 온 반면, 아동학대 참사에 관해서는 매년 더 많은 말들이 나왔다. 1990년 대통령 전문위원단은 아동학대가 "국가적 비상사태"라고 발표했다.[24] "이 문제가 존재한다는 데에 대해 전 국민의 주의를 촉구한다"라는 첫 성명이 나왔다. 그다음에는? "학대가 의심되는 이웃을 쉽게 보고 할 수 있을 만큼 가족구성원도 용이하게 도움을 받을 수 있는 체계를 만들고자 한다." 그러나 전문위원단이 초점을 맞춘 것에는 불쾌한 주제들 즉 쓰레기, 위험, 소변 악취에 찌든 복도, 망가진 엘리베이터, 깨진 유리, 삭감된 식비지원금, 총기 소지 등은 빠져 있었다.

아동학대, 특히 아동성학대에 관한 지식의 한 부분은 특히 다중인격과 연관된다. 대부분의 다중인격은 성인 여자다. 그들이 가진 장애는 흔히 성학대가 포함된 아동학대로 인한 것이라고 주장되고 있다. 그건 특수한 경우인가? 아동학대가 후일 정신질환을 야기하는가? 많은 임상가들은 그렇다고 확신한다. 역학과 통계학으로 이를 입증할 수 있는가? 문헌 검토를 한 사람이라면 누구든 극도로 조심스러워질 것이다. 어린 날의 학대가 성인이 되어 기능장애를 일으킨다는 주장은 지식의 한 부분이라기보다는 신앙에 더 가깝다. 명백한 진리처럼 보이지만, 통계적 연관성이 있을 때조차도, 의외로 좁은 지역에 국한되어 나타난다. 장기적인 영향에 관한 (전국민의료보험에 정신과 진료도 포함되는) 뉴질랜드의 한 연구에서는 성인 여자의 정신과적 문제가 학대와 연관되는 경우보다 빈곤과 직접 연관되는 경우가 더 많았다.[25]

핀켈호어의 경고를 되풀이 말하자면, 아동학대를 미래의 정신과적 문제와 연관짓기 어렵다 할지라도, 아동학대는 여전히 그 자체로 사악하다. 그러나 도덕철학자는 한쪽의 공리주의적·결과주의적 윤리와, 다른 쪽의 의무론적 윤리를 구별해야 한다. 결과주의는 어떤 행위가 선한지 악한지를 그 결과로 평가한다. 의무론에서는 그 결과와 상관없이 어떤 행위를 반드시 해야 하거나, 해서는 안 되는 정언명령이 있다고 주장한다. (내가 생각하기에) 운동가들은 아동학대라는 절대악을 경계하는 의무론자여야 하지만, 현실적으로는 그러한 행동의 나쁜 결과를 찾아내려고 노력하는 결과주의자일 뿐이다. 다중인격운동은 미국 사회학의 무자비한 공리주의 추진력에 힘입은 것이다. 사회학은 무언가를 말할 때 그저 단순히 나쁘다고 말하는 법이 없다. 어떤 행위가 나쁘다고 말하려면 나쁜 결과가 따라야 한다. 오직 나쁘다는 이유만으로 적극적으로 개입했다면, 아동학대의 영향에 관한 현재와 같은 신념체계가 만들어지지 않았을 것이다. 그 신념이 없었더라면, 다중인격운동이 번영할 발판이 된 인격 분열에 관한 원인론은 나오지 않았을 것이다.

나는 지금까지 한 가지 흥미로운 사실을 공들여 설명했다. 한편에는, 아동학대에 관한 엄청난 양의 확신에 찬 대중 지식이 있다. 그런 지식의 대부분은 아동학대 개념이 만들어진 그 방식처럼, 전체가 다 완성된 채로 불쑥 튀어나왔고, 선천적이다. 다른 한편으로, 수많은 관찰연구는 앞뒤가 맞지 않는다. 때로 그 연구들은 이미 당연하게 간주되었던 것들에 의혹을 품고 다시 질문하곤 한다. 남은 것은 무엇일까? 첫째는, 신념이다. 둘째로는, 그 신념을 확신하는 개인들과 특정 상황의 경험담이 있다. 그리고 그럴 수만 있다면 찾아내어야 할 지식이 반드시 존재한다는 강한 신념이 버티고 있다. 아마도 잘못된 것은 이것일 것이다. 지식이 될 가능성에 대한 가정과 반드시 있어야 할 지식의 종류에 대한 가정이 틀렸을지도 모른다.

끝없이 연구물이 쏟아져 나오지만, 사람들 또한 그 연구의 영향을 받게 되므로, 연구대상 자체가 탐구에 의해 변해간다. 마치 인간 불확정성의 원리가 작동되는 것과도 같다. 이것이 가장 명료하게 드러나는 건 책임면제 효과다. 폭력의 가해자는, 폭력행위가 설명되고, 변명이 되고, 어쩌면 원인도 될 수 있다는 걸 알기 때문에, 학대받았던 자신의 과거를 '발견'해낸다. 그렇다고 일부 가해자들이 법적 제재를 피하려고 거짓을 말할 거라는 사실을 지적하는 것은 아니다. 내가 말하려는 것은, 자신의 과거를 다른 식으로 이해함으로써 학대받은 과거의 자신을 솔직하게 들여다볼지도 모르겠다는 의미이다. 이러한 효과는 피할 수 있는 게 아니고, 아동학대 개념에 내재되어 있는 것이다. 그렇다면 그 개념은 "단순히 주관적인 것"인가? 결코 그렇지 않다. 그러나 아동학대 개념은 특유의 내적 동력을 품고 있다.

아동학대운동은 지난 30여 년 동안 가장 중요한 사회적 의식 고취 활동이었음을 나는 계속 강조해왔다. 우리를 일깨웠을 뿐만 아니라 감수성과 가치 기준을 변화시켰다. 한편으로는 우리 안의 작은 인간성 한 조각을 압살해버리기도 했다. 오늘날 제정신을 가진 남자라면 공원에서 식수대에 손이 닿지 않는 낯선 아이를 도와주려 하지 않을 것이다. 소송광에게는 수단이 되었고 누군가에게는 광적인 불안을 일으켰다. 거짓고발의 피해자도 있기는 했지만, 자의식이 성숙하기 전의 연령대에 있는, 알려지지 않은 피해자의 숫자만큼은 아니었다. 충격적인 오심誤審도 있었다. 도덕성이 급변하는 시대에, 이런 주제들은 사례 하나하나씩을 살펴보아야 한다. 그럼에도 사회적 의식 고취의 총체적 효과는 압도적으로 긍정적이다.

어떤 독자는 내가 이 주제에 너무 멀리 거리를 둔다고 생각할 수도 있기 때문에 특히 이 지점에서 한마디 해둘 필요가 있겠다. 일전에 내가 쓴 에세이는 실로 "아동학대 개념을 해체한deconstructed 재치 있고 불온한 글"이라는 비난을 받았다.[26] 그 말은 의도했던 것만큼 칭찬으로 들리지는 않는다. 왜냐하면 해체라는 것은 흔히 '해체당하는' 것에 대한 풍자, 조소, 경시 등을 암묵적으로는 품고 있기 때문이다. 나는 분석을 한 것이지 결코 해체하려 의도하지 않았다. 나는 이 책에서 일정 거리를 유지하며 아동학대를 바라보고자 했다. 내가 집중하려는 것은, 아동학대가 어떻게 지식의 대상이 되었는지, 그리고 결국에는 다중인격의 새로운 과학에 어떻게 인과적 지식 대상이 되었는지의 방식이기 때문이다.

최근 이런저런 온갖 것을 사회적 구성으로 말하고들 있다. 때로 이 것은 흥미롭다. 현재 물리학의 기본적 구성요소의 사회적 구성에 관한, 즉 쿼크quark의 사회적 구성[27]에 관한 글을 읽을 때처럼 말이다. 나는 쿼크가 사회적으로 구성되었다는 주장을 말할 수 있는 사람을 존중한다. 그건 우리로 하여금 생각해보도록 하는 대담하고 도발적인 논제이다. 노벨상을 받은 의학적 발견이 사회적 구성물로 묘사될 때 조심스럽게 감탄하기도 한다. 내가 기초과학에 대해 느끼는 존중과 감탄을 공유하는 사람이라면 누구든 깜짝 놀라 주목하게 될 것이다.[28] 그러나 오직 특정한 사회적 배경과 역사적 맥락에서만 일어나는 사건의 사회적 구성에 관해 읽을 때는 그렇듯 강렬하게 느껴지지는 않는다. 아동학대 개념이 사회적 구성이라고("사회적 구성"이라는 데에 뭔가 의미가 있다면) 하는 말은 어떠한 흥미도 불러일으키기 어렵다. 흥미를 끄는 것은, 이 개념이 만들어지고 주조되어 진전되는 단계와, 그 개념이 아이, 성인, 도덕적 감수성 그리고 인간이란 무엇인지에 관한 더 광범위한 개념과 어떻게 상호작용을 해왔는지에 관한 것이다.

　적어도 논문 하나가 〈아동학대의 사회적 구성〉[29]이라는 제목을 내걸기는 했다. 아동학대 사례는 사회적 구성에 관한 끈질긴 질문을 피하게 해주는 유용한 신호등이 될 수 있다. 일부 집요한 사회적 구성주의자는 (태도 변환의 예고도 없이) 아동학대는 사회적 구성물이 아니고, 가족과 국가가 은폐하려는 실로 사악한 것이라고 말한다. 그 말은 반은 맞고 반은 틀리다. 아동학대는 개념이 구성되기 전에도 악이었고 지금도 실재하는 악이다. 그럼에도 불구하고 그 개념은 구성된 것이다. 실재성도, 구성도 의심의 여지는 없다.

　그럼에도 루소와 칸트 시대의 철학으로 알려진, 전혀 다른 유형의 구성물이 있다. 그 사상가들은 우리 자신에 대한 이해와 도덕적 가치관을 어떻게 구성할지에 관해 저술했다. 그러나 그들은 완전히 새로운 도덕 개념을 퍼뜨리려 하지는 않았다. 새로운 도덕 개념이 출현하거나 옛 개념이 새로운 의미를 얻게 되면, 자신이 누구인지에 관한 우리의 자아감도 영향을 받는다. 도덕 개념이 인과 개념으로 받아들여질 때 그 효과는 더 광범위하게 퍼진다. 아동학대는 궁극적인 악인 동시에 인과론적으로도 강력하다. 아동학대가 성인이 된 후 무서운 후유증을 남긴다는 고전적 의미의 근거는 거의 없지만, 그렇게 추정되는 후유증이 정신과의사, 과학자, 사회복지사 그리고 일반인 모두가 공통으로 가지는 의견의 일부이다. 그 지식은 개인이 자신을 이해하는 방식에 영향을 끼친다.

아동학대와 아동학대의 억압된 기억은 발달과정에 강력한 영향을 미치는 것으로 알려져 있다. 내가 관심을 가진 것은, 그러한 진술의 참 또는 거짓에 관한 것이라기보다는 그 진술이 어떻게 사람들로 하여금 자신의 과거를 새로 서술하게 만드는지에 관해서다. 사람들은 자신의 행동을 다르게 설명하고 자신에 대해 다르게 느끼게 된다. 우리 각자는 과거를 다시 서술하면서 새로운 사람이 되어간다. 아동학대의 소위 사회적 구성은 제한적인 관심 주제라고 나는 생각한다. 그러나 그 구성된 지식이 사람들의 도덕적 삶에 어떻게 고리 효과를 미치는지, 자존감을 어떻게 변화시키는지, 그리하여 어떻게 영혼을 재조직하고 재평가하는지에 관한 질문은 이 책에서 계속 이어갈 것이다.

5장　　　　　　　　　　　　　다중인격의 젠더

　다중인격장애로 진단된 10명 중 9명은 여자다. 옛날의 이중의식이나 교차성 인격alternating personality 사례에서도 같은 성별 비율이 관찰된다. 옛 사례에 누구를 포함시켰는지에 좌우되므로 이 말은 통계적 사실이 아니다. 한 조사는 내가 본 옛 보고서보다 남자들이 훨씬 더 높은 비율로 제시되었다.[1] 그러나 어떤 숫자로 결정하든 간에 다중인격의 대부분은 여자다. 왜 그럴까?

　다중인격과 젠더에 관해 또 다른 의문도 있다. 요즘의 다중인격은 많은 수의 다른 인격들 또는 인격의 파편을 만드는데, 그 일부는 반대 성별이 되거나, 난잡한 성생활을 하거나, 양성애나 동성애로, 혹은 본 인격에서는 발견되지 않는 여러 젠더 성향이 혼합된 인격들로 진행된다. 성의 불안정성은 표면적 현상인가, 아니면 성적 양면성이 이 장애와 그 원인에 필수적인 걸까?

　다중인격으로 진단된 10명 중 9명은 여자다. 이 말은 어떤 확립된 지식이자, 분명한 역학적 사실이 있는 것처럼 들리지만 그런 것은 없다.

있는 것이라고는 몇몇 데이터와 상당수의 일화적 경험뿐이다. 일관성 있는 것은 환자 거의 대부분이 여자라는 점이다.[2] 이는 막연히 연관되는 요인들이 뒤섞여서 나타난 결과일지도 모른다. 예를 들어, 19세기 거의 내내 그리고 지금까지도, 다중인격은 히스테리아 증상도 있다고 알려져 왔다. 프랑스에서 다중인격의 파도가 몰아치던 시기에, 모든 다중인격은 그 누구보다도 화려한 증상을 가진 히스테리아였다. 히스테리아에 관한 진실이 무엇이든 간에 그 질환은 젠더 편향적 진단이자 묘사이고 담론이었다. 프랑스 임상의료를 지배하던 최우선의 질문은 히스테리아에서 젠더 역할이었고, 다중성에 관한 질문은 차후의 것이었다. 그 질문 중 몇몇은 나중에 설명하겠고, 이 시점에서는 최근의 정보만 살펴보려 한다.

1986년 프랭크 퍼트넘과 동료들은 이제는 유명해진 한 조사 결과를 발표했다. 임상가들에게 설문지가 보내졌고, 보내온 답장 중에서 설문지 조사항목에 적합한 환자 첫 100명이 연구대상으로 선정되었다고 한다. 그중 92명이 여자였다.[3] 3년 후 콜린 로스 등이 우편으로 보낸 설문지의 답변을 통해 더 많은 환자를 대상으로 한 연구 결과가 연이어 발표되었다. 그 설문지는 두 집단의 임상가들에게 보냈는데, 한 집단은 ISSMP&D 회원들, 다른 집단은 로스가 선정한 캐나다 정신과의사들이었다. 236명의 사례 중 90%에 조금 못 미치는 207명이 여자였다.[4]

왜 이렇게 불균형적일까? 가장 먼저 나온 그리고 아직까지도 가장 흔한 설명은 다중성에 관해서라기보다는 젠더에 관한 태도를 더 많이 드러낸다. 여기에는, 남자 다중인격이 많이 있지만 진단이 되지 않고 있다는 것이 암시된다. 특정 정신질환으로 고통받는 사람 대부분이 여자라는 사실은 죄책감과 더불어 정치적 불공정함까지 느끼게 한다. 아마도 여성의 불평은 남성의 불평보다는 덜 인정받기 때문일 것이고 이는 여자의 무력함을 나타내는 또 하나의 실례일 뿐이다. 어쨌든 간에, 남성 다중인격을 찾아내려는 노력은 1970년부터 현재까지 계속되고 있다. 젠더가 논의 대상이 되면 가장 흔한 질문은, "남자들은 어디에 있나?"이다. 다른 문제들과 대조해보자. 알코올중독자 대부분은 남자다. 그럼에도 우리는 "여성 알코올중독자는 어디에 있나?"라고 소리 높이지 않는다. 몇몇 역학자들이 정신분열증*은 왜 남자에게 더 많은지 의문을 가졌으나, 여성 정신분열증을 더 많이 찾아내기 위해 새로운 모집단을 조사해야 한다고는 생각조차 하지 않는다.

남성 다중인격은 어디에 있는가? 코넬리아 윌버는, 남자들은 정신건강체계보다는 형사사법체계 안에서 발견될 것이라는 의견을 제시했다.[5] 그리하여 "남성 다중인격장애 대부분은 감옥 안에 있다"라는 말은 금언이 되었다. 이 견해를 약간은 덜 무겁게 이해하는 방식도 있다. 아마도 거대한 보건 및 사법의 비체계적 '체계성'이 증상과 그 발현의 통로를 열고 구조화하는 데에 중요한 부분이었을 것이다. 성별에 따라 다른 체계에 포획될 뿐만 아니라, 이 체계 안의 공무원들과 한 조각의 권위를 쥔 사람들이 그렇게 포획된 사람들을 기대치에 맞도록 훈련시키는 작업을 한다. 그리고 물론 당신이 일단 사법체계나 정신건강체계에 사로잡혔다면, 가장 쉬운 일은—폭력적으로든 무력하게든 간에—기대되는 바에 따라 행동하는 것이다. 그것이 제2의 본성이 된다. 이것이 고전적 낙인이론labeling theory이다. 사람들은 권위가 자신에게 부여한 낙인에 자신의 본성을 적응시킨다는 이론이다.

일찍부터 윌버는 보이지 않는 남성 다중인격 상당수가 있으리라고

* 미국의 정신분열증 유병률prevalence rate 0.25~0.64%, 남녀비율 1.01~1.04:1(미국 NIMH, 2020).

의심하고 있었다. 그녀가 빌리 밀리건Billy Milligan의 상담을 맡았을 때 자기 주장이 입증되었다고 느꼈을지도 모르겠다. 빌리 밀리건은 컬럼비아의 강간범인데, 변호사는 범죄를 저지른 건 다른 인격들이었다고 변호했다. 랠프 앨리슨도 처음에는, 남자들은 어린 날 극악한 트라우마를 여자보다 적게 경험하므로 남성 다중인격의 수가 적을 수밖에 없다고 믿었다. 그러나 그 후 '유발 계기'가 반드시 성학대이어야 할 필요는 없고, 단지 "트라우마가 너무 극심해서 아이는 자기 머릿속으로라도 도망쳐야 했고 그 자리를 지켜줄 다른 인격을 창조해 낸 것"이라고 깨닫게 되었다.[6] 게다가 폭력행동은, 사실 사악한 인격들이 저지른 것이지만, 너무도 흔히 사회적으로 용인되고 있다. 남성 다중인격이 도움을 청하러 모습을 드러내는 경우가 그렇듯 드문 이유였다. 그의 주요 환자 중 한 명인 헨리 호크스워스는 술에 취하면 술집에서 엄청난 싸움을 벌이고는 아무것도 기억하지 못했다. 판사가 생각하기에 그 싸움이 워낙 황당했기에 훈계 방면하면서, 과음하지 말고 TV 카우보이쇼도 시청 중단하라고 권고했다. 그러나 앨리슨의 치료과정에서 알려진 바로는, 술을 마시려 한 것은 헨리의 다른 인격이었고 술에 취해 싸움판을 벌인 것은 또 다른 인격이었다. 그렇지만 그 행동이 지나칠 때에는 정말 도를 넘었다. 앞서 앨리슨의 환자 중 다른 인격 상태에서 방화를 하고, 나중에는 강간살인까지 저지른 환자에 대해 언급한 바 있다.

더 많은 다중인격을 찾아내려는 일부 임상가들의 절실한 욕구로 인해 사실상 해리성정체감장애로 진단되는 남성 비율이 단기적으로는 증가할 것임이 확실하다. "교도소 등에서 다중인격장애가 진단되면서 향후 10년 안에 환자의 남녀비율은 줄어들 것"이라고 로스는 내다보았다. 그는 최면감수성이 다중인격장애와 높은 상관관계가 있다고 주장하면서 "남녀의 최면감수성이 동일하고 일반 대중의 해리 경

영혼 다시 쓰기

험도 그리 달라 보이지 않는 점을 고려하면, 다중인격장애의 성비는 피학대의 성비(1:1과 9:1의 사이 어느 지점)와 같아야 한다"라고 역설했다.[7] 잠재적 남성 다중인격이 올바르게 처신하도록 해주면, 즉 다중인격임을 공공연히 드러내도록 해준다면, 다중인격 성비는 학대받고 최면감수성이 높은 아이들의 성비와 같을 것이라는 로스의 예언에는 무언가 섬뜩한 것이 있다.

남성 다중인격은 다양한 출처에서 나오게 될 것이다. 탐색 방향은 이미 교도소 집단으로 향했다. 또한 미국보훈병원에서 치료받는 환자 집단도 그 대상이 되었다. 외상후스트레스장애PTSD는 흔한 진단이다. 이런 환자를 치료하는 임상가들도 점차 다중인격 진단에 수용적으로 되어간다. 다른 관점에서 보면, 아동 및 청소년 다중인격에 쏟아지는 관심이 수많은 남성 다중인격을 생산해낼 수도 있다. 불안한 소년은 불안한 소녀에 비해 훨씬 말썽거리가 될 터이고, 곧바로 정신과의사의 주목을 받게 되기 때문이다.[8]

결혼생활의 불만으로 술과 섹스에 빠진 남자의 치료에 이 개념이 적용됨에 따라 어린 날 어머니의 학대가 남성 다중인격의 요인으로 점차 타당해 보이기 시작했다.[9] 최근, 체포 경력이나 흉악범으로 구속될 만한 행동이 없었던 22명의 남자환자를 대상으로 한 어느 연구에서, 남성 다중인격은 알코올, 폭발적 기질, 부부간 불화와 관련된 문제를 제외하고는 정신과를 찾지 않는 양상이 확인되었다.[10]

남자환자를 포획할 촘촘한 그물이 넓게 펼쳐졌으나, 여태까지는 범죄와 폭력이라는 대중적 설명이 대부분을 차지하고 있다. 그렇다고 사실과 허구 사이의 상호작용을 무시해서는 안 된다. 언뜻 보기에는 사실과 허구가 완전히 어긋난 것처럼 보인다. 소설 속의 다중인격은 남자이고, 현실에서 진단되는 사람은 여자다.[11] 그러나 자세히 들여다보면 완벽하게 조화를 이루고 있음을 알 수 있다. 소설 거의 대부분이 폭력과 범죄에 관한 이야기이기 때문이다. 위대한 작품 중 도스토옙스키의 섬뜩한 소설《분신》의 골랴드킨은 폭력적이라기보다는 교활하다. 섬뜩함은 가학성보다는 모호한 다의성에서 비롯된다. 연애소설에 나오는 이중인격의 원형은 E. T. W. 호프만*, 제임스 호그, 로버트 루이스 스티븐슨 등이 묘사했는데, 모두가 남자에 관한 것이다. 이 작가들은 모두 의학 관련 문헌에 정통했고, 남자가 아니라 여자가 더 흔히 이중인격을 가졌음도 잘 알고 있었다.[12]

19세기에는 오직 한 명의 허구의 엄청난 여성 이중인격이 있었는데, 그녀는 그리스신화의 아마존족 여전사였다. 1808년 하인리히 폰 클라이스트Heinrich von Kleist의《펜테질레아Penthesilea》는 여주인공이 당시의 이중인격 원형과 똑같은 행동을 하는 격정적인 연극이다. 그녀는 어떤 상태에서는 "나이팅게일처럼 상냥하고", 다른 상태에서는 아주 사나워서 가장 가까운 친지들도 겁에 질리게 했다. 그녀는 몽환 상태를 거쳐 다른 상태들 사이를 오갔다. 인격들이 바뀔 때마다 양방향 기억상실이 있었지만, 상냥한 상태에서는 흉포한 상태에서 일어난 일을 꿈처럼 흐릿하게만 기억할 수 있었다. 마침내 흉포한 상태에서 서로 사랑하는 사이였던 아킬레우스를 살해하기에 이른다. 그녀는 맹견들에게 그를 공격하게 한 후 화살을 쏘아 목을 꿰뚫어 죽인다. 그러곤 말에서 뛰어내려 무릎을 꿇고 엎드려 맹견들과 함께 그의 사지를 찢고 뜯어먹는다. 상냥한 상태로 돌아와 자살하기 전에 그녀는 그의 남은 신체 조각에 키스한다.

---

*   Ernest Theodor Amadeus[Wilhelm] Hoffmann. 1800년 전후의 독일의 작가, 법학자, 작곡가. 낭만파의 음울하고 마성적 대비를 강조한 작품을 썼다.《밤의 이야기》《호두까기 인형과 쥐의 왕》《샌드맨》《최면술사》등이 있다. 후일 다중인격을 주인공으로 한 작가들과 판타지 작가들에게 많은 영감을 주었다.

키스, 물어뜯은 한 입―그 얼마나 정다운가, 이 둘은,

진심으로 사랑할 때엔.

탐욕스런 입은 그리도 쉽사리

둘을 혼동하지.[15]

그 후에 나오는 이중인격 이야기는 다 미지근해 보이기만 한다. 그럼에도 불구하고 그녀는 당시 소설 속 유일한 여자 이중인격이었고, 더 잘 알려진 나머지 고딕풍 이야기들은 모두가 남자에 관한 것이었다.

이 책에서 나는 종종 임상클리닉과 상상의 창작물 사이를 오갈 터인데, 임상가와 작가는 확실히 서로를 보강해주기 때문이다. 남성 다중인격에 관한 진지한 탐구는 소설가가 걸어간 궤도를 따라 이루어졌다. 허구는 젠더에 관한 절실한 질문으로부터 다른 데로 관심을 돌리게 한다. 남자보다 훨씬 더 많은 여자들이 다중인격으로 진단되는 것은 왜인가? 네 가지의 설명이 제시되는데, 모두가 다중인격의 배경 이론에 크게 영향을 받은 것이었다. 이 네 가지는 상호 배타적이지 않다.

첫째로, 앞서 말한 범죄 가설이 있다. 잠재성 남성 다중인격은 폭력적이어서 의사보다는 경찰의 손에 잡힌다. 게다가 여성 다중인격의 분노는 자신을 향하는 경향이 있어서 자해가 매우 흔하다.

둘째로, 다중인격은 은연중에 자신이 속한 문화적 환경에 어울리는 선택을 한다는 견해가 있다. 기질적 병변이나 생물학적 원인이 없이 심한 스트레스를 겪는 사람은 언제나 사회적으로 용인되고 임상적으로 보강되는 증상을 '선택'해왔다. 해리 행동은 여자들이 선호하는 스트레스의 언어다. 심지어 도피 수단일 수도 있다. 어떤 인격들은 갈망하고 있으나 허용되지 않았던, 사회적으로 용납되지 않는 인격의 모습을 나타내기도 한다. 그러므로 19세기 여자들은 외부의 제약

을 받지 않을 수 있는 길을 다른 인격들을 통해 찾아냈고, 20세기에는 동성애자가 될 수 있는 길을 발견했을 수 있다.[14] 남자들이 선택하는 스트레스 표현방식은 알코올이나 폭력 등이다.

셋째는 인과적 설명이다. 다중성은 어린 날의 반복적인 아동학대, 특히 성학대와 밀접하게 연관된다는 것이다. 소녀들이 소년보다 훨씬 더 자주 학대의 대상이 된다고 간주된다. 과거에 페미니스트들은 그 비율이 9:1이라고 했다. 이런 견해가 다중인격으로 진단된 사람들의 성비가 9:1이라는 주장의 배경이 되었다.

넷째는 암시의 요소를 강조하는 설명이다. 북미에서 치료과정에 있는 여자들은, 심지어 전형적인 권력구조를 피하려 적극 애를 쓰는 여자일지라도, 같은 상황에 있는 남자들보다는 더 쉽사리 치료적 기대치에 협조한다. 남자들은 적극적으로 협력을 거부하고 따라서 암시에 저항하는 반면에, 사회에 순응적인 여자들은 암시를 받아들인다는 것이다.

여성 다중인격이 왜 높은 비율을 차지하는지에 관한 이들 네 가지 설명은 대체로 옳은 것 같고, 네 가지가 동시에 작동되는 경우도 있을 것이다. 그러나 놀랍게도 다중성의 젠더 차이 문제는 별로 진지하게 논의되지 않는다. 1992년 ISSMP&D 총회에서 처음으로 젠더 워크숍이 열렸다.[15] 많은 참가자들이 적어도 1명 이상의 남성 다중인격을 치료했다고 했다. 3명의 토론진행자 중 한 명인 리처드 로웬스타인Richard Loewenstein은 현재로서는 "데이터가 없기는" 하지만, 앞으로 예상되는 데이터가 무엇일지는 의심의 여지가 없다고 했다. 더 많은 남자가 나타날 거라는 말이었다. 유감스럽게도 젠더에 관한 질문은, 임상가와 환자 사이의 성적 관계에 대한 질문이 나오면서 참석자들이 거기에 정신이 팔린 사이에 슬쩍 넘어가 버렸다.

신랄한 페미니스트적 분석이 필요한 분야가 있다면, 그건 다중인격이다. 어떤 분석이 채 이루어지기도 전에 즉각적으로 나온 페미니스트의 반응은, 당연히도 아동학대에 방점을 찍는 것이었다. 이는 시작에 불과했다. 개인적 측면에서 보면 아동학대와 환자의 고통은 즉각적 문제해결을 요하지만, 그 배경에는 더 큰 문제가 도사리고 있다. 북미 사회에서 아동학대는 경제적·심리적 완화책이나 예방책과 통제만으로 제거될 수 있는 절연된 단면이 아니다. 다중인격이 아동학대의 지표이듯이, 아동학대는 현존하는 가부장제 권력구조에 내재된 본질적 폭력성이 표면화된 것이다. 아동학대운동이 진행된 이후로 강력한 영향을 끼친 글의 주제가 바로 이것이었다.[16] 우리는 성학대하는 남자를 독선적으로 비난한다. 페미니스트 비평가들은 이 태도가 위선적이라고 본다. 이는 남자의 행동이 여자와 아이에게 향하는 일상적 공격성의 극단적 형태일 뿐임을, 그리고 대중미디어와 경제 권력구조 안에서 용인되고 심지어 조장되기까지 한다는 것을 은폐하도록 해준다.

특히 다중인격의 맥락에서 이를 가장 섬세하게 분석한 사람은 마고 리베라Margo Rivera다.[17] 그녀는 임상심리학자이자 페미니스트 이론가로서 학대 경험을 가진 환자에 대한 공공지원을 적극적으로 모색하고 있다. 여자에 대한 폭력과 트라우마를 논거로 삼았지만, 다른 치료사들과는 달리 다중성을 더 은유적으로 간주하는 것 같다. 트라우마는 "우리가 다른 인격이라고 부르는, 산산이 흩어진 자아-상태self-state 속에 격리되어 있다"라고 말했다.[18] 그녀가 중요하게 여긴 것은 사람들이 자신에 관해 무엇을 말하는지이다. 만일 그들이 다중인격 언어를 사용해서, 다른 인격들의 모습으로 말한다면, 그건 그들의 문제를 표현하는 방식이라는 것이다. 그녀는 학대 경험의 세세한 기억에 주목한다. 그녀가 하는 치료의 목표 중 하나는 비해리성 대응 기술로 이끄는 "트라우마 경험의 전략적 재건"이다.

또한 그녀는 충분히 건강한 힘을 지닌 일부 환자들에게는 자신의 처지에 대해 더 넓은 시각과 정치적 인식을 가지도록 격려한다. 그리하여 그녀는 다른 사람들이 모르는 체했던 주제를 치료과정에서 입밖에 낼 수 있었다. 왜 당신의 다른 인격은 여럿입니까? 왜 그들 중 많은 인격들이 덩치 큰 남자 아니면 아이입니까? 현실에서 당신의 다른 인격들은 누구를 닮았다고 생각합니까? 당신의 해리 형태는 개인적이면서 동시에 당신 주변 사회에 대한 반응입니까?

리베라의 접근법은 잘 다듬어진 정치적 감각에 근거한 것이다. 그녀는 여성운동에 깊이 관여하고 있지만, 소위 '희생양 페미니즘'*이라고 불리는 것과는 명백히 거리를 두고 있다. 희생양 페미니즘은 종종 전통적 종교 원칙 및 실천과 정반대의 것으로 묘사되지만, 실제로는 그것과 매우 근접한 것이다. 아버지나 다른 가부장으로부터 받은 트라우마를 회상하는 일은 기독교로의 개종 경험과 매우 흡사하다. 그 과정은 슬로건인 '부인'으로 시작된다. 베드로처럼 과거의 학대를 세 번은 부정한다. 그다음에는 전향, 고백 그리고 과거 기억의 재구성으로서의 치료과정이 진행된다. 그러나 이 익숙한 패턴에는 엄청난 반전이 있다. 고발이 바로 그것이다. 당신의 고백은 *당신의* 죄에 관한 것이 아니라 당신 아버지의 죄에 관한 것이다. 우리에겐 세상의 죄를 떠안을 신의 아들 그리스도가 있지 않다. 아버지는 당신의 인생을 파괴한 죄를 책임져야 한다. 그가 바로 그 죄악을 저질렀기 때문이다. 우리는 예수, 속죄의 어린 양이 아니라, 늙은 염소, 단어 그대로의 희

---

*   급진 페미니스트 안드레아 드워킨Andreas Dworkin은 역사를 통틀어 여성과 유대인이 사회의 희생양 역할을 해왔다고 주장하면서, 반유대주의와 여성혐오에서 비롯된 폭력의 유사성을 주장했고, 미국의 경우 아프리카미국인을 포함시켰다. 낙태운동의 중심에서 과격한 실천을 주창해서 한동안 논쟁을 지폈다.

영혼 다시 쓰기

생양, 아버지, 속죄의 숫양*에 관심이 있다. 수천 년간 축적되어온 의미를 단숨에 불러낸다는 점에서 이것은 놀랍도록 강력한 교의敎義다. 리베라의 분석이 지닌 뛰어난 가치 중 하나는 속죄양을 찾아냈다는 점에 있는 것이 아니라 사회비평으로 나아갔다는 점에 있다.

학대를 강조하는 일은 흔히 힘을 부여하는 동기가 된다고 말해왔으나, 그 반대일 수도 있다. 이는 루스 레이스Ruth Leys의 분석인데, 그녀는 드물게 다중인격을 정면으로 다룬 페미니스트 학자다. 그녀는 주디스 허먼의《트라우마와 회복》으로 대표되는 대부분의 페미니스트 관점과, 그보다 좀 더 일반적인 캐서린 매키넌Catharine MacKinnon의 관점을 비판했다.[19] 매키넌의 주장은 이렇다. 다수의 관점에서 볼 때 여자들은 학대받고 있다, 아이들도 학대받는다, 여성은 남자들보다 훨씬 더 자주 학대당한다, 어린 날의 반복적인 학대는 다중인격장애의 일차적 유인誘因이다, 따라서 남자보다 훨씬 더 많은 여자들이 다중인격이라는 것이다. 레이스는 재클린 로즈Jacqueline Rose의 분석을 끌어와 소수의 페미니스트 관점을 대변한다. 그녀는 폭력의 역할과 의미에 대해 재고할 것을 요구한다. 레이스의 글에 따르면, 로즈는 "캐서린 매키넌, 제프리 마송Jeffrey Masson 등이 무의식적 갈등의 개념을 배척하고, 대신 내부/외부라는 경직된 이분법을 수용해서, 폭력이란 전적으로 그 개인의 외부에서 가해지는 것이라고 보는 시각"에 문제를 제기했다. "이런 시각으로 보면, 여성은 완전히 수동적인 피해자라는 퇴행적인 정치적 고정관념을 강화할 수밖에 없게 된다"라고 비판한 것이다. 그녀는 매키넌의 견해와 같은 담론이야말로 "행위자

---

*　　창세기 22장에서. 아브라함이 아들 이삭을 제물로 바치려 함에, 여호와의 사자가 이를 막은 후 덤불에 뿔이 걸린 숫양을 가리켰고 아브라함은 숫양으로 번제를 바쳤다. 희생제물로서의 어린양, 아들 이삭의 결박, 대속의 숫양, 구원과 속죄 등의 키워드는 여러 분야에서 다양하게 변용된다.

로서의 모든 가능성을 가진 여성 주체를 사실상 부정하는 것"[20]이라고 주장했다.

레이스의 의도는, 다중성이란 단지 여자에게 주어진 암시의 결과일 거라는 회의적 견해와는 그 어떤 공통점도 없다. 대신, 다중인격에 여성이 훨씬 많은 이유는 임상가와 환자 사이에 은밀한 동맹이 있기 때문임을 암시했다. 그 동맹은 여자를 지지하려던 것이었겠지만, 사실상 여자를 무력화시키는 옛 체계를 지속시킬 뿐이다. 레이스는 현대의 다중인격 관련 이론과 관행에 관해서 진정한 급진적 비판을 내놓은 것이다. 그녀는 가정폭력이 얼마나 많이 일어나는지 논쟁하지 않고 그 사회적 토대가 어디에 있는지 묻지도 않는다. 과거의 학대 경험이 어떤 문화적·임상적 환경에서 현란한 증상으로 발현되는지 부정하지도 않는다. 그녀는 환자의 편을 들어준다고 주장하는 자기만족적 이론에 질문을 던진다. 이론, 관행 그리고 그 근거가 되는 가설 모두가 환자로 하여금 수동적 피해자로서의 자기 이미지를 강화하는 것으로 추론한다. 결론 중 하나로서 이런 종류의 분석이 주장할 수 있는 것은 학대, 트라우마, 해리에 관한 현재의 이론들은 또 다른 여성 억압의 순환고리 중 한 부분을 차지한다는 것이다. 그것이 예전보다 더 위험한 이유는, 전적으로 '피해자'의 편이라고 자칭하는 이론가와 임상가들이 그것을 이유로 환자를 자율적인 한 개인이 아니라 무력한 자로 구성해내기 때문이다.

이러한 성찰은 젠더와 다중인격에 관한 또 다른 의문, 특히 그 질환 자체에 대한 의문으로 이어진다. 18세기 말부터 현재까지 다중인격 현상에는 항상 일정하게 세 가지 특징이 나타난다. 첫째로는, 진단된 사람 대부분이 여자다. 둘째로, 본 인격보다 나이 어린 인격들이 흔한데, 그 인격들은 종종 어린아이다. 셋째로는, 성에 대한 양가감정이다. 이 현상들이 왜 그리도 다중인격의 원형에 흔할까?

사실상, 내가 기술한 모든 여자환자들은 본 인격으로 간주되는 인격보다 훨씬 더 생동적인 두 번째 인격을 가졌다고 알려졌다. 그 상태를 표현하는 단어는 '쾌활한' '장난기 있는' '짓궂은' 그리고 보고가 덜 규제될 때에는 '문란한' 등이었다. 일찍이 1820년대에 스코틀랜드의 한 하녀는 그녀의 두 번째 상태를 '이용하던' 남자와 성관계를 가졌다.[21] 11장에서 나올, 프랑스에서 가장 유명한 다중인격인 펠리다 X.는 두 번째 상태에서 임신하고 아이를 낳았지만, 첫 번째 상태인 본 인격은 이 사실을 부정했다. 이 일련의 사건들의 변형은 잘 알려져 있다.[22] 레이스에 의하면, 모턴 프린스의 1906년 사례인 미스 비첨*의 주된 다른 인격은 양성애자 행태를 보였다는 충분한 근거가 있다. 사울 로젠즈와이그Saul Rosenzweig는 미스 비첨이 양성애자였을 뿐만 아니라, 많은 이들이 다중인격이라고 묘사하는 브로이어의 안나 O.도 양성애를 포함하여 여러 면에서 프린스의 환자와 유사했다고 말한다.[23] 젠더 양면성은 이따금씩 보고되던 19세기 후반의 사례에서도 계속되었다.[24] 그럼에도 불구하고 월버의 환자 시빌에 관한 다음의 설명에는 진실이 많이 담겨 있다. "시빌이 독특했던 점은, 그때까지 알려진 그 어떤 다중인격보다도 더 많은 수의 다른 인격을 만들어냈다는 점이었는데, 이제는 반대 성의 인격들을 만들어내고 성별의 경계를 넘나들었던 유일한 다중인격이라는 점에서도 그러하다."[25]
　책《시빌》의 출간 이후 성전환성 다른 인격들에게 문이 활짝 열렸다. 이론의 출현과 여러 유형의 교차-성cross-sex적 다른 인격의 출현 사이에는 밀접한 상관관계가 있다. 그리하여 1970년대 말에는 "상상

---

*　　크리스틴 '샐리' 비첨Christine 'Sally' Beauchamp. 미대륙의 초기 다중인격인 클라라 노턴 파울러Clara Norton Fowler의 가명. 주치의인 모턴 프린스는 샐리, 크리스틴 등 4개의 다른 인격을 찾아냈고, 이 중 둘을 통합시키려 했으나 실패했다. 프린스의 진료를 받기 수년 전에 프린스의 친구인 윌리엄 존스와 이미 조우를 했고, 그가 첫 남편이 되었다.

의 놀이친구"가 다중성의 기원이라는 말이 널리 퍼졌다. 많은 어린이들이 상상의 놀이친구를 가지고 있고, 누군가에게서 상상의 인물이 본 인격의 몸을 사용하여 다른 인격으로 발전되어간다고 생각되었다. 한 여자환자의 그런 남성 인격이 1980년에 보고되었다.[26] 남성 인격의 출처에 관한 두 번째 설명은 성장하는 여자아이 자신의 남성 자아-판타지male self-fantasy라는 것이다. 시빌의 두 남성 인격들은 사춘기 전의 소년-시빌들이었고, 이 인격들은 성인 남자로 성장하지 않았다. 1980년 전후로 다른 인격들의 범위에 주목할 만한 양식화가 일어났는데, 하나 이상의 박해자 인격 및 하나 이상의 보호자 인격이 있다는 식이었다. 여성들은 예를 들어 카우보이나 트럭운전사 같은 강하고, 우람한 덩치에, 믿음직한 남성 보호자 인격들을 발전시켰다. 이 시기에 출판된 저술에서 교차-성을 가진 다른 인격들의 성적 취향에 관한 논의는 없었다.

보고되는 다른 인격들의 수가 전형적인 3~4개에서 평균 16개 이상으로 증가하면서, 반대 성의 인격을 가졌다는 사례도 급격히 증가했다. 또한 본 인격과 여러모로 차이가 있는 다른 인격들의 수도 증가했다. 다른 인격들은 때로는 가장 나쁜 부류의 상투적 인물이었다. 과격하고, 이민족이고, 심지어 전형적인 노인이기도 했다.[27] 한 환자가 수많은 다른 인격들을 가지고 있게 되면 누가 누구인지 구별하는 데 어려움이 있다는 점에 주목하자. 우리 사회 안에서 뚜렷하고, 불변이며, 정체성의 핵심으로 간주되는 사람 간의 차이점이, 다중인격의 인격들 사이의 구별을 강화하는 데에 일조했다. 미국 사회에서 사람 간의 기본적인 차이는 젠더, 나이, 인종 그리고 조금 덜한 정도로는 수입, 직업, 민족, 언어 혹은 사투리 등으로 구분된다. X 유형의 본 인격(이를테면, 중류층의 백인 미국인 여자, 나이는 39세)이 발전시킨 다른 인격들은 뚜렷하게 비-X 즉 다른 젠더, 인종, 나이, 사회적 지위, 사투리를 가진다는 점은 놀라운 일이 아니다.

236명의 사례에 바탕을 둔 로스의 설문지 결과는 62%가 반대 성의 인격들을 가지고 있음을 보여주었다. 그러나 그 조사는 젠더의 전환에 관한 조사의 시작에 불과했다. 젠더 정체성의 조합은 터무니없는 범위로 확장되어갔다. 19세기에는 내성적/활기찬 인격의 대비가 보통이었다면, 이제 그 메뉴는 엄청나게 많아져서, 다른 인격들마다 다음의 항목에서 선택한 특징들을 가질 수 있다. 동성/반대 성, 이성애/양성애/동성애, 영아/사춘기 전/청소년/성인/노인. 이들 특징들을 섞어서 조합하면, 젠더 하나만 축으로 해도 60개의 다른 인격 상태가 만들어진다.

이는 냉소적 기능주의자들로 하여금 젠더 역할의 다양성의 의미를 간파하게 했다. 바로, 인격들마다 구별되도록 해주는 역할이다. 그러나 더 많은 은밀한 기능이 반대 성의 인격들에게 주어진다. 그중 하나로, 성역할의 규범을 생각해보면, 남성 인격들은 박해받는 여자가 힘을 취할 수 있는 방법일 수 있다. 19세기에 다른 인격들이 짓궂고 장난스럽고 문란했다면, 20세기 말의 다른 인격들은 남자가 될 수 있다. 마고 리베라는 이렇게 보았다.

다중인격 여자의 진료 경험상, 나약한 어린이 인격과 유혹적이거나 순종적인 인격은 여성으로, 공격적인 보호자 인격은 남성으로 나타나는 경우가 많다. 폭넓은 경험을 가진 치료사들도 내가 임상현장에서 받은 느낌을 확인해주었지만(1987년 클러프트와의 개인적 교신), 이를 증명할 연구는 아직까지 이루어진 적이 없다. 다른 인격들끼리 자기 지위와 본 인격에 대한 영향력을 두고 벌어지는 싸움은 우리 사회의 남성성-여성성의 사회적 구성을 설명해주는 강력한 예증이다.[28]

이 섬세한 분석에는 다른 내용도 있는데, 사회적으로 이성애를 강요당한 한 여자의 이야기로서, 그녀는 자신의 다른 인격들에게서 이러한 사회적 요구를 피할 방도를 찾아낸다.[29] 이러한 통찰은 전혀 다른 견해를 가진 저술과도 두드러지게 공명하는 점이 있다. 마이클 케니Michael Kenny는 《앤설 본*의 수난》에서 19세기 미국의 여성 다중인격은 청교도적 의무와 복종의 속박에서 벗어나기 위해 다중성을 이용했다고 주장한다. 케니는 급진 페미니즘에 공감하지 않고, 치료사들이 거짓기억을 유도한다고 말하는 사람들에게 동조하는, 폭로자이다. 그럼에도 다중인격에 대한 그의 강한 부정적 태도와 리베라의 강한 긍정적 태도 양편 모두는 공통적으로, 다중인격이 여자에게 부과된 역할에 대한 반응이라고 생각한다. 더 이상 성적 대상이 되지 않는 방법 중 하나는 대안적 젠더 역할을 채택하는 것이다.

이 생각은 더 발전시킬 수 있다. 다른 역할을 채택함으로써 강요된 젠더 역할, 특히 강요된 이성애로부터 벗어날 수도 있다는 것이다. 처음에 다중인격은 병이었다. 의식적으로 어떤 역할을 고른 게 아니었을 것이다. 그러나 자신에게 어떤 선택지가 열려 있는지 알 수 있을 만큼 성장하고, 어떤 유형의 인간이 되길 원하는지 자각하면서 오히려 인격의 통합을 목표로 하지 않을 경우를 가정해보자. 그때에는 과거에 병적 젠더였던 것이 이제는 한 인간으로서 스스로 선택한 길이 되는 것이다. 이는 복합적인 개념으로 취급되어야 한다. 우리는 환자가 '진정한' 내면의 자아를 발견했다고 생각할 게 아니라, 자기 정체성을 선택하고 창조하고 구성해낼 자유를 향한 돌파구를 찾았다고

---

* 앤설 본Ansel Bourne(1826~1910). 로드아일랜드주에 사는 복음주의 설교자였던 본은 1887년 1월 출장을 갔다가 동년 3월 펜실베이니아주 노리스타운에서 정신을 차릴 때까지 A. J. 브라운으로 살았고, 그사이의 기억은 사라져 있었다. 해리성 둔주의 원형으로 간주된다. 영화 〈본 아이덴티티〉의 모티프가 되었다.

영혼 다시 쓰기

생각해야 한다. 결정론적 게임에서 볼모가 되기보다는, 자율적인 인간이 되어간 것이다. 내가 마지막 장에서 거짓의식false consciousness이라고 칭하는 것의 정반대라 할 것이다.

치료로 그런 결과를 이끌어내면 완벽하겠지만 실현되기 어려운 희망이다. 그러나 콜린 로스의 결정론적인 주장, 즉 피해 소녀가 피해 소년보다 훨씬 더 많으므로, 다중인격도 여자가 남자보다 훨씬 더 많다는 단순한 주장, 그 이상의 젠더에 관한 탐구가 필요함도 명백하다. 로스는 리베라의 분석을 다중인격에 관한 많은 페미니스트 분석 중 하나라고 칭하는 대신 "그 페미니스트 분석"이라고 불렀다. 두 단락에 걸쳐 정치적 접근방식에 지지를 표한 후 갑자기 태도를 바꿔, 리베라의 연구는 "단선적이거나 비체계적인 사고방식에 기반을 둔 것"으로, 그녀의 주장은, 자기들이 발견한, 해리 경험이 남녀 간에 유사하다는 사실로 인해 '무너질 것'이라고 말했다.[30] 나로서는 비체계적 사고가 무엇인지 모르겠으나, 리베라가 그러한 사례를 제공한다면, 단순한 결정론적 사고보다는 훨씬 가치가 있을 것이다.

우리에게는 더 진전된 페미니스트 분석이 절실히 필요하다. 그렇다고 다중인격운동에 동조적이어야 할 필요는 없다. 나는 이 장의 앞에서 여러 소설에 관해 말했고, 이제 예전에 자유를 위한 투쟁에 나섰던 페미니스트 투사, 도리스 레싱으로 마무리를 하려 한다. 그녀만큼 위선적 어투를 배격하는 작가를 나는 거의 찾지 못했다. 페이는, 1985년 작품인, 불안을 자극하는 소설《착한 테러리스트》에 나오는 비교적 비중이 작은 인물이다. 혁명군 소속인 그녀는 정신건강기관을 가까이 하지 않으려 애를 쓴다. 그녀는 영국인이고, 배경은 1980년대 초이다. 따라서 현실의 영국 정신의학기관에서 다중인격으로 진단될 일은 없었다. 레싱은 그녀가 다중인격임을 명백히 표현했으나, 친절하게도 전문용어를 쓰지는 않았다. 그러나 절묘한 표현 몇 가지와 짧은 일화만으로도 충분히 짐작할 만하다. 페이는 동성애자고 수줍음 많은 고수머리 런던 토박이로서, 동성애 커플에서 유혹적이고 상냥한 쪽이다. 그러나 사납고 잔인하며 무서운, 상류층 어투를 가진 다른 인격으로 전환할 수 있었다. "그녀의 얼굴은 저절로 찌그러지면서, 다른 페이가, 어여쁜 런던 토박이라는 감옥에 갇혀 있던, 창백하고 무시무시하며 광포한 페이가 튀어나오는 것 같았다."[31] 레싱은 다음 쪽에서 "이런 폭발은 페이의 다른 자신, 아니면 다른 자신들에서 나오는 것일까?"라고 썼다. 뒤의 일화에서 비참한 상태의 한 어머니와 아기가 불법거주자들이 차지한 건물 문 앞에 있는 장면이 나온다. 소설의 주인공 앨리스는,

> 층계참에서 내려다보고 있는 페이를 올려다보았다. 그녀에게는 앨리스를 끌어당기는 무언가가, 맹렬한 의지 또는 분위기가 있었다. 어여쁘고, 가냘픈, 연약한 피조물인 페이는 다시 사라지고 없었다. 그녀가 있던 자리에는 창백한 얼굴의 악의에 찬 냉혹한 시선의 여자가 있었다. 그리고 날렵하게 계단을 달려 내려왔다.[32]

페이는 소설이 시작되는 시점 전에 팔목을 그어 자살을 시도한 적이 있다고 하는데, 마지막에는 자폭을 선택한 듯하다. 독자가 그녀의 다중성에 의심을 품을 경우에 대비해서, 그녀의 연인 로버타는 앨리스에게 이렇게 말한다. "떨리는 낮은 목소리로 '네가 그녀의 어린 시절을 안다면, 어린 그녀에게 어떤 일이 있었는지 안다면…….'"

"그녀의 빌어먹을 어린 시절은 내가 알 바 아니에요"라고 앨리스는 말한다.

"아니. 난 그녀를 위해서, 페이를 위해 말해야 해. 그녀는 매 맞는

아이였어. 알다시피……."

"상관 안 한다니까!" 갑자기 앨리스는 고함을 친다. "당신은 이해 못해. 당신이 말하려던 그 빌어먹을 어린 날의 불행을 나도 다 겪었단 말예요. 남들은 그 말을 하고 또 하고……. 내가 아는 한, 불행한 어린 시절은 엄청난 사기, 엄청난 변명일 뿐이라고요."

충격을 받은 로버타가 말한다. "매 맞은 *아기*, 매 맞은 아기들이 커서 어른이 되면." 그녀는 자기 의자로 돌아와 앉아서는 앨리스의 반응을 끌어낼 작정으로 앞으로 몸을 내밀며 눈을 맞춘다.

"한 가지는 알지요." 앨리스가 말했다. "코뮌, 불법거주. 돌보지 않는다면, 그들에게 남은 길은 그거밖에 없지요. 그 사람들은 둘러앉아서 자기네들의 비참했던 어린 시절에 관해 토론을 벌이지요. 다시는 그래선 안 돼요. 그러려고 여기 있는 게 아니잖아요. 아니면 그게 당신이 원하는 건가요? 영원히 지속되는 만남의 집단. 내버려두면 모든 게 그렇게 바뀌고 말 겁니다."[33]

레싱의 작중인물 앨리스는 불행한 어린 시절이 엄청난 사기라고 말하는 것에 그치지 않는다. 우리의 영혼이 진실로 어떠한 것인지 알려준다는 기억의 과학, 전문가들의 기억의 지식이 엄청난 사기라고 레싱은 넌지시 말하고 있는 것이다. 레싱은 다른 작품에서도 기억이 가진 힘에 관해 말했지만, 반란이나 해방의 강력한 도구로 쓰려고 기억의 본질에 관한 비전祕傳에 의지한 적은 한 번도 없었다.

6장　　　　　　　　　　　　　　　　　　원인

"정신의학 역사상 주요 질환의 특수 병인病因, 자연 경과 및 치료
법에 관해 이토록 잘 알게 된 적은 없었다." 이 대단한 성명은 ISS-
MP&D의 회장이던 리처드 로웬스타인이 1989년에 발표한 말이다.[1]
사실상 미지의 영역에 있던 질환이 20년 만에 다른 그 어떤 정신질환
보다도 더 잘 이해되는 것으로 바뀌었다.

　병인론 또는 원인론은 질병의 원인을 다루는 의학의 한 분야이다.
원인론은 임상의사에게 중요한 것인데, 질병의 효과적인 치료법은
대부분 그 원인에 관한 지식에 좌우되기 때문이다. 원인을 알면 질환
을 예방하는 데 도움이 된다. 원인론은 이론에도 중요하다. 원인을 알
면, 질병의 실체, 한 덩어리로 모여 있는 증상군 이상의 무언가를 확
인했다는 생각에 자신감을 가지게 된다. 다중인격의 원인에 관한 지
식은 어떻게 등장하게 되었을까? 단순히 발견의 문제가 아니었다. 초
기에 다중인격 분야에 종사하던 사람들은 극소수였기 때문에, 우리
는 다중성에 관한 지식 중 핵심 부분이 어떻게 전개되었는지 지켜볼

　　　　　　　　　　　　　　　　　　　　　　　영혼 다시 쓰기

수 있다.

인과에 대한 지식에는 여러 종류가 있다. *개별적* 사건의 원인도 있고, 인과관계에 관한 *일반적* 법칙도 있다. 아주 단순화시켜보면, 역사가들이 역사적 사건의 원인을 논할 때―좀처럼 그리하지는 않지만―에는 개별적 사건을 들먹인다(패러디: 사라예보 총격사건으로 제1차 세계대전이 발발했다). 물리학자들이 인과관계를 말할 때―좀처럼 그리하지는 않지만―는 흔히 보편적이거나 또는 어느 정도의 확률을 가진 인과율과 관련될 때다. 개별적 원인에 관한 가장 단순한 진술은 "사건 A 혹은 조건 A가 사건 B 혹은 조건 B를 초래 또는 발생시킨다"이다. 그러한 인과적 질문은 임상가와 환자의 관심을 끈다. 무엇이 *나를* 아프게 하는지 알고 싶은 것이다. 철학자들은 개별적 원인에 관한 진술은 그 배경에 일반적인 인과적 진술이 있을 때에만 타당하다고 주장한다.[2] 그러한 일반적 진술은 "A와 같은 사건 또는 조건은 B와 같은 사건 또는 조건을 발생시키는 경향이 있다"와 별반 다를 바가 없다.

병인을 말하려면, 어떤 경우에 사건 A가 사건 B를 일으킨다는 임상적 판단 그 이상의 무언가가 있어야 함을 의미한다. 원인론은 작용하는 원인에 관한 타당한 판단의 문제이고, 따라서 일반성을 요구한다. 그러나 그런 일반화의 논리적 형식에는 매우 관대할 필요가 있다. 인과적 일반화는 양 극단 사이에 위치한다. 한 극단에는 *엄격한 보편성*이 있다. K 종류의 하나의 사건 또는 조건마다 J 종류의 하나의 사건 또는 조건이 결과로 나타난다. 옛날 물리학은 그런 법칙을 선호했다. 다른 한 극단에는 *상당한 필요조건fairly necessary conditions*이라는 실로 조심스러운 설명이 있다. K 종류의 사건 또는 조건이 없이는 J 종류의 사건 또는 조건이 나타날 가능성은 낮다. 그 사이에 개연성과 경향이 있다.

"정신의학 역사상 주요 질환의 특수 병인에 관해 이렇게 잘 알게 된 적이 없었다"라고 로웬스타인은 말했다. 이를 주장하기 위해 요구되는 것은 이 주요 질환에 관한 어떤 일반적인 인과적 설명이 그 배경에 있는 것이다. 그러나 그 주장은 엄격한 보편성처럼 엄중한 것을 요구하지 않는다. 상당한 필요조건이면 충분하다. 로웬스타인이 의미했던 바가 바로 그것이다. 그가 의미한 상당한 필요조건이란, "어린 시절의 극심하고 반복적인, 전형적으로 성적인 트라우마가 없이는 다중인격이 나타날 가능성은 적다"일 것이다. 로웬스타인이 말하는 특수 병인은 결코 상당한 필요조건 그 이상을 넘지 않는다. 누구도 심리학에 더 많은 것을 요구해서는 안 된다. 그러나 수사법은 경계하지 않을 수가 없다. '특수 병인'이라는 말은 매우 인상적으로 들린다. 마치 우리가 인과에 관한 진술의 한 극단, 즉 엄격한 보편성의 진술 쪽에 선 것처럼 들리기 때문이다. 전혀 아니다. 로웬스타인의 특수 병인은 상상 가능한 취약한 원인론 중에서도 가장 취약한 것이다.

'상당한 필요조건'은 다중인격의 특성화와 함께 진화했다. 코넬리아 윌버와 리처드 클러프트가 했던 이 신중한 말을 생각해보라. "다중인격장애를 가장 편협하게 이해하자면, 아동기에 발병하는 외상후 해리장애이다."[3] 여기에서 아동기의 발병시기와 트라우마의 존재 여부는 경험주의적 귀납이나 통계적으로 확인 가능한 '상당한 필요조건'의 일부가 아니다. 그건 그 말을 한 사람들이 이해하는 방식이고, 그들이 'MPD'라고 칭할 때 의미하는 것이다. 방법론적으로든 과학적으로든 틀린 것은 없다. 내가 경계하는 것은 양쪽 방식을 합쳐서 하는 말뿐이다. 이는 (a)'다중인격장애'(혹은 해리성정체감장애) 개념을 초기 아동기의 트라우마로 정의하려는 경향과 (b)이를 발견된 것처럼 단언하는 것, 즉 다중인격이 ('상당한 필요조건'이라는 의미로) 어린 날의 트라우마로 발생한다고 단언하려는 경향을 말한다. 그 장애가 무엇인지 먼저 정의한 다음에 그 원인을 발견했다고 우리 스스로를 기만해서는 안 된다.

이제 막 정의에 관해 말했다. 그건 그다지 올바른 것이 아니다. 정신의학에서 올바른 개념의 정의는 아주 드물다. 언어학자가 말하는 원형의 개념이 더 유용하다. 아동성학대는 다중인격 원형의 한 부분이 되었다. 그 말은, 다중인격의 가장 좋은 예를 들려면, 그 특성 중 하나로 아동학대가 포함되어야 한다는 의미다. 다중인격을 전문으로 하는 임상가가 자기 고객의 예를 들어 인과적 사건을 열거할 때면 어김없이 아동성학대를 언급한다는 것으로도 확인된다. 사람들은 약간 방심했을 때 진심을 가장 잘 드러내는데, 예를 들어, 공개적 자리에서 원인을 토론할 때가 아니라 지나가는 말로 원인을 언급할 때가 그 순간이다. 권위자가 과학적 태도를 취하려 애쓰지 않는 상태에서 대중적 생각이 무심코 흘러나올 때 원형이 어떻게 드러나는지는 놀라울 정도다. 아래에 예로 든 두 사람은 전문가들인데 교조주의적이지는 않았다. 이들의 말은 1993년에 나온 것으로, 그때는 다중인격에 열광하던 초기인 1980년대 중반도 아니었다.

한 심리학자가 여담에서, 자신의 상담실에서 13세 소년으로 전환했던 38세 여자환자에 관해 말했다. 그녀는 삼촌의 집에서 계간당한 상황을 재현했다고 한다. 또 한 정신과의사는 1991년 샌프란시스코 베이 지역의 지진 사태 이후의 외상후스트레스장애 연구에 관해 묘사하다가, 자기가 겪었던 일화를 곁들였다. 지진 발생 당시 그는 몸집이 큰 여자환자를 진료하고 있었다. 환자는 6살 소녀로 전환되었는데 우르르 하는 지진 소리를 어린 날 자신을 추행하던 주정뱅이의 비틀거리는 발자국 소리로 여겼다고 했다. 건물에서 빠져나와야 했지만, 다른 인격 상태에 있던 그녀에게는 쉬운 일이 아니었다.[4] 이 두 가지 예는 다중성과 학대에 관한 작금의 과학적 논지를 확고히 하려는 의도로 제시된 것이 아니었다. 이 사례들은 이 분야에서 성실하게 일하는 사람들의 일상대화에서 개념들이 어떻게 연합되는지를 보여주는 것이다. 사람들은, 적어도 애틀랜타나 샌프란시스코 베이 지역에 사는 사람이라면, 새의 예를 들고자 할 때 '타조'를 말하지 않듯이, 다중인격의 예를 들 때 무의식적으로 학대 병력이 없는 사람을 제시하지 않는다. 물론 타조는 새이고, 그렇게 알려져 있고, 학대받지 않은 다중인격도 있지만, 이들은 원형적이지 않다.

학대와 다중성이 점점 더 강력히 연관되어가던 1970년대에, '아동학대'의 의미는 매 맞은 아기의 원형으로부터 온갖 종류의 신체적 학대를 거쳐 성학대 쪽으로 서서히 초점이 맞춰져갔다. 논리적 요점으로서, 개념들이 그 개념들 자체를 발판으로 어떻게 스스로 확립되어가는지 살펴볼 필요가 있다. 이 말은 상당히 비유적이기는 하지만, 이걸 한번 생각해보자. 윌버는 1986년의 에세이에서 "1980년 스티븐 마머Steven Marmer는 다중인격장애의 정신분석을 논평하면서, 아동기의 트라우마가 핵심적이고 인과적이라고 강조했다"라고 기술했다.[5] 사실 마머는 상을 받은 자신의 에세이에서 몇몇 의문을 제기하는 데에 그쳤을 뿐이다. 그는 다중인격에 관한 앞선 최근의 다른 보고서들이 "아동기의 트라우마가 핵심적이고 인과적"이라고 기술했다고 말했다. 그는 트라우마가 일종의 자연법칙으로서 핵심적이고 인과적이라고 지적한 것이 아니다. 앞선 사례보고서들에 그렇게 적혀 있다고 말했을 뿐이다. 그는 그런 일이 보편적 진리인지에 관한 질문을 향후의 연구 주제로 제안했을 뿐이다. 그러면 그가 언급한 최근의 사례들은 무엇이었을까? 윌버의 사례가 주요 참조문헌이었다.[6] 지금 나는 아동기 트라우마가 핵심적이고 인과적인지를 질문하는 것이 아니다. 나는 개념의 연관성이 강화될 때 근거들이 어떻게 사용되는지를 주목하고 있는 것이다. 그 일은 어떻게 일어났는가? 얼마큼은 순환적 자급자족을 통해서다.

한 다중인격에 관한 마머의 정신분석은 훌륭하고 간결하게 기술되어 있고, 또한 경고성을 담은 것이었다. 그의 환자는 문화적 자산이 풍부한 뉴욕 가정 출신으로 로스앤젤레스에 살고 있는 예술적이고 재능 있는 여자였다. 그녀는 부모 모두가 양면적 인격을 가졌음을 알았다. 41살인 그녀는 젊었을 때 치료를 받은 적이 있는데, 이제는 가족 문제 및 다른 위기들을 경험하고 있었다. 집중정신분석을 받던 1년여의 과정에서 3개의 다른 인격들이 나타났다. 분석은 고전적인 방식으로 진행되어, 꿈의 분석이 풍부하게 이루어졌고, 어릴 때 부모의 성관계를 방해했던 원초적 장면으로 마무리되었다. 마머는 그 사건의 "역사적 '진실성'"을 밝히려 하지 않고 신중하게 판단을 보류했다. 그가 '진실성'에 따옴표를 붙인 의미다.

그녀에게 어린 시절의 주요 위기는 8살에 겪은 아버지의 죽음이었다. 분석의 어느 단계에서 그녀는 아버지의 사망 몇 시간 후 자신이 낯선 10대들에게 강간당했다는 확신을 가지게 되었다. 마머는 경청하면서 그 기억들이 자연스레 풀려나가도록 했다. 분석이 진전되면서 이 기억들은 나중에 자신에게 일어났다고 믿게 된 사건을 편리하게 잠시 덮어주는 어떤 판타지 속에 녹아 들어갔다. 아버지 사망 직후 곰인형과 함께 방에 혼자 남겨졌던 그녀는 집 밖으로 나와 지하터널을 지나 공터로 달려갔다. 그녀 자신의 일부는 아버지의 죽음을 절망적으로 부인하고 있었다. 그녀는 비명을 지르며 레인코트를 입은 한 낯선 사람에게 뛰어갔다. 그리고 울면서 "아저씨가 내 아빠예요, 아빠는 괜찮아요, 그렇지요?"라고 말하고는 뒤돌아 달려갔다. 이 사건들—아버지의 죽음, 고통, 외로움 그리고 일시적인 방치—은 그녀의 삶의 한 부분이 되었다. 그리고 그런 상태로 그녀는 분석을 중단했다.

마머의 설명은 내가 요약한 것보다 훨씬 더 풍부하고 자연스럽게 아이가 가지는 부모에 대한 양가감정적 사랑 그리고 부모의 양면성, 원초적 장면 등이 포함되어 있다. 아버지의 사망 그리고 3시간 동안의 방치는 핵심 트라우마였으나, 마머의 말에 의하면 강간이나 단어 그대로의 성학대는 일어났던 적이 없었다. 프로이트가 소위 아동기의 성폭력이 히스테리아의 원인이라던 1893년의 자기 이론을 부인한 악명 높은 사건을 감안할 때, 왜 우리가 프로이트 정신분석가를 믿어야 하는가? 믿을 필요는 없지만, 윌버는 이 사례보고서를 수용하는 것처럼 보이면서 인용했다. 마머는 그와 정반대로, 그 기억의 역사적 진실성에 대해서 어떠한 추측도 하지 않았다. 그럼에도 그의 사례는 실제의 성적 트라우마가 다중인격의 원인이라는 근거 중 하나가 되어버렸다.[7]

판타지가 아닌 실제 아동학대와 다중인격의 연관성은 1980년대 내내 임상학술지를 통해 단단히 구축되어갔다. 1982년에는 근친강간과 다중인격의 관계에 관한 자료가 풍성하게 모아졌다.[8] 1980년 필립 쿤스는 이 연관성을 한 논문에서 조심스레 언급했다. 다중인격의 감별진단에 관한 1984년의 고전적인 에세이에서도 "다중인격의 발병시기는 초기 아동기인데, 종종 신체적·성적 학대와 관련된다"라고 했다.[9] 그때까지 알려진 아동 다중인격은 없었지만, 이제 수색에 발동이 걸렸다. 기고된 다중인격 논문들을 실은 긴 논문집 중 첫 권의 제목은 《다중인격의 아동기 선행요인들》이었다.[10]

퍼트넘의 1989년 저서인 《다중인격의 진단과 치료》는 한 줄씩 꼼꼼히 읽을 가치가 있는 모범적 교과서다. 어떤 글이든 꼼꼼히 읽을 때면, 불가피하게 한 가지 의문이 생긴다. 저자가 여기에서 의미하는 바가 무엇인가? 흠을 잡으려는 게 아니다. 이 책은 이 분야에서 최고라고 널리 인정받고 있다. 퍼트넘은 원인론의 장을 다음과 같은 말로 시작한다. "다중인격장애는 특정 발달 시기에 국한해서 발생한 비교적 특수한 일련의 사건 경험에 대한 정신생물학적 반응으로 보인다."[11] 정신생물학적 반응? 여태까지 다중인격에 동반되는 특징적 생물학적 요인은 입증된 바가 없었다. 퍼트넘의 위 문장은 두 가지 별개의 견해를 주장하기 위함이었다. 첫째는 다중성과 아동기의 트라우마가 체계적인 연관성이 있다는 것이다. 그런데 왜 정신생물학일까?

그 답은 트라우마성 스트레스 문헌에 나온 두 번째 가설에 있다. 겁에 질린 동물의 뇌 생화학에 관한 것인데, 도망칠 수 없는 상태에서 전기쇼크를 받은 쥐는 공포에 마비되고, 이 반응은 뇌 생화학물질의 고갈과 연관된다는 것이다. 더 나아가 쥐의 행동은 외상후스트레스장애로 진단된 참전군인의 행동과 유사하다고 했다. 퍼트넘은 "트라우마 반응의 정신생물학"에 관한 한 연구로부터, "인간의 과잉반응성 증후군(즉 놀람반응, 감정 폭발, 악몽, 침습적 회상)은 동물에게 급성 트라우마를 가한 후 생기는 일시적 카테콜아민 고갈과, 뒤이어 나타나는 만성 비아드레날린성 과잉민감성과 유사하다"라는 주장을 인용했다.[12] 인간의 과잉반응(심리적)이 트라우마를 받은 쥐의 화학적 변화와 대응할 것이라는 말은 연구적 측면에서는 합리적 추정이다. 그러나 그것은 지식이 아니다.

퍼트넘은 그 저술에서 정신생물학 주제를 더 발전시키지 않았다. 매력적인 연구 주제만 언급하고는 임상경험으로 넘어가 버렸다. "몇몇 사례를 진료한 임상가들에게는 그 연관성이 뚜렷해 보이기는 했지만, 아동기 트라우마와 다중인격의 연관성은 지난 100여 년에 걸쳐 서서히 임상문헌에 나타났다"라고 말했다. 이 말의 뒷부분은 해명이 필요하다.

퍼트넘이 그 책을 저술했을 때는 트라우마와 히스테리아의 연관성이 확실히 자리 잡은 지 거의 한 세기가 지난 시기였다. 우리는 그 연관성을 피에르 자네의 작업에서, 더 유명하게는 브로이어와 프로이트의 작업에서, 그리고 13장에서 기술하려는, 더 앞선 잊혀진 선구자들의 작업에서 발견할 수 있다. 1889년경에는 트라우마와 히스테리아의 연관성이 확립되어 있었다. 그러나 퍼트넘은 그 시기에 관해 말한 게 아니다. 그가 염두에 둔 건, 오히려 20세기 초의 다중인격 보고서에 나타난, 종종 고통스러운 삶의 경험─부모의 죽음 같은─과 연관되는 방식이었다. 퍼트넘이 주목하기로는, 학대에 의한 트라우마는 1921년 고더드H. H. Goddard*가 보고한 환자 버니스 R. 이전까지는 존재하지 않았던 것으로 보인다. 그녀에게는 억압된 기억의 문제는 없었다. 그녀는 아버지의 근친강간을 직접적으로 말했다. 그러나 고더드는 그 말이 상상이라고 생각했고, 최면암시로 그런 일이 발생한 적이 없었다고 확신시켰다.[13] 1920년대에는 권위 있는 인물 중 어느 누구도 성학대를 심각하게 생각하지 않았고, 다중인격 문헌에도 그렇게 기술되어 있지 않았다. 버니스 개인의 역사에서 성적 트라우마가 있었음을 우리는 알지만, 그녀의 심리치료사는 알지 못했다. 이어서 퍼트넘은 "다중인격장애와 아동기 트라우마를 확실히 연관시킨 단일 사례사事例史가 최초로 보고되기 시작한 것은 1970년대"라고 적었다. 그 말은, 아동학대에 관한 사회적 의식화의 물결 속에서 비로소 그 연관성이 나타났다는 것이다. 아동기 트라우마와 다중인격의 연관성은 100여 년에 걸쳐 서서히 출현한 게 아니다. 1970년대에 홀연히 등장한 것이다.

그때 이후로 다중인격은 아동기 트라우마와 단단히 연관되어왔으

---

* 20세기 전후 미국의 심리학자, 우생학자. 비네 지능검사를 학교, 군대, 병원 등에 도입했다. 특수교육제도의 도입, 낮은 지능을 가진 범죄자의 감형, 임상심리학 연구개발 등을 주장했다. 저서《칼리카크 가족의 유전적 정신박약에 관한 연구》가 유명한데, 차별주의를 강화한다는 비난을 받기도 했다.

나, 연관성이 곧 인과관계는 아니다. 퍼트넘은 "다중인격의 발달 모델"을 제시했다. 모델은 환영받아야 한다. 자연과학에서도 인과법칙을 명징하게 파악하게 해주는 것은 종종 현실을 단순화시킨 모델을 통해서다.[14] 물리학과 우주론의 모델만큼은 아니더라도 통계학이나 경제학의 모델에도 그 분야의 특징을 암시하는 것이 담겨 있다. 그러나 퍼트넘의 모델은 물리학이나 경제학 모델 같은 것이 아니다. 그것은 이야기다. 유서 깊은 전통을 가진, 어떻게 사물이 기원했는지를 설명하는 이야기다. 성경의 창세기처럼.

퍼트넘에게 "그 근거는, 우리 모두는 다중인격의 잠재성을 가지고 태어나고, 정상적인 발달과정을 거치면서 통합된 자아의식을 굳건히 하는 데 얼마간은 성공한다고 암시한다." 어떤 근거? 퍼트넘이 근거로 인용한 것은 "신생아 행동 상태에 관한 분류법을 협의해서 도출한 영아-의식 연구자들"로 이루어진 주요 학파의 문헌이다. 영아의 상태 변화는 "정신생리학적 특성"의 변화로 나타나는데, 그는 이것이 다른 인격으로 전환될 때와 비슷함을 발견한다.[15] 정신생리학은 이전에 언급했던 정신생물학보다는 좀 더 직접적으로 관찰 가능하다. 얼굴 표정, 태도, 근육 긴장도 등의 변화로 관찰된 것을 의미한다.

퍼트넘은 성장에 관해 매우 그럴듯한 이야기를 만들었다. 아기는 어린이로 성장하면서 "자아와 정체성을 통합"하기에 이르는데, 다중인격은 이 '발달과제'를 이루는 데 실패한 것이라고 했다. 곧이어 "두 번째 규범적 과정"으로 넘어가는데, 첫 번째 것은 짐작건대, 자아를 통합하는 과정일 것이다. 그가 사용한 '규범적'이라는 단어는 사전적 의미로 쓰이지 않았다. 규범의 의미는 사전에서 "규범 혹은 표준과 관련된 또는 *지시하는*"이라고 되어 있다. 퍼트넘은 '병리적'과 대비시키려 이 단어를 사용했지만, 그것은 '규범적'이 아니라 '정상적'을 의미하려 했음이 틀림없다. 다시 말해서, "규범, 표준, 원형, 평균이나 유형 및 전형적인 것에 부합하고, 대응하며, 해당되는" 정상을 의미하려 했던 것이다.[16] 어쨌든 퍼트넘이 두 번째 규범적 과정이라고 부른 것은 "특수한 의식 상태, 해리에 빠지기 쉬운 아이의 성향"이다. 이는 정상적이고 평범한 것이지만, 병적인 것이 될 수 있다고 했다. 그런 상태는 "사고, 느낌, 행동에 관한 기억을 통합하는 기능의 뚜렷한 변화 및 자아감sense of self의 뚜렷한 변화"로 특징지어진다. 여기까지는 보통 상태이고 건강한(어찌 되었든 병리적인 것은 아닌) 상태다. 자연적으로 해리에 빠지는 성인은 "자발적으로 최면 상태로 들어가는" 능력이 있을 경향이 있다. 아이들은 성인보다 쉽게 최면에 걸리고 9~10세 사이에 가장 피최면성이 높다. 따라서 아이들이 스트레스에 대처하기 위해 예사로 자주 해리에 빠진다면 아마도 그때가 인생에서 가장 해리가 잘 일어나는 시기일 것이다.

세 번째 "규범적 발달상의 기질基質"은 아이들의 공상 능력이다. 어떤 아이들은 상상의 놀이친구나 동반자(연재만화《캘빈과 홉스》*가 이러한 설정으로 최근 불후의 명성을 얻었다)를 가진다. 성장한 후에도 계속 옆에 머무는 상상의 놀이친구가 다른 인격의 근원이라는 견해가 1980년대 초반에 있었다. 이 견해는 다중인격의 삶에 드리운 공포를 설명하기에는 너무도 온화한 것이어서 폐기되었다. 퍼트넘은 1989년에 출간될 책을 집필하면서 이 생각을 계속 검토하고 있었고, 이를 "기대를 부추기긴 하지만 모호하다"라고 생각했다.

발달에 관한 이런 이야기가 자리를 잡으면서 다중인격과 극심한 트라우마를 연관시킬 채비가 갖추어졌다. 아이는 "트라우마로 야기

---

* 조숙하고 모험심 강한 6살 캘빈과 상상의 놀이친구 호랑이 솜인형 홉스를 주인공으로 하여 1985년부터 10년간 여러 일간신문에 연재되었던 만화. 상상과 은유, 풍자와 일탈, 윤리적 논쟁 등이 풍부하게 담긴, '20세기 마지막 연재만화'로 불린다.

되는 압도적인 감정과 기억에 칸막이를 치기 위해" 행동 상태들 사이에 칸막이를 더 높여 격리시키는 것으로 대처한다. 어떤 의미에서 아이가 의도적으로 해리 상태로 들어가는 것이다. 이에 더하여, 부모와 아이를 돌보는 사람은 아이가 "적절한 상태에 빠져 그 행동 상태에 머물게 하는 데" 적극적인 역할을 한다. 다중인격의 원형과 연관된 아동학대는 마땅히 아이를 돌봐야 할 사람들, 마땅히 아이로부터 신뢰를 받아야 할 사람들에 의해 일어난다. "나쁜 양육방식과 학대는 아이가 상황에 따라 행동 상태를 조절하는 법을 습득하지 못하게 한다고 용이하게 추측할 수 있다." 마침내 해리된 상태가 견고해지고 스스로 자신만의 개성을 갖추기 시작한다. "아이가 트라우마로부터 도망치기 위해 반복적으로 특정 상태에 빠져 들어갈 때마다 그 상태에 각기 특수한 자아의식이 생겨나고 시간이 지남에 따라 이 인격 상태가 정교해짐을 쉽게 유추할 수 있다." 어쩌면 이 방식이 아이로 하여금 계속 살아갈 수 있게 해준 유일한 길이었을지 모른다. 퍼트넘은 "생존을 위한 것"이었을 거라고 말한다. "그러나 기억과 행동 및 자아의식의 일관성을 강조하는 성인의 세상에서는 부적응 행동이 된다."

퍼트넘은 "용이하게 추측할 수 있다" "쉽게 유추할 수 있다" "가정해볼 수 있다" 등의 표현으로 자신의 논지에 조심스럽게 여지를 남겼다. 그러나 그 글을 읽는 사람은 그런 표현법과 수많은 '~일 수도 있다' '아마도'를 잊어버리는 경향이 있다. 어떠한 조건부도 없이, 그것이 이유라고 단정적으로 읽게 된다. 그것이 아이가 해리를 겪는 방식이고, 그것이 트라우마가 원인으로 작용한 결과라고. 그다음 해에 데니스 도노번Denis Donovan과 데보라 매킨타이어Deborah McIntyre가 출간한 책은 퍼트넘의 논설을 길게 인용하고 말을 바꿔 설명하면서 조건부 수식어를 모조리 빼버렸다. 1년 만에 추정과 가설이 사실로 인용되기에 이른 것이다.[17]

그러므로 로웬스타인의 '특수 병인론'은 자급자족의 자기 입증적 원인론이다. 불안한 사람들이 원인에 관한 설명을 알게 되고, 그들은 과거에 대한 생각을 재정리하고 재조직하는 데에 그것을 사용한다. 그것은 그대로 그들의 과거가 된다. 나는 의사들이 그들의 과거를 실제로 창조해냈다고 말하는 게 아니다. 내가 말하려는 것은, 아이란 어떠하고 어떻게 성장하는지에 관한 사고방식의 하나로 이 설명이 확산되었다는 것이다. 자신의 과거를 어떻게 생각해야 하는지에 관한 정론적 방식은 없다. 끝없이 질서와 구조를 추구하는 우리는, 떠도는 설명이 무엇이건 간에 그걸 움켜잡고 그 틀 속에 우리의 과거를 쏟아붓는다.

발달과 과거에 관한 이 설명에는 축약본이 있는데, 클러프트의 '다중인격장애의 4가지 요인 모델'이 그것이다. 하나의 상당한 인과적 필요조건 대신에 4가지가 요구된다. 클러프트의 설명에 따르면, 다중인격은 "아동기에 시작되고, (1)해리가 가능하게 된 아이가 압도적인 자극에 노출될 때, (2)이를 덜 강력한 방어로는 처리할 수가 없고, (3)해리된 내용이 인격을 구성하는 데 기초가 되는 기질과 연결되어버렸을 때, (4)회복력이 없거나 이중적 태도로 대하는 사람double-binds이 너무 많이 있을 때, 일어난다."[18]

주목해야 할 문구는 "해리가 가능하게 된 아이"이다. 해리할 수 있는 능력의 정도가 선천적으로 유전된다는 견해는 여러 저술에도 나온다. 이 견해에는 두 부분이 있는데, 첫째는 해리능력에는 정도의 차이가 있어서 모든 사람을 하나의 선 위에 늘어놓으면 한 극단에는 해리가 가장 잘되는 사람이, 다른 쪽 끝에는 해리가 가장 안 되는 사람으로 배열될 수 있다고 했다. 이 견해는 해리의 측정법 연구로 지지되고 있다. 다음 장에서는 측정법과 인과론이 어떻게 상호지지를 하는지 논하게 될 것이다. 일단 해리의 능력 정도에 따라 연속선상에 배열될 수 있다는 가설이 만들어지자, 두 번째 부분인, 능력의 정도가 유전된다는 견해가 나왔다. 흥미롭기는 하나, 유전성의 주장은 입증되기가 상당히 어렵다. 그럴듯해 보이는 상관관계를 주장할 때에는 매우 조심해야 한다. 예를 들어, 누군가 다중인격이 가계 안에서 이어진다는 것을 알아냈다고 해보자. 그러나 사실은 한 가족의 구성원들이 다중인격에 특화된 치료사에게 가기 때문이라고 설명될 수도 있다.

퍼트넘이나 클러프트의 모델은 어떤 근거에 바탕을 둔 것일까? 한 가지는 매우 일반적인 것이다. 아동기의 트라우마, 특히 반복적인 성학대는 성인이 되었을 때 정신과적으로 특별한 후유증으로 나타날 수 있다는 것이다. 이 주제로 사람들 사이에 떠도는 많은 이야기가 있으나, 내가 조사한 바로는, 4장에서 보았듯이, 모두가 동의하는, 변함없는 특수지식은 거의 없다. 가장 가능성이 큰 분야는 외상후스트레스장애에 관한 최근의 연구다. 이 분야는 애초부터 스피겔의 지지를 받았는데, 이 연구가 다중인격의 이해로 이끄는지는 확실하지 않다. 스피겔 자신이 다중인격의 명칭 개명에 조력을 한 것도, 충분히 성숙한 다른 인격들이라는 개념을 폄하한 일도 결코 우연이 아니다. 그는 다중인격이란 끔찍했던 어린 날과 연관되어 붕괴된 인간을 어떻게 통합할지의 문제라고 보았다. 아마도 다중인격은 미래가 그럴 것이다. 그러나 1980년대의 현란했던 다중인격은 클러프트나 퍼트넘의 모델과 같은 것을 필요로 했던 반면, 스피겔 식의 미래에는 그런 종류의 것이 필요치 않을 수 있다.

퍼트넘과 클러프트 식의 모델의 두 번째 근거는 임상경험에 기초한 것이다. 임상가들은 다중인격에 저항할 수 없을 만큼 강렬한 흥미를 느낀다. 퍼트넘이 쓴 글에 의하면 "몇몇 사례를 진료한 임상가들에게는 그 연관성이 확연해 보인다." 환자들은 치료과정에서 그러한 설명을 따르는 방식으로 자신의 해리를 묘사한다. 치료사라면 그런 증거에 저항하기 어렵겠지만, 그럼에도 치료가 이야기를 사실로 고착시키지 않을지 우려할 이유는 충분히 있다.

　세 번째 근거는 아동기에 발생하는 다중인격을 조사하면서 나타난 것이다. 만일에 다중인격의 발병시기가 아동기라면, 그 시기에 증상을 유도해내는 것도 가능해야 한다. 치료도 좀 더 쉬워야 하고, 성인의 인격 붕괴도 미리 막을 수 있어야 한다. 다른 인격이나 인격의 파편들이 깊숙이 숨어 있지 않은 어린이의 다중성을 찾는 것은 이제 치료사들에게는 책무이자, 치료적으로도 실로 긴급한 사항이 되었다. 또한 어린이 다중인격을 찾아내면 다중인격의 기원에 관한 모델이 확인될 것이라는 이론적 동기도 있었다. 추적이 시작되었다. 이 분야의 선도자 중 한 사람인 게리 피터슨은 진단지침을 처음 제안한 사람이다.[19] 피터슨은 ISSMP&D의 아동 다중인격장애 위원회 위원장이었고 DSM-5에 아동 진단명 도입을 촉구하는 캠페인을 이끌었다. DSM-IV에서 그 캠페인은 실패했지만, 대충 그 가능성을 인정하기는 했다.*

　회의론자라면 1980년대에 다중인격에 관해 특정 설명이 나올 때까지 20세기 내내 아동 다중인격장애는 관찰되지 않았음을 지적할 것이다. 그런 회의론자도 완전히 엉뚱한 짐작을 한 것일 수도 있다. 자연과학에는 아무도 주목하지 않았던 현상을 보여주는 예가 널려 있지만, 학설 하나가 출현하면 사람들은 주목하게 된다. 퍼트넘이 말한 설명의 중요성은 불안해하는 아이들이 혹시나 다중인격 초기는 아닌지 더 면밀하게 살펴보게 만드는 데에 있다.

---

* 　DSM-5에서 해리성정체감장애 진단기준의 D항, "널리 받아들여지는 문화나 종교적 관례의 정상적 요소가 아니다. 주: 아동에서 증상은 상상의 놀이친구, 또는 환상극으로 더 잘 설명되지 않는다." DSM-IV에서도 주에 언급되어 있다.

그러면 불안하고 고통받는 아이들을 과연 다른 인격들을 가진 환자인 것처럼 치료해야 하는지에 관한 두 가지 관점을 살펴보자. 한 임상가는 아이가 해리된 또 다른 자아를 가졌을 수 있다는 지적을 존중하고, 치료에 이를 활용한다. 다른 쪽 임상가는 다른 인격들의 출현을 저지한다. 나는 어느 한쪽의 방법이 임상적으로 더 건전하다는 의견을 피력할 생각은 없다. 첫 번째 예는 '제인'이라는 이름의 9살 소녀다. 부모는 제인의 심한 공격적 행동을 섬뜩해했다. 그들은 제인이 여러 음식에 알레르기가 있다고 단언했다. 그런데 아이는 사실상으로는 굶주린 것 같아 보였다. 가정환경은 돌보지 않는 아버지, 계모, 무관심과 잔인함이 가득한, 행복하지 않은 가정이었다. 학교에서는 제인이 부모가 말한 문제행동을 가졌다고 보지 않았고, 도리어 아이가 은둔적이고 외톨이라고 보고했다. 아이를 임시 양육가정에 두고 치료할 때에는 섭식 문제와 음식 알레르기가 없었다. 치료사가 제인에게 학대받았느냐고 질문하자, 아니라고 답했다. 그럼에도 잘 알고 있는 듯이 해부학적으로 올바른 인형*을 갖고 놀았다. 그리고 나쁜 짓을 한 '나쁜 언니'에 관해 이야기했다. 다음에는 나쁜 언니의 목소리로 말했다. 그녀는 실제로 성관계를 했고 그걸 완전히 즐기기까지 했다. 치료사는 이 이야기가 나쁜 일에 대처하기 위해 "보이지 않는 친구들"의 도움을 이용한 소녀의 이야기로 해석했다. 제인은 주의 깊게 경청했다. 제인 역시 그런 방법을 사용했음을 인정했다. 얼마 지나지 않아 그녀는 해리 방어기제를 포기하고 또래 어린이들과 정상적으로 잘 교류할 수 있게 되었다.

제인의 치료사는 제인이 치유되도록 분명히 도움을 주었다. 이 시

---

* 일차 및 이차 성적 특징을 상세하게 만든 인형으로, 어린이에게 성학대 관련 질문을 할 때나 혹은 성교육 목적으로도 사용된다.

각에서 볼 때, '나쁜 언니'는 제인의 해리된 한 부분을 가리킨다. 치료사는 제인으로 하여금 자신의 해리된 부분과, 그에 연관된 기억과 경험을 의식하도록 했다. 해리된 '나쁜 언니'를 표면으로 끌어올리자, 제인은 자기에게 그 사건들이 일어났다는 사실과 학대 사실을 직면할 수 있었고, 학교에서는 더 이상 외톨이로 은둔하지 않았으며, 안정된 새로운 가정환경에서 폭력적이지도 공격적이지도 않게 되었다.

이제 다른 쪽 방식을 살펴보자. 12살의 '샐리 브라운'은 악의적인 공격성을 보였고 제어할 수 없는 전환과 해리행동을 보였다. 그녀는 임시 양육가정에서 브라운 씨 가정으로 입양되었는데, 임시 가정에 있었던 이유는 어머니, 아버지 그리고 어머니의 남자친구로부터 신체적·성적 학대를 받았기 때문이었다. 족히 1년간 이어진 검사, 입원, 치료에 엄청난 비용이 지출되었다. 그녀는 여러 곳에서 다중인격장애로 진단되었다. 어떤 치료법도 효과가 없었기에 브라운 부부는 여러 전문가들을 찾아갔고, 마침내 정신과의사이자 정신치료사인 도노번과 매킨타이어에게 의뢰할 수 있었다.

도노번과 매킨타이어는 다중인격 진단을 확인하는 과정이 아이의 해리를 극도로 강화시킨다는 생각을 품고 있다. 그들은 어떤 종류의 병적 행동도 유도하려 하지 않는다. 대신, 그들의 말에 따르면, "학습과 성장, 적응, 건강한 행동으로의 변화를 가동시키려" 한다. 지난 일을 이야기하면서 샐리가 "전 몰라요"라고 답할 때마다 도노번과 매킨타이어는 "그럴 리가!"라는 반응을 했다. 그 결과, 샐리는 대부분의 질문에 명랑하게 대답했고 평소처럼 갑작스런 의식의 변화는 나타나지 않았다. 브라운 부인과 샐리의 학교생활에 관해 의논할 때면 그녀는 "우리는 그 부분을 그다지 잘하지 못하고 있어요"라고 했는데, 도노번과 매킨타이어는 '우리'라는 단어를 비웃었다. 그 말은 어떤 사람이 몇 명이나 섞여 있는지 혼란을 일으키는 단어였기 때문이다. 브라운 부인이 자신을 3인칭으로 '엄마'라고 지칭하면, 그 말은 브라운 부인=엄마=샐리의 생모(샐리를 학대했던, 멀리 있는 어머니)를 암시할 수 있음을 치료사들은 지적했다. 그런 연유로 브라운 부인은 생모의 행동에 대해 자기를 벌하도록 샐리에게 허용했던 것이다. 브라운 부인이 샐리가 동석한 자리에서 '진짜 어머니'에 관해 언급하자, 치료사 중 한 명이 진짜 어머니들은 아이들을 보호하는 사람이라고 말했다. 요약하면, 도노번과 매킨타이어는 샐리와 양어머니의 관계를 재평가하고 해리행동을 차단시켰다.

직설화법이 도노번과 매킨타이어의 책《상처받은 아이 치유하기》의 일반적인 전략이다. 브라운 부인이 샐리에게 "그 사람들에게 ……을 얘기해줄 수 있겠니?"라고 (샐리가 말할 수 없을지도 모른다고 암시하며) 말할 때면, 두 치료사는 "그 사람들에게 ……을 말해다오"라고 요구했다. 이전의 치료과정에서 샐리에게 요구되었던 것들을 그대로 받아들이지 않아도 되고, 진료실에서든 집에서든 솔직하게 새로운 방식으로 행동할 수 있음을 분명히 한 것이다. 이는 샐리로 하여금 잊어버리거나, 멍하게 지내거나, 사람들 사이의 경계선을 희미하게 만드는 일이 점점 어렵게 느껴지게 했다.

도노번과 매킨타이어는 성인이 아닌 아이가 어떻게 생각하고 알아내고 행동하는지에 대한 자신들의 감을 이용한다. 그들이 정상적인 "아동기의 적응적-통합적-변용적 변화 능력"이라고 칭한 아이 자신의 능력에 기대는 것이다. 이 접근방식은 아이의 다른 인격들을 찾아내어 접촉하고 협상하고, 혹은 다른 인격들과 교섭해서 서로 잘 지내게 하던 기존의 방식과는 전혀 다르다. 처음 진료한 날, 오후 두 번째 2시간 동안의 진료 후 샐리는 해리하기가 어려워졌음을 깨닫게 되었다. 다음 날 1시간 반의 진료가 종료된 후 그녀는 더 이상 해리하지 못하게 되었다. 도노번과 매킨타이어는 아이 중심의 접근방식으로 첫 만남부터 치유가 시작될 수 있다고 주장한다. 치료사가 어떤 종류의 해리도 지지하지 않음으로써 때로는 다른 인격들의 수와 증상의 강도를 즉각적으로 감소시킬 수 있다.[20]

도노번과 매킨타이어는 성인 다중인격의 원인에 관한 대중적 견해를 받아들이지 않았다. 그들은 전형적인 치료방법으로 계속 치료 중인 성인 다중인격의 축소판으로 아이들을 취급해서는 안 된다고 말한다. 트라우마와 다중성의 이론적 관점에서 보면, 샐리 이야기와 같은 경우를 대하는 최소한 두 가지의 방식이 있다. 하나는 아동기 다중성은 쉽게 치료될 수 있다고 말하는 것이다. 다중성이 수면 아래로 숨어버리는 성인기에 증상은 병리적으로 변환된다. 그럼에도 불구하고 아동기와 성인기의 다중인격은 동일한 질환이다. 그러나 샐리 브라운 사례에서는 매우 다른 추론이 나오는데, 아동기의 다중성 및 해리는 성인의 것과 다른 종류라는 것이다. 성인의 미니어처라는 결론을 끌어내기 위해 특정 치료법을 사용한 일부 아동에게서 다중성을 관찰할 수 없었기 때문이다. 따라서 대수롭지 않은 아동기 다중성은, 아동기의 트라우마가 성인 다중인격의 원인이라는 근거로 사용되기는 어렵다.

다중인격의 전문임상가들은 어린이, 청소년, 성인으로 이어지는 연속선을 예상한다. 임상에만 해당되는 사항은 아니다. 이는 현재의 원인론의 토대가 되어주는 것이다. 39세 여자에서 발견되는 해리 현상이 9살 어린이에게도 똑같이 일어난다고 말한다. 39세 여자의 해리는 그녀가 9살(아니면 3살) 때부터 시작된 것이라고 주장한다. 여기에는 반사실적 조건명제가 함축되어 있다. 9살 때 치료받지 않았다면, 비교적 안정된 성인으로 성장했다 할지라도, 후일 다중인격이 발현되리라고 예상할 수 있다는 것이다. 나쁜 언니는, 아마도 영원히 9살에 갇힌, 다른 인격이 되었을 것이다. 거꾸로, 나쁜 언니라는 다른 인격을 가진 환자를 발견한다면, 그 다른 인격은 9살 때 형성된 것이고, 운 좋게도 9살 때 치료를 받았더라면, 제인처럼 행동했으리라는 것이다. 이것이 성공적으로 치료되었던 첫 번째 어린이 사례의 배경에 깔려 있는 이론이다.

내가 든 두 번째 예는 다른 노선을 취한다. 도노번과 매킨타이어의 치료법은 아동기 다중인격 같은 게 설사 존재한다 할지라도, 그건 성인증후군의 아동판은 아니라고 가정한다. 이 말은 이 장에서 말해온 다중인격의 인과론에 의혹을 일으키는 것이다. 로웬스타인이 발견했다고 발표한 다중인격의 특수 병인은 스트레스에 대응하여 아이가 분열을 일으킨다는 것이었다. 도노번과 매킨타이어는 아동기에서 발견되는 것은 무언가 다른 것이라는 견해를 고수한다. 따라서 다중인격의 아주 다른 형태가 등장한다. 그 장애는 아동기와 아동기의 공포를 이해하는 하나의 방법이 된다. 공포에 대응하기 위해 아동기에 분열이 시작되었다는 의미가 아니라, 오히려 치료과정에서 자기 자신을 그렇게 이해하게 된다는 의미이다. 즉 당시에 공포에 대응하기 위해 분열했던 것으로 스스로를 이해하기 시작한다는 의미이다.

여기에서 흔히 잘못 이해되는 두 가지가 있다. 첫째는 이론과 임상은 다르다는 점이다. 임상에서는 잘 알려진 사실인데, 서로 다른 이론과 임상지침을 고수하더라도 치료사 개인이 유능하다면 환자를 치유할 수 있다. 어떤 종류의 치료법이 어떤 특정 치료사와 환자에게도 가장 좋은지에 대해 의견을 밝히는 것은 내가 보기에는 우스꽝스럽다. 두 번째로는, 환자의 인격 분열을 저지하는 도노번과 매킨타이어의 진료방식을 따라가더라도, 불안한 아이들에게 일어났던 참혹한 일은 부인당하지 않는다. 그런 사건이 일어난 적 없다고 주장하는 사람들이 아직도 있기는 하나, 그런 말은 어리석을 뿐만 아니라 야비한 변명이기도 하다. 여기에서 나는, 훨씬 복잡하고, 통상적 인과관계에 대한 생각과 상충되는, 전혀 다른 의견을 제시하려 한다. 나는 최근의 다중인격 진단과 치료 방식에 가장 호의적인 용어들로 이 역설적인 생각을 표현하고 싶다. 로웬스타인의 말과는 반대로, 우리는 지금까지 이 질환의 그 어떤 일반적 병인도 찾아내지 못했다고 나는 주장한다. 다중성이 절대적으로 아동학대에 의한 것이라고 생각해서는 안 된다. 오히려 다중인격 환자가 자신의 어린 시절에 대해 기억하게 된 것에서 현재 자기 상태의 원인을 발견하거나 알게 되고, 그럼으로써 도움을 받게 된 것이라고 보아야 한다. 이것이 특수 병인이라고 오해되지만, 실제로 일어나는 일은 그보다 훨씬 더 특별하다. 이는 과거를 되찾음으로써가 아니라, 과거를 재서술하고, 고쳐 생각하고, 다시 느낌으로써 자신을 설명하는 방식이다.

인과관계와 설명의 새로운 구조 안에서 사건들이 회상되고 서술되면 새로운 과거가 탄생하는 셈이라고 말하는 것은 솔깃한 일이다. 하늘에 거대한 캠코더가 있어서 모든 걸 다 감시한다면 기록되었을 영상과 어긋나거나 일치하지 않는다고 해서 거짓된 과거로 볼 필요는 없다. 그러나 그렇게 영구히 기록하는 비디오테이프라고 해도, 그건 사건의 외견을 보여주는 것이지 사건을 서술하는 것은 아니다. 기억 속에서 과거는, 예컨대 아동학대라는 큰 표제 아래 뭉쳐져서 새로운 느낌으로 다시 쓰여진다. 치료과정에서 다중인격환자가 질환의 원인이라고 느낀, 서술된 사건들이 환자의 현재 상태를 만들지는 않았다. 그보다는 재서술된 과거가 현재에 의해 만들어진 것이다. 그럼에도 불구하고, 환자는 새로이 서술된 사건들로 인해 그녀의 현재 상태가 *만들어졌다고* 느낀다. 현재 유행하는 기억에 관한 지식 때문에 그녀는 더욱 그렇게 느낀다. 환자는 '원인론'과 같은 의학단어를 사용할 정도의 교육을 받지 않았을 수 있으나, 이 인과적 이야기는 그녀가 그 속에서 살아가고, 생각하고, 느끼고, 말하는 개념적 공간의 일부가 되어버렸다.

이 장에서 나는 다중인격의 인과론이 어떻게 지식의 한 품목이 되었는지를 설명했다. 반복적 아동학대가 다중인격의 원인이라고 정신의학이 발견한 건 아니다. 그 인과성은, 대장장이가 무정형의 녹인 금속을 단련하여 강철을 만들어내는 것과 같은 방식으로 주조된 것이다. 나는 표준 연구논문들과 함께 이 분야에서 가장 훌륭하다고 알려진 교과서를 이용하여 인과성이 발전해온 궤적을 추적했다. 현재의 문제적 행동과 기억의 수면 위로 떠오른 어린 날의 사건들이 결합되었다. 냉소적인 사람들은 그 행동과 그 기억 모두가 치료사에 의해 조장된 것이라고 주장한다. 그건 내가 주장하는 논지가 아니다. 내가 관심을 가진 것은 훨씬 더 뿌리 깊은 것으로서, 말하자면, 바로 그 인과 개념이 어떻게 만들어졌는지의 주조 방식이다. 일단 그 개념을 얻게 되면, 우리는 인간을 만드는making up people, 또는 우리 자신을 만드는 실로 강력한 도구를 얻게 되는 것이다. 어떻게 현재의 자신에 이르게 되었는지를 설명하는 모델에 따라 우리가 끊임없이 구성하고 있는 영혼을 우리는 구성한다.

이 장은 다음의 경험주의적 질문에 관한 것이 아니다. 그 질문은, '어린 날의 반복적인 아동학대는, 적당한 조건하에서, 성인기에 다중인격을 일으키는가?'라는 것이다. 나는 우리가 어떻게 현재의 우리에 이르게 되었는지, 어떻게 우리 자신의 본성을 조망하기에 이르렀는지를 재설정하는 것에 관해 논했다. 얼핏 무해해 보이는 인과관계(경험적 사실로서 참 또는 거짓의 문제)에 관한 이론 하나가 형성적이고 규정적인 것이 되었다. 물론 다중인격은 이런 현상을 보여주는 세상의 극히 작은 축도에 불과하다. 다중인격 이론은 믿을 수 없을 정도로 단순하다는 점에서 공개적으로 연구할 만하다는 장점을 가지고 있다. 이제는 다중인격의 최근 이론이, 임상진료와는 상반되게도, 여태까지 존재했던 심리학 이론 중 가장 초보적이라는 사실이 명백해졌기를 희망한다.

　다중인격장애는 기억, 서술, 과거 그리고 영혼에 관한 완전히 일반적인 현상을 과장된 방식으로 보여준다. 이 문제는 마지막 두 개의 장에서 다루게 될 것이다. 나는 해리장애에 관한 인과론이 그 자체만으로는 이해되기 어렵다고 생각한다. 왜냐하면 인과론이 어떻게 명백한 것이 되고, 필연적인 것이 되고, 아무도 의문을 갖지 않는 그런 것이 되었는지를 먼저 살펴봐야 하기 때문이다. 그렇게 된 경위는 기억이 영혼의 지식을 얻는 방도가 되었기 때문이다. 그 주제로 들어가기 전에, 우선은 다중인격에 관한 지식이 어떻게 실증성을 가지게 되었는지부터 살펴보아야 한다. 단순한 인과적 이론이 해리 측정법으로 뒷받침되어온 이유는 모든 사람이 얼마간은 다 해리를 한다는 게 지식의 품목이 되었기 때문이다. 오직 한 종류의 '해리'만 존재하고, 우리 모두는 해리를 한다는 것이다. 다중성의 인과론에는 두 부분이 있다. 아동학대라는 기회원인occasioning cause이 한 부분이다. 다른 부분은, 어떤 아이들은 더 큰 해리능력을 가지고 태어나고, 그로 인해 트라우마에 대처하는 특수한 방법을 사용하게 되고, 이 해리능력은 측정할 수 있기에 어느 정도인지 우리가 알 수 있다는 것이다. 이 지식이 어떻게 등장했는지 이제부터 이야기하려 한다.

7장   해리의 양적 측정

어떤 질환의 원인이 발견되고, 예방법, 치료법이 개발되고 확인이 되면, 그 질환은 지식의 대상이 된다. 측정법은 지식의 대상이 되는 두 번째 방도인데, 이 두 가지 방식은 서로 교차한다. 예를 들어, 해리는 정도는 달라도 누구에게나 나타남을 입증하기 위해 사용되는 측정법으로 인과론은 강화된다. 그래서 선천적으로 강한 소인을 타고난 아이들은 트라우마에 대처하는 방편으로 이를 사용한다는 것이다. 이에 퍼트넘은 "해리가 적응적 능력이라는 개념의 핵심은 해리 현상이 연속선상에 놓여 있다는 생각"[1]이라고 기술했다.

그는 왜 연속성continuum이라는 걸 생각했을까? 그는 근거가 되는 두 개의 출처를 인용했다. 첫째로, 일반 인구의 최면감수성은 최면에 저항력이 큰 한쪽 극단의 사람에서부터 손짓만으로도 최면에 빠지는 다른 쪽 극단의 사람까지 연속체를 형성한다. 그리고 최면감수성과 해리 성향은 유사성이 있다고 가정한다. "해리 경험의 연속성 개념을 지지하는 두 번째 근거는…… 해리경험척도Dissociative Experiences Scale(DES)

를 사용한 조사 결과에서 나온 것이다.[2]

해리 경험의 연속성은 다중인격운동 내에서는 이미 인정된 사실이 되어 있다. 그러나 운동 외부에서는 비판을 받아왔다. 정신과의사 프레드 프랭클은 최면술의 임상적·실험적 사용의 전문가인데, 최면감수성 지수와 해리능력을 동일시하는 것에 신중하게 반대를 표해왔다. 그는 최면감수성 자체를 단일 현상으로 보고 모든 사람이 다소간은 최면 가능성을 가지고 있다고 곧바로 추정하는 것은 경계해야 한다고 말했다. 그는 퍼트넘이 든 근거의 첫 번째 가정에 의문을 표한 것이다.[3] 또한 그는, 이제 내가 설명하려는 논리로 두 번째 가정에도 의문을 던졌다. 프랭클과 달리, 나는 퍼트넘의 연속성 가설에 그다지 의문을 제기할 생각은 없다. 그보다는 DES와 같은 측정법 체계의 창조가 어떻게 그 가설을 사실로 확증시켜주었는지에 더 관심이 있다.

지난 10년 동안* 해리와 다중성에 관한 양적 측정법이 급격히 발전되었고, 이 질환의 연구는 점점 더 경험주의 심리학의 한 분야처럼 되어갔다. 세세한 통계의 늪에 빠지지 않기 위해 나는 연관되는 두 가지 항목에 초점을 맞추려 한다. 하나는 퍼트넘의 연속성 가설이고, 다른 하나는 1986년 퍼트넘과 이브 번스타인 칼슨Eve Berstein Carlson에 의해 출간된 최초의 해리 측정법이라는 DES이다. 저자들은 "해리 경험과 해리 증상의 빈도와 횟수는 연속선 위에 놓여 있다"라는 자신들의 가설을 검증하기 위해 자신들이 만든 척도를 사용했다.[4]

나는 몇 가지 이유로 이와 같은 방식으로 문제에 접근하려 한다. 첫째 이유는, 이 방식이 '해리' 개념의 논리적 성질에 초점을 맞추게 해주기 때문이다. 그 성질이 선형적 연속성에 의해 잘 표현되는가? 두 번째로는, 객관적 설문지 사용으로 확립된 연속성 가설이 인과론

---

* 1985년부터 1995년 사이.

을 객관적인 것으로 만들어줄 것이라는 이유가 있다. 세 번째로는, 가설 검증은 그 자체로 공식 인정이 된다. 칼 포퍼의 과학철학은, 가설 검증이 객관적 과학에 필수불가결한 것임을 잘 알게 해주었다. 번스타인과 퍼트넘은 '검증하려는' 두 개의 가설이 있고, 그 하나가 연속성 가설이라고 말했다. 그렇게 말함으로써 그들의 작업은 포퍼의 냉철한 과학의 느낌을 얻었지만, 실상 이 저자들은 전혀 가설을 검증하지 않았다. 끝으로, 1994년에 콜린 로스가 주장하기를, "지난 10년 동안 다중인격장애에 관한 문헌은 과학 이전prescientific의 것에서 과학으로 그 지위가 향상되어왔다"라고 했다.[5] DES 및 연관되는 통계검사를 조사함으로써 이 과학적 지위라는 것을 올바르게 평가할 수 있을 것이다.

경험주의 심리학은 표준화된 점수기록과 통계적 비교법을 갖춘 설문지라는 자신들만의 객관성 유형을 창조해냈다.[6] 가장 잘 알려진 것이 지능지수IQ 검사다. 지능지수만큼 다중인격과 상관없어 보이는 것은 없을 것이다. 하지만 완전한 우연의 일치로, 이 둘의 초기 역사는 서로 얽혀 있다. 지능검사의 창시자는 알프레드 비네Alfred Binet로 알려져 있고, 스탠퍼드–비네 지능검사Stanford-Binet tests에서 파생된 검사 종류가 아직도 사용되고 있다. 비네는 자신의 전문 분야로 지능에 집중하기 이전인 경력 초기에 다중인격에 관해 저술한 적이 있다.[7] 최면술에 몰두했던 그는 최면으로 다른 인격 상태를 유발할 수 있음을 논한 바 있다. 당시 그는 우스꽝스러운 연구에 푹 빠져 있었는데, 여러 종류의 금속을 몸의 여기저기에 붙이면 히스테리아 증상이 해소된다는 금속치료법이었다. 최초의 진정한 다중인격은, 12장에 나오겠지만, 금속치료법에 의해 만들어진 사람이었다.

미국에서 다중성을 개척한 모턴 프린스는 어머니가 신경쇠약증을 치료받던 프랑스를 방문하던 중 비네의 지도하에 공부할 기회를 잡왔다. 고더드 역시 비네의 지도하에 전문가 경력을 시작했는데, 그의 1921년 환자 버니스는 미국에서 다중인격 첫 파도가 몰려올 당시의 마지막 환자 중 한 사람이었다(마지막 장에서 사례로 나온다). 그는 미국으로 돌아와 기초 수준의 지능검사를 개발했고 '저능moron'이라는 용어도 만들었다. 고더드의 정신지체feeblemindedness 검사법에 따르면, 유럽 중앙 및 남부에서 온 이민자들은 모두 지력이 떨어졌다. 심리학 역사에 자신의 발자국을 찍은 사람은 확실히, 다중인격 연구자인 비네$_1$이 아니라, 지능검사 개발자인 비네$_2$이다. 그럼에도 비네$_2$가 발전시킨 검사법이, 비네$_1$이 "인격의 변화"라고 부른 데에서 오늘날 틈새를 발견한 방식에 분명 비네$_1$은 기뻐하리라.

심리학자들은 검사와 설문지를 흔히 도구라고 칭한다. 이 단어는 화학이나 물리학에서 쓰는 물리적 도구를 상기시킨다. 이 비유는 유용하게도 자연과학의 방법론적 핵심 수단 중 하나인, 과학철학자 니컬러스 자딘Nicholas Jardine이 말한 기준치 조정calibration을 가리킨다.[8] 평가를 목적으로 새로운 종류의 도구가 도입되면, 옛 측정도구나 평가도구에 비추어 눈금이 조정되어야만 한다. 원자시계가 천문시계를 대체했지만, 그러기 위해서는 이전의 시간 측정도구들과 똑같이 시간을 잴 수 있어야 한다. 그리해야만 그것이 어떻게 다른지 그리고 왜 개정된 시간측정법을 더 선호하는지를 증명하고 설명할 수 있다.

심리학에서 사용하는 표현은 기준치 조정이 아니라 타당성이다. 기본 관용구는 "타당성 구성하기construct validity"인데, 나는 이 단어를 사용하지 않으려 한다. 실험심리학 분야에서는 표준일지라도 대개 그 분야에만 한정되기 때문이다. 심리학자들은 도구라는 단어를 쓰면서 DES도 도구라고 칭한다. 자연과학의 기기처럼 어떤 평범한 도구를 사용하기 전에 우리가 하는 일은 기준치 조정이지, 타당성을 구성하는 것이 아니다. 어느 누구도 원자시계의 타당성을 구성한다고 말하지 않는다. '타당성'이라는 단어는 당연히 가치에 관한 단어이다. 타당성을 갖춘 도구 혹은 타당성 구성은 *그렇다고 치자*. 그러나 DES가 어떻게 타당성 있다고 말하기에 이르렀는지를 살펴보면, 우리는 매우 통상적이고, 별 문제 없어 보이는, 비기술적인 무언가를 발견하게 된다.[9] 그건, 원자시계가 앞선 천문시계와 비교하여 눈금이 조정되었던 것처럼, DES는 앞선 전문가적 판단과 진단에 비추어 확인되고 기준치 조정이 되었음을 알 수 있다. 예를 들어, 해리와 무관하다고 생각되는 특성은 점수와 상관성이 없고, 다중인격으로 진단된 사람은 DES상 높은 점수가 나오는지를 우리는 살펴볼 것이다.

지능검사의 역사는 검사도구의 기준치 조정의 역사다. 비네는 학업평가로 가득 찬 세상에 갇혀 있다고 느꼈다. 프랑스의 관료적 교육제도보다 더 획일적이고 개인 간의 경쟁이 심한 세상은 없었다. 비네는 그런 교육제도에, 특히 뒤처지는 아이들에 대해 양심의 가책을 느꼈겠지만, 겉으로 의혹을 드러내지는 않았다. 그의 '지능' 측정 결과는 기존의 평가와 대체로 부합해야 했고, 다음에는 경계선적 상태의 범위도 조정해야 했다. 프랑스 초등교육에 적응하지 못하는 많은 아이들이 실은 똑똑하다고 말했다면 그는 필시 조롱을 받았을 것이다. 고등학교에서 성적 좋은 아이들이 사실은 우둔하다고 말했다면 욕을 들었을 것이다. 관대한 사람이라면, 그가 어쩌면 지능이 아니라 다른 뭔가를 측정했을 거라고 말했을지도 모른다. (비교해보시라. 원자시계가 태양시와 기준치 조정을 하지 않았다면, 우리가 지금 '시간'이라고 부르는 게 아닌 다른 무언가를 재고 있을지도 모른다.) 지능측정이라는 비네의 엄청난 혁신은 지능에 관한 사회적 평가를 배경으로 했을 때에야 비로소 이해가 되는데, 지능검사는 사회적 평가와 부합되어야 했고, 부합되지 않을 때에는 왜 그런지 설명이 되어야 했다. 사회적 평가를 공유한 사람들은 누구였는가? 관계자들, 즉 교육자들, 공무원들 그리고 사회 중류층인 비네의 동료들이었다.

지능검사의 역사에 관한 때로는 아름답지 못한 모습에도 불구하고, 기준치 조정에 대해 심각한 문제는 거의 없었다. 왜냐하면 언제든 존재해오던, 지능에 관한 사회적 평가 및 구별의 합의체에 비추어 지능검사의 기준치가 조정되었기 때문이다. 어느 때에는 검사 결과에 비추어 이전의 사회적 평가를 수정하기도 했고, 때로는 기준치가 맞춰지지 않아서 검사법이 수정되기도 했다.[10] 비록 저마다 고유의 전통과 전문용어가 있지만 대부분의 과학은 그런 식으로 작동된다. 기준치 조정의 결과 중 하나로 앞선 평가가 더 예리해지고 객관화가 되는 경우가 있다. 과거에 적절하게 훈련을 받은 사람이 하던 구별방식은, 공평하고, 냉정하고, 비주관적인 지능측정으로 바뀌었다. 지능은 그 어떤 인간의 견해로부터도 독립된 하나의 대상이 되었다. 경험심리학은 이런 경로를 통해 주기적으로 객관성을 확보한다. 다중인격을 측정법으로 객관화시키는 방식은 퍼트넘과 번스타인이 DES를 도입한 이후 10여 년에 걸쳐 확립되어왔다.

다중인격용으로 두 종류의 설문지가 사용된다. 하나는 자기기입식이다. 인쇄된 질문에 개인이 답을 적으면 이를 채점하는 것이다. DES는 이런 종류의 첫 번째 측정법이고, 다른 2가지가 지금 연구 도중에 있다.[11] 이 검사들은 단지 선별을 위한 것이지 진단용은 아니다. 더 심도 있는 탐색형 설문은, 인터뷰 진행자가 요람에 인쇄된 일련의 질문을 하고 그 반응을 기록하여 채점을 한다. 그런 설문지들은 임시 진단용으로 사용 가능하다고 제시된다.

이 설문지들은 해리를 조사하는 연구도구이다. 더 자세한 검사가 필요한 사람을 선별하는 데에도 사용된다. 또한 특정 모집단, 예를 들어 정신과 입원환자, 대학생, 혹은 무작위로 뽑은 도시거주민에서 해리 경험 빈도의 분포도를 알아내기 위한 조사에도 사용된다. 때로는 병원이나 클리닉 외래에서 일상적 선별도구 혹은 임시 진단도구라고 소개되기도 한다. 연구 환경 밖에서 그런 식으로 얼마나 사용되는지는 알 수가 없다. (연구가 아닌) 일상적 사용은 클리닉보다는 미국 전역에서 이루어지는 치료사들을 위한 소규모 워크숍에서 더 장려된다. 퍼트넘이 후회하며 언급했듯이, 그런 워크숍에는 흔히 실제 임상진료나 후속 훈련과정이 포함되어 있지 않다.[12] 설문지는 다중인격이 객관성과 정당성을 갖추게 만드는 방법이며, 치료사들로 하여금 자신은 과학적 도구를 사용하고 있다고 느끼게 한다. 한 인류학자가 설문지의 디자인과 검사하는 작업을 관찰한 후, 설문지의 일차적 목적이 정신과 입원이나 클리닉에서 사용하기 위함은 아닐지 모른다는 의견을 냈다. 오히려 해리장애에 관한 지식의 객관성을 구축하기 위함이라는 것이다.

해리 경험 설문지는 자격을 갖춘 전문가의 진단과 채점된 점수를 비교해서 확인되고 기준치 조정이 된다. 그 과정에 부차적이기는 하나 필요한 확인 절차가 있다. 처음에 정상으로 채점된 사람이 몇 개월 후 다시 두 번째로 설문지에 답할 때에도 대략 같은 식으로 반응하는가? 계속 설문지가 개발되어가면서 새로운 설문지의 기준치 조정에 사용되는 것은 이전의 설문지 결과 및 이후의 임상적 판단이다. 그리하여 상호 일치하고 자기확증적인 검사도구의 네트워크가 자리를 잡게 된 것이다. 예를 들어, 인터뷰 설문지 결과를 자기기입식 설문지 결과와 비교하고, 이 둘은 전문가의 임상적 판단과 비교한다는 식이다.

해리 설문지의 기준치 조정에는 표면적이지만 실은 매우 중대한 문제가 있다. 기준치 조정은 어떤 동의된 판단에 비추어야 하는가? 해리장애 분야에는 어떤 합의된 판단도 없다. 많은 선도적 정신과의사들은 그런 분야는 존재하지 않는다고 말한다. 우리가 지금 관찰하고 있는 것은, 인간의 마음과 그 병리를 연구하는 사람들이 공유하는 판단에 비추어서 기준치 조정이 된 해리척도가 아니다. 그 해리척도는, 그보다는, 정신의학 내에 있는 다중인격운동의 판단에 비춰서 조정된 것이다. 그들의 판단이 과학 수치처럼 객관적이라고 제시되고 있는 것이다. 형식의 측면에서 보면, 그 기준치 조정 과정은 다른 심리학이나 임상의학 분야에서 사용되는 방식과 다를 바 없어 보인다. 문제는, 그 설문지들이 독립적 기준에 비춰 조정되지 않았다는 데에 있다.

독립성의 문제는 정면으로 다뤄지는 경우가 거의 없다. 미국 내 7곳의 다른 시설에 있는 정신과환자들이 기입한 설문지가 비교되었는데, 독립성을 확인하기 위함이기도 했다. 7개 시설마다 각기 환자를 선별하고, 척도검사를 하고, 독립적으로 진단을 했다. 이 연구 저자들은 "이 연구에 수집된 DES 자료는 진단과정과 무관하다고 확실하게 말할 수 있다"라고 했다. 이 논문의 저자들은 이브 번스타인 칼슨, 통계학자, 7곳 중 6곳의 정신과의사 6명 그리고 7곳에서 검사를 진행한 전문가 한 명이다. 7번째 시설에 관해서는 더 언급할 게 있는데, 이 장의 뒷부분에 나올 것이다. 6명의 정신과의사는 저명한 다중인격 연구자였고, 대부분이 ISSMP&D의 과거 회장이었거나 차기 회장이 될 사람이었으며, 저마다 다중인격 연구소 혹은 클리닉을 운영하고 있었다.[13] "DES는 다중인격의 진단기준을 측정하는 게 아니고, 이 연구에서 수집된 DES 자료도 진단과정과는 무관한 것"이라고 말했지만, 진단과 측정척도가 서로 독립적이라는 결론은 통상적 의미로는 나올 수가 없다. 그 이유는 특정 기관 내에서 이루어진 진단에 비추어 그 기관 내에서 측정된 척도를 기준치 조정한 것이기 때문이다. 그 기관들이란, 다중인격 행동을 인정해주고, 유도해내고, 장려하고, 심지어는 양성하기까지 한 장소이다. 많은 다른 시설에서는 다중인격이 한 명도 진단되지 않았을 수 있다.

원자시계의 기준치 조정에는 전문가인 천문학자가 관여하는데, 해리척도 기준치 조정에는 왜 다중인격 전문가가 관여하지 않는가? 이 비교는 적절하지 않다. 표준 태양시와 천문시의 측정에 동의하지 않는 천문학자는 다수는커녕 의견을 공유하는 합의체도 당연히 없기 때문이다. 매정한 회의론자라면 다중인격 전문가의 판단에 기초한 DES의 기준치 조정을, 지구편평설을 신봉하는 궤변론자의 판단에 기초한 시계의 기준치 조정과 비교할지도 모르겠다. 태양시의 규칙성을 부인하는 그들의 시간은 태양시나 심지어는 달의 시간과도 상관이 없다. 그들만의 새로운 시계와 그들의 '시간'이 내적 불일치를 보이더라도, 그래서 뭐?

내적 일관성은 그 자체로 권위를 가진다. 일단 내적 일관성이 충분한 통상적 통계비교검사법 일습을 다 적용했다면, 그리고 충분한 수의 도표와 도식을 다 만들어냈다면, 그리고 만능 주문과도 같은 통계적 유의성을 확보했다면, 전체 구조는 객관성이 있는 것으로 보이게 된다. 임상현장에서 이런 일이 어떻게 일어나는지 살펴보자.

칼슨과 퍼트넘은 1986년에 첫 연구 결과를 발표했다. 약간 변형된 1993년의 설문지는 아래와 같은 지시문으로 시작된다.[14]

이 설문지는 당신이 일상생활에서 겪었을지 모르는 경험에 관한 28개의 질문으로 이루어져 있습니다. 우리는 당신이 얼마나 자주 그런 경험을 하는지 관심을 가지고 있습니다. 중요한 점은, 당신이 알코올이나 약물의 영향하에 있지 않을 때 일어난 경험에 관해서만 답해야 한다는 점입니다. 설문지 질문에 답하기 위해서는, 질문하는 내용의 경험이 당신에게 얼마만큼 심각한 정도인지를 결정하고, 그 경험의 시간 비율에 해당하는 숫자에 동그라미를 표시하십시오.

그러고는 0%, 10%, 20% 등의 제시된 숫자를 선택하라고 한다. 어떤 질문은 우리가 백일몽이라고 부르는 것, 멍한 상태 혹은 어떤 이야기에 사로잡힌 상태를 가리키기도 한다. 당신이 보내려던 편지를 부쳤는지 아닌지에 대해 기억나지 않은 적이 얼마나 자주 있습니까? 차, 버스, 지하철 등으로 어딘가를 다녀오고 나서 그 일을 부분적으로 혹은 전부 다 기억하지 못하고 있음을 깨달은 적이 얼마나 자주 있습니까? TV나 영화를 보면서 주변에서 무슨 일이 일어나고 있는지 놓치는 일이 얼마나 자주 있습니까?

어떤 질문은 다중인격 원형의 전형적 모습에 관한 것이기도 하다. 즉 당신은 거짓을 말한다고 생각하지 않는데 거짓말을 했다고 비난받은 적이 있다거나, 소지하고 있는 물건 중에 낯선 것을 발견한다던가, 자신이 기억하지 못하는 어떤 행동을 했다는 증거를 발견한다던가, 자기 인생에서 중요한 일들, 결혼이나 졸업과 같은 행사에 관한 기억이 없다던가, 누군가 자기 이름을 부르며 다가오는데 누군지 기억하지 못한다던가, 친구나 가족을 못 알아본다던가 하는 일들이다.

다른 질문 중에는 이인증depersonalization 혹은 비현실감derealization에 관한 것이 있다. 이인증은 해리장애의 하나로 DSM-III와 DSM-IV에 등재되었으나, 여기에는 복잡한 사정이 있다. 이인증은 다른 종류의 장애에서도 나타나고, 일부 해리 이론가들은 전혀 해리장애가 아니라고 보기도 한다. 이 문제는 역사적이기도 하고 진단에 관련된 것이기도 해서, 논쟁이 수많은 방향으로 가지 칠 수 있으므로 이 책에서는 다루지 않으려 한다. 이인증이나 비현실감은 해리 설문지의 문항인, '다른 사람이나 물건이 실재하지 않는다고 느낀 적이 있습니까? 자기 자신이 자신이 아니라고 느낀 적이 있습니까? 자기 몸이 자신의 것이 아니라고 느낀 적이 있습니까? 거울을 보면서 자신을 알아보지 못합니까? 자기 자신 옆에 또 자신이 서 있다거나 혹은 자신을 바라보고 있다거나, 혹은 자신이 다른 사람이라고 느끼는 때가 있습니까?' 등에서 도출된 것이다.

설문 문항의 기묘한 점 한 가지는 글자 그대로의 의미로 받아들일 수 없다는 사실이다. 심지어 설문지 맨 앞에 있는 지시문도 수수께끼 같다. 조사자는 당신이 "얼마나 자주" 그런 경험을 하는지에 관심이 있다고 했으나, 두 문장을 지나고 나서는 "얼마만큼 심각한 정도로" 그런 경험을 하는지 묻는다. 이 둘은 실질적으로는 다른 종류의 질문임에도 답안에는 오직 '비율' 한 종류만 주어진다.[15] 그럼에도 이 중의성은 실용적인 면에서 크게 문제되지 않는다. 설문지를 다 마치는 데 어려움을 겪는 사람은 아무도 없기 때문이다. 그 검사는 28개의 인쇄된 문장에 대한 답을 계산한다. 그리고 그 질문이 비문자적 방식으로 무엇을 목표로 했는지는 매우 명확하다.

유감스럽게도 노골적인 질문들은, 그 의미를 간파하고 질환이 있는 척 답하기를 원하는 사람이나, 혹은 잘 지내는 척 답하고 싶은 사람이나, 아니면 설문지를 조롱하고 싶은 사람이라면 누구나 손쉽게 그렇게 할 수 있음을 의미한다. 이는 실험에서 확인이 된 것이다. 학생 간호사를 4개 그룹으로 나누어, 한 그룹에게는 솔직하게 답하도록 요청했고, 두 번째 그룹은 문제 있는 사람으로 '나쁜 척'하도록 했고, 세 번째 그룹은 비범한 사람으로 '좋은 척'하게, 그리고 마지막 그룹에게는 '다중인격인 척'하도록 했다. 더 자세하게 지시하지 않았어도 학생 간호사들은 요청받은 특징을 만들어냈다.[16] 이런 식으로 행동하는 사람은 그 실험 대상들만은 아니었다. 설문지는 잠재적 다중인격 환자에게 되먹임 효과를 일으킨다. 클러프트는 묘한 말을 했다. "'제대로 경로를 밟은' 많은 해리장애 환자들은 손에 익을 만큼 지나치게 여러 번 DES를 기입해봐서 진료실에 들어올 때에는 두툼한 DES 용지 파일 중 맨 나중에 기입한 것을 가지고 올지 모른다."[17]

번스타인과 퍼트넘의 설문지가 환자의 증상 발현에 영향을 끼친다고 해서 그게 그들의 잘못이라고 하기는 어렵다. 연구를 시작한 의도는 순수하게 과학적이었다. 첫 실험은 34명의 정상 성인, 18~22세 사이의 대학생 31명, 14명의 알코올중독 환자, 24명의 공포-불안증 환자, 29명의 광장공포증 환자, 10명의 외상후스트레스장애 환자, 20명의 조현병 환자 그리고 20명의 다중인격장애 환자를 대상으로 했다. 이들은 공인된 클리닉, 병원 혹은 연구집단에서 진단된 사람들이었다.

28개 질문에서 나온 점수를 100점을 최고점으로 하여 평균했을 때, 정상 성인과 알코올중독 환자는 4, 공포증은 6, 대학생은 14, 조현병 환자는 20점으로 나왔다. 외상후스트레스장애 환자는 31.35를, 다중인격은 57.06을 기록했다. 따라서 그 검사는 진단된 다중인격과 조현병 환자를 구별하려는 것처럼 보인다. 조현병과 다중인격 사이의 경계는 논쟁적인 주제로, 이는 9장에서 살펴볼 예정이다.

진단된 다중인격이 높은 점수를 기록한 것은 놀라운 일이 아니다. 설문지의 많은 질문은 1980년대의 원형에 해당하는 것이었다. 게다가 이 질문은 임상치료에서 강조하는 다중성 측면에 초점을 맞춘 것이어서, 이미 진단을 받은 환자들은 어느 질문에 높은 점수를 매길지 알고 있다. 저자들 역시 그러한 학습효과에 주목한다.[18] 그러나 그런 질문을 선택한다고 해서 부정을 저지른 것은 아니다. 그 검사법 디자인의 요지는 다중인격이 높은 점수로 나오는 질문을 포함시키는 것이었으니까.

그럼에도 불구하고 일부 결과는 해리와 전혀 상관이 없을 수 있다. 대학생은 일반 성인보다 훨씬 높은 점수가 나왔지만 조현병과는 큰 차이가 없었다. 다른 여러 연구에서도 대학생들은 해리의 정도가 높게 나타났다. 이 결과는 학생들이 비정상적으로 해리 성향을 많이 가졌음을 의미하는 걸까? 아니면 대학의 고등교육을 추구하고, 공상적이고 상상력이 풍부한 젊은이들이 자신의 일에 몰입하고 있음을 보여주는 걸까? 그렇다면, DES 평균점수 15 이하의 학생으로 가득 찬 학급을 가르친다고 생각하기만 해도 심히 염려스러워진다.[19]

번스타인과 퍼트넘은 흥미로운 데이터를 얻었다. 칼 포퍼는 단순히 데이터를 모아놓은 것과 가설을 검증하는 것의 차이에 대해 설명한 바가 있다. 그는 가설 검증만 과학적 방법에 포함시켰다. 번스타인과 퍼트넘은 그 교훈에 경의를 표했던 것으로 보였는데, "두 개의 일반적 가설을 검증할 길을 모색했다"라고 말했기 때문이다. 그중 하나는 "해리 경험의 횟수와 빈도는 연속선상에 분포된다"라는 가설이다. 이 생각을 이해하기는 쉽다. 거의 누구나 다 때때로 해리를 하며, 어떤 사람은 매우 자주, 다중인격은 그중 가장 많이 해리를 일으킨다는 것이다. 그러나 이를 검증 가능한 가설로 만들어내는 것은 그리 쉽지 않다.

연속성 가설의 정확한 설명은 무엇일까? 첫 번째 설명은, 해리 성향은, 논리학자들이 말하는, *정렬된 것*well-ordered*이어서, 어떤 두 사람이 똑같은 정도로 해리 성향을 가졌다거나 혹은 한 사람이 다른 사람보다 더 잘 해리된다고 말할 수 있다는 것이다. 28개의 질문에 모두 답을 기입한 사람은 0부터 100 사이의 점수를 받는다. 이들의 서로 다른 점수는 자동적으로 "연속선 위에 놓이게 된다." 이는 검사방법 디자인에 따른 결과이다. 따라서 연속성 가설의 정렬 버전은 검증된 게 아니다.

해리가 정렬되어 나타난다는 가정 ─ 결코 무시할 만한 가정은 아니다 ─ 하에, 두 번째 연속성 가설을 세워볼 수 있다. 검사 결과에는 틈이 없다고 치자. 그 말은, 해리의 정도를 나타내는 그 어떤 시점에서

---

* 연속체 안에서 대상이 몰리거나 겹치지 않게 정렬되어 있음을 의미한다.

도 그 정도만큼 해리하는 사람들이 반드시 있다는 말이다. 이 *무간격 no-gap* 가설은 정확하게 설명될 수 있다.[20] 이는 번스타인과 퍼트넘이 염두에 둔 것이었다. 그런데 이는 매우 약한 가설이다. 특정 모집단에서 관찰된 가장 낮은 점수와 가장 높은 점수 사이를 일정하게 나눈 모든 구획마다 적어도 한 사람은 그 구획의 점수를 가지고 있다는 점에 주목하여 검증하려는 것이기 때문이다. 번스타인과 퍼트넘은 굳이 무간격 가설을 검증하지 않았는데, 아마도 그게 너무 지루해서 그랬을 것이다.

그들은 다른 질문에 몰두해 있었다. 그들이 주목한 것은, 많은 해리 권위자들이 사실상 모든 사람이 조금씩은 해리 성향을 가진다고 가정하고 있다는 것이었다. 해리가 정렬되어 나타난다는 가정하에 *비역치 no-threshold* 가설*을 세워볼 수 있다. 정신과의사가 정상으로 분류한 사람들의 집단은 평균적으로 0이 아닌 해리점수를 가진다.[21] 그러나 검사 대상이 어떤 질문을 선택하느냐에 따라 점수가 크게 좌우되므로 비역치 가설의 검증은 아니다. 적절하게 구성된 28개 질문 세트가 사용된다면, 사실상 정상이라고 불리는 사람은 모두 0점이 될 것이다. 거울을 들여다보고 자신을 알아보지 못한 적이 얼마나 자주 있었습니까? 최근까지 자주 만나는 가족이나 친구들, 일상적으로 다시 만나는 사람을 알아보지 못한 적이 얼마나 자주 있었습니까? 검사가 이런 식의 질문으로만 이루어져 있다면, 한쪽에는 정상인이, 다른 쪽에는 문제가 심각한 일부가 몰려 있는 가파른 모양의 역치가 나타났을 것이다. 그 대신에, 저자들은 멍한 상태, 몽상, 몰입 상태, 공상과 관련된 질문을 포함시켰다. 프랭클이 주목했듯이, 설문지 문항의 2/3

---

*   주어지는 양과 영향이 일정 비율로 비례한다는 가설로, 임계값 이상을 넘어가야 영향이 나타나는 역치가설의 반대이다. 약물이나 방사선의 위험을 측정할 때에도 검증한다.

가량이 "기억을 불러내고, 관심을 집중하거나 재배치하고, 상상력을 사용하고, 통제력을 감독하거나 감시하는 방식이라고 간단히 설명될 수 있다."[22] 비역치 가설은 검증되지 않았는데, 0점과 그보다 많은 점수 사이에 이어지지 않는 틈이 있을 가능성을 배제하는 질문이 포함되었기 때문이다.[23]

연속성 가설의 네 번째 해석은, 해리 경험의 정도가 빈틈이 없이 연속선을 이룰 뿐만 아니라, 정상인에서 다중인격으로 해리 경험의 연속선이 매끄럽게 이어진다는 것이다. 이는 *매끄러운smooth* 가설이라 불린다. 매끄럽게 이어지는 방식은 많다. 서로 구별되는 점수들이나 점수 집단들을 막대그래프로 그린다고 생각해보자. '매끄러운'이라는 모호한 단어를 자연스레 이해할 수 있는 길은 막대그래프가 경사처럼 보이거나, 오르락내리락한다든가, 언덕처럼 혹은 골짜기처럼 보인다고 말하는 것이다.[24] 이 때문에 네 가지 가능한 가설 이름이 나오는데, 많은 사람들은 언덕을 선호한다. 언덕형 가설은 선택한 모집단의 해리 점수를 표시한 막대그래프가 언덕 모양을 이룬다는 것이다. 이 가설은 모집단에서 무작위로 뽑은 표본으로 검증한다. 번스타인과 퍼트넘은 무작위로 표본을 뽑은 게 아니라, 대학생이나 공포증 환자와 같은 특수한 집단에서 자원자를 대상으로 했다. 그러므로 그들은 언덕형 가설을 검증한 게 아니다.

지금까지 연속성 가설의 네 가지 설명을 구별해보았다. 번스타인과 퍼트넘은 그 설문지검사를 정렬된 결과가 나오도록 디자인했기 때문에 *정렬* 가설은 검증되지 않았다. 그들은 본래 관심이 없던 *무간격* 가설을 검증하지 않았다. 검증할 수 있었겠지만, 언급하지도 않았다. *비역치* 가설이 검증되지 않은 이유는 예단된 질문을 설문지 문항에 포함시켰기 때문이다. *매끄러운* 가설이 검증되지 않은 이유는 전체 모집단에서 무작위로 표본대상을 추출하지 않았기 때문이다. 그들은 연속성 가설을 "검증할 길을 모색했다"라고 말했으나, 그들은 그렇게 하지 않았다.

'가설 검증'은 어떤 작업이 과학적이라고 인정받기 위해 흔히 거쳐야 할 과정 중 하나다. 번스타인과 퍼트넘은 논문의 한 단락에 "검증할 가설들"이라는 소제목을 달았으나, 그 논문 어디에도 검증 결과에 관한 것은 없다. 심리학의 검증 관행을 관찰하는 어느 인류학자라면, 논문이 평가되고 다뤄지는 방식에 대해 누구도 '당신이 검증하겠다고 말했던 그 가설을 당신은 검증했느냐?'라고 질문할 엄두도 내지 못할 정도로 검증하더라고 말할지도 모른다. 일단 가설을 검증하겠다는 말을 했다면, 그건 그걸 이미 실행했다는 말과 마찬가지다. 동료 평가와 학술지 편집인은 저자가 가설을 검증했는지는 조사하지 않는다. 대신 그들은 저자가 다양하게 규정된 통계절차를 사용했는지만 살펴본다. 아무도 그 절차의 의미에 관해 묻지 않는다.

저자들이 "검증할 길을 모색했던" 두 개의 가설 중 두 번째 것에 주목하면 사실은 더욱 명확해진다. "두 번째 가설은, 모집단의 해리 경험 분포는 정규확률(가우스)곡선을 그리지 않고 최면감수성 '성향'의 조사 결과와 유사하게 비대칭적 분포곡선을 나타낸다는 것이다."[25] 정규분포는 가장 흔히 쓰이는 확률분포로서, '종 모양'으로 불리며, 중앙값이 0.5일 때에 한해서 말 그대로 대칭의 종 모양을 나타낸다. 번스타인과 퍼트넘은 해리 경험이 가우스곡선이 아니라 언덕형 곡선으로 나타날 것을 예상했다. 그 가설은 모집단에 관한 것이었지만, 어떤 모집단인지는 말하지 않았다. 일반 미국인 집단일 수도 있고, 워싱턴 D.C. 소재의 정신과 시설에 입원한 환자 집단일 수도 있다. 그러한 가설은 무작위 표본 추출된 대상으로만 검증될 수 있다. 무작위 표본 추출을 하지 않았던 번스타인과 퍼트넘은 가설 검증을 하지 않은 것이다.

그럼에도 이와 관련해서 그들은 매우 흥미로운 말을 했다. 모든 조사 대상의 점수를 그래프로 제시했는데, 약 10%에서 정점을 나타냈다. 저자들은 "확실히 이 분포는 정규분포가 아니다"라고 말했다.[26] 일반인 34명, 대학생 31명, 조현병 환자 20명, 중증 다중인격 20명, 다중인격 20명, 알코올중독 환자 14명, 공포증 환자 53명 그리고 외상후 스트레스장애 환자 10명을 대상으로 한 조사에다가 "이 분포는~"이라고 말한 것이다. 이런 비율로 구성된 집단에서 확률분포나 표본분포를 말하는 것은 그야말로 언어도단이다.[27]

번스타인과 퍼트넘의 두 번째 가설은 검증할 수 있고, '언덕형'의 연속성 가설 또한 그러하다. 처음으로 DES 검사를 받은 무작위 표본 집단은 캐나다 매니토바주 위니펙의 시민 1,055명이었고, 그 결과 완만한 언덕형의 곡선을 나타냈다.[28] 저자들은 그 곡선이 최면암시성 조사 결과(가우스곡선이 아니었다)와 질적으로 닮았다고 말했지만, 그게 가우스곡선인지는 확실히 말하지 않았고, 아무도 이를 자세히 들여다보려 하지 않았다. *이미 해리 경험의 연속성 가설이 사실이 되어버렸기 때문이다.*

DES는 수많은 새로운 도구를 생성하는 데 자극제 역할을 했다. 여러 자기기입식 척도와 인터뷰 형식의 설문지가 있다. 로스 등이 개발한 해리장애 인터뷰 조사표Dissociative Disorders Interview Schedule는 DSM-III 진단기준과 연계되어 있다.[29] 그들 주장에 따르면, 이 인터뷰 조사표는 다중인격장애를 탐지해내는 데에는 다른 정신장애용 설문지보다 훨씬 더 신뢰도가 높다고 한다.[30] 말린 스타인버그Marlene Steinberg는 DSM-III-R에 이어 DSM-IV와도 발맞추어서 조사표를 디자인했다.[31] 가장 광범위한 상호 기준치 조정 일체가 네덜란드에서 이루어졌다.[32]

통계적 분석 중에 요인분석factor analysis이 있다. 이는 한 모집단에서 성향의 변동성이 어느 정도까지 별개의 요인에서 기인되는지를 측정하는 기술이다. 변동성을 야기하는 영향력 순으로 요인들이 수집된다. DES뿐만 아니라, 다른 여러 자기보고식 척도도 다른 요인들에 의해 어떻게 나타나는지 알아보기 위해 요인분석의 대상이 되었다. 칼슨 등은 임상 집단 및 비임상 집단에서 3개의 요인을 구별해냈다. "첫 번째 요인은 기억상실성 해리를 나타내고," 두 번째는 "몰입 absorption 및 상상적 열중imaginative involvement," 세 번째는 "이인증과 비현실감"이었다.[33] 비임상 집단에서 가장 주된 요인은 "몰입과 가변성 요인"으로 불린다.

로스 등은 위니펙 집단의 해리 점수가 3개의 요인에 의해 생성되었음을 발견했다. 이를 "몰입 – 상상적 열중" "해리 상태의 활동성" "이인증 – 비현실감"이라고 보았다.[34] 레이W. J. Ray 등은 DES 점수가 7개 요인에 의한 것이라고 했는데, 순서대로 나열하면, "(1)공상/몰입, (2)단편적 기억상실, (3)이인증, (4)현장 기억상실in situ amnesia, (5)다른 자아들, (6)부인, (7)위기 사건들"이다. 다른 자기보고식 척도도 다음 6개 요인으로 귀결되었다. "(1)이인증, (2)과정 기억상실Process Amnesia*, (3)공상/백일몽, (4)해리성 행동, (5)몽환, (6)상상의 친구"다.[35]

요인분석은 올바른 전문가가 관리하면 매우 유용한 도구이지만, 그걸 사용하기 위해서는 상당한 분별력이 필요함을 통계학자들은 잘 알고 있다. 설문지에는 '요인들'이 잡탕으로 섞여 있어서, 중복되는 것을 제하면 최소한 11개가 남는 것 같다. 그것에 무언가라도 의미를

---

*   기억의 과정process인 부호화, 저장, 상기의 세 과정 중 어느 하나의 장애로 인해 생기는 기억장애를 의미하는 것 같은데, 이 책에서 과정에 관한 말이 달리 언급되지 않았던 점으로 미루어보아 절차procedural기억장애를 말하는 것일 수도 있다. 절차기억은 문제 해결과 행동 수행에 필요한 지식과 기능(예를 들어, 피아노 연주나 운전 등)에 관한 기억이다.

부여한다면, 본래의 연속성 가설이 거짓임을 보여주는 것일 터이다. 왜냐하면 DES상 낮은 점수는 높은 점수를 설명하는 요인과는 매우 다른 요인에 의한 것일 수 있기 때문이다. 이 결과를 출판하기 전에 프랭클은 "높은 점수와 낮은 점수 사이에 뚜렷한 질적 차이가 있을 가능성은 배제되지 않았다"라고 했다.[36] 그렇다면 그 질적 차이가 이제 요인분석에 의해 확인된 것일까? 아니다. 이런 분석 결과들을 다 모은다고 해도, 무언가를 확증해줄지 의혹이 들기 때문이다.

해리에 관한 설문지들은 다른 종류의 질문에 답하는 데 도움이 되어야 한다. 병적 해리는 얼마나 많은가? 많은 연구자들이 30점 이상은 병적 징후를 나타낸다고 했고, 더 구체적으로는 다중인격이라는 의견을 제시했다. 로스는 북미의 다중인격 빈도가 2%에 달할 것이라고 추정했다. 대학생들 사이에서는 5%일 것이라고 했고, 나중에 그의 팀의 조사에서는 발생률이 이보다 훨씬 높다고 주장했다.[37] 영국의 한 학술지에 공개된 서신에서, 로스는 "영국이나 남아프리카에 있는 급성기 정신과병동의 모든 입원환자 중 5%는…… DSM-III-R상의 다중인격장애 진단기준에 부합[할 것이다]"라고 했다. 그 말에 격분한 캐나다 의사 랄 페르난도Lal Fernando는 그 서신에 대한 답신으로, "대서양을 사이에 둔 양쪽의 정신과의사 대다수가 다중인격장애 환자를 한 명도 만나거나 진단한 적이 없다는 사실을 고려하면, 이 수치와 예상치는 믿을 수 없다고 생각한다"[38]라고 기고했다. 이는 앞서 말한 바와 같은 기준치 조정의 문제를 극명하게 표현한 발언이다. 페르난도는 로스의 통계분석 결과에 이견을 낸 게 아니었다. 그가 문제를 제기한 것은 기준치 조정 그 자체였다.

만일에 로스로부터 훈련을 받은 치료사들이 남아프리카 병원 하나를 맡는다면, 정신과 입원환자의 5%가 다중인격으로 발견될 것임은 충분히 짐작된다. 페르난도와 다른 많은 의사들이 생각한 문제점은, DES가 정신의학계의 합의된 평가에 비추어 기준치 조정을 한 게 아니라, 다중인격을 옹호하는 일부 정신과의사들만의 평가에 비추어 기준치 조정이 되었다는 데에 있다. 우리가 가장 손쉽게 알아볼 수 있는 외부 의견은 앞서 말한 7개 센터 연구이다. 저자들 중에는 6명의 선도적 다중인격 연구자들이 포함되어 있다. 그렇다면 7번째 센터인 매사추세츠주 벨몬트에 있는 매클레인 병원은 어떠했을까? 거기에는 제임스 추James Chu가 운영하는 해리장애 종합클리닉이 있다. 추는 다중인격 진단에 호의적인 논문을 냈는데, 환자 중 일부는 자신의 다중성을 직면하기 어려워한다고 했다.[39] 그러므로 그는 회의론자는 아니었지만, 과잉진단에 대해서는 경고의 말을 했다. 임상적으로는, 해리장애 환자가 가지고 있는 다른 장애들을 먼저 치료하고 해리 증상의 표출을 최소화시킬 것을 권고했다.[40] 그는 환자의 책임을 강력하게 역설했다. 7번째 센터 매클레인 병원 연구 결과의 공저자는 추의 동료로서 검사과정을 감독한 사람이었다.[41]

매클레인 병원을 제외한 6개 센터는 953명의 환자를 제공했고, 그 중 다중인격장애로 진단된 사람은 227명이었다. 매클레인 병원은 98명의 환자를 제공했는데, 그중 단 한 명만 다중인격으로 진단되었고, 그 환자는 결과분석에서 제외되었다. '해리'로 간주되지 않은 질환을 가진 매클레인 병원의 환자들은, 같은 질환으로 진단된 6개 센터의 환자들보다 DES 점수가 더 높았다. 반면, 소위 해리에 걸리기 쉽다고 주장되는 장애—외상후스트레스장애, 섭식장애 등—로 진단된 매클레인 병원 환자들은 다른 센터의 환자들에 비해 DES 점수가 더 낮았다. 질적 측면에서 보면, 매클레인 병원의 조사 결과는 다른 6개 센터의 것과는 정반대였다. 그렇다고 매클레인 병원이 다중인격이나 해리에 적대적인 곳은 아니었다. 다중인격이 절대적으로 신봉되는 영역에서 한 걸음만 물러나도 점수와 진단 사이의 관계는 급격히 달라지기 시작한다.

"다중인격장애 선별을 위한 해리경험척도의 타당성"을 매듭지으려 했던 연구는 이렇듯 심각한 기준치 조정의 문제를 안고 있음이 밝혀졌다. 논리학 교과서에는 자기 밀봉식self-sealing 논쟁의 오류가 설명되어 있다. 그것은 어떤 주장을 확증해주는 것이 오직 그 주장밖에 없을 경우를 말한다.[42] 다중인격의 "타당성 구성하기"는 대담하게도 거의 자기 밀봉식 논쟁에 해당한다. 매클레인 병원의 자료를 인정하려고 밀봉된 곳을 아주 조금만 찢어도, 문제는 뚜렷이 드러나게 될 것이다.

측정법의 다른 측면 한 가지를 더 설명하고 이 장을 마무리 지으려 한다. DES는, 감염성 질병을 혈액검사로 선별검사하는 것과 비교될 만한 선별도구라고 제시된 것이다. 어떤 도구가 99%의 정확성을 가졌다는 말은 다음과 같은 의미이다. 질병을 가진 사람을 검사했을 때 99%가 질병을 가진 것으로 나타나고, 건강한 사람을 검사했을 때 99%가 건강한 것으로 판별된다는 의미이다. 그 선별검사 결과에서 내가 질병을 가졌다고 나오면 나는 몹시 두려울 것이다. 그러나 만약 전체 집단에서 그 질병은 매우 희귀하게 나타나고, 그 질병에 한층 더 취약한 하위집단이 있는데, 나는 전체 집단에 속하지만 그 하위집단에는 속하지 않을 경우, 내가 느끼는 공포는 타당하지 않을 수 있다. 10만 명당 1명이 질병에 걸린다고 가정해보자. 100만 명을 검사한다면 병에 걸린 사람의 99% 즉 10명이 질병에 걸렸다는 결과가 나올 것이고, 나머지 99만 9,990명 중의 1% 또한 질병을 가진 것으로 판별될 것이다. 이는 건강한 9,999명이 질병을 가진 것으로 판별됨을 의미한다. 그러므로 이 극단적 예에서, 선별검사가 질병보유자로 집은 수는 10,009명인데, 실제 질병보유자는 10명에 불과하다. 그 검사에서 양성 소견으로 나온 사람 대부분이 실은 僞양성인 것이다. 바로 이

논쟁이 무차별적 AIDS 선별검사의 보편화에 반대하는 주장으로 사용되었다.[43]

검사 결과를 이해하고자 할 때, 핵심은 그 검사가 "병에 걸린 사람을 병자로 선별할 확률"이 아니다. 대신, 우리가 알고자 하는 것은 검사에서 병자로 선별되었다면 그 사람이 실제로 병에 걸렸을 확률이다. 기호적으로, 요점은 (1)확률(검사에서 병자로 나옴/실제로 병에 걸림)이 아니라, (2)확률(실제로 병에 걸림/검사에서 병자로 나옴)이다.

(2)를 계산하기 위해서는, 해당 모집단에서 그 질병의 '기초발생률' 즉 그 전체 집단에서 그 질병이 발생하는 비율을 알 필요가 있다. 아모스 트버스키Amos Tversky와 대니얼 카너먼Daniel Kahneman은 유명한 일련의 논문*에서, 확률에서 가장 흔한 오류는 기초발생률을 고려하지 않는 것임을 입증했다.[44]

DES가 선별검사로 사용될 때에는 다중인격을 선별할 만한 충분히 높은 점수를 채택했다. 칼슨 등은 30점을 구분점으로 잡아, 그 이상을 다중인격으로 할 것을 주장했다. 이 선별법은 유용한가? 우리는 확률의 기초적 규칙을 사용해서 (2)의 확률을 조사할 수 있다. 그러기 위해서는 3가지가 필요한데, (a)선별검사를 할 대상 모집단, (b)그 집단 내 다중인격의 기초발생률, (c)다중인격을 다중인격으로 선별해낼 수 있는 판별력, 그리고 비非다중인격을 비다중인격으로 선별해낼 판별력—이는 실상 방금 말한 (1)이다.

칼슨 등은 그러한 계산법을 제시한 것이다. 실제로 (a) 즉 대상 집단을 언급하지는 않았지만, 그 연구는 정신과병동 환자에 관한 것이

---

* 아모스 트버스키(1937~1996)는 이스라엘의 인지 및 수학 심리학자로, 인지 편향과 위험관리 체계를 발견했다. 대니얼 카너먼과 공동으로 예측 및 확률판단의 심리와 행동경제학에 관한《측정의 기초》논문을 3권의 시리즈로 출간했다. 트버스키 사망 6년 후인 2002년, 이 공동연구로 카너먼이 노벨경제학상을 받았다.

영혼 다시 쓰기

었기 때문에 당시 미국에서 정신과 치료과정에 있는 환자집단임은 틀림이 없다. 그 연구는 각기 독립적으로 진단된 환자에게 적용된 것이므로 사실 그 데이터는 (c)를 말하는 것이다. 결과를 보면, 다중인격으로 진단된 사람의 80%가 30점 이상으로 나왔고, 비다중인격의 80%가 30점 이하였다. 그러므로 (a)와 (c)는 있는데, (b) 즉 정신과환자 집단의 기초발생률은 없다.

칼슨 등은 기초발생률을 5%로 잡았고, 이는 20명의 정신과환자 중 1명이 다중인격이라는 의미다. 그들은 이 숫자가 어떻게 도출된 것인지는 밝히지 않았다. 이 숫자는 로스가 예상했던 것이고, 페르난도가 경악했던 것이다. 이를 근거로 하여 정신과환자가 다중인격일 확률은, DES 30점 이상을 기준으로 할 때, 17%가 된다. 다중인격으로 선별된 나머지 83%의 환자는 다중인격이 아닌 것이다. 하지만 많은 위(僞)양성 환자들이 외상후스트레스장애 같은 다른 해리성 문제를 가지고 있었기 때문에 그리 문젯거리가 되지 않았을지 모른다.

하지만 5%라는 숫자는 어디에서 나온 것일까?[45] 대다수의 정신과의사들은 정신과환자의 5%가 다중인격이라는 데에 매우 큰 의문을 가지고 있다. 매클레인 병원 조사 결과에서는 연구대상 98명의 환자 중 1명이 다중인격이었지만, 많은 정신과의사들은 98명 중 1명 즉 1%가 일반적이라는 것도 의심스러워했다. 기초발생률을 1%라고 하면, 다중인격으로 선별된 정신과환자의 94%는 '위양성'이 된다. 보스턴 근처의 해리장애 병동을 갖춘 한 병원에서 발견되는 환자 수보다 다중인격 기초발생률이 훨씬 적다면, DES상 다중인격으로 선별된 사람 거의 모두가 위양성이라고 할 수 있겠다.

이 글의 목적은 다중인격 측정법이 어떻게 다중인격을 정당화시켜 왔는지, 그리고 이를 어떻게 지식의 대상으로 변화시켜왔는지를 밝히는 데에 있다. 그 일은 심리학이 통계를 사용하는 방식 덕분에 예상보다 수월하게 진행되었다. 우리는 오랫동안 고도로 정교한 수많은 통계방법을 사용해왔다. 지금 우리는 수많은 통계 소프트웨어 패키지를 가지고 있고, 그 기능은 믿을 수 없을 정도로 발전되어 있다. 하지만 이를 바라보는 통계추론의 선구자들은 복잡한 심정일 것이다. 그들이 강조하는 것은 프로그램 루틴을 적용하기 전에 먼저 생각을 해야 한다는 것이다. 과거에는 통계프로그램 루틴의 실행에 장시간이 걸렸기 때문에 오랜 시간 루틴의 사용이 정당한지를 숙고해야만 했다. 그러나 이제는 데이터를 입력하고 버튼만 한 번 누르면 된다. 그 결과, 이제 사람들은 겁에 질려 다음과 같은 어리석은 질문들을 묻지 않는 것 같다. 예를 들어, 어떤 가설을 검증하고 있는가? 정규분포가 아니라면 그것은 어떤 분포인가? 대상은 어떤 집단인가? 기초발생률은 어디에서 얻은 것인가? 무엇보다 중요한 것은 다음의 것들이다. 조사하려는 설문지 점수를 기준치 조정할 때 어떤 평가에 비추어 측정하는가? 그 평가는 전체 집단에 속한 자격을 갖춘 전문가들로부터 보편적으로 동의를 받은 것인가?

다중인격 평가 '도구들'이 만들어지면서 이제는 엄청난 수에 달하고 있지만 그 일차적 기능은 거의 인식되지 못하고 있다. 그 도구들은 다중인격 분야를 마치 여타 경험주의 심리학처럼 보이게 함으로써 그 연구를 객관적 과학으로 바꿔버린다. 최근 많은 과학사회학자와 몇몇 과학철학자들은 과학지식이 사회적 구성물이라는 생각을 기꺼이 받아들이고 있다. 그들은 과학은 사실을 발견하는 것이 아니라 구성해내는 것이라고 주장한다. 이 책에서는 그것에 대해 논쟁할 생각이 없다. 더 고전적인 과학방법론의 연구자들은 논리경험주의자 혹은 과학적 실재론자 등으로도 불리는데, 이들은 과학자란 사실을 발견하고 진리를 찾아내는 것을 목표로 한다는 견해를 고수한다. 방금 내가 여기에서 기술한 관행을 알면 벼락이라도 맞은 듯 경악할 사람들이 그들이다.

　나는 해리의 연속성 가설에 초점을 맞추었는데, 그 이유는 퍼트넘이 애초부터 절대적으로 중요한 것이라고 말했기 때문이다. 다중인격이 아무리 드물다 하더라도 정신의학 연구에서는 중요한 대상일 수 있다. 정신과 입원 환자의 5%가 아닌 0.05%에 불과할지라도, 그 현상이 두드러진다는 사실은 변함이 없다. 현재의 이론은 그 원인으로 아동학대를 끌어들이고, 해리 경험의 연속성 이론을 불러냈다. '해리'는 기술적인 용어로 피에르 자네에 의해 심리학에서 사용되었지만, 자네 자신은 거의 곧바로 그 단어를 폐기해버렸다. 그러나 그 용어는 다시 유행하고 있다. 하지만 '해리'라는 단어가 발명되어 명명한 것에는 확실한 것이 하나도 없다. 그건 자네가 무언가를 지목하고 우리에게 그게 무엇인지 알아내라고 임무로 남겨놓은, 그러한 것이 아니다. 정반대로, 우리는 '해리'라는 단어를 편리하기만 하다면 어떤 식으로든 사용할 수 있다. 문제는, 여러 전문가들이 보기에, 서로 공통점이 거의 없는 특이성을 지닌 수많은 경험을 지칭하는 데에 '해리 경험'이라는 단어가 사용된다는 데에 있다. 해리 경험이라는 오직 한 종류의 동일한 경험의 연속체를 객관적 사실로 보이게 하려고 DES라는 총체적 장치가, 문자 그대로 '구성'되어온 것이다. 그 구성이 해체된다면 그때에도 연구할 만한 그 무엇이 남아 있을지는 불투명하다. 1994년까지 ISSMP&D가 존재했고, 소위 다중인격이라는 연구 주제가 있었다. 이제는 해리연구국제협회ISSD가 되었지만, '해리'라는 이름을 가진 것이 확실한 연구대상이 될지는 알 수가 없다.

8장

기억 속의 진실

    톨스토이는, 행복한 가정은 대개 비슷하지만, 불행한 가정은 저마다의 이유로 불행하다는 유명한 말을 했다. 오늘날이라면 그는 이 두 번째 구절은 바꿔 써야 할지도 모른다. 만일에 톨스토이가 치료과정에서 회복된 기억에 의해 갈가리 찢긴 가족을 마주쳤다면, 이제는 고령이 된 부모로부터 가해진 아동학대와 근친강간의 기억을 가진 성인과 마주쳤다면, 연장자들이 그 기억은 거짓이고 그런 일이 있었을 리가 없고 사리에 맞지 않는다고 부인하는 것을 보았다면 말이다. 이들 가족은 거의 똑같은 방식으로 불행해 보인다. 그 가정들은 새로운 언어와 새로운 일련의 감정을 알게 되었기 때문에 비슷해 보이고 어쩌면 서로 닮아갔을 수 있다. 그리하여 그들의 이야기는 놀랄 만치 비슷한 목소리로 모습을 드러낸다.

    온갖 종류의 미디어는 이런 식의 대치 상황 기사로 가득 차 있다. 수많은 법정 사례와 유명한 언론 기사, 고발 및 맞고발 사건을 여기에서 장황하게 늘어놓지는 않겠다. 단지, 오늘날의 기억의 정치를 단

                        영혼 다시 쓰기

적으로 보여주고, 다중인격과 연관되는 것으로 드러나는 경우에 한해서만 간단히 얘기하겠다. 이 장은 이 책에서 가장 비극적인 부분이다. 처음에는 우리 모두의 마음속에 있는 관음증을 자극하겠지만, 곧 진저리를 치게 될 것 같다.

어떤 가족들은 제대로 된 훈련도 받지 않고 이념적 동기만 가진 치료사들로 인해 심각하게 상처를 받았다. 어떤 경우에는 그런 치료사가 숨겨졌던 악행을 드러내주기도 한다. 우리는 온갖 방향에서 질문을 받는다. 누가 옳은 것일까? 모든 사례에 다 맞는 답은 없다. 답은 사례별로 일일이 찾아내야만 한다. 치료사 면허발급, 훈련 및 감독 기준이 새로이 개발되고 강화되어갈 것이다. 감당할 수 있는 이들의 개별적 혐의는 법정으로 가거나 법정 밖에서 해결해야 할 것이다. 나는 개인적으로 배심제도에 적극 찬성하지만, 이러저러한 유죄와 무죄 판결을 모두 읽다 보면 배심원이 현명한 판단을 했는지 확신하기가 점점 어려워진다. 우리에겐 오직 단 하나의 확고한 원칙만 있을 뿐이다. 그 원칙은, 이런 일에 자신만만해하는 전문가는 철저하게 의심해야 한다는 것이다.

1982년 의식적이고 악마숭배적인 아동학대가 대중의 인화점을 건드렸을 때, 괴이한 고발이 잇따라 제기되었다. 어린 시절의 트라우마, 특히 학대가 다중인격의 원인으로 인정되고 있었으므로, 모든 아동학대 사건은 곧바로 다중성으로 옮겨갔다. 1986년의 ISSMP&D 총회 프로그램에 이교의례異教儀禮 학대에 관한 발표는 단 하나밖에 없었는데, 다음 해인 1987년 총회에서는 11개였다. 이 발표는 출판되지 않았지만, 프랑스 파리에 위치한, '풍문, 미래에 관한 신화, 그리고 종파에 관한 연구소'의 셰릴 멀헌Sherrill Mulhern이 그 일부를 정리해놓았다.[1] 이교집단에서 의도적으로 만들어냈다는 다른 인격들에 관한 소문도 있었다. 그들은 치료를 훼방하도록 프로그래밍되어 있다고 했다. 환자가 약물치료를 받게 되면 반드시 적절한 다른 인격이 약을 받는지 확인해야 했다. 이교의 꾀임에 넘어간 다른 인격이 그걸 훔칠 수도 있기 때문이다.

악마숭배의식의 피해자라고 주장하는 환자들이 몰려오자 일부 치료사들은 환자의 말을 믿기 어려울 정도라고 했다. 조지아주의 릿지뷰 의료원 해리장애센터는 학술지《해리》를 배포하는 곳인데, 그곳 센터장인 조지 개너웨이George Ganaway가 이 현상에 대해 최초로 경고의 글을 썼다. 1989년 그는 자신의 클리닉을 포함해서 북미의 여러 클리닉에 오는 환자의 반 이상이 "식인 축제와, 제물로 쓰일 아기를 계속 낳아야 했던 다양한 이교 경험의 생생한 기억을 상세하게 보고했다"[2]라고 썼다.

악마는 미국 TV 토크쇼의 스타가 되었다. 제랄도 리베라가 1988년 악마숭배의례를 부각시켰고, 선정적인 TV 프로그램들이 이 이야기들로 떠들썩했다. 피해자들이 자기 치료사의 엄호를 받으며 화면에 등장해서는 엄청난 이야기들을 쏟아냈다. 개너웨이에 따르면, 이교 범죄 피해 지원 네트워크Cult Crime Impact Network는 피해자들의 보고가 맞다면 미국 전역에 걸쳐 악마숭배자들의 비밀회합에서 벌어지는 의례 살인이 연간 5만 건에 이른다고 추산했다.

이런 소란은 다중인격운동을 곤혹스럽게 했다. 다중인격은 아동학대에 대한 사회적 의식 고취의 분위기에서 성장하여 그 원인론으로 정당성을 획득했다. 악독하게 학대받았다는 주장이 점차 신용을 얻어가던 운동 초기에는 입증이 되었다고 느꼈을 것이다. 환자들이 근친강간을 기억해내자 그 말을 믿어주는 것에 그치지 않고 용기를 북돋아주기까지 했다. 다양한 요소가 혼합된 치료법이 개발되고, 그 치료법은 기억을 끌어올리고 아동학대의 트라우마를 극복하기 위해 다른 인격들을 유도해냈다. 트라우마는 가공된 상상의 것이 아니라 과

영혼 다시 쓰기

거에 일어났던 실제 사실로 받아들여졌다. 이어서 아동학대운동이 이교의례 학대로 영역을 넓히자, 환자들은 점차로 이교에 관한 무서운 이야기를 기억해내기 시작했다. 치료사의 천분은 환자를 믿는 것이고, 충격적인 폭로를 믿어주는 것은 과거에는 올바른 전략이었다. 그럼에도 이야기는 점차 현실에서 있을 법하지 않은 것으로 변모해갔다. 다중인격운동은 양극화와 분열의 위험에 빠지게 되었다. 대체로 포퓰리스트가 모인 한쪽에서는 "우리는 아이들을 믿어야 한다고 말했다! 이제 다른 인격들도 믿어야 한다!"라고 외쳤다. 다른 한쪽은 이렇게 반박했다. "그만해라―이런 이야기는 상상임에 틀림없다!" 때로는 종교적 차이가 논쟁의 저변에 깔려 있었다. 믿는 사람들은 자신을 보수 기독교인 즉 신교도 근본주의자라고 칭했고, 반면 회의론자는 세속적 성향이 강했다.

그 결과, 그들의 수사학 수준은 따분하기 짝이 없었다. 다른 인격들의 이야기를 쉽게 믿으면 일종의 역전이reverse transference로 취급했다. 즉 치료사가 다른 인격이 하는 말에 지나치게 정서적 이입을 하여 분별 능력을 잃어버렸다는 것이다. 이교 이야기의 신봉자들은 이를 불신하는 사람들이 뼈아픈 진실을 두려워한다고 말했다. "심히 가학적이고 장기간 지속된 악마숭배의례 학대를 묘사하는 환자의 말은 치료사의 자기방어적 불신에 특히 취약한 것 같다."[3]

공포 분위기가 팽배했다. 리처드 클러프트는 《해리》의 논설에서 자중할 것을 권고했으나 감정의 격량이 일고 있음을 알고 있었다. 또한 그는 내가 보기에 꽤 가증스러운 비유법을 써서 더욱 불길을 돋웠다. 그는 어느 한쪽이 나치와 홀로코스트라면서 이렇게 질문했다. "그들 사이에 존재하는 잔혹성에 대해 말하지 않았던 '착한 독일인' 흉내를 내면서 침묵하는 그들은, 그 침묵으로 조력자가 되려 하는가?" 그런 식의 어법을 경멸하는 다른 진영은 "집단 히스테리아" "현대의 마녀사냥"이라고 맞대응했다.[4] 1991년 ISSMP&D 회장이었던 캐서린 파인Catherine Fine은 뉴스레터에서 "악마숭배의례의 학대 문제를 어떻게 대할지가 우리에게 주어진 시험이 될 것이다. 우리가 성장하기 위해 필요한 단계들을 타협한다면 이 주제는 우리 단체를 강화시킬 수 있을 것이나, 또 한편으로는 우리를 분열시키고, 심지어는 괴멸시키는 요인이 될 가능성도 있다"[5]라고 썼다. 괴멸. 몰인정하게 들리겠지만, 나는 다중인격을 숙주를 필요로 하는 기생충에 비유한다. 최근에는 그 숙주가 아동학대였다. 기생충은 숙주의 약한 부분을 먹어 치움으로써 숙주도 죽이고 자신도 죽일 수 있다. 개너웨이 역시 이 말과 거의 마찬가지 수준으로 우려를 표했다. 그가 생각하기에, 악마숭배의례 학대의 기억을 무분별하게 수용한다면 다중인격의 신뢰성을 위태롭게 할뿐더러 *아동학대 연구 전반을 위험에 빠뜨린다*고 생각했다.

> 종종 입증되지 않은, 믿기지 않는 학대 이야기가 광범위하게 확산되는 와중에, 치료사들이 환자의 재구성된 트라우마 기억의 진실성을 적극 지지하고 비판적 판단은 미뤄둘 수밖에 없다고 느낀다면, 그들은 제반 아동학대 연구를, 특히 다중인격장애 분야의 연구를 위험에 빠뜨리는 것이다. …… 과학적 입증 근거가 곧 나타나지 않는다면, 근거 없는 이야기를 정당화하고 공개적으로 옹호한 치료사들은, 환자와 함께 서로의 믿음을 상호정당화하는 한편, 과학집단과 정신치료집단 대부분을 무시하면서(혹은 이들로부터 무시당하면서) 그들만의 이교를 만들고 있음을 발견하게 될 것이다.[6]

풍문이 난무했다. 일찍이 1992년에, 퍼트넘은 당시 막 설립된 거짓기억증후군재단FMSF에게 소문 하나를 추적해달라고 도움을 요청했

영혼 다시 쓰기

다.《FMSF 뉴스레터》는 독자들에게 다음과 같은 말을 듣게 되면 그 출처를 알려달라고 전했다. "미국 국립정신건강연구소의 퍼트넘 박사가 20~50%의 다중인격장애 환자에게서 악마숭배의례 학대를 받은 경험이 있음을 발견했다"라는 식의 말을.[7] 내가 알기로, 퍼트넘은 그렇게 높은 비율의 사람들이 악마숭배의례 학대의 기억을(진짜 이력은 고사하고) 가지고 있음을 발견하지는 않았다. 그러므로 그런 기억을 유도해낸 치료사들에 대해 우리는 의구심을 가져야 한다. 그런 기억의 진실성에 반대하는 듯한, 개너웨이를 생각해보자. 그는 1993년 중반에 언급하기를, 자신은 해리장애 환자 350명을 치료했는데, 그중 100~150명은 악마숭배의례 학대의 기억을 가지고 있었다고 했다.[8] 개너웨이는 다른 치료사들도 외계인 납치를 말하는 비슷한 비율의 환자를 만났으나 의례 학대 생존자는 한 명도 없었고, 반면 그는 외계인 피랍자는 한 명도 만나지 못했다고 했다. 이교도는 조지아주에서 활동하고, 외계인은 매사추세츠주에서 활동하는 걸까? 다른 가능성은, 담당 임상가가 그런 기억을 큰소리로 비난할 때조차도 기억이 그런 형태를 갖게 되는 데에 바로 그 임상가가 깊이 연루되어 있을 수 있다는 것이다.

다중인격운동 내부의 분열은 대체로 기존의 지위 구분을 따랐다. 회의론자들은 정신과의사일 경우가 많았고, 반면 놀랍도록 많은, 어쨌든 간에 목청을 높이는 일반 회원들은 신봉자들이었다. 캘리포니아 남부 출신의 두 명의 치료사가 주장하기를, "우리의 경험으로 보면, 다중인격 중에 상당한 비율의 의례 학대 피해자가 있을 수 있다. 우리 환자와 동료들의 환자를 포함해서 우리에게 가장 익숙한 집단의 2/3는 어릴 때 의례 학대를 받았을지도 모른다"[9]라고 했다. 악마숭배의례 학대가 세상에 공개되자마자 다중인격 일대기인《아이들을 고통받게 하라 *Suffer the Child*》[10]가 나온 것은 필연적이었다. 이 책에서 환자는 400개 이상의 인격을 가졌고, 그 원인은 어머니가 주된 역할을 했던 무시무시한 의례 학대이었다. 〈엑소시스트〉(1973)와 〈엑소시스트II〉(1977)는 겁을 주려는 의도의 영화들이었고, 의심할 바 없이 의례 학대에 관심을 갖게 하는 데 중요한 역할을 했지만, 실제로 경험했다는 다음의 피해자와 비교하면 그저 연극 수준이었다. 엄격한 근본주의 기독교인인 남편이 의사들을 믿지 않기 때문에 그녀는 몰래 의사를 찾아갔다. 그녀를 확 바뀌게 한 것은 시즈모어('이브')와의 만남이었다. 과격한 신교도 종파라고 해서 반드시 맹종적이라고 생각해서는 안 된다. 악마숭배의식의 피해자가 쓴 한 자서전은 복음주의기독출판협회로부터 상을 받은 폭로기사 이후, 출판사가 책을 회수해버렸지만, 나중에 루이지애나주의 다른 출판사가 재출판했다.[11]

일부 정신과의사들은 이런 극단적 이야기에 동조하며 견해를 바꿨다. 그리하여 조지 프레이저는 아기공장용으로 학대받은 사람과 제물로 사용된 아기나 태아 등 온갖 이야기를 담은 논문을 출판했다. "아이는 조용한 오타와에 있는 악마숭배교회에서 인간에게 알려진 온갖 변태적 성행위의 대상이 되었다."[12] 얼마 안 가 프레이저는 다시 견해를 바꿨고 그 논문을 출판한 걸 매우 후회하게 되었다. 로버타 삭스와 베닛 브라운을 포함하는 4명의 정신과의사는 어린 날의 의례 학대를 말한 환자 37명에 대해 기술했다.[13] 이 보고서를 보면 그들은 환자의 말을 믿었던 것으로 보이지만, 설명을 요구받자 환자가 말한 것을 그대로 묘사했을 뿐이라고 했다.[14] 운동 내부의 정신과의사들 중에서 퍼트넘은 이 주제에 관해 가장 솔직한 말을 신중하고도 설득력 있게 한 사람이다. 1992년의 발표에서 그는 "일부 다중인격장애 환자들이 자신들은, 국제적 악마숭배 이교집단이 저지르는 성적 고문, 인간 제물, 식인 등의 학대 피해자라고 주장"했음을 언급했다. 그들의 주장은, 다중인격 자신이 했건 다른 사람이 했건 간에, 전형적으로 치료과정에서 회복된 기억에 근거한 것이라고 했다. 그러나 "떠들썩한 주장이 나온 지 10년이 지났지만, 이 주장을 확증할 만한 어떠한 독립된 근거도 나타나지 않았다."[15]

ISSMP&D는 이교-신봉자와 이교-회의론자 사이를 중재하고자 클러프트를 위원장으로 하는 특별위원회를 꾸렸다. 클러프트는 화해가 불가능하다고 판단했을까. 어찌 되었든 간에 그는 위원회 모임을 열기도 전에 사임해버렸다. 이 기간 동안 기민한 움직임이 있었으니, 악마숭배의례 학대Satanic Ritual Abuse가 약칭어인 SRA를 즉각 획득하게 된 것이다. 지금 악마숭배 자체는 불법이 아니다. 미국 헌법의 권리장전에 기재된 종교의 자유 보장 규정으로 대개는 보호받고 있다. 따라서 *악마숭배*의례 학대는 법정에서 기소될 수 있는 죄목이 되기는 어려웠다. SRA는 *가학적* 의례 학대sadistic ritual abuse로 바뀌었다.[16] '가학적 학대'로의 개명은 무언가 좀 더 옛날식으로 돌아가려는 암시인지도 모른다. 여기에서 말하는 가학성이란, 단순히 옛날식 극단적 잔인성이 아니라, 비상식적인 욕구를 충족시키려는 의도적 잔인성을 말하는 걸까? 우리는 아동학대 개념의 뿌리 즉 어린이에 대한 잔학행위로의 회귀를 보고 있는 걸까?

아마도 그렇지는 않을 것 같다. 영어로 표현할 말은 얼마든지 있으니까. 지금은 "악의적 배경 안에서 일어난 학대abuse within a malevolent context"라고도 한다.[17] 《그 밖의 제단들: 이교 및 악마숭배 의례 학대의 뿌리와 현실 그리고 다중인격》[18]과 같은 제목의 책도 나오는 판에, 향후 이용할 이야깃거리가 모자랄 리가! 법적 전문 조항상으로 "의례적 측면이 법정에서 다뤄지지는 않았으나, 피해자의 말에 의해 확실히 표명되었다"[19]라는 식의 말도 인정받았다. 견해를 바꾼 사람들에게 이 주장은 그런 일들이 '실재적' 근거가 있는 일이고, 심지어는 법정에서 입증이 되었음을 의미할 것이다. 회의론자에게는 그 반대를 의미한다. 이 일에 관해 체계적인 공식 조사가 이루어진 곳은 오직 영국뿐이다. 해당 위원회는 3년이 넘게 정보를 수집했고 그 결과가 1994년 6월 출판되었다. 고문, 강제 낙태, 인간 제물, 식인, 수간이 포함된 악마숭배의례를 "규정하는 특징"은 "성적·신체적 아동학대가 주술적 혹은 종교적 목적을 지향하는 의례의 한 부분"이라는 것이다. 위원회는 악마숭배의례 학대를 공개적으로 주장한 사례 84명을 조사했으나 어떤 증거도 찾을 수 없었다. 그럼에도 위원회는 많은 사례에서 어린이들이 더 일상적인 방식으로 학대받고 있다는 것에는 의문을 가지지 않았다.[20]

퍼트넘과 같은 정신과의사들, 그리고 멀헌과 같은 학자들이 악마숭배의례 학대 사례 중 어느 것도 입증된 바 없다고 주장한 것은 옳다. 치료사로서 환자의 말에 귀 기울이고 환자가 느끼는 공포와 생각하는 바를 표현하게 하는 것은 중요하다. 그러나 결론을 내릴 만한 독립된 보강증거도 없이 그런 사건의 기억을 말 그대로 믿는 것은 치료사로서는 중대한 잘못일 것이다. 사법 기준에 따라 독립적으로 사실 확인이 되기 전에, 합리적 의심의 여지도 두지 않고 그 공포를 사실로 믿게끔 환자를 조장하는 치료사는 사악하다.

이런 뜨거운 쟁점을 관망하는 태도는 비겁하겠지만, 악마숭배의례 학대의 실재 여부는 나 자신이 열심히 조사해서 얻은 견해가 아니기에 내 생각은 주석에만 적어놓았다.[21] 전 세계적인 악마 음모론이라는 우화에 대해서는 엄밀히 말해서 믿기가 어렵다. 다시 말해서, 유용한 근거를 갖춘 것으로 신뢰할 수 없다. 여기저기 들불처럼 확산되던 이야기는 거의 모두가 똑같다. 우리는 두려운 소문의 강력한 전파력을 관찰하고 있다. 그런 소문의 사회학은 무시무시한 실용적 의미를 가진 매력적인 연구 주제이다. 그럼에도 불구하고, 이 마녀사냥의 역호소가 큰 도움이 된다고는 생각하지 않는다. 음모론과 마녀사냥은 그 설명에 관한 한 서로의 거울 이미지다. 수사적 받아치기에 관한 한, 마녀사냥과의 비교는 손쉽게 무력화된다. 사악한 이교의례가 항상 주변에 존재한다고 확신하는 사람들은 과거의 비슷한 사건에서와 같은 대중적 촌극을 만들어내기 때문이다.[22] 멀헌은 최근의 악마숭배 공포와 15세기의 마녀 및 마귀에 대한 집단적 공황 사이의 중요한 유사점을 기술했다.[23] 그 묘사는 심도 있는 역사적 이해를 배경으로 한 것이어서 유용하다. 과거의 마녀사냥 광풍에 대해 아무것도 알지 못하는 사람들이 무심히 불러내는 마녀사냥은 일고의 가치도 없다.

악마숭배 의제의 최근 항목 중 하나는, 기괴하고 불신을 조장하는, 프로그래밍인데, 다중인격의 일부 모델과 밀접한 관계가 있다. 이교가 아이나 성인을 프로그래밍해서 전화 한 통이나 번쩍이는 불빛, 트럼프 카드, 검은 옷차림 등의 촉발장치에 반응하게 한다는 것이다. 이 촉발장치는 다른 인격들이 튀어나오게 하는 작용을 하고, 그 다른 인격들은 이교 단원이고, 이교의 노예, 스파이 또는 살인청부업자이다. 차분한 은행 출납계원이 갑자기 이교 단원으로 변모하여 이교에 이익을 가져올 음모에 맞춰 일을 꾸민다. 정신과의사가 이교의 정체를 캐내려 탐색하면 환자가 이교에 보고한다. 이교에 속한 다른 인격들은 거짓말을 하고 현혹하고 은행 출납계원의 본 인격을 위협해서 비밀이 새어 나가지 않게 한다. 악의적이고 악행을 저지르는 다른 인격들은 이교에 의해 의도적으로 만들어진 인격이며 언제든 공격적 혹은 방어적 행동으로 전환될 준비가 되어 있다. 아마도 피해자가 아이였을 때 사전 프로그램이 되었을 것이다.

프로그래밍은 옛것과 새것이 기묘하게 혼합된 것이다. 한 세기도 더 지난 최면에 대한 옛 두려움을 끌어낸다. 무구한 사람이 최면술사가 정해둔 신호에 맞추어 극악한 범죄를 저지를 수 있다는 공포가 저변에 자리 잡고 있었다. 이런 생각은 1870~1910년 사이에 대중언론은 물론 정신의학 학술지에도 침투해 들어갔다. 당시에 파블로프의 조건반사 이론이 있었다. 그다음에는 냉전을 배경으로 한 영화 〈맨추리언 캔디데이트The Manchurian Candidate〉가 등장했는데, 1962년의 이 영화에서는 사악한 중국인들과 더 사악한 러시아인들(모스크바의 파블로프 연구소 출신의)이 약물과 최면술을 이용해서 한국전쟁에서 포로가 된 미국 병장에게 살인을 저지르도록 프로그래밍을 한다. 《뉴요커》에서 수년간 영화평론을 한 폴린 케일Pauline Kael은 이 영화가 대담하고, 재미있고, 파격적이라며, "할리우드 영화 중에서는 가장 정교하게 만든 정치풍자물인 것 같다"[24]라고 했다. 뉴욕 외부에서는 그렇게 보지 않는다. 이 영화는 광범위한 치료사들의 워크숍에서 정규적으로 언급된다. 심지어는 트럼프 카드를 프로그래밍된 다른 인격들을 촉발하기 위한 장치로 표준참조하는 것도 영화의 원작인 리처드 컨던Richard Condon의 소설에 나온 그대로다.[25] 다음은 통일교였다. 불행하고 전형적 이상주의자인 젊은이들, 또한 목적의식도, 사랑도 그리고 때로는 비판적 사고능력도 없는 젊은이들은 문선명 교주의 영향력하에 들어갔다. 가족이 아이를 되찾아오기 위해 '탈프로그래밍' 전문가를 고용하는 일은 그리 오래지 않은 현세의 지혜다. 이렇게 혼란스러운 생각들이 컴퓨터 프로그래밍 개념과 융합되면서 현실에 존재했던 그 어떤 것과도 닮지 않은 매끈한 환상을 만들어냈다. 너무나 많은 치료사들이 이를 자연스레 받아들였다. 내가 말하려는 것은 이교 프로그래밍에 근거가 없다는 말이 아니다. 체계적이고 신뢰성 있는 프로그래밍 기술과 비슷한 어떤 것도 인류 역사에서 한 번도 목격된 적이 없음을 말하는 것이다.

사람들 사이를 떠도는 프로그래밍 이야기를 짧게 설명하면 도움이 될 것 같다. 1994년 3월 이틀에 걸친 유료 워크숍의 제목은 "의례 학대의 그늘 극복하기"였다. 워크숍의 진행 관리자는 그 지역 유명 치

영혼 다시 쓰기

료사이자 소위 의례 학대 전문가였고, 그녀 자신이 의례 학대 생존자라고 했다. 참석자는 30명의 치료사들로 모두 여자였고, 참관인 한 명이 있었다.[26] 워크숍의 프로그래밍 부분은, 아이들은 해리를 많이 한다는 말로 시작된다. 학대를 당하면 더 많이 해리한다. 이에 대응하기 위해 만들어진 다른 인격들이 이교도에게 선택되어 조종을 당할 수 있다. 프로그래밍의 위력을 교육하기 위한 영상자료로 〈맨추리언 캔디데이트〉가 상영되는데, 이교는 공산당원보다 더 교활함을 강조한다. 촉발장치는 아기가 학대 시에 접한 소리, 형태, 색깔 등으로 일찍이 심어진다. 그런 이유로 트럼프 카드처럼 색깔과 모양이 선명한 것이 후일 매우 큰 효과를 나타낼 수 있다. 영아기 이후의 프로그래밍 방법은 수면 박탈, 시간 감각의 혼란 야기시키기, 약물, 최면, 굴욕 상황에 빠뜨리기, 전기쇼크 등이 있다. 치료과정에서 고백하지 않도록 자해나 자상을 입히는 것도 프로그래밍에 포함되어 있다. 자해에는 식욕감퇴와 폭식 등의 섭식장애를 일으키는 프로그램도 있다. 피해자가 이교에 관해 치료사에게 알리려 할 경우 자살하도록 프로그래밍되어 있기도 하다. 다른 인격들 중 하나는 다른 인격들이 무슨 일을 하거나 알아챘는지 이교에게 보고하는 특수 임무를 맡도록 만들어진다. 또 피해자가 체크인해서 재프로그래밍 과정을 받도록 강제하는 프로그램도 있다. 악몽을 꾸도록, 사람들을 회피하도록, 침묵하도록, 심지어는 치료사가 더 깊이 파고들지 않도록 의례 학대라는 게 다 유치한 헛소문이라고 치료사에게 말하도록 프로그래밍될 수도 있다.

정신의학 전문용어를 사용하자면, 살짝 제정신이 아닌 자기애성 편집증이라고 불릴 만한 이 분위기에 주목하라. 이 워크숍에 온 치료사들은 이교가 그들에게 해코지를 하려 한다고, 간접적으로는 치료를 방해하거나, 직접적으로는 환자로 하여금 치료사를 해치게 하려 한다고, 학습받고 있었다. 좀 더 신중한 다중인격운동가들은 치료과정에서 이끌어낸 기괴한 기억들이 엄밀하게 말해서 모두 다 사실은 아니라고 말한다. 가해자가 자신의 직계가족이라는 냉혹한 현실로부터 자신을 방어하기 위한 방편일 수 있다고 했다. 학대는 실재했지만, 환상이 덧씌워져 있다고 했다.[27] 이교 치료사들 사이에는 중도 의견도 있어서, 피해자 중 많은 이들은 자기 가족으로부터 의례 학대를 받았다고 보기도 한다.

개너웨이의 말이 옳았다. 기억 회복 치료가 드러낸 그렇듯 많은 기괴한 사건들과 그에 대한 수많은 어이없는 이론으로 인해 회복된 기억 전반에 의혹이 드리워졌다. 치료사들은 환자가 어린 날 가족에게 학대당했음을 기억해내면 그 기억과 직면하도록 독려했다. 1990년이 되자 일부에서는 환자가 가족과 인연을 끊는 것이 고정불변의 교리처럼 되었다. 고발당한 많은 부모들은 이런 상황을 납득하지 못했다. 환자가 주장하는 기억들은 치료과정에서 개발된, 그저 거짓에 불과하다고, 마치 외계인 납치처럼 의심스러운 것이라고 부모들은 말했다. 그리하여 수개월 간의 열성적 활동 끝에 1992년 3월 필라델피아에 거짓기억증후군재단FMSF이 설립되었다.

이 재단은, 치료과정에서 아동학대의 무서운 기억을 찾아냈다는 성인 자녀의 부모들이 연합해서 만든 것이다. 재단의 사명은, 정신치료를 받고 있는 환자가 기억해냈다는 그런 무서운 사건은 결코 일어난 적이 없다는 것을 세상에 알리는 일이다. 재단과 관계되는 30여 명 이상의 환자들이 오래전에 부모나 친척들로부터 학대를 받았다고 했으나, 재단은 강력히 주장하기를, 고발과 그로 인한 가족의 혼돈은 과거에 일어난 사악한 일 때문이 아니라 원인 찾기에 골몰한 치료사들이 조장한 거짓기억 때문이라고 한다.

재단은 처음에는 입소문으로 알려졌고 이에 따라 짧은 보도기사도 나왔는데, 이제는 북미 대부분의 주요 언론에 특집기사 거리를 제공하고 있다. 그 초기에 우연히도 나는 재단과 조우한 적이 있다. 어떻게 그들의 수사법―지금도 그 수사법은 똑같다―이 출발했는지 기술하는 것이 이해에 도움이 되겠다. 1992년 5월 중순, 이들에 관해 최초로 장문 기사를 보도한 북미 주요 일간지는 《토론토 스타》였다. 《스타》는 비교적 품격 높은 《글로브》와 타블로이드지 《선》의 중간급 일간지로 상당한 시장을 차지하고 있다. 그 머리기사의 제목은 "성학대의 기억이 틀린 것이라면?"이었다. 3일째 기사의 제목은 "치료사가 환자의 세상을 엉망으로 만들었다"였다. 시리즈로 연재된 기사는 본문만 약 90칼럼인치*에 달하고 넉넉한 크기의 헤드라인과 사진들이 추가되었으며, 연재 2회분에 딸린 짧은 기사는 분홍색 박스 안에 "캐나다에서 정신치료는 규제되고 있지 않다"라는 제목이 인쇄되어 있었다. 필라델피아 전화번호가 기재되어 있었는데, 《스타》 독자 약 400여 명이 한꺼번에 전화를 했다.[28]

그 홍보 효과는 대단했다. 재단의 뉴스레터는 수신한 전화목록을 작성하여 지역에 따라 회원 '가정'을 세분화했다. 1992년 4월에는 온타리오의 두 가정이었다. 신문에 특집기사가 나오자 6월에는 온타리오주에서만 유료 회원이 71가정이 되어서, 본부가 있는 펜실베이니아(97가정)를 제외하고는 미국의 어느 주보다 많았다. 재단에서 가장 인구가 많은 캘리포니아주는 40가정에 불과했다. 7월이 되자 온타리오주의 유료 회원은 84가정이 되어 1992년 내내 유지되었다. 북부 캘리포니아에서 《샌프란시스코 크로니클》에 그 뉴스가 보도된 후 회원 수는 315로 치솟았다. 1994년 1월 재단 뉴스레터의 발표에 따르면, 10,000가정이 연락해왔고, 그중 6,007가정이 회원이 되었다. 캘리포니

---

*   1칼럼인치는 다단 편집된 신문 지면에서 단의 길이가 1인치(25mm)인 것으로, 90칼럼인치의 총 길이는 225cm이다.

아(928)는 2위인 펜실베이니아(302)보다 3배나 많았다. 회원 수 급증에 관한 소식은 TV쇼보다는 일간신문에서 확인할 수 있다.

연재기사가 나온 지 10일 후에 《스타》는 기사에 응답한 실비아 프레이저Sylvia Fraser를 "저명한 작가"이자 "근친강간 생존자"로 소개하면서 동일한 비중으로 52칼럼인치로 실었다. 그 제목은 "믿지 않기를 필사적으로 원하며"였다.[29] 프레이저는 널리 읽히는 소설가이고 다중인격 일대기 자서전을 쓴 사람이다.[30] 그녀는 응답의 글에서, 근친강간 피해자에 대한 불신의 결과를 이렇게 정리했다. "진실이 피해자들을 쓸쓸한 혼돈과 공포로 밀어넣을 수 있다." 그다음 쪽에는 슬픔에 잠긴 노인의 사진과 이런 설명이 실려 있다. "지그문트 프로이트: 정신분석의 아버지도 어릴 때 성추행을 당했던 것 같다." 기사의 반 이상이 제프리 마송에 의해 유명해진 이야기로 채워졌다. 1897년 중반 비겁하게도 프로이트는 히스테리아가 우리가 지금 아동기 성학대라고 칭하는 것에 의해 발생한다는 1893년의 자기 이론을 폐기했다는 이야기였다. 그 기사에서 프레이저는 마송이 아니라, 마리안네 크륄Marianne Krüll의 통찰력이 돋보이는, 프로이트 심리학에 관한 초기 연구에 의지했다. 크륄은 프로이트가 1896년 10월 25일 아버지 야코프의 장례식에서 그의 눈을 감겨주며 유혹이론을 폐기했다고 주장했다.[31] 프레이저의 말에 의하면(그녀는 자신이 프로이트가 보고한 그의 꿈을 언급하고 있음을 밝히길 자제했다), "프로이트가 아버지에게 해준 마지막 봉사는 자신[지그문트]에게 저지른 야코프[프로이트]의 성학대를 스스로[지그문트] 눈감아준 일이었다."

FMSF는 수사학적으로 중요한 두 가지 조치를 취했다. 첫째는 부모의 이혼에 따른 양육권 분쟁과는 거리를 두고, 자신들은 거짓기억으로 찢어진 가족의 치유에만 관여한다고 말한 것이다. '가족'이 키워드이다. 실제로 재단 회원의 분류는 '가족'과 '전문가' 두 종류였다.

이제 한 종류가 추가되었는데, '철회자'는 치료과정에서 가족을 비난했다가 이제 그 고소를 철회한 사람들이다. 둘째로는, 소송이 진행될 때 종종 소환된, 학대의 억압된 기억에 관한 전문가들이 '증후군'이라는 단어를 사용해서 승리를 거두었다는 점이다. 거짓기억 자체가 의료화되면서 새로운 종류의 전문가가 필요해졌다. 실비아 프레이저는, 적어도《스타》같은 매체에서 자명하지만 미묘한 응수로 응답할 수 없었다. "누가 이를 증후군이라고 말하는가? 당신네들이 사용하는 '증후군'이라는 단어는 수사적 말장난에 불과하고, 정신의학적인 게 아니다."[32] FMSF보다 덜 공격적인 영국 단체는 거짓기억협회False Memory Society라는 명칭을 붙였다.

미국의 거짓기억증후군재단은 파멜라 프레이드Pamela Freyd에 의해 설립되었다. 프레이드 가정은 한 가족에 생길 수 있는 상상 가능한 모든 문제를 가지고 있었다. 1993년 12월호 잡지《필라델피아》의 커버스토리는 "미국에서 가장 문제적 가정"[33]이었는데, 이는 프레이드 자신이 쓴 뉴스레터의 글에서 따온 것이다. 나는 인격에 관한 주제는 피하는 편인데, 다음 두 편의 글은 언급을 해야겠다. 딸인 제니퍼가 집중적인 치료를 받은 후 부모와 절연하면서, 파멜라 프레이드는 재단을 설립하지 않을 수 없게 되었다. 파멜라는 매우 사적인 글을 유포했는데, 처음에는 제인 도우라는 가명을 사용했고, 나중에는 익명으로 모음집을 냈다. 그 제목은《작화증作話症: 거짓기억 창조하기, 가족의 파괴》였다.[34] 제니퍼 프레이드는 오리건대학교의 심리학 교수다. 파멜라가 쓴 익명의 글이 널리 유포되고, (제니퍼에 따르면) 제니퍼의 동료, 고용주, 인척, 그리고 오리건 신문사 기자들에게까지 보내졌다. 제니퍼는 1993년 여름 학회에서 발표한 논문의 부록에 사건에 관한 자신의 설명을 실었다.[35] 예술가들이 동일한 사건을 다양한 관점에서 들려주는 작품들—마르셀 프루스트의《과거 일에 관한 회상》*, 로렌스 더럴Lawrence Durell의 《알렉산드리아의 사중주》, 구로사와 아키라의 1951년 영화 〈라쇼몽〉— 을 보면 우리는 삶의 풍부한 복잡성으로 가득 차고 고양된 상태에 이르게 된다. 프레이드가의 두 이야기는 각기 따로 읽으면 꽤 감동적이지만, 어떤 순서로든 연속해서 읽다 보면, 그들과 얽히지 않은 구경꾼은 삭막해지고 어느 편도 믿을 수 없게 된다.

FMSF는 처음에는 다중인격을 언급하지 않았으나, 단체가 설립된 지 채 몇 달이 되기도 전에 다중인격운동은 두려움에 빠졌다. 직접적인 위협으로 느껴진 것이다. 아동성학대의 잊혔던 억압된 '기억들'에 대한 체계적인 도전은 그 원인론을 토대부터 허물 수 있기 때문이었다. 이 사태를 지휘하는 (죄를 저지른) '거부의 남자 권력자'가 있다는 말이 돌았다. 그를 노출시킨다면 FMSF는 붕괴될 것이다. 그 후 몇 달 동안 시도된 주요 피해대책은 소송에 대한 두려움에서 비롯된 것들이었다. 그 두려움은 맞았다. 베닛 브라운이 자기 환자로부터 300개의 인격을 찾아내고 악마숭배의례 학대를 기억하도록 조장했다며 소송을 당한 것이다. 이 일은 시카고의 러시-프레스바이테리언 병원에서 벌어졌던 일인데, 그곳은 최초로 다중인격장애 클리닉이 설립된 곳이자 ISSMP&D 연례총회가 열리는 곳이다. 브라운은 ISSMP&D 전 회장이다. "전문가나 그 결과물(제품)을 공격하면 항상 바람직한 결과를 얻었다." 의료과오 혐의를 부인하던 브라운의 변호사는 이렇게 말했다고 한다. "제품 책임 소송이 제기되기 전까지는, 제조업자들은 지금처럼 엄격하게 품질관리를 하지 않았다."[36] 글쎄, 아마도 그

---

* 1992년 원제 그대로 《잃어버린 시간을 찾아서》로 바뀌기 전까지 첫 영어 번역판의 제목. '과거 일에 관한 회상'이 수동적 기억해내기를 의미한다면, '잃어버린 시간을 찾아서'는 기억의 능동적 탐색을 뜻하려 했다.

말이 맞을지 모르겠다. 우리는 치유의 기술이 아니라 제품에 관해 말하고 있으니까.

FMSF에 '과학전문자문위원회'가 만들어졌다. 다중인격에 관해 공공연히 회의론을 말하는 인사들이 곧바로 관심을 보였다. 저명한 정신과의사로는 프레드 프랭클, 폴 맥휴Paul MacHugh, 해럴드 머스키Harold Merskey, 마틴 오른 등이 참여했다. 엘리자베스 로프터스Elizabeth Loftus는 삶의 주요 사건에 관한 억압된 기억을 강력히 비판했고, 사회학자인 리처드 오프시Richard Ofshe*는 회복된 기억을 근거로 내세웠던 떠들썩한 법정 사례를 연구했으며, 어니스트 힐가드Ernest Hilgard는 당대에 가장 뛰어난 최면술 연구자이다. 마틴 가드너Martin Gardner는 오랫동안《사이언티픽 아메리칸》의 기고가로 활약하며 초超심리학parapsychology을 맹공격하던 유명한 폭로자이다. 제임스 랜디James Randi는 우리 시대의 가장 위대한 마술사 중 한 명인데, 기적이나 귀신과 같은 것은 옛날 요술처럼 단순한 것이라고 폭로했다. 위원회는 국제적 명성을 지닌 관련 인물들을 광범위하게 끌어들였다.

위원회에 합류한 반다중인격 정신과의사들은 재단의 회원 가족들과 힘을 합쳐 재단 본부가 학대받은 기억과 다중인격 사이의 관계에 관심을 가지도록 했다. 협회의 첫 연례총회는 1993년 4월, 상징성을 지닌 밸리 포지Valley Forge**에서 열렸다. 초청 인사들은 다중인격에 관해 과격한 비판을 했다. 이에 ISSMP&D 전 회장인 필립 쿤스는 진

---

* 미국 사회학자로 캘리포니아대학교 버클리 교수. 강압적 설득과 강요된 자백과 관련된 전문가증언으로 유명하다. 회복된 기억요법은 20세기 사이비과학이라고 비난하면서 타이론 놀링Tyrone Noling, 마티 탱클레프Marty Tankleff 등의 유명 살인사건 재판에서 가해지를 위한 증언을 했다. '강압적 설득이론'을 주장한 마거릿 싱어Margaret Singer와 함께 후일 막대한 보상금 문제로 소송을 당했다.

** 미국 독립전쟁 당시 1777년의 혹독한 겨울과 굶주림을 견디고 1778년 영국군과 맞서 승리한 곳으로, 미국에서는 고통, 용기, 인내의 상징이다.

지해야 할 주요 회의에서 그런 태도를 보인 데에 유감을 표하는 정중한 서신을《FMSF 뉴스레터》에 보냈다. 그는 다중인격장애는 DSM에 등재된 적법한 진단이라고 주장하면서, FMSF가 ISSMP&D 총회에 와서, 그리고 ISSMP&D는 FMSF 총회에 가서 서로 발표할 기회를 교환하자는 의견을 제시했다. 그러나 협회지는 그 서신과, 헛소문에 관한 퍼트넘의 정보 요청을 실은 것 외에는, 다중인격에 관해서 1년이 지나도록 한마디도 언급하지 않았다. 클러프트가 한 즉흥적 발언에 대한 반박은 있었으나, 다중인격은 입에 올리지 않았다. 하지만 그 후 강력한 공격을 개시했다.

예를 들어, 컬럼비아대학교의 저명한 원로 정신과의사 허버트 스피겔Herbert Spiegel은 시빌을 알고 있었고 코넬리아 윌버가 뉴욕에서 그녀를 진료한 것도 잘 알고 있었다. 협회의 뉴스레터는《에스콰이어》의 기사를 인용한 것인데, 그 기사는 시빌의 다른 인격들은 치료과정에서 만들어진 것이라고 한 스피겔의 말을 실었다.[37] 윌버가 다중인격운동의 자기-서사에 얼마나 핵심적인 인물인지를 고려한다면, 그 파급력은 대단했다. 또 다른 예로는, 1994년 4월 뉴스레터에 실린, 캐나다 TV 프로그램의 탐사보도 사본 몇 단락이 있다. 회복된 기억에 관한 1시간짜리 프로그램이었는데, 콜린 로스, 마고 리베라와 그들의 수련생 등 캐나다 치료사에 초점을 맞춘 것이었다. 로스가 여러 장면에 나왔는데, 그중 한 장면에는, 표지처럼 보이는 종이에 "CIA 마인드 컨트롤"이라는 제목이, 그 밑에는 "콜린 로스, M.D."라는 글자가 타자되어 있었다. 그 TV쇼에서 로스는, 일찍이 1940년대부터 CIA(미국중앙정보국)는 사람들을 "특별훈련센터로 끌고 가서 여러 가지 기술들, 예를 들어 감각 격리 및 박탈, 기억 강화용 부유 물탱크, 최면, 가상현실용 고글, 환각 약물 등을 사용해서 정보 보유가 가능한 다른 인격들을 계획적으로 더 많이 만들어내려 했다"라고 말했다. 로스는 CIA에게 뇌 조작을 받았던 환자를 치료하며 기억을 회복시키고 있었다. 이 사실을 CIA도 알고 있다고 했다. 이것이 현재 다중인격운동이 집중적으로 비판받는 이유라고 로스는 설명했다. CIA가 비판을 지휘하고 있다는 것이다.[38] FMSF의 캐나다 모임에서, 회원들은 만일에 로스가 반대측 전문가증인으로 불려나간다면 FMSF에는 행운이라고 하는 말을 들었다. (FMSF 재단 연사가 말하기를,) 그의 CIA 음모론을 듣는다면, 어떤 배심원이라도 그를 즉각 불신하게 될 것이기 때문이다.

이런 싸움은 앞으로도 얼마 동안은 대중 영역에서 계속 이어지게 될 것이다. 가장 늦게 전쟁에 뛰어든 묵직한 인물은 두 명의 저명한 학자였는데, 두 사람 각기 전문작가의 도움을 받아 혹독하면서도 치열한 논쟁적인 책을 썼다. 리처드 오프시는 사회심리학자로서 피고인이 분명 일어나지 않았던 기괴하고 무시무시한 일을 기억한다던 법정 사례들을 추적해왔다. 법정까지 가지는 않았지만 치료사에게 붙들려 심히 고통스러워하는 다른 환자들도 연구했다. 그와 공저자의 책 제목은《괴물 만들기: 거짓기억, 정신치료 그리고 성적 히스테리아》였다.[39]

심리학자로서 기억에 관한 전문가인 엘리자베스 로프터스는 매우 중요한 사건의 기억은 뇌에서 억압되지 않으며 나중에 정확히 재생된다는, 경험심리학의 논증 가능한 사실을 오랫동안 지지해왔다. 그녀가 공저자로 쓴 책의 제목은《억압된 기억의 신화: 거짓기억과 성학대의 혐의》이다.[40] 그녀의 신념은 하버드대학교 트라우마센터 소장인 베셀 반 데어 코크Bessell van der Kolk에 의해 이미 토대가 무너져가고 있었다. 코크는 ISSMP&D 회원들에게 말하기를, 로프터스는 그녀가 연구하고 있는, 고립된 사실들에 관한 기억, 교과서적 학습, 일반적인 명제적 기억 등에 관해서는 분명 옳다고 관대하게 평했다. 그러나 다른 종류의 기억에 대해서 그녀는 전혀 알지 못한다고 했다. 트라우마 피해자에게 그 기억은 문장이 아니라 감정과 이미지로 구성된 플래시백으로, 전체적으로 다가오는 장면으로 표현된다.[41]

해결점을 찾을 때까지 전문가들이 싸우도록 놔둘 수 있다면. 이 기억의 격랑에 휘말린 매우 평범하고 매우 불행한 사람들을 우리가 잊을 수 있다면. 한편으로는 어린 날의 학대로, 다른 한편으로는 거짓고소로 인해 생긴 혹독한 고통과 파괴를 모른 체할 수 있다면. 우리가 만일 이 모든 일을 제쳐놓을 수 있다면, 그렇다면 이 진구렁 같은 총체적 난국도 그저 황당한 일에 불과할 것이다. 어쩌면 TV쇼의 고백 프로그램을, 게임쇼처럼 만들어 찬반 논쟁을 벌일 수도 있다. 그러나 불행히도, 많은 방청객들은 미리 편을 배정해서 입장시킨 부정한 명분을 가진 자들이다.

대립하는 이념들 사이에서 어떻게 망각이 그렇듯 핵심이 되는 상황에까지 이르게 된 것일까? 이 근본적 대치는 기억과는 아무런 상관이 없어 보인다. 전쟁은 다른 전선에서 일어나고 있다. 한쪽은 철저하게 종교적이어서, 근본주의자, 복음주의자, 혹은 카리스마파의 신교도 신앙이 의례 학대의 기억에 비옥한 토대가 되어주고, 다른 쪽에서는 교활한 세속주의가 격분한 반대론자에게 똑같이 비옥한 배경이 되어주고 있다. 그러나 더 중요한 것은 가족에 관한 이념의 충돌이다. 인류학자인 진 코마로프Jean Comaroff는 가족 자체에 문제 제기가 시작되었을 때부터 근친강간 금기의 재출현은 예고된 것이었다고 말했다.[42] 근친강간과 악마만큼 강력한 연관성을 가진 것은 찾기 어렵다. 그런데 왜 그 대결 영역이 기억이어야 했을까? 답은 두 가지 수준에서 할 수 있다. 덜 자극적인 낮은 수준의 논의로는, 옛 가족구조를 계속 유지하길 원하든 아니면 파괴하길 원하든 간에, 가족에 관한 합리적인 담론이 필요하기 때문에, 거기에 맞게 기억이 전략적으로 사용되고 있다는 것이다. 그러나 그런 담론은 가치관을 끌어들이게 되

영혼 다시 쓰기

므로, '가치판단'의 논란이 될 수 없다는 과학에 의지하려 한다는 것이다. 도덕과 개인적 가치관의 바다 위에서 자유롭게 헤엄칠 수 있는 단 하나의 맞춤형 과학은 기억의 과학뿐이다. 그러므로 양쪽 진영 모두는 바로 그 기억의 본질에 관한 지식을 순수한 과학지식이라고 제시한다. 그러나 두 번째 수준의 답도 있다. 그 답은 모든 게 한껏 과열되고 열렬한 관심에 휘몰려 막다른 곳에 다다른 후에야 나타나는 것이지만, 그 해결책은 동일하다. 우리를 소스라치게 하는 근친강간과 악마에 관해 말하기가 두렵다는 것이야말로 그 두 번째 답이다. 그리하여 우리는 과학에 의지하려 몸을 돌린다. 이용 가능한 유일한 것이 기억의 과학이다. 이것이 기억의 과학의 역할에 대한 논지다. 기억의 관점에서, 이러한 대립의 장은, 영혼을 정복하기 위한 방법 중의 하나로 기억의 과학이 이용되었던 오래전부터 준비된 것이었음을 나는 다음 장들에서 보여줄 것이다.

앞서 여러 번에 걸쳐, 다중인격을 지탱하기 위해 어떻게 사실과 허구가 장단을 맞춰왔는지 실례를 들어 설명했다. 그럼에도 회복된 기억은 독자적으로 존재하는 것 같고, 소설가를 필요로 하지 않으며, 현실의 삶을 폭로하는 데 사로잡힌 것처럼 보인다. 마치 심리학과 정신의학이, 프로이트 시절부터 오늘날까지 계속 회복된 기억이라는 바로 그 개념을 전해준 것 같아 보이지만, 사실은 그렇지 않다. 가장 불온한 플래시백은 《죄와 벌》(1866)의 마지막에 나오는 장면이다. 거기에서 우리는 기억과 분간하기 어려운 황폐한 악몽을 몇 쪽에 걸쳐 읽게 된다. 이어지는 장면들은 글의 내용보다는 느낌과 분위기로 몽상가를 압도한다. 이것은 5살 소녀인 희생자의 플래시백인가? 아니, 그건 가해자의 플래시백이다. 스비드리가일로프가 새벽에 깨어나 소小네바강으로 걸어가 방아쇠를 당기기 전까지 그의 삶에 일어난 마지막 사건이다.[43]

도스토옙스키는 이 이야기를 완성하지 못한 어떤 소설용으로 20년 도 전에 구상했다. 구상 당시의 묘사는 최종판보다 덜 모호했다. 그 것은 예기치 않은 일이었다. "반은 잠에 빠져 있고 반은 깨어 있는 편 안한 상태에서 침대에 누워 있던 중년의 남자는, 불현듯 무어라 말할 수 없는 불편함에 괴로워진다. 그건 20년 전에 저지른 범죄의 기억임 을 깨닫는다. 그는 어린 소녀를 범했던 것이다. 그동안 그는 '망각하 고' 있었고, 이제 그 기억은 무의식의 마음으로부터 고통스럽게 떠오 르게 된 것이다."[44] 자칫하면 재능 없는 작가에 의해 고딕풍 연애소설 이 될 수도 있는 이런 장면들이, 영혼과 직결되는 병리 심리학 연구 에 박차를 가하게 했다.

영혼 다시 쓰기

9장 　　　　　　　　　　　　　　　　　　　　　　정신분열증

이 책의 후반부는 과거로 돌아가서 1874~1886년 사이에 잠시 머물 것이다. 그 시기는 다중성이 프랑스를 휩쓸고, 기억의 과학이 탄탄히 자리를 잡고, 신체적 상처나 병변에만 사용되던 트라우마 개념이 정신적 상처에도 적용되기 시작한 시기다. 이 책의 목표는 기억의 과학, 정신적 트라우마 그리고 다중인격을 동시에 끌어들인 지식의 지형적 배경을 이해하는 데에 있다. 당시와 현재 사이 기간의 몇 가지 양상, 즉 다중인격이 활기를 잃고, 정신분석이 흥성하고, 정신분열증(조현병)이 가장 이해되기 어려운 정신병이었던 그 시기의 모습을 설명하면 배경의 전환을 이해하기 쉬울 것이다.

1874~1886년 사이에 완성된 다중인격의 원형은 여태까지 기술한 최근의 다중인격과는 매우 달랐다. 오이겐 블로일러Eugen Bleuler(1857~1939)는 20세기 초에 진단범주로서의 정신분열증을 창시한 인물로 유명한데, 그의 훌륭한 요약을 여기에 소개한다. 그는 다중인격의 초기 명칭들을 사용했는데, 영어 명칭 하나(이중의식)와 프랑스 명칭 하나(교차성

인격)였다.

인격의 장애의 특수한 종류 한 가지는 *교차성 인격*으로, *이중의식*
으로도 알려져 있다. 히스테리아 여자를 한번 상상해보자. 여태껏 평
범하게 살아온 그녀는, 어떤 이유로든 간에, 히스테리성 수면에 빠졌
다가 깨어나면서 이전의 삶을 완전히 망각한다. 자기가 누구인지, 지
금껏 어디에서 살아왔는지, 주변에 보이는 사람들이 누구인지 알지
못한다. 이런 변화에도 불구하고, 걷고, 말하고, 먹고, 옷 입는 등의 일
상적 능력은 새로운 상태(두 번째 상태)로 그대로 이전되어 있다. 타인
과 소통하는 데 필요한 게 무엇이든 간에 그녀는 매우 빨리 학습한다.
성격 역시 변해서, 전에는 진중한 성격이었던 소녀가 이제는 경솔하
고 쾌락을 좇는 사람이 되었다. 얼마 후 그녀는 다시 수면 상태에 들
었다가 깨어나서 첫 번째 상태로 돌아간다. 그 사이의 시간에 대해 그
녀는 자각하지 못하고, 기억하는 것이라고는 잠이 들었다는 것뿐, 그
리고 평소처럼 다시 깨어난 것이다. 이렇게 변화되는 상태는 번갈아
가면서 몇 년 동안 나타날 수 있다. 첫 번째 상태에 있는 동안 환자
는 그 상태의 일만 기억하고, 두 번째 상태에서도 항상 그 상태의 것
만 기억한다. 그러나 두 번째 상태의 환자가 첫 번째(정상) 상태의 일
을 기억하는 반면, 첫 번째 상태는 두 번째(병적) 상태의 일들은 기억
하지 못하는 경우가 더 많았다. 결국 두 번째 상태가 영구적으로 되어
버리는 경우도 있어서, 이런 식으로 *인격의 변형transformation of personality*이
일어나는 것이다. 꽤 드물게는, 다른 상태들이 많아지면, 각 상태마다
뚜렷한 특성과 특수한 기억집합(인격)이 있게 되는데, 많을 때는 12
개의 인격이 있는 경우도 관찰되었다. 순수하게 2개의 인격만 있는
사례는 당연히 매우 드물다. 그럼에도 그 이론적 의의는 매우 중요한
데, 인격들의 연합경로를 체계적으로 제거하거나 개입함으로써 뚜렷

이 개선시킬 수 있음을 보여주는 것이기 때문이다.[1]

두 번째 상태État second는 외젠 아잠Eugène Azam이 자신의 환자 펠리다의 다른 인격 상태에 붙인 이름으로, 그녀는 1876년 이후 프랑스에서 처음으로 연구된 다중인격이다. 이는 표준 관용구가 되었다. 브로이어와 프로이트의 공저《히스테리아 연구》여러 군데에서 6번이 넘게 사용되었다.[2]

1980년대 다중인격운동 회원들은 블로일러와 프로이트를 적으로 간주했다. 왜 그렇게 프로이트를 싫어하게 되었는지 설명하기 전에 우선 블로일러부터 살펴보자. 모턴 프린스(1854~1929)가 이끌며 흥성하던 보스턴의 다중인격운동이 1908~1926년 동안에 축적된 협공으로 괴멸했다는 것은 인정된 사실이다. 좌익에서는 정신분석이 역동심리학의 한 종류로 사용되고 있어서, 자네나 프린스의 이론이 발붙일 여지가 없었다. 우익에서는, 더 신경학적이고 생물학적 관점을 견지하는 정신과의사들이 다중인격을 정신분열증으로 간주하고 치료하고 있었다. 이 설명에는 놀랍도록 신화적인 성질이 있다. 전설적인 '악의 양대 세력'인 프로이트와 블로일러가, 소중하고 순수한 소녀인 다중인격과 해리를 제압하고 있는 것이다. 그들은 그 전장에서는 이겼지만, 전쟁에 승리한 것은 아니었을 것이다. 일부 다중인격운동가들은 지금 정신분열증에 빼앗긴 영토를 되찾으려 애를 쓰고 있다. 나는 이 영토회복주의를 설명하며 이 이야기를 마감하려는데, 그 전에, 모든 영토회복주의는 명분이 가장 중요하다는 역사적 이야기를 먼저 살펴보려 한다.

공식 역사의 토대는 1980년 로젠바움M. Rosenbaum에 의해 출판된 한 권의 역사비망록이다.[3] 그는《의과학 색인목록Index Medicus》이 1926년 이후부터 다중인격보다는 정신분열증 논문을 훨씬 더 많이 싣고 있음에 주목했다. 1914~1926년 사이는 그 반대였다. 1926년 이후 정신분열증이 다중성을 압도하게 된 것이다. 왜 그러했을까? 퍼트넘은 "로젠바움은, 블로일러가 다중인격을 정신분열증 범주에 포함시켰음에 주목했다"라고 썼다.[4] 동일한 출처를 사용한 그리브스는 주장하기를, 블로일러가 "적어도 [다중인격장애] 일부 사례를 전 세계적 진단명인 정신분열증에 포함시켰다. 나머지 사례들은 히스테리아로 간주하여 최면으로 인공적으로 일으킨 최면성 증상의 영역으로 (암묵적으로) 추방했다"라고 했다.[5] 이 발언들은 블로일러의 글 중 이어지는 3개의 문장을 오독한 데에서 근거한 것으로, 문장을 무단으로 발췌하고, 앞뒤를 잘라내고, 맥락을 무시한 채 실질적으로 하나의 단락을 통째로 틀리게 인용한 것이다. 엄정하고 빈틈없는 저자를 수준이 전혀 다른 작가가 모욕하는 일이 그리 드문 일은 아니다. 그러나 다중성과 정신분열증의 관계는 미래에 중요한 주제가 될 것이기에 틀린 건 바로 잡아야 한다.

엘렌베르거는 블로일러의 이론과 실제가 "자주 오해되곤 한다"라면서 간결하고도 훌륭한 요약을 제공했다.[6] 블로일러는 취리히대학 정신과 소속의 부르크횔츨리Burghölzli 정신병원의 원장이었다. 정신증*의 주요 분류는 에밀 크레펠린Emil Kraepelin(1856~1926)에 의해 확립되었다. 한쪽에는 조울증manic-depressive illnesses이 있고, 다른 쪽에는 청소년기에 발병해서 치매에 빠진다고 하여 조기치매라 불리는 게 있었다. 1908년, 블로일러는 몇 년간 자신의 조교들을 교육하던 내용을 책으로 출판했다. 그는 크레펠린이 발병시기에 초점을 맞춘 것은 틀렸다[7]고 했다. 그 어떤 기존 명칭도 이 수수께끼 질병에는 맞지 않았

---

* 정신질환은 현실 검증의 장애와 자신의 병에 관한 인식(병식)의 유무로 대략 정신증과 신경증으로 대별된다.

영혼 다시 쓰기

다. 그리하여 블로일러는 '분열된 뇌의 질병'의 의미로 그리스어에서 따온 정신분열증schizo-phrenia이라는 명칭을 정했다. 그가 말한 것은, 이중의식의 원형처럼 인격들이 분열하여 한 개인을 번갈아 지배한다는 의미는 아니었다. 그는 "정신적 기능의 '분열'"을 지적한 것이었다.[8] 아주 단순화시킨다면, 주변을 인식하는 기능과 그걸 느끼는 기능이 분열됨을 의미한다. 다시 말해서, 이성과 감성sense and sensibility 사이의 분열을 의미한다.

블로일러는 교차성 인격에는 거의 관심을 보이지 않았지만 감별진단 항목에 넣을 것은 고집했다. 그가 읽은 문헌에서는, 앞서 내가 인용했던 원형처럼, 하나의 다른 인격이 또 다른 인격에 이어 몸을 장악했다. 그는 모턴 프린스가 공共의식이라고 칭한, 두 개의 다른 인격들이 서로를 인지하는 상태에 관해서는 알지 못했다. 후일 이 상태 또한 원형에 포함되었다. 따라서 정신분열증과 교차성 인격 둘 다 분열splitting과 연관되지만, 매우 다른 종류의 분열이라고 할 수 있다. 정신분열증은 태도, 정서, 행동이 조화되지 않을 뿐만 아니라, 논리적 사고와 현실감이 심하게 왜곡되어 있다. 다중인격은 논리성이나 현실감의 문제는 없으나 인격이 파편으로 계속 쪼개어진다.

> 인격의 측면에서 체계적인 분열은 [정신분열증 외에도] 다른 많은 정신증 상태에서도 발견된다. 히스테리아(다중인격)에서는 정신분열증보다 훨씬 더 두드러지게 나타난다. 그러나 주변을 올바로 인식하면서도 다양한 인격의 파편들이 나란히 함께 존재한다는 점에서, 확실한 분열은 우리의 질병[즉 정신분열증]에서만 발견된다.[9]

블로일러가 공의식에 대해 알았더라면 이 논점을 바꿨을지도 모르겠다. 그러나 그는 알지 못했다. 앞서 나는 그가 이중의식에 관해 말한 원형을 인용했는데, 그 뒤에 이어지는 세 문장은 다음과 같다.

> 다른 인격들이 *계속 잇따라*succeeding 나타나는 증상은 히스테리아에만 국한되지 않는다. 비슷한 기전에 의해 정신분열증도 *나란히*side by side 존재하는 다른 인격들을 생성한다. 희귀하기는 하지만 가장 논증하기 쉬운 이 사례들은 더 탐구할 필요가 없다. 똑같은 현상을 최면암시를 통해 실험적으로 재생할 수 있기 때문이다. 또한 보통의 히스테리성 몽롱함 속에서는, 정상 상태에서는 기억하지 못했던 이전의 발작을 기억하고 있거나, 잊혔더라도 암시에 의해 떠오를 수 있음이 알려져 있기 때문이다.

블로일러가 독일어 원본에서 강조한 부분은 충실히 번역된 영어판에도 그대로 보존되어 있다. 그런데 이 문장들이, 로젠바움과 그 뒤를 잇는 모든 다중인격운동의 저자들이 주장하는 바와 같이, 블로일러가 다중인격을 정신분열증에 포함시켰다는 주장의 근거가 되었다. 이 문장들? 정확히 문장들 다는 아니었다. 로젠바움은 블로일러가 강조했던 두 부분을 빼버렸다. "*계속 잇따라*"와 "*나란히*"는 필수불가결한 부분이다. 왜냐하면 그 부분이 블로일러의 감별진단에서 토대가 되는 것이기 때문이다. 대신, 로젠바움은 전혀 다른 단어를 이탤릭체로 적고, 구두점을 다른 곳에 찍고, 문장의 마지막 부분을 생략해버렸다. 그는 동일한 문단의 앞부분에 나오는, 다중인격에 관한 반박할 여지가 없는 묘사에 대해서도 언급하지 않았다.

블로일러가 너무 악의적인 비난을 받았기에 그의 실제 견해를 여기에 정리해놓아야겠다. 그의 견해는 다음과 같다. (1)다중인격—교차성 인격들—은 드물다. (2)그들은 "입증할 수 있는 존재다." (3)그들은 해리—"인격들이 연합하는 통로가 체계적으로 제거되었거나 무언가가 삽입되어 있는 경우"—의 관점에서 이해되어야 한다. 더 나아가, (4)해리("비슷한 기전")는 정신분열증에서도 일어나지만, 이 경우는 인격들이 서로 교차하는 게 아니라, 인격이 조각난 채 나란히 함께 존재하는 것으로서, 이는 19세기 다중인격 보고서에서는 보이지 않았던 것이다. 끝으로, (5)해리라는 주요 현상은, 드문 자연적 교차성 인격을 찾아 나서기보다는, 실험적인 최면암시를 통해 연구 가능하다. 모든 점에서 블로일러는 다중인격 문헌에, 특히 피에르 자네의 문헌에 충실했다. 예를 들어, 최면실험으로 다중인격을 연구할 수 있다고 한 사람은 특히 자네였다.

그리브스는, 블로일러가 교차성 인격 일부는 정신분열증이고 나머지는 최면에 의한 것이라고 말했다고 했으나, 블로일러는 그렇게 말한 적이 없다. 여기에는 슬픈 아이러니가 있다. 그리브스는 블로일러가 왜 그렇게 효율적으로 다중인격을 "징발해서" 정신분열증에 편입시켜버렸는지 의문을 가졌고, 이를 자신이 지칭한 '주입이론inoculation theory'으로 설명하려고 했다. "주입이론은…… 정보를 최초로 접한 사람은 누구나 다—'맨 처음 도착한 사람이 가장 많은 것을 얻는다'와 마찬가지로—매우 유리한 위치에 서게 된다"[10]라는 것이다. 이 얼마나 사실과 정반대되는 말인가? 블로일러는 가장 먼저 도착한 사람이지만 매우 불리한 위치에 놓이지 않았는가? 앞뒤를 잘라낸 3개의 문장을 맥락에 맞지 않게 오용함으로써 블로일러를 곡해하게 만든 사람은 로젠바움이었다.

블로일러가 고약하게 와전되면서 다중인격의 공식 역사는 다음과 같이 흘러갔다. 모턴 프린스는 프랑스 의사들로부터 다중성을 배우고 보스턴에 돌아와서 진료에 그 진단명을 사용했다. 유명한 두 사례, 샐리 비첨과 B.C.A.는 획기적 사건이었다.[11] 정신의학의 보스턴파는 해리에 중점을 두면서 20세기 초에 전성기를 누렸다. 비첨의 치료가 마무리된 1906년, 프린스는 《비정상 심리학 저널Journal of Abnormal Psychology》을 창간했는데, 수많은 다중성 사례를 실었던 이 학술지는 오늘날까지 발행되고 있다. 그러나 수년 내에 이 진단은 실질적으로 사라지게 되는데, 그 학살의 두 주범은 정신분석과 정신분열증이었다. 다중인격운동은 미국적이고, 그 공식적 역사도 미국의 것이고, 그 문제성도 미국의 것이었기 때문에, 운동은 왜 미국에서 다중인격이 사라졌는지를 묻는다. 더 흥미로운 질문은 프랑스에 관한 것인데, 1876년 이후 그 많은 환자를 발생시킨 발원지이자 전설적인 이론가 피에르 자네의 고향이 프랑스이기 때문이다. 다음에는 몇 장에 걸쳐 프랑스의 자세한 상황을 기술하려 한다. 내가 아는 한, 프랑스에서 왜 다중인격이 사라졌는지 묻는 사람은 아무도 없었다.

정신분석은 그 답이 아니다. 프랑스에는 고유의 정신분석 역사가 있다. 쟈크 라캉Jacques Lacan의 연구가 프랑스 밖에서 유명해졌지만, 그 이전의 것은 잘 알려져 있지 않다. 프로이트를 프랑스에 전한 사람은 그 대단한 마리 보나파르트Marie Bonaparte(1882~1962)*로서, 정신분석에 프랑스 쪽 날개를 달아준 사람이다. 그녀를 몹시도 혐오했던 사람이 바로 라캉이었다. 그녀는 1924년 《정신분석에 관한 입문강좌》를 읽기 전까지는 프로이트에 관해 생각해본 적조차 없는 것 같다. 1924년이라면 그녀가 프랑스의 다중인격을 억제하기에는 너무 늦은 시기이다.[12] 1910년에 다중인격의 파도는 프랑스에서 거의 완전히 가라앉은 상태였기 때문이다.[13] 이는 아주 간단하게 설명이 된다. 프랑스의 다중인격은 히스테리아의 표식 아래 태어났다. 모든 다중인격

---

* 황제 나폴레옹 1세의 증손조카로, 결혼 전에는 마리 보나파르트 공주, 결혼 후에는 그리스와 덴마크의 조지 공주로 불렸다. 작가로 활동했고, 여성의 불감증에 관한 연구 등을 했다. 막대한 유산과 정치적 영향력, 과감한 행동 등으로 유명하다. 프로이트의 몸값을 나치독일에 지불하고 그의 탈출을 도와 런던에 도착하게 했다.

은 이상한 증상을 지닌 히스테리아였고, 샤르코에게 명성을 안겨준 별난 증상을 가지고 있었다. 1895~1910년 사이에 히스테리아는 프랑스 정신의학의 중심에서 밀려났다. 간단한 삼단논법이 성립된다. 히스테리아가 퇴출되었다. 모든 다중인격은 히스테리아다. 고로, 다중인격도 퇴출되었다.

마크 미컬리Mark Micale는 히스테리아의 증상들이 완전히 사라지지 않고 다른 진단 안에 흩어져 들어갔다고 지적했다. 히스테리아는 "의학교과서 내 수백 군데로 연기처럼 스며들었다." 그리고 "이 변화의 대부분은 1895~1910년 사이에 일어났다"라고 했다.[14] 프로이트의 불안신경증이 히스테리아의 일부를 덜어갔고, 정신분열증의 전신인 크레펠린의 조기치매도, 자네의 정신쇠약 진단도 그러했으며, 오늘날 의사학자들이 기억하는 것보다 더 많은 것들이 그러했다. 그 결과는? 다중인격이 번성할 의학적 공간이 사라진 것이다.

1886~1887년 사이에 나온 첫 심리학 논문에서 이중인격에 매혹되었던 자네의 경우를 살펴보자. 1889년 철학학위논문 주제는 〈심리적 자동증Psychological Automatism〉이었다. 1894년에 나온 《히스테리아 환자들의 정신 상태》 제2권에서 그 주제는 짧은 단락이지만 중요한 진전이 이루어졌다. 하버드대학교에서 했던 1906년 강좌 〈히스테리아의 주요 증상들〉에서는 그 현상에 상당한 관심을 쏟았고, 모턴 프린스 덕분에, 다중인격의 중심지에서 살아남을 수 있었을 것이라고 청중에게 연설했다. 그러나 1909년의 저서 《신경증들》에서는 오히려 이중인격을 무시하는 편이었다.[15] 시기에 주목하자. 그 시기는, 미컬리가 지적한, 프랑스 히스테리아의 몰락기였다. 젊은 날 그 누구보다도 더 열광했던 그 주제에 자네는 더 이상 진지하지 않게 되었다. 1919년의 세 권짜리 저서 《심리적 치유》는 여러모로 삶의 경험이 축적된 것이었는데, 총 1147쪽 중 다중인격, 더 정확히 말해서 이중인격에 할

애된 분량은 오직 한 쪽에 불과했다. 그 1쪽에서 그는, "활동과 기억이 주기적으로 계속 변화되는 현상은 다른 어딘가[《신경증들》]에서 지적한 바가 있는데, 이는 병리적 심리학의 초창기 때 그토록 신비하게 보였던 이중인격 현상을 단순한 방식으로 해석할 수 있게 해준다"라고 적었다.[16]

다중인격 회의주의자들은 자네의 다음의 글에 놀라며 기뻐할 것이다. 이중인격은 익숙한 질환이 특수하게 나타나는 드문 사례로서 그 질환에 포함되어야 한다. 그 질환이란 우울증, 조증, 안정기가 주기적으로 교차하는, 소위 "초창기 프랑스 정신병의사들이 말한 순환하는 병 les circulaires"이다. 1854년 장 피에르 팔레*는 그 병의 명칭을 순환성 정신병 folie circulaire이라고 했고, 이는 크레펠린의 조울증 혹은 DSM-IV의 양극성장애와 대략 유사하다. 자네가 결국 다중인격과 정신분열증을 한데 묶지 않았다는 점에 주목하자. 그는 (애국적인 이유에서 혐오했던) 독일식 분류법을 사용해서는, 크레펠린이 조기치매의 정반대라고 보았던, 조울병과 함께 분류했다. *자네는 다중인격이 양극성장애의 특수 사례라고 결론지었다.*

프랑스에서 다중인격의 소멸은 히스테리아의 의학사 측면에서는 충분히 납득할 만하다. 자네가 그 진단명을 단념했다는 사실은 그저 일화적 흥밋거리일 뿐이다. 1919년이 되자 그의 영향력은 사라졌다. 미국은 어떠했을까? 모턴 프린스의 보스턴파는 다중인격 진단과 해리 개념을 강력하게 지지했지만, 결국은 실패했다. 프랑스에서 다중인격의 소멸은 정신분석과 상관이 없었으나, 미국에서는 실로 중대

---

*　　장-피에르 팔레 Jean-Pierre Falret. 19세기 프랑스 정신과의사. 순환성 정신병(지금의 양극성 정동장애)을 최초로 의학적으로 기술했다. 살페트리에르에 재직하면서 환자후원협회를 결성했는데, 서구에서 정신질환자 후원회는 지금도 팔레협회 Farlet Society라고 불린다.

한 연관성이 있었다. 1907년 클라크대학교의 유명한 학술대회에는 전 세계적으로 기라성 같은 심리학계 인물들이 초청되었다. 프로이트가 그곳을 장악한 것 같았다. 정신분석을 지지하는 여론이 서서히 고조되기 시작했고, 그 후 오랫동안 미국 의과대학 정신의학계를 지배했다. 민간의료에서도 미국식 정신분석이 성행했다. 프린스가 설 공간이 없어졌다. 프로이트의 억압기전이 프린스의 핵심 수단이었던 해리를 침몰시킨 것이다. 요즘에는 억압과 해리가 무분별하게 임의로 얽혀 있지만, 한때는 맞대결을 벌이던 두 개의 모델이었다. 그때의 상황을 가장 훌륭하게 묘사한 사람은 영국의 정신과의사 버나드 하트Bernard Hart(1879~1966)다.[17] 프린스에 대한 분석가들의 태도는 경멸에 가까웠다. 어니스트 존스Ernest Jones는 프린스를 묘사하기를, "매우 철저한 신사, 세상살이에 능숙한 사람, 매우 유쾌한 동료…… 그러나 심각한 문제를 하나 가지고 있다. 그는, 어느 쪽인가 하면, 어리석은 편이었는데, 이는 프로이트가 노상 용서할 수 없는 죄악이라고 말했던 바로 그것이다"라고 했다.[18]

다중인격의 소멸 원인이 정신분석 때문이라는 다중인격운동의 공식 설명의 절반은 미국의 경우 옳다. 그러나 프랑스에는 맞지 않는다. 그렇다면 나머지 절반인, 정신분열증이 다중인격을 집어삼켰다는 설명은 어떠할까? 블로일러가 두 진단을 신중하게 구별했다는 사실은 앞서 얘기한 바가 있다. 그럼에도 그는 다중인격의 소멸에 간접적으로나마 기여를 했는데, 그 이유는 히스테리아의 산화散花에 주된 역할을 했고 그럼으로써 다중성의 본거지를 파괴하는 데 일조했기 때문이다. 1920년대 정신분열증의 진단, 보고 및 논의가 증가했다는 사실에는 이견이 없다. 로젠바움이 조사한 것은《의과학 색인목록》이었고, 이제 우리는 조지 그리브스 등이 수집한 인용 문헌을 참고할 수 있게 되었다.[19] 1910~1970년 사이에 출판된 다중인격에 관한 영어

논문의 빈도를 5년 간격으로 보았을 때, 놀랄 만큼 변화가 없었다. 정신분열증 논문은 계속 증가했던 반면, 다중성에 관한 논문은 별 차이가 없었다. 1950년대 후반에 돌풍처럼 몰아친 '이브'에 대한 관심은 제쳐놓고, 아무도 그 주제를 진지하게 받아들이지 않았다는 것이 진실이다. 모턴 프린스는 더 이상 세상을 매혹시키지 못했다. 출판된 논문 수는 단순히 부수적 현상일 뿐이다. 다중인격은, 단지 유별난 종류의 히스테리아였기에, 굳이 논문 수를 셈하려면, 히스테리아에 관한 논문 출판 수와 비교해 그 비율을 계산해봐야 한다. 그 결과는 주석에 정리되어 있다.[20] 히스테리아와 신경쇠약, 두 진단은 1905년을 정점으로 꾸준히 감소했다. 1917년이 되자 다중성이 없는 히스테리아는 다중인격만 있는 경우보다 사실상 더 이상 많지 않았다. 그러나 이 통계가 무언가를 입증하는 근거라고 받아들여서는 안 된다. 정신의학 출판물 자체의 종류와 권수가 이 시기에 많이 변화했기 때문이다. 그것은 우리가 이미 알고 있는 것을 더 이론적인 배경 위에서 보여줄 뿐이다. 즉 히스테리아가 단계적으로 사라져가고, 더불어 다중인격도 사라져갔다는 사실이다.

직접적인 주된 위협이 비록 정신분석이었다 할지라도, 히스테리아의 쇠락이 다중인격에 재해가 될 것임을 프린스는 충분히 인지하고 있었다. 히스테리아의 종말에 주요 역할을 한 인물 중 한 사람은 샤르코의 애제자인 조제프 바빈스키Joseph Babinski였다. 바빈스키는 매우 인상적인 오이디푸스적 방식으로, (프랑스 백과사전 항목에 실린 딱 맞는 문구를 사용하자면) "히스테리아를 폭파했다." 프린스는 1919년, "바빈스키의 인도로, 프랑스 신경학자들 사이에서 샤르코파의 고전적 히스테리아 개념에 반대하는 반동이 일어났다"라고 적었다.[21] 그다음에 바빈스키에 대한 정중하지만 진심 어린 탄핵이 뒤따랐다. 그러나 영향을 미치기에는 당시 너무 늦었고, 유럽에서의 히스테리아의 종말과는 동떨어진 일이었다. 오늘날 다중인격을 지지하는 사람들은 그 진단의 실질적 소멸을 어떻게든 설명해야 한다고 생각한다. 그러나 그들은 틀린 질문을 하고 있다. 옳은 질문은, 미국에서 왜 그리 오랫동안 유지되었는지에 관한 것이어야 한다.

미국과 영국이 다중성에 매혹되었던 요인 하나 ─ 금세기 초 프랑스에서 그랬던 것보다 훨씬 더 지속적인 관심을 끌게 한 요인 ─ 는 소극적으로 다뤄져 왔다. 다중인격은, 기생충이 숙주를 필요로 하듯, 언제나 숙주를 필요로 한다. 지금까지 살펴봤듯이, 우리 시대의 숙주는 아동학대. 프랑스의 경우, 숙주는 샤르코의 히스테리아, 최면술 그리고 실증주의positivism였다. 특히 뉴잉글랜드에서, 넓게는 미국과 영국 양쪽에서, 추가된 숙주는 심령연구이다. 그중 한 가지 생각은, 다른 인격들은 죽음으로 육체에서 떨어져 나온 영혼이고, 영매능력과 다중인격은 매우 밀접하게 연관된다는 것이다. 이 생각은 일찍이 프랑스에서 생긴 것이다. 1909년 노벨의학상을 받은 샤를 리셰 Charles Richet*는 초감각적 지각extrasensory perception에 통계적 추론을 적용한 최초의 연구자이다. 순수한 무작위 추출을 시도한 끝에, 그는 소위 '뛰어난 선수들'에게로 시선을 돌렸다. 자네의 첫 다중인격 환자인 레오니는 원격으로 최면에 걸리는 능력이 있어서 자네의 관심을 끌었던 사람이다. 1884년 리셰가 텔레파시를 연구했을 때, 그는 사실상 모든 분야의 연구를 통틀어 무작위 실험 설계를 이용한 최초의 사람이었다.[22] 그러나 영국과 미국에서는 1882년부터 과학적 방식의 심령연구가 한창이었다. 다중인격에 관한 19세기 전체 문헌을 가장 신

---

* 샤를 리셰(1850~1935)는 프랑스의 생리학자로 면역학 연구, 특히 아나필락시스 연구로 노벨생리학상을 수상했다. 후에 초자연적 심령 연구에 몰두했다. 역사가 루스 브랜든은 리셰의 "믿고자 하는 의지와 불쾌할 정도로 반대되는 징후를 받아들이지 않으려는 고집"을 지적했다.

중하게 종합한 글은 프레더릭 마이어스F. W. H. Myers*가 썼는데, 그는 런던 심령연구협회의 공동설립자였고, 그의 대표작은 1903년에 출판된《육체적 죽음에서 살아남다》로서 지금까지도 초기 다중인격에 관한 가장 풍부한 모음집 중 하나로 꼽힌다.[23] 다중인격 한 명의 사례에 관한 가장 긴 보고서—그 어떤 정신질환의 사례와 비교해도 가장 긴 보고서—는 월터 프랭클린 프린스Walter Franklin Prince(모턴 프린스와는 아무 관계가 없다)가 쓴 1396쪽짜리 도리스 피셔에 관한 연구보고서이다. 그 보고서는 1915~1916년 사이에 심령연구 잡지에 실렸다.[24] 16장에서 논하게 될 스티븐 브로드Stephen Braude**는 심령연구의 전통에 충실하게 심령연구와 다중인격장애를 지지하는 책들을 출판했고, 몽환상태에 빠진 영매를 통해 심령연구와 다중인격장애를 연결하려 했다.[25] 이 주제의 최신 정보는 앞으로도 계속 업데이트될 것 같다. 1994년의 한 논문은, 심령 현상에 대한 믿음—유령, 외계인 등—은 어린 날의 트라우마와 강한 상관관계가 있다고 확인했다.[26] 그러나 세기말의 전환기에, 30여 년간 전성기를 구가했던 영매능력, 강신술, 심령연구 등은 급격히 하락세를 맞이한다. 다중인격이 서식할 수 있던 일탈 지구地區가 또다시 극심하게 축소된 것이다.

이제 1921~1970년 사이에 진단명으로서든 진지한 연구 주제로서든 간에 다중인격이 실질적으로 사라진 이유를 설명하는 데 필요한 건 다 얘기했다. 그러나 다중인격, 정신분열증, 정신분석 사이의 관계

---

* 　프레더릭 윌리엄 헨리 마이어스(1843~1905). 영국의 시인, 작가, 심령연구가. 영매, 염력, 자동 쓰기, 투시, 귀신 등 온갖 심령 관련물을 믿었다. 그의 사후에 출판된《인간의 성격과 육체적 죽음으로부터 생존Human Personality and Its Survival of Bodyly Death》은 심령연구의 바이블로 불린다.

** 　종전 후 미국의 철학자이자 초심리학자parapsychologist. 미국 초심리학협회 초대 회장. 심령현상 연구와 강신술의 시행 방법과 효과에 관련된 책을 여러 권 저술했다.

　　　　　　　　　　　　　　　　　　　　　　　영혼 다시 쓰기

에 대한 설명은 아직 남아 있다. 다중인격과 프로이트에 대해 몇 마디 더 기술하고 다시 정신분열증의 주제로 돌아가자.

다중인격운동이 프로이트를 얼마나 혐오했는지는 콜린 로스의 말에 가장 잘 표현되어 있다. "프로이트가 자신의 이론으로 무의식의 마음에 저지른 일은 뉴욕시가 쓰레기로 바다에 저지른 일과 같다."[27] 1971~1990년 사이에 다중성 지지자들 사이에서 프로이트에 대한 인식은 경악하리만큼 냉혹했고, 심지어 독불장군식 정신분석가인 코넬리아 윌버마저도 그러했다. 프로이트를 넌지시 암시한 거의 유일한 예가 있다. "프로이트(1938)는 무의식이 전 인생 경험의 기억에 잠재되어 있다는 개념을 형성하는 데에 기여했다." 여기 인용된 "프로이트(1938)"는《프로이트 기초적 저작들》이라는 일반 문고판으로, 쪽수조차 인용되지 않았다.[28] 퍼트넘의 책에서는 색인에 이렇게만 적혀 있다. "지그문트 프로이트마저도 이인증의 느낌을 개인적으로는 경험했다고 말한 바 있다."[29]

프로이트에 대한 두려움과 혐오는 쉽사리 이해된다. 아동학대에 대한 페미니스트 측의 운동은 프로이트를 혐오했고, 그곳은 다중인격의 서식처였다. 프로이트가 소위 유혹이론을 폐기한 것에 대해 제프리 마송이 매섭게 공격함으로써, 아동성학대에 관심을 가진 사람이라면 누구나 다 프로이트를 악당으로 보게 되었다. 게다가 브로이어의 사례인 안나 O.는 걸핏하면 다중성으로 간주되는데, 이로 인한 배신감도 있었다. 브로이어와 프로이트 자신도 그녀는 이중의식이라고 말했던 바 있다.[30] 그들은 왜 신념을 지키지 않았을까? 약간은 죄책감이 섞인 부채감도 있었을 것이다. 다중인격의 원인론은 브로이어와 협동작업을 하던 초창기 프로이트의 주장과 비슷하다. 기억으로 인해 고통받는다는 트라우마의 효과를 사람들은 프로이트를 통해 알게 되었다. 사실 이미 1890년경에 자네가 거의 똑같은 말을 했지만.

몇몇 사려 깊은 임상가로서는 끈질긴 의심에 시달렸을지도 모른다. 어떻게 우리는 초창기의, 어리숙한 애송이 프로이트에게 발이 묶여버린 것일까? 어떻게 우리는 한밤에 재방영되는 전전戰前의 흑백 심리극의 상투적 설정에 옴쭉 못하게 된 것일까? 프로이트가 1899년에 통과한 지점*까지 우리는 왜 가보려 하지 않았을까? 프로이트가 차폐기억screen memory**이라고 칭한 것에 대해 왜 우리는 심각하게 생각하지 않았을까? 왜 우리는 그렇듯 문자 그대로 직해주의적이고 기계적이어서, 트라우마로 인한 병은 어린 날 트라우마를 받았던 그 당시에 발생했다고 생각했을까? 기억 속에 남아 있는 것처럼 보이는 원래 사건의 경험이 스트레스와 장애를 일으킨 건 아닐 거라는 생각을 왜 우리는 논의해보지도 않았을까? 많은 시간이 지난 후에, 억압된 기억 자체로 인해 문제가 생기는 것인지, 마음의 작업이 계속되고 기억이 재구성되는 과정에서 문제가 생긴 것은 아닌지, 왜 우리는 질문하지 않았을까?

그러나 시대는 변화하고, 억압된 기억의 위기는 임상가들로 하여금 프로이트로 돌아가게 만들었다. 역으로, 정신분석 연구자들은 점점 다중인격에 관해 생각하게 되었다. 때로 그들은 전통적인 프로이트의 개념을 사용한다. 프로이트의 내부 핵심층에 속하는 오토 랑크Otto Rank는 이중인격이 자기애의 한 종류라고[31] 했는데, 이 주장은 심리학자 셸던 바흐Sheldon Bach에 의해 부활되고 있다.[32] 오랫동안 미국의 정신분석 연구 중심지였던 메닝거 클리닉은 그 기관의 학술지 한

---

* 1899년 출간된《꿈의 해석》은 무의식의 구성과 욕동에 관한 근본구조를 처음으로 밝힌 저서이다. 기억에 떠오른 사건은 원래 사건 그대로가 아니라 무의식의 작업을 거쳐서 당시에 존재하지 않았던 무언가와 결합된 것임을 제시했다.

** 고통스럽거나 수치스러운 혹은 죄의식을 불러오는 경험을 차단하고 덜 중요한, 긍정적이거나, 타인을 비난하는 기억으로 가리는 역할을 하는 왜곡된 기억.

권 전부를 다중인격 주제로 채웠다.

　정신분열증과 다중인격의 관계는, 비록 모든 일이 다중인격 쪽에서 비롯되기는 했지만, 유동적이다. 다중인격운동은, 지금 정신분열증으로 불리는 많은 환자들을 다중인격으로 인정해야 한다고 주장하는데, 그 이유는 오진 때문이 아니라, 정신분열증의 전형적 증상 중 많은 것이 실제로는 다중인격의 증상이기 때문이라고 말한다. 어떻게 그럴 수 있겠는가? 1장에서, 다중인격과 정신분열증을 완전히 별개로 보아야 함을 나는 분명히 밝혔다. 애초부터 나는 의미론적 혼돈이 다중인격=인격의 분열=정신분열증의 자연스런 등식으로 잘못 이어질 것을 경계했다. 이런 억측이 어떻게 생겼는지 이해하기 위해서 경계의 수위를 조금은 낮춰서 살펴보자. 책《시빌》에 함축되어 있는 통속적 구별에는 꽤 큰 지혜가 들어 있다. "윌버 박사는 정신증 환자도 진료했는데, 시빌과 같은 식으로 병을 앓는 것은 아니라고 보았다. 누군가는 이렇게 말할지도 모르겠다. 정신증의 체온이 화씨 99도(섭씨 37.2도)라면, 시빌의 정신신경증적 체온은 화씨 105도(섭씨 40.5도)에 달한다고."[33] 그리고 윌버는, 정신분열증이 가진 단조로운 정서나 병적 사고방식을 가진 다중인격은 본 적이 없다고 주장했다.

　두 질환의 다른 차이점에 관해 언급했지만 그건 중요한 문제가 아니다. 정신분열증은 확실히 두려운 질환이다. 정신분열증이 현재 서구 산업세계에 만연하는 최악의 질환이라고 강조하는 사람들도 있다. 풍요에서 발생하는 최악의 질병으로 암보다도 정신분열증을 먼저 꼽는 사람도 있다. 갓 성인기에 들어서려는 젊은이에게 자주 생기고, 가족에게 끼치는 영향도 크기 때문이다. 정신분열증 경과에서 중증으로 재발할 때 최악의 일은, 병적 사고가 일상의 삶을 위협하는 패러디로 변모하고 상식과 질서가 뒤집히는 걸 보면서 주위에서 공포심을 느끼게 된다는 데에 있다. 은둔, 무관심, 병적 흥미, 뒤틀린 말, 비껴간 시선, 뒤집힌 감정, 무엇보다도 낯선 기묘함이 있다. 한때 정신병자 수용소의 특징이었던 긴장증 환자는 인간이되 인간처럼 움직이지 않고, 인간적인 반응도 없이 넋이 나간 듯 보였으나, 약물이 이 상황을 반전시켰다. 많은 증상이 이제는 약물로 완화되고 있다. 랭R. D. Laing 등이 일으켰던 반反정신의학운동의 주요 사상 중 하나는 정신분열증 환자가 아닌 사람들이 그 환자로 취급된다는 것이었다.[34] 그 운동의 주된 잔재는 '정신분열증의 친구들Friends of Schizophrenics' 및 그와 유사한 지지그룹들로 남아 있다.

정신분열증의 전망은 그리 암담하지 않다. 블로일러는 정신분열증은 조심스러운 치료법으로 개선될 수 있고 자연적으로 완화 상태에 이를 수도 있지만 결코 완전히 낫기는 어렵다고 보았다. 그러나 증상 양상과 경과도 진화한다. 몇몇 학자들은 "감염병에서 일어나는 현상처럼 그 장애 자체도 온화하게 변해왔다"라고 주장한다.[35] 1957년 항정신증 약물의 출현은 정신분열증 환자의 삶에 막대한 영향을 미쳤다. 이들 약물은 계속 발전되어왔고 사람들은 약물의 부작용도 점차 개선될 것이라고 희망한다. 가장 헌신적인 정신과의사들에게는 향정신성 약물이 마지막 치료법이 아니라 하나의 수단이다. 약물은 환자-의사 사이의 장기간의 치료적 작업을 유지시켜주고, 환자를 친구와 가족 그리고 직장이 있는 세계로 재통합시켜줄 것이다. 가족이나 지지그룹의 도움을 더 이상 받지 못하는 환자들의 경우, 의료 재원의 절대적 부족으로 인해 어떨 때에는 "창고에 저장되듯 정신병원에 입원"되는 결과로 이어질 수 있음은 사실이다. 그러나 책임을 다하는 의사라면 알약 한 움큼으로 치료를 끝내지는 않을 것이다.

정신분열증이 어느 정도 유전되는지에 관해서는 일치된 견해가 없다. 발생빈도와 발현양상도 지역에 따라 변이를 보인다. 정신분열증 관련 유전자를 찾았다는 주장이 잇따라 출현하고, 생화학적 특수 원인론의 실마리라는 것도 계속 등장했다. 그러나 근본적 원인과 본질에 관해서는 거의 알지 못하고 있다. 정신분열증을 임상적으로 기술할 때 가장 흔히 사용되는 단어는 "균질하지 않은heterogenous" 질환이라는 것이다. 이 질환을 이해하는 데에는 세 가지 접근방식이 있다.[36] 과학자들 중 대다수는, 아마도 근본적 원인은 한 가지이고, 단지 발현되는 모습만 다양할 뿐이라고 생각한다. 어떤 이들은 두 가지의 근본 유형이 있어서, 하나는 유전성으로 전형적으로 늦은 사춘기에 발병하고, 다른 하나는 생화학적 원인이라 생각한다.[37] 다른 이들은, 우리가 알고 있는 것은 오직 몇 개의 증상군일 뿐 그 질환을 다 파악하기에는 아직 멀었다고 생각한다. 끝으로, 정신분열증은 증상군으로서 결코 타당하게 묶인 증상들이 아니라고 부정하는 인습타파적 집단이 있다.[38]

정신분열증을 원인론으로 정의하려는 사람들과, 진단기준의 현상적 모음으로만 정의하려는 사람들 사이에는 항상 긴장관계가 있어왔다. 정신분열증 환자의 행동도 시대에 따라 변화되었다. 임상의사가 환자와의 면담에서 어떻게 정신분열증임을 알아낼 수 있을까? 정신과의사들은 오랫동안 "질환을 예견할 수 있게 해주는prog-nomic" 지표를 찾아왔다. (예견적 지표란, 더 근본적이고 법칙적인 다른 증상들이 뒤이어 나타나리라는 예견을 보증하는 행동을 의미한다.)

정신분열증 진단이 간단했던 적은 없었다. 1939년 정신과의사 쿠르트 슈나이더Kurt Schneider는 11개의 '일급' 증상을 제시했다.[39] 이들 중 일정 수준 이상의 증상을 나타낼 경우 정신분열증 진단은 신뢰할 만하다고 했다.

(1)환자 자신의 생각을 크게 말하는 목소리가 들림, (2)환자 자신을 두고 의견을 다투는 목소리가 들림, (3)환자에 관해 평하는 목소

리, 환자가 하거나 했던 일을 지적하는 목소리가 들림, (4)정상적으로 지각하지만, 이를 망상에 의해 달리 해석함, (5)외부에서 오는 신체적 자극을 수동적으로 감각함, (6)외적 힘에 의해 자기 생각이 추출된다고 느낌, (7)자기 생각이 다른 사람들에게 알려진다고 믿음, (8)외부로부터 생각이 심어진다고 생각하거나 느낌, (9)외부에서 느낌과 기분을 조정한다고 느낌, (10)갑작스러운 충동을 느끼게끔 외부에서 영향을 준다고 느낌, (11)외부에서 자신의 운동성 활동이나 몸을 통제한다고 느낌.

슈나이더는 이들 중 어느 하나라도 정신분열증 진단에 유용하다고 생각했으나, 현재로서는 진단을 보증하지 않는다는 데에 대체로 의견이 모아진다. 이 시점에서 다중인격이 등장한다. 이들과 매우 유사한 증상이 다중인격으로 진단된 많은 환자에게 나타났기 때문이다. 클러프트는 자신이 진단한 다중인격 환자 30명에서 환자 1명당 평균 4.4개의 슈나이더 일급 증상을 발견했다고 했다.[40] 콜린 로스 등은 다중인격으로 진단된 236명의 환자들이 평균 4.5개의 슈나이더 증상을 가졌다고 했다. 236명 중 96명은 전에 정신분열증 진단을 받았다.[41] 로스는 추론하기를, 슈나이더가 50여 년 전에 정신분열증 진단의 타당성을 목적으로 제안한 증상들은 적어도 다중인격을 지적했을 가능성이 크다는 것이다. 다중인격들은 "정신분열형적 일화들"을 겪을 수 있다. 즉 정신분열증 환자처럼 행동하지만, 장기간은 그렇지는 않는다는 말이다. DSM-IV는 정신분열증으로 확실히 진단이 되려면 최소한 6개월 이상 증상이 지속되어야 한다고 규정했다. WHO의 ICD-10은 1개월만 증상이 있어도 진단이 된다. ICD-10이 닫은 해리성정체감장애 진단의 문을 DSM-IV가 열어놓은 셈이다. 요즘은 양성 및 음성 증상 기준이 정신분열증 감별에 더 흔히 사용된다. 슈나이더의 일급 증상은 모두 양성 증상이다. 정신분열증과 다른 정신증처럼, 이들 증상의 기묘함은 보통 사람들에게는 때로 으스스하고 위협적으로 느껴진다. 다중인격은 환각 등 많은 양성 증상을 나타낼 수도 있다. 그러나 다중인격은, 흔히 정신분열증 진단의 토대가 되는, 텅 비고 단조로운 정서 상태 등의 음성 증상은 가지고 있지 않다. 블로일러가 주장한, 정신분열증과 다중인격의 전형적 차이는, 여전히 유효하다. 그러나 다중인격 지지자들은 일급 증상에 따라 정신분열증으로 진단된 환자를 다중인격으로 되돌려놓으라는 요구에 그치지 않는다. 그들은 정신의학에서 되도록 더 많은 연구 분야를 다중인격으로 가져가려 한다. 로스는, "다중인격장애는 정신의학에서 가장 중요하고 흥미로운 장애이고, 그것이 내가 다중인격을 연구하는 이유다. 다가올 정신의학 패러다임의 전환에서 다중인격이 핵심 진단이 되리라고 나는 믿는다. …… 생물정신의학이 유전적 원인론과 내인성 생화학물질 불균형에 대한 탐색을 포기하고 트라우마의 정신생물학에 초점을 맞추었더라면, 임상적으로 더 의미 있는 결과를 얻었을지 모른다"라고 썼다.[42]

다행히도, 로스가 상상한 패러다임 전환은 일어나지 않을 것이다. 쿤이 1962년 《과학혁명의 구조》를 출판했을 때, 그는 자신이 일으킬 파장을 알지 못했다. "패러다임 전환"은 전쟁의 슬로건이 되었다. 나는 이 장을 1994년 말에 마쳤다. 1995년 2월, 21세기트라우마학재단은 〈트라우마, 상실 그리고 해리에 관한 제1차 연례총회〉라는 제목의 호전적 성질의 학회를 개최했다. 정신생물학 부분도 당연히 기획되었는데, 주최 측의 의도는 트라우마 치료를 다중인격 모델로부터 멀리 떨어뜨리려는 것이었다. 학회 전의 언론 공개에 발표자 중 한 사람의 말이 인용되었다. "트라우마성 스트레스 연구 분야의 발전은 새로운 패러다임 전환에 대한 기대로 가득 차 있다. 이번 학회는 21세기의 새로운 장을 열어젖힐 것이다."[43] 내게 썰렁한 캐나다식 농담이 허용된다면, 이렇게 말하리라. 1900년 캐나다 총리는 이렇게 선언했다. "20세기는 캐나다의 것이다."*

---

* 　1904년 10월 14일 캐나다 7대 총리 윌프리드 로리에 경이 토론토 마시 홀에서 한 연설에서 "20세기는 캐나다의 세기가 될 것이다. 앞으로 100년 동안 자유와 발전을 사랑하는 모든 인간이 캐나다를 찬양하게 될 것"이라고 말했다. "뻔뻔한 예견bold prediction"이라고 불린다. 그는 전문가들이 뽑은 최고의 캐나다 총리 중 한 사람이다.

　　　　　　　　　　　　　　　　　　　영혼 다시 쓰기

10장   기억의 과학이 출현하기 전

  다중인격은 특별히 서구적 현상이고, 산업세계에 고유하며, 특정 몇몇 지역에서만, 또한 단지 몇십 년 동안만 지속적으로 진단되어왔다. 그럼에도 불구하고 무언가 보편적인 것의 지역적 발현일 수 있다. 바로 몽환trance이다. 어느 사회에나 몽환 상태에 빠지는 사람들이 있다. 주의해야 할 점은, '몽환'은 서구적 언어이고, 인류학자들이 사용하는 유럽적 개념이라는 점이다. 북극권에서부터 희망봉에 이르기까지 여행자들은 그들 눈에는 거의 다 비슷하게 보이는 행동과 마주쳤다. 어찌 보면 '몽환'은 서구적 시선이 세상을 어떻게 바라보는지 드러내는 징후 자체일 수 있다. 몽환이 무엇인지, 혹은 몽환으로 분류될 만한 보편적인 인간 행동이나 상태가 있는 것인지는 아직까지 전혀 해결되지 않은 질문이다. 한편에서 보면, 인간에 국한된 것이 아니라 포유류의 특성일 수도 있다. 파블로프의 제자인 볼기예시F. A. Völgyesi는 포유류 대부분에 최면을 걸어봤다고 했다. 몽환은 진화의 저 아래 단계까지 내려갈지도 모른다. 볼기예시는 최면에 걸렸다는 사마귀의 사진을 가지고 있었는데, 비록 약간은 의인화시킨 것이라는 의심도 들지만 어찌 되었든 그는 *기도하는* 벌레를 최면의 대상으로 선택했다.[1]

'몽환'이 서구적 시각일 수 있다고 했지만, 더 구체적으로 영어 사용자의 시각일 수 있다. 몽환 상태에 대한 프랑스의 의학적 명칭은 엑스타즈*extase*인데, 프랑스어 맥락에서 보면, 옛 의학서적을 번역한 몇몇 사람들이 추정했던 '무아경*ecstasy*'은 아니다. 물론 영어의 '몽환'이 가진 중립적인 의미와 비교하면, 더 항진된 상태라는 의미는 여전하다. 옛 프랑스 단어 트랑스*transe*가 있기는 하지만, 당초에 미국인이나 영국인이었던 영매들이 빠져들던 몽환을 의미하는 영어 *트랜스trance*에서 따온 것이다. 프랑스 인류학자들은 영어로 트랜스라고 부르는 상태를 기술하는 데에 이 단어를 사용하곤 했다. 독일어에도 트란스*Trance*가 있는데, 이는 독일 의료계에서 깊은 의식불명 상태를 지칭할 때 사용하는 용어다. 요컨대, 몽환은 실로 지역적인 개념일 수 있다.

DSM-IV와 ICD-10에는 몽환에 관한 부분이 있다. 1992년의 ICD-10에는 "몽환 및 빙의 장애"로 등재되었다. DSM-IV는 좀 더 신중하게, 더 연구가 필요한 주제에 "해리성몽환장애"*를 넣어두었으나 '장애'라고 공고하지는 않았다. 이 정의가 모든 몽환 상태를 포괄하지는 않으며, 종교 활동에서 사용되지 않는 몽환에만 해당된다. 마치 '종교적'이라는 것이 명확한 범문화적 개념인 것처럼 여기는 것이다. 우리는 문화적 제국주의가, 비록 지금은 선교사들보다는 정신과의사들이 휘두르고 있을지라도, 아직 사라지지 않았음을 알 수 있다. 달리 생각하려는 사람이라면 누구나, DSM-IV와 ICD-10은 각각 워싱턴과

---

* DSM-5에서는 해리장애 범주에서 '달리 명시된 해리장애'의 하나로, '해리성 황홀경'이라 부른다.

제네바의 승인하에 1994년과 1992년에 개정된 것이었음을 생각해봐야 한다. 그들은 몽환의 지역적 특수 형태가 서구의 해리장애라고 보는 대신에, 서구의 질환인 해리장애의 아형이 몽환 상태라고 주장한다. 더 나쁜 것은, 다른 문명의 핵심적이고 의미 있는 부분을 병리적인 것으로 바꿔버렸다는 데에 있다. 이는 순수한 마음에서 저지른 게 아니다. DSM-IV에 해리장애 등재를 추천했던 위원회의 위원장이었던 데이비드 스피겔은 서구에 다중인격이 있다면, 서구 이외의 세계에는 몽환 상태가 있다고 주장하면서 이를 추가하는 게 합당하다고 권고했다.[2] 이건 맞는 말이다. 그렇다고 그게 지금까지 매우 유별나고 특출한 서구적 정신질환이라고 했던 해리장애를 몽환 상태와 동등하게 볼 이유가 되지는 않는다. 해리장애는 15장에서 논하게 될 기억-정치memoro-politics의 한 부분으로 개념화되었다. 몽환 개념에는 기억과 연관될 아무런 성질도 들어 있지 않다.

최면은 서구문화가 흔히 몽환으로 분류하기 쉬운 현상 중 하나이다. 최면에 걸려 있는 사람은 몽환 상태에 빠져 있는 것이라고들 말한다. 최면은 실험적 방법으로 연구될 수 있는 몽환의 한 형태처럼 보인다. 최면을 거는 것은 쉽고, 일부 사람들은 더 쉽사리 최면에 빠진다. 그러나 최면의 과학적 지위는 대체로 '호기심거리'였고, 그도 아니면 '경이로운 것'에 불과했다. 과학적 호기심거리란 과학자들이 그 존재를 인지하기는 하지만 그들이 할 수 있는 일은 아무것도 없는 주제를 말한다. 분자의 브라운 운동*은 1세기가 넘도록 과학적 호기심거리로 알려져 있었다. 19세기에 지방에 별장을 가진 집주인이 현

---

* 액체나 기체 등의 유체 안에 존재하는 거대입자가 끊임없이 불규칙적으로 움직이는 현상. 그 유체를 이루는 미세입자가 유체 속의 거대입자와 끊임없이 충돌하기 때문에 일어난다. 생체 뼈 내부의 칼슘의 이동, 대기오염물질의 이동 연구 등에 사용된다.

미경을 비치해두고 사로잡힌 아마존 정글의 벌레를 손님에게 보여주는 것처럼, 브라운 운동이 그러했다. 광전효과는 80년간은 매우 멋있는 호기심거리였다. 이들 효과를 관찰하기 위해서는 일정 수준 이상의 기계장치가 필요했기 때문에 과학적이었고, 세상에 대한 어떤 시각과도 맞지 않는 고립된 현상이었기 때문에 호기심거리였다. 최면은 심리학 실험실보다는 무대 위에서 더 자주 볼 수 있었던 호기심거리였다. 17세기 과학에서는 흔했지만 이제는 사용되지 않는 옛말인, 솔직한 단어를 적용한다면, 최면은 무언가 *경이로운* 것이었다.

　연구 주제를 묵살하는 방법 하나는 호기심거리나 경이로운 것으로 취급하는 것이다. 과학은 경이를 혐오하는데, 그 이유는 경이라는 것이 의미가 텅 빈 공허한 것이어서가 아니라, 지나치게 많은 의미와 암시와 느낌으로 가득 차 있기 때문이다. 경이는 통제를 벗어난 의미이다. 어떤 주제를 과학의 영역 밖으로 내쫓고 싶으면 그걸 경이로운 것으로 만들면 된다. 거꾸로 경이를 정면으로 마주해야 한다면 실험실로 끌고 들어오라. 경이는 실험실에서 시들며 죽어가다가 과학 밖으로 내쳐질 것이다. 그러곤 다시 경이가 되겠지만, 실험실에서 내쳐진 것이기 때문에 전과 같이 반짝거리지는 않을 것이다. 이것이 초능력 연구나 초심리학의 운명이었다.

　철학자들은 "과학의 목적"에 관해 논하기를 좋아한다. 과학은 보통 자의적 목적을 가지고 있지 않지만, 언젠가 그런 시기가 있었다면, 그건 과학이 일치된 목적을 향해 움직였던 1785년의 일이다. 그해에 활동했던 두 개의 위원회는 최면의 전신인 동물자기설animal magnetism의 타당성을 결정하려는 목적을 가지고 있었다. 한 위원회는 파리의 의학아카데미가 구성했고, 다른 위원회는 왕립위원회로서 라부아지에가 의장이었으며 5명의 위원에는 벤저민 프랭클린도 포함되었다. 메스머Franz Anton Mesmer는 자기액magnetic fluid이라는 새로운 이론적

　　　　　　　　　　　　　　　　　영혼 다시 쓰기

존재를 만들었다. 실험도 했다. 치료법도 만들었다. 그는 온갖 과학적 장신구는 다 걸쳤다. 그러나 그의 주장에는 아무런 실체가 없다는 결론이 나왔다. 메스머주의mesmerism는 대중적 경이로 넘어갔고, 1789년에 이르기까지 반체제운동의 지하조직에서 상당한 역할을 했다.[3]

1840년 제임스 브레이드James Braid는 동물자기설을 과학의 영역으로 복원하려 노력했다. 그는 자기액 따위의 단어는 다 폐기하고 신경최면학neurohypnology 또는 "과학적 최면"으로 명칭을 바꾸었지만,[4] 결코 과학이 되지는 못했다. 프랑스에서 1878년부터 시작된 샤르코와 대大히스테리아la grande hysterie의 시대 동안 단기간 번영했을 뿐이다. 1892년 피에르 자네는 기억을 복원시키고 그 후 그걸 분해해버릴 최면의 일반 치료법을 제안했다. 프로이트는 처음에는 샤르코의 발자국을 따라갔으나, 다음에는 최면을 포기하고 기억에 접근할 수 있는 다른 기법을 발전시켰다. 특히 라캉이 우위를 점하던 시기의 프랑스에서, 정신분석은 프로이트에 충실했고, 최면은 가장 큰 금기였다. 언제나 대중에 동조적이고 권위에 비협조적인 미국에서는 최면에 대해훨씬 더 절충적인 태도를 취했다. 그럼에도 연구심리학 분야의 전체 예산에서 최면이나 몽환의 연구비는 거의 없다시피 했다.

인류학자들은 이 주제에 매혹되었다. 인류학은 몽환 행동과 그 사회적 역할에 관해 많은 걸 말하고 있지만, 몽환의 생리학을 연구할 도구는 가지고 있지 않다. 성년식 과정에서 그 대상을 몽환으로 이끄는 것이 무엇인지, 어떤 약물이나 주술이 그 과정을 돕는지 설명해줄 수는 있다. 예를 들어, 인도양의 작은 섬에서 마다가스카르 언어를 사용하는 마요트섬의 사람들은 이슬람교도다. 그러므로 알코올에는 손도 대지 않는다. 몽환 및 "영혼 빙의"와 연관된 축제는 참석자들이 싸구려 프랑스 향수—대부분 알코올로 된—를 양껏 마시면서 시작된다.[5] 마요트의 몽환 현상이 캐나다 북부의 샤머니즘과 같은 것일까?

인류학자는 두 현상을 같은 단어로 부르고, 최면에도 사용한다. 그게 옳다고 가정해보자. 그 가정하에서는 다중인격 현상은 몽환의 일반 범주 안에서 진화된 것이다.

서구 산업사회에는 여가활동이나 주변화된 활동을 제외하고는 몽환이 파고들 만한 데가 없다. 우리에게는 영매가 있고, 묵상이 있다. 개인으로든 집단으로든 우리에게는 기도가 있고 음악이 있어서 다른 문화권에서 관찰한다면 몽환이라고 부를 만한 그런 상태를 만들어낼 수 있다. 그러나 이런 활동이 산업제품 생산이나 서비스 과정에 끼어드는 것은 허용되지 않는다. 어쩌면 예전의 조립라인 노동자들은 몽환 상태에 빠졌을지도 모르겠지만, 인류학자들도 그 상태를 그렇게 부르지 않았고, 그런 사람은 해고되었다. 이와 대조적으로, 캐나다 브리티시컬럼비아 연안의 퀸 샬롯 열도에 사는 하이다족의 직공은 반복적이고 율동적인 베틀 일을 하며 으레 몽환 상태에 빠져들었는데, 그 상태를 직물에 축복을 깃들게 하는 것으로 여겨 매우 신성시했다.

현대에 몽환과 유사한 상태를 느껴보려면 요즘 유행하는 아동기의 주의력결핍장애ADD를 생각해보자.《뉴욕 타임스 매거진》의 여름 캠프 난에는 ADD를 가진 어린이들에게 특화된 캠프 광고로 가득 차 있다. 냉소적인 사람들은, 일부 아이들이 실제로 문제를 지니고 있음을 부인하지는 않지만, 한때 백일몽이나 놀이행동으로 관대하게 허용하거나 묵인해주었던 모습을 보이는 많은 어린이들이 이제 겨울에는 치료사에게, 여름에는 캠프로 멀리 쫓겨난다고 비꼰다. 몽환-유사 상태는 계속 병리화되어왔다. 간혹 멍하니 얼빠지는 교수들에게 미래는 무자비하다. 미국에서 몽환 상태가 사회적으로 용인되는 단 한 곳은 자가운전으로 출퇴근하는 차 안이다. 생태운동가들은 고속도로를 끝없이 메운 자가운전 차량을 보며 휘발유 낭비를 질책한다. 그들로서는 왜 사람들이 출퇴근 합승차량이나 공용교통을 이용하지 않는지 이해할 수 없을 것이다. 한 가지 이유는 명확하다. 나만의 음악이나 좋아하는 프로그램의 수다를 들으며 몽환과 비슷한 상태에 빠지는 게 매우 기분 좋기 때문이다. 7장에서 언급한 병리성 검사에서 나타났던 것처럼, 한쪽 끝에 다중인격이 있다면 다른 쪽 끝에는 이 자동차운전 중 해리가 있어서, 출퇴근이 순조로운 동안의 이 해리는 용인된다.

다중인격과 더불어 몽환은 잠재적 장애라고 공식 선언되었다. 몽환에 빠지는 능력의 사용이나 남용의 하나가 다중인격이라고 본다면, 그 설명은 역으로도 가능하다. 몽환에 관해 무지한 우리가 몽환을 병리화하려면, 우리 자신의 과거를 식민화하고 그 원주민의 자취를 파괴해야 함을 의미한다. 다시 말해서, 다중인격은, 초기 유럽사회에 나타났던 몽환과는 다른 방식으로 몽환을 사용하는 것이라고 해석된다. 그리고 부적절하게 진단된 다중인격의 전구체로서가 아니라, 그 자체로 온전함을 지닌 문화적 사용으로서 당시의 시각에서 해석하는 것은 매우 어려움을 알게 된다.

왜 우리는 몽환을 주변화시키는 걸까? 산업의 수레바퀴에 집중할 것을 부단히 요구받기 때문만은 아니다. 예전에는 덜 엄중했다 하더라도, 산업화 시대 이전부터 몽환–유사 행동은 배척되어왔다. 서유럽과 미국 사회는 대략적으로 메리 더글러스Mary Douglas가 기업 문화enterprise culture라고 칭한 사회이다.[6] 이들 사회는 극도로 높은 수준의 개인적 책임과 그에 상응하는 큰 기회로 특징지어진다. '너는 성공할 수 있다. 그러나 실패할 수도 있고, 그러면 기업사회에서 버림받을 것이다.' 이는 사회구성원 모두가 자기 위치를 가진 위계사회와는 매우 다르다. 거기에서는 당신이 처한 곳의 사람들 사이에서 가장 낮은 지위에 있을 수 있겠지만, 죽기 전까지 이탈하거나 버려질 수 있는 확실한 방법이 없다.

더글러스는 존 로크의 개인 정체성 이론을 예로 들어, 인간에 관한 서구적 개념을 분석했다. 로크는 인간의 정체성에 관해 실제로 두 가지 개념이 존재하므로 구별될 것이 있다고 생각했다. 그는 '개인person' 이라는 단어를 선택해서, 기억과 책임을 가진 법적forensic 개념*을 칭했다. 신체적 연속성에 근거한 개념은 '사람man'이라는 단어로 구별했다. 더글러스는 로크가 말한 법적 개인으로서, 그리고 일련의 기억과 책임의 고리로 구성된 개인으로서의 개념이 기업사회의 특징이라고, 내가 감탄하지 않을 수 없는 방식으로, 주장했다. 이는 그녀가 연구하던 아프리카 공동체에서 발견한 자아성selfhood과는 상당히 다른 개념과 연관되어 있다. 그곳 사람들은 자신이 4개의 자아를 가진 것에 만족한다. 비록 몽환이 삶의 주요 부분은 아니지만 그 역할은 존중을 받는다.

로크의 법적 개인은 상업, 법, 재산, 거래의 새로운 실천방식에서 생겨난 비교적 새로운 모습이다. 그렇다고 이 모두가 완전히 새로운 개념은 아니다. 로크가 명료하게 설명했듯이, 법적 개인은 신의 계획 안에서 주어진 역할이 있고, 그로 인해서 우리의 운명이 영원한 축복이 될지 저주가 될지를 말하는 초기 기독교 개념을 상기시킨다. 내세에는 육체가 부활하여 동일한 몸을 가진 *사람*이 존재하게 될 것이다. 그러나 보상과 처벌은 동일한 *개인*에게 준비되어 있다.

로크의 법적 개인 개념에 담긴 영적인 힘은 중세 절정기인 12세기 말과 13세기로 우리를 이끈다. 최근에 프랑스 역사가 알랭 부로Alain Bourreau는, '슬리퍼sleepers'가 그 시대의 의미심장한 현상이었다고 주장했다.[7] 이들은 후일 몽유증이라고 불리게 될 일종의 몽환 상태에 빠

---

* 법적 용어("Forensic Term")로서 자신에게 이로운 행동을 적정할 수 있고, 그리하여 법적 대상이 될 수 있으며, 행복과 불행을 경험할 수 있는 개인을 의미한다.

영혼 다시 쓰기

진 개인들로 보인다. 슬리퍼가 중요한 이유는, 그 수가 많아서가 아니라(우리는 알지 못한다), 지적, 형이상학적 그리고 실질적으로 신학적 문제를 불러왔기 때문이었다. 그들은 깨어 있을 때와는 다른 특성과 스타일로, 때로는 폭력적이거나 아니면 적어도 금지된 행위를 했다. 그 상태가 끝나고 정신을 차리고 나면 자신이 무슨 일을 했는지 혼란스러워했다. 그럼에도 그들이 했던 행위는 마치 의도적인 것처럼 보였다. 그런 이유로 당시 형이상학에서 영혼은 반드시 행위를 하는 것이어야 했다. 그런데 어떤 영혼?

토마스주의자들은 하나의 육체에는 오직 하나의 영혼만 있다고 주장했다. 스콜라 신학 심리학에서 영혼은 인간의 "실체적 형상substantial form"이다. 소수의 반토마스주의자들이, 슬리퍼와 같은 인간에게는, 각 상태에 하나씩 두 개의 실체적 형상이 있을지 모른다는 생각을 했다고 알랭 부로는 말한다. 이는 책임과 관련해서 중요한 문제였다. 시민법은 슬리퍼를 염두에 두지 않았지만, 교회법상으로는 주목을 받았다. 1313년의 한 출전에서는, 슬리퍼가 살인을 하면 범죄를 저질렀다는 이유로 (정상적 상태에서) 성직자의 직무를 금지시킬 수 없다고 명시했다. 소수파는 패했다. 따라서 슬리퍼들은 주변화되고 뒤이어 병리화되었다. 한 명의 인간에 오직 하나의 실체적 형상만 고집하는 것이 현세의 재판정과 최후의 심판 양쪽에서 법적 책임을 산뜻하게 설명하는 길이다.

주류 철학에 의해 일단 주변으로 밀려나자, 슬리퍼의 개념도 법체계 밖으로 밀려났다. 제2의 실체적 형상을 가진 슬리퍼라는 개념은 마녀사냥 광풍이 시작되고 그 근거들 중 하나로 이용되면서 다시 등장하게 되었다고 부로는 주장한다. 마법으로 의심될 만한 행동은 슬리퍼의 전형적인 행동이었다는 것이다. 알랭 부로의 분석은 서구문화의 상당 부분이 서구에서조차 억제되어왔음을 상기시킨다. 슬리퍼는 특정 종류의 몽환 상태를 나타내는 것이지만 그 상태의 의미는 그 나름의 맥락에서만 이해될 수 있다. 슬리퍼를 다중인격으로 보는 것은 너무 단순한 시각이다. 조금 복합적으로 해석하면, 몽환의 보편적 잠재성이 문화에 따라 달리 나타나서, 20세기 말의 다중인격과 12세기의 슬리퍼는 다른 두 개의 문화적 징후라고 보는 것이다. 이들을 문화적 징후로 본다 하더라도 그 실재성이 의심되는 건 아니다. 슬리퍼는 실재했다. 다중인격도 실재한다. 몽환이 다중인격이나 '슬리퍼'보다 덜 실재하는 것도 아니다. 실재성은 정도程度로 나타나는 것이 아니기 때문이다. 몽환은 더 많은 종류의 색다른 행동을 일컫는 일반적 개념일 뿐이다. 되풀이 말하자면, 영속성을 가진 개념이 아니다. 우리가 대범하게 몽환 상태라고 부르는 것에 아무런 공통성이 없다고 정해버릴 수도 있기 때문이다.

슬리퍼의 시대를 지나 더 최근으로 시선을 돌리면, 몽유증이 다중인격의 효시임을 쉽게 알 수 있다. 나는 18세기와 19세기 사이에 영어권에서 몽유증이 이중의식이라고 불렸던 것에 어떻게 융합되어 들어갔는지 몽유증 사례를 들어 기술한 적이 있다.[8] 오늘날 몽유증은 수면보행을 의미하는데, 어원을 말하자면 당연히 그러하다. 우리들 대부분은 수면보행에 대해 제한된 견해만 가지고 있다. 파자마를 입은 한 소년이 두 팔을 앞으로 뻗고 눈은 감은 채 물건에 이리저리 부딪히는 연재만화*가 있다. 잠꼬대하는 사람이 우리에게 더 익숙하다. 예전에 사용하던 단어 몽유증은 "반半수면 상태"나 "몽환 상태"에 빠진 채로 깨어 있을 때와 유사하게 행동하는 것 모두를 일컬었다. 디드로

---

* 1905년부터 6년간《뉴욕 헤럴드》에 연재되었던, 만화가 윈저 맥케이Winsor McCay의《잠의 나라slumberland》의 리틀 니모little Nemo. 만화에는 꿈의 심리학이 풍부하게 담겨 있다. 만화책, 애니메이션, 영화, 오페라 등으로 계속 각색되었다.

영혼 다시 쓰기

의 《백과전서》(1765~1766)의 '몽유증' 항에는, 몽유증을 앓는 사람은 "깊은 수면에 빠져 있지만, 마치 깨어 있는 것처럼 걷고, 말하고, 쓰는 등의 여러 행동을 하며, 심지어는 더 지적이고 정확한 행동을 하기도 한다"라는 설명이 포함되어 있다.[9] 의사인 외젠 아잠은 1875년 이후 프랑스에서 가장 유명한 다중인격인 펠리다를 진료하며 그녀의 두 번째 상태를 "총체적total 몽유증"이라고 기술했다.[10] 아잠은 그 용어를 사용함으로써, 두 번째 상태에서 그녀가 걷고, 잡담하고, 바느질하고, 사랑하고, 싸우기도 하는 등 자기 기능을 모두 유지하고, 자신에 대한 이해력도 가지고 있음을 말하려 했던 것이다. 그녀는 몽환 상태와 유사한 과정을 거쳐서 다른 인격 상태로 들어갔다. 아잠은 그 상태가 몽유증 현상을 동반한 다른 인격 상태임을 확인했다.

앨런 골드Alan Gauld의 백과사전적 《최면의 역사》는 동물자기설을 최면과 명백하게 구별한다. 인용문헌에서조차 이를 구별하여, 동물자기설에는 850개의 문헌이, 최면에는 1250개가 기재되어 있다.[11] 그는 고유의 문화적 의미를 지닌 두 가지 종류가 관여되었을 가능성을 심각하게 고민했다. 제임스 브레이드의 연구와 교육의 영향으로 그 사용이 잠시 중단되기는 했지만, 양쪽 모두에 공통용어인 몽유증이 있었다. 자기화磁氣化 상태와 최면 상태는, 자연적 몽유증과 구별하여 인위적 또는 유발된 몽유증이라고 불렸다. 유발된 것과 자연적인 것을 생리학적 관점에서 동일한 종류로 볼 수 있을 것인지 골드는 면밀하게 고찰했으나, 아무런 확신을 가지지 못했다. 문화적으로나 과학적으로나 이들은 동일한 것으로 보였고, 이 두 가지는 오늘날 인류학자가 몽환 상태라고 부르는 예에 해당되었다.

몽유증과 최면을 분리되지 않는 한 쌍으로 묶어놓은 것은 다중인격의 미래에 큰 영향을 미쳤다. 다중인격 지지자들은 최면과의 그 어떤 연관성도 크게 우려한다. 최면은 호기심거리이고, 경이로운 것이고, 그러므로 주변화되었다는 점에서 올바르게 이해한 것이다. 내가 다중인격에 최면의 꼬리표를 달아서 헐뜯는 게 아님을 분명히 해두기 위해서, 여기에 애덤 크랩트리Adam Crabtree의 명민한 역사적 관찰 소견을 길게 인용하는 게 좋겠다. 그는 임상심리학자로서 다중인격 환자를 많이 진료했고, 그의 철학적 저술인《다중적 인간》은 그 분야에서는 선구적이고 혁신적인 연구 결과였다. 그는 다중인격의 적이 아니다. 최근의 저서에서 그는 이렇게 썼다.

> 자기磁氣수면의 발견은 다중인격의 등장과 직접적으로 연관되어 있다. …… 비非기질성 정신질환에는 두 가지 요소가 있는데, 하나는 장애 그 자체이고, 다른 하나는 그 장애의 현상학적 표현 즉 질환의 증상언어이다. …… 교차성 의식의 패러다임이 출현하기 전까지는, 내적 의식의 이질적 경험을 표현할 수 있는 유일한 방법은 빙의possession였다. 외부에서 내부로의 침투를 의미한다. 내인성intrinsic인 두 번째 의식을 인식하게 되면서 새로운 증상언어가 가능해진 것이다. 이제 피해자는 그 경험을 새로운 방식으로 표현할 수 있게 되었고 (사회는 이를 이해하게 되었다.) …… 이것이 의미하는 바는, 퓌세귀르Puységur가 자기수면을 발견함으로써, 계속 발현될 수 있는 형태의 정신장애 하나를 제공했다는 것이다.[12]

나는 중요한 주의사항 하나만 말하려고 한다. 크랩트리는 다양한 증상언어로 표현되는 어떤 경험이 있음을 암시했다. 그 말은, 어떤 서술이나 사회적 영향 이전에, 한 개인이 가지고 있는, 일종의 순수한 내적 경험이 존재한다는 것이다. 나는 크랩트리처럼 자신 있게 경험과 표현을 분리하지는 못하겠다. 그렇지만 그의 존재론적 주장과는 대조적으로, 그의 역사적 주장은 옳은 노선을 따른다고 생각한다.

영혼 다시 쓰기

사실 나는 증상언어symptom language라는 그의 생각을 더 확장해보고 자 한다. 다중인격의 전신前身에는 두 개의 증상언어가 있었다. 하나 는 주로 유럽대륙에서 쓰이던 자연적 몽유증이라는 언어로서, 인위 적 몽유증과 긴밀하게 연결되어 있었다. 다른 증상언어는 주로 영국 과 미국의 것으로, 이중의식의 언어였고, 동물자기설 및 최면과는 대 체로 분리되어 있었다. 이 사실은 특히 중요한데, 이중의식의 증상언 어는 기억에 전혀 관심을 두지 않았기 때문이다.

따라서 나는 다중인격의 열혈 지지자들이 모든 예들을 합쳐서 취 급하려는 경향에 반대한다. 어쨌든 실례란 각기 다른 사회적·의학적 관습에서 발생한 것이다. 다른 이름으로 불릴 뿐만 아니라, 관여하는 집단—관찰자, 리포터, 다른 사회계층의 일반 대중, 그리고 내 생각 을 감히 말하자면, 그로 인해 괴로워하는 당사자—에게 저마다 다른 의미를 가진다. 골드가 동물자기설과 최면을 자동적으로 동일시하지 않았던 것처럼, 혹은 유발된 몽유증을 자연적 몽유증과 동일시하지 않았던 것처럼, 나는 '이중의식'과 같은 옛날의 명칭을 그대로 사용 하겠다.

1816년 메리 레이놀즈Mary Reynolds는 "여자에게 나타난, 매우 특별 한 *이중의식* 사례"라고 기술되었다. 그녀는 19세기 동안 영어권에서 가장 잘 알려진 다중인격이었다. "이중의식"이라는 바로 그 단어에 는 많은 의미가 함축되어 있다. '이중'은 두 개를 의미하므로, 두 개 이상의 인격이 교차하는 상태는 아닐 터이고, 오늘날과 같이 17개 혹 은 100개의 인격 파편은 더더욱 아닐 터이다. 그러나 '의식'이라는 단 어는 더욱 강렬한 느낌을 주는데, 그건 수동성을 의미하기 때문이다. 작용이나 상호작용의 의미도 없고, 완숙한 인격을 암시하는 것도 없 다. 그러나 실상 메리 레이놀즈는 현저하게 다른 두 개의 인격을 가 지고 있었으므로 우리는 그 단어를 이해한다. 그녀에 관한 최초의 짤

막한 기술은 그 제목이 "이중의식 혹은 동일한 개인에게 들어 있는 인간의 이중성duality"이었지만, "인간의 이중성"은 주목을 끌지 못했다.[13] 이중의식은 인기를 얻었고, 19세기 거의 내내 잉글랜드에서 의학적 진단범주에 들어갔다. 크랩트리가 말한 증상언어의 중요 부분이 이중의식이다.

　프랑스 연구자들에게는 몽유증의 틀 외에는 다른 진단범주가 없었다. 19세기 후반이 되어서야 영어식 표현을 받아들여, 프랑스어로 *이중의식double conscience*이라고 하였다('conscience'는 영어의 '양심'이 아니라 '의식'을 의미한다). 이후 계속 새로운 명칭으로 넘어갔는데, 교차성 인격, 인격의 이중성 등이 그것이다. 브로이어와 프로이트가 주장한 다음의 견해는 유명하다. "*이중의식 형태의 전형적인 사례에서는 매우 두드러지는 의식의 분열은 모든 히스테리아에 흔적 정도로 존재한다. 해리 성향과 함께 출현하는 의식의 비정상 상태*(우리는 '가벼운 최면 상태 hypnoid'라는 용어로 이 둘을 한데 묶으려 한다)*가 이 신경증의 근본 현상이다.*"[14]

　메리 레이놀즈가 근대 초기 다중인격의 첫 인물은 아니다. 1791년부터 알려진 두 명이 있었는데, 한 명은 앙리 엘렌베르거가 기술한 유럽인이었고, 다른 하나는 에릭 칼슨Eric Carlson이 기술한 미국인이었다. 두 저자는 차후의 다중인격을 위한 훌륭한 정보출처가 되었고, 마이클 케니는 미국의 19세기 사회에 나타난 다중인격들에 관해 뛰어난 일대기를 기술했다.[15] 앨런 골드의 주장에 따르면, 1791년 사례에 관한 엘렌베르거의 저술이 다중인격 문헌의 정전正典이 되어버렸지만, 그보다 더 일찍이 독일어권에서 매우 유사한 설명을 한 것이 발견되었다고 했다.[16] 그 내용은 골드와 크랩트리의 새 저서들에 보강되어 있으므로 여기에서 되풀이하지는 않겠다. 그 대신, 나는 이중의식의 원형을 간략하게 지적하고자 한다. 9장에서 교차성 인격에 관한 블로일러의 기술을 인용해놓았기에 상당 부분은 이미 설명한 셈이다.

오늘날 다중인격의 표식에 많은 것이 포괄되는 것처럼, 다양한 사례가 이중의식의 표식하에 있었다. 남자 다중인격과 어린이 다중인격에 대한 탐색은 오늘날까지 이어지고 있음을 앞서 말한 바 있다. 과거에는 이런 문제가 없어서 남자 사례들도 보고되었다. 1836년 치료받았던 메리 포터는 11년 6개월 된 여자아이였다. 그녀의 주치의는 "지금까지 보고된 이중의식 사례는 대부분 젊은 여성으로서 자궁 기능에 이상이 있었고, 남성의 경우 무절제, 공포 혹은 대뇌의 다른 자극으로 인해 신경계통이 허약해져 있었다"라고 했다.[17] 이 말은 트라우마를 경험한 소년에 관한 설명처럼 들린다. 최근 다중인격 지지자들은 섭식장애가 다중인격의 징후일지 모른다고 생각해왔다. 신경성 무식욕증은 가해자 인격이 음식 섭취를 막기 때문이다. 다식증 환자는 다른 인격 상태일 때에만 폭식을 한다. 19세기에 분명 이와 똑같은 용어로 폭식하던 소년이 보고된 예가 있다.[18] 그러나 2장에서 기술했듯이, 1980년대에 의심의 여지가 없는 확실한 다중인격 원형이 있었던 것처럼, 이중의식에도 뚜렷한 원형이 있었다. 25년 간격을 두고 기술된 사례 두 명에 관한 글을 길게 인용하는 것으로 충분히 설명될 것이다.

하나는 수십 년간 표준 참고문헌이 되었던 허버트 메이오Herbert Mayo의 생리학 교과서에 인용되어 있다.[19] 메이오는 동물자기학자로서, 《동물자기설에 관한 설명과 통속적 미신에 담긴 진실에 관하여》의 저자다. 메이오의 사례인 젊은 여자에게는, 이중의식이나 그 후속 장애에 관한 보고서에서 흔히 언급되지 않는 매력적인 특징이 있었으니, 그녀에게는 유머 감각이 있었다.

이 젊은 숙녀는 독특한 생활양식을 가지고 있었다. 몇 시간 또는 며칠에 걸친 발작 기간 동안에, 어떤 때에는 즐겁고 기분이 좋은가 하면, 어떤 때에는 고통스러워했고 불안에 전전긍긍하기도 했는데, 대체적으로 멀쩡해 보여서 낯선 사람이 보았어도 전혀 이상한 점을 발견하지 못할 정도였다. 그녀는 독서와 일을 즐거워했고, 때로 피아노를 쳤는데 보통 때보다 더 잘 연주했고, 주변 사람을 다 알고, 이성적인 대화를 나눴으며, 보거나 읽은 것에 대해 매우 정확하게 평했다. 발작이 갑작스레 끝나면 발작 동안 있었던 일은 잊어버리고 자신이 잠들어 있었다고 생각했고, 때로는 강렬한 인상을 남긴 상황에 관한 꿈을 꾸었다고 생각했다. 어느 발작 기간에, 그녀는 미스 에지워스 Miss Edgeworth*의 이야기를 읽고 있었고, 아침에 그중 한 권을 어머니에게 읽어주고 있었다. 창가로 다가가 잠시 서 있더니 갑자기 큰 소리로 "엄마, 기분이 아주 좋아요. 두통이 사라졌어요"라고 말했다. 다시 탁자로 돌아와 펼쳐진 책을 집어들고, 5분 전에 읽었던 책을 보며, "이건 무슨 책이지?"라고 말하며 책장을 뒤적이다가 표지를 들여다보고는 다시 탁자에 올려놓았다. 7~8시간 후에 발작이 끝나자, 그 책을 찾더니 읽기를 중단했던 바로 그 문장에서부터 이어 읽기 시작했고, 이야기 전개를 모두 기억하고 있었다. 그리고 이런 식으로 한 세트의 책들을 한 번은 어느 한 상태에서, 다음 번에는 다른 상태에서 읽게 되었다. 그녀는 자신의 상황을 인식하고 있는 것으로 보였는데, 어느 날 이렇게 말했기 때문이다. "엄마, 이건 소설이지만, 저는 별 탈 없이 읽을 수 있어요. 제가 잘 지낼 때는 [다른 때 한 말을] 한 마디도 기억하지 못할 테니까 제 양심을 해치지는 않을 거예요."

---

* 18세기 후반부터 19세기 전반에 활동한 영국계 아일랜드 작가. 마리아 에지워스는 주로 당대의 분위기에 순종하는, 극히 도덕적이고 교훈적인 소설을 썼다.

영혼 다시 쓰기

이 모습은 거의 이중의식의 원형에 해당된다. 그 문헌들에는 순종적이었다가 대담하게 바뀌고, 음울한 상태에서 명랑한 상태로 전환되는 젊은 여자들에 대한 이야기로 가득 차 있다. 이야기 대부분은 편안하지만 사치스럽지 않은 조용한 가정집 거실에서 시작된다. 그들은 자신에게 주어진 일들을 정상적 상태에서보다 다른 상태에서 훨씬 더 잘해낸다. 위의 예에서는 피아노 연주다. 메리 레이놀즈 역시 똑같은 모습을 보였다. 대개 젊은 여자들은 반항적인 삶을 실연해보기 위해 은연중에 전환을 일으키는데, 정상적인 삶에서라면 뒤탈 없이 빠져나가기 어려운 일이었다고 마이클 케니는 주장했다. 이런 측면은 여자들 고유의 것만은 아니다. 에릭 칼슨이 기술한 1791년 사례가 이와 똑같았다. 매사추세츠주 스프링필드에 사는, 군인의 아들인 젊은 남자 미스터 밀러는 다른 인격으로 전환이 되면 흥청망청 놀아댔다. 여자들이 전환되면 "관습적으로 잘해야 하는 일로 여겨지는 일"을 훨씬 더 잘했던 것처럼, 미스터 밀러도 그러했다. 남자의 경우, 거실의 피아노 연주로 재간이 표현되지는 않는다. 그는 남성적 무용武勇을 찾아 유명한 운동선수가 되려고 했고, 그렇게 되었다. 몽유증 상태에서 그는 "훨씬 민첩했다."[20]

두 번째로 내가 제시하는 예는 정신질환 전문가로 잘 알려진 크라이튼-브라운J. Crichton-Browne*의 개인 정체성에 관한 논문에 나온 것이다. 문헌에 나온 많은 전형적 사례를 검토한 후 그는 자기 부친의 사례집에서 새로운 사례 한 명을 선택하여 결론을 끌어냈다.

---

* 스코틀랜드 정신과의사. 정신건강 및 위생의 공중보건 정책자로 유명하다. 웨스트라이딩 광인수용소West Riding lunatic asylum 소장으로 있던 10년 동안 정신의학을 생리학, 생물학, 신경학 및 다윈의 진화론과 연결하여 신경-정신의학neuropsychiatry으로 발전시킨 주역이다. 20세기 초가 되기 전까지, 특히 제2차 세계대전까지는 신경정신의학이었는데, 1960년 이후 신경학과 정신의학으로 분리되었다.

약 2년 전에 J. H.는 히스테리아를 나타낸 후 체질의 큰 변화를 겪었다. 주의를 끈 증상은 목에 덩어리가 낀 것 같은 종류감腫瘤感과 손가락의 경련성 수축이었다. 이 상태에 이어 지금껏 지속되는 현상이 나타났는데, 가볍게 보이던 체질적 변화가 확실해지면서 계속 지속되었다. 매일 여러 시간 동안 정상으로 보이는 상태에 머물렀고, 거의 비슷한 시간 동안 비정상 상태에 빠졌다. 그녀는 한쪽 상태에서 어떤 일이 있었고 자신이 무엇을 했고, 무엇을 습득하고, 무슨 일로 고통받았는지 다른 상태에서는 기억하지 못했다. 두 상태 사이에는 아무런 관련성도, 연결점도 없었다. 몽유증 상태는 하품, 목의 종류감, 반쯤 감겼으나 시야는 가리지 않을 정도로 뜬 눈꺼풀 상태로 시작되었다. 입 안에 가득 찬 침을 뱉으면 그 상태가 끝났다. 하품과 침 뱉기의 두 행동 사이에서, 그녀는 *평소의 그녀*보다 더 생동감 있고, 유쾌했으며, 뜨개질도, 독서도, 노래도, 지인과의 대화도 평소 같았고, 또 평소보다 훨씬 더 영리했다. 그녀의 편지는 깨어 있을 때 혹은 평소의 상태에서 쓴 것보다 작문도, 필체도 더 훌륭했다. 어쩌면 이를 신통력clairvoyance* 상태라고 부를 수도 있겠다. 깨어나면 아무것도 기억하지 못했다. 만났던 사람도 잊고, 배웠던 노래도 잊고, 읽었던 책도 잊었다. 다시 읽게 되면 평소 상태에서 중단했던 부분부터 읽기 시작했다. 비정상적 상태에서 독서를 할 때에도 똑같은 일이 일어났다. 발작은 대개는 예기치 않게 갑작스레 시작되는데, 때로는 소음이나 방 안에 있는 물건의 움직임, 예를 들어 부지깽이가 넘어지거나 의자가 놓인 자리가 바뀌는 것으로 유발되기도 했다. 신체 건강은 완벽했다. 신체기능은 균

---

* 천리안, 신통력, 투시 등으로 불린다. 물체, 사람, 사건 등에 관한 정보를 초감각적 지각으로 얻거나 과거와 미래를 꿰뚫어 볼 수 있고, 예언과 원격관찰을 하는 마법적 능력을 말한다. 냉전시대에 세계 유수의 대학교와 정부기관에서 전투 수단의 가능성을 알아보기 위해 수많은 실험을 했다.

영혼 다시 쓰기

형이 잘 잡혀 있었고 활기가 넘쳤다. 몽유증이 끝나면 두통을 호소했는데, 한번은 머리 한편에 국소적 두통이 있다고 말했다.[21]

나는 그녀가 "잊다" "잊었다" 또는 "기억에 없다"라고 말하는 두 개의 인용을 의도적으로 선택했다. 그 저자들이 아주 자연스럽게 망각의 언어를 사용했기 때문이다. 그렇지만 이게 그리 중요치는 않다. 다른 저자들은 다른 단어, 예컨대 전환된 상태에서 무슨 일을 했는지 "깨닫지 못한다" 혹은 "알지 못한다"라고 기술했기 때문이다. 이중의식의 증상언어에서 기억은 전혀 문젯거리가 되지 않았다. 이를 입증하는 근거가 있다. 그녀를 본 여러 의사들이 말하기를, 그녀는 몽환 혹은 몽유증 상태에서 일어났던 일을 정상 상태에서는 기억하지 못했다고 했다. 그러나 그녀가 비정상적 상태에 있을 때 정상 상태의 자신에 대해 알고 있는지는 물어보지 않았다. 앞서 말한 메이오의 사례는, 내가 추측하건대, 정상 상태의 자신에 관해 알고 있었다. 적어도, 발작이 끝나면, 발작 동안 읽던 소설 부분을 기억하지 못하게 되리라는 것은 알고 있었다.

메리 레이놀즈에 관한 설명은, 나중에 "양방향 기억상실"이라고 불리게 될 상태를 분명히 보여준다. 그것은 어느 쪽에서건 서로가 무슨 일이 있었는지 모르는 것을 의미한다. 프랑스 연구자들은 일방향 기억상실만 가진 프랑스 원형 사례와 이 사례를 대조해보았다. 영국과 미국 저자들은 기억 문제에 관해 무관심했기에 기억상실이 일방향이든 양방향이든 아예 언급조차 하지 않았다. 그렇다면 순수한 호기심거리 그 이상의 무엇이 그들의 관심을 끌게 되었던 것일까? 그들은 인물 특성의 전환에 매료되었다. 전환된 상태를 기술하는 데에는 '생동감 넘치는' '활발한' '당돌한' '쾌활한' '명랑한' '무례한' '짓궂은' '뻔뻔한' '성미 급한' '복수심 있는'과 같은 단어들이 항상 사용되었다. 이중의식 원형의 핵심에는 이들 단어가 있다.

영국 의사들의 관심사는 다른 인격들이 비상한 지각능력을 가지지 않았음을 증명하는 것이었다. 몽유증에 관한 프랑스 문헌은 동물자기설과 매우 밀접히 연관되어 있고 그 후엔 비술祕術, occult과도 연결되었기에 비정상적 지각능력에 관한 이야기가 많았다. 그 이야기는 몽유증을 가진 사람은 어둠 속에서도 잘 돌아다니더라는 순수한 관찰에서 시작되었다. 다음에는 어둠 속에서도 읽고 쓰더라는 이야기로 전개되더니 곧 멀리 떨어진 것을 볼 수 있다거나 미래를 볼 수 있다고 했다. 이것이 미래를 말할 수 있는 영적 능력인 '신통력'이라는 단어의 발단이다. 영국의 의사들은 대부분이 에든버러 의과대학 출신으로 스코틀랜드의 강력한 경험주의와 소위 상식철학commonsense philosophy*의 전통을 고수하는 사람들로서 당연히 그런 의견을 한순간도 믿지 않았다. 18세기 초에는 이를 반박하기 위해 피나는 노력을 해야 했다. 크라이튼-브라운이 J. H.의 '신통력' 상태에 관해 말할 때, 그는 단순히 몽환 상태에 관해 말한 것이었지 고조된 감각능력을 암시한 것은 아니었다. 그러나 영국 의사들 중에는 자기 환자가 보여주는 피아노 연주, 민첩함, 혹은 그리스어 필체 등의 강화된 능력에 깊이 매혹되는 사람들도 있었다. 더 많은 관심이 쏠렸는데, 예를 들어 이중의식이 있다손 치고 이를 대뇌의 양반구와 연관시켜보는 것이었다.[22] 남성의사들은 주로 여자에게서 이중의식 사례를 발견했고 젠더-편향적 방식으로 치료했다. 그 환자들은 비록 샤르코식의 현란한

---

*   18세기 영국 계몽철학의 일파인 스코틀랜드학파의 토머스 리드Thomas Reid가 주장하여 시작된 철학의 한 분파. 흄과 버클리 등의 주관적 관념론이나 불가지론에 반대하고, 평범하고 소박한 사람이 상식으로서 자명하다고 인정하는 것을 기초로 한 철학을 수립할 것을 주장했다. 특히 영국의 분석철학가 무어G. E. Moore는 1925년《상식의 옹호》에서 철학자의 일은 상식적 확실함에 의문을 제기하는 게 아니라 분석하는 것이라고 했다.

히스테리아는 아니었지만 의사는 환자를 히스테리아 관점으로 기술했다. 이는 다음 장에 나올 것이다. 의사들은 젊은 여자환자들이 월경 주기가 시작되면 두 번째 의식에서 벗어난다는 것에 주목하고 이 질환을 "자궁의 장애"와 연관시켰다.[23]

영어권의 이중의식에서는 기억과 망각이 그저 중요치 않았을 뿐이다. 이 사실은 1875년 이후의 프랑스 사례들과 근본적으로 대조되는 점이다. 주된 이유는 기억이 그때까지는 과학적 지식의 대상이 되지 않았기 때문이다. 어떻게 지식의 대상이 되었는지가 나의 근본 논제인데 앞으로 이어지는 장들에서 차차 확증해나갈 것이다. 거기에는 또한 지역적 이유도 있다. 영국과 미국의 이중의식은 대체적으로 동물자기설이나 최면과 연관되지 않았다. 내가 든, 이중의식의 원형에 관한 첫 번째 설명의 저자인 허버트 메이오는 동물자기술사였지만, 그는 환자에게 최면을 걸지 않았던 것으로 보인다. 이중의식은 최면에 반대하는 적들도 매료시켰다. 따라서 영국 의학저널《랜싯》의 오랜 편집자인 토머스 워클리Thomas Wakley*가 최면에 너무도 적대적이어서, 고상하기 이를 데 없는 역사가 앨런 골드가 드물게도 그를 "그 지독한 워클리"라고 짜증스레 불렀을 정도였다. 그럼에도 1843년 워클리는 개인의 정체성에 관한 형이상학적 독단론을 약화시키기 위해 이중의식이 연구되어야 한다고 호소하기도 했다.

유럽대륙의 동물자기학이나 최면 연구자들은 영국 연구자들과는 달리 기억을 주목했다. 최면성 몽환에서 깨어난 사람이 그사이의 일을 기억하지 못한다는 사실이 일찍이 주목을 받았다. (당시 프랑스에서

---

* 영국의 외과의사이자 사회개혁가로서, 귀족의 특권과 족벌주의에 반대했고 특히 의료사회와 의학교육제도 개혁에 앞장섰다. 의학 학술지《랜싯》의 창립자 중 한 사람으로 오랫동안 편집장을 맡았다. 검시관제도 설립, 고문금지운동, 식품불순물검사제도 등을 주장한 국회의원이었다.

이중성이 다양하게 불렸던 것처럼) 자연적 몽유증이나, 신경성 또는 히스테리성 몽유증 사이의 연관성은 1827년 출판된 베르트랑J. F. A. Bertrand 의 보고서에 특히 명확하게 적혀 있다. 그는 13세의 소녀가 보이는 4가지 상태를 기술하며, 다음과 같이 분류했다. (1)동물자기성 몽유증, (2)야간 몽유증, 즉 평소 수면 동안의 몽유증, (3)신경성 혹은 히스테리성 몽유증, (4)각성 시의 몽유증. 이들은 일방향 기억상실이 있는데, 그 정도는 위 순서에 따른다. 즉 (1)의 상태는 4가지 상태를 다 기억하고, (2)의 상태는 (2), (3), (4)의 상태를 기억하며, (4)의 각성 상태는 다른 3가지 상태에 대해 전혀 알지 못한다는 식이다.[24]

대체적으로 프랑스 동물자기학자들은 기억에 관해 말할 게 별로 없었다. 그들의 이론적 과제는 자기액을 이해하려는 것이었지, 기억이 아니었다. 그러나 어쨌든 간에 기억 문제는 그들 앞에 제시되어 있었다. 자연적 몽유증의 증상언어는 유발된 몽유증—즉 동물자기설—과 연관되기 때문에 기억 문제를 포함하고 있었다. 이중의식의 증상언어는 스치듯 기억을 언급하긴 했지만, 아마도 동물자기설이나 최면 문헌에서 대체로 기억 문제를 배제했기 때문일 것이다.

나는 여기서 자연적 몽유증의 프랑스식 원형을 말하지 않으려는데, 그 이유는 1875년 이후의 프랑스 다중인격 파도에 거의 영향을 미치지 않았기 때문이다. 다른 원인으로는, 1878년 샤르코에 의해 최면이 부활하기 전까지 의료계에서 평판이 나빴다는 점, 초기 프랑스 원형은 무시되었다는 점, 그리고 프랑스 저자들이 영국이나 미국의 연구를 모국어가 아닌 영어 그대로 인용했다는 점을 들 수 있다. 그렇지만 최근 확연히 눈에 띄는 사례인, 1836년 데스핀이 치료한 에스텔 라르디Estelle L'Hardy는 언급해야겠다. 3장에 인용된 바와 같이, 클러프트가 이 분야의 미국 연구자에게 사사받기 전에, 그의 스승은 데스핀이었다. 오늘날 가장 영향력 있는 다중인격 연구자 중 한 명의 스승이었다는 점에서 데스핀은 충분히 관심을 받을 만하다. 또한 그는 동물자기를 사용해서 자연적 몽유증을 치료했던 사람들(그 자신이 매우 많이 인용했던) 중 꽤 전형적인 의사였다.

1836년 에스텔이 11년 6개월이 되었을 때 그녀는 데스핀의 관심을 끌었다. 그녀는 우연히도 앞서 기술한 메리 포터와 동일한 시대를 살았는데, 메리 역시 같은 해에 런던에서 치료를 받았다. 사춘기에 접어들자 두 소녀의 증상은 좋아졌다. 메리의 주치의는 사춘기로 인해 생긴 문제라고 생각했다. 그는 자신의 치료방법을 설명해놓기는 했지만 그 효과를 주장하지는 않았다. 사태는 자연스레 흘러갔다. 에스텔의 이야기는 메리 포터와는 완전히 달랐는데, 그녀의 주치의가 대단한 동물자기학자이자 상류사회가 애호하는 온천휴양지인 엑스르사부아Aix-le-Savoie의 의료감독관이었기 때문이다.[25] 그 온천에는 남다른 증상을 가진 수많은 사람들(대부분은 여자들)로 가득 차 있었다. 정신신체질환에 대해 고도로 비판적인 역사가 에드워드 쇼터Edward Shorter는, 데스핀이 1822년에 이미 뚜렷하게 구별되는 6개의 상태를 가진 여자에 관해 기술했음에 주목했다. 한 상태는 "불완전한 자성磁性 상태로서, 환자에게 제2의 존재가 있다는 내적 느낌"을 주었다고 했다. 그런 종류의 온천에서 일어난 사건들을 조사하면서, 쇼터는 이렇게 적었다. "그러므로 에스텔의 다중인격장애의 배경은 현란한 자기설과 강경증catalepsy*이 유행하던 온천휴양지였다. 다른 많은 환자들도 기괴한 증상을 나타냈다. 영리한 소녀에게는 그 상황이 도리어 자신의 일부를 드러낼 수 있게 해주는 시대적 풍조로 보였을 것이다."[26]

---

* 정신증의 증상 중 하나로서, 외부로부터의 작용을 기계적으로 받아들여 일정한 자세를 유지하고, 극단적일 경우 밀랍 인형과 같아져서 '납굴증'이라고도 한다. 긴장형 정신분열병, 뇌의 기질성 정신병이나 히스테리아나 최면 상태에서도 나타날 수 있다.

데스핀의 저술을 읽은 ISSMP&D의 전 회장 캐서린 파인은 이를 전혀 다르게 해석했다.[27] 데스핀은 훌륭한 임상의사로서, 다중인격의 현대적 해석과 치료법의 선구자라고 했다. 에스텔의 어머니의 일기에는 소녀가 하늘에 있는 수많은 천사들과 대화하는 것이 나온다. 다른 인격들의 수가 부족할 일은 없었을 것이다. 일상적으로 몽환에 빠졌고 잠들면 위기에 빠져서 하반신 마비, 무감각, 감각과민 등의 지독한 신체 증상을 나타냈다. 평소 상태와 위기 상태état de crise가 교차했다. 위기 상태에서는 얼음물 속에서도 수영할 수 있었던 반면, 평소에는 마비가 있고 등의 감각과민증으로 항상 춥다고 호소했다. 최면 상태에서는 괜찮았다.

분명, 이론은 우리가 세상을 어떻게 바라볼지, 오늘날의 질병을 어떻게 볼지를 정해줄 뿐만 아니라, 옛 문헌을 해석하는 방식도 제시한다. 정신신체질환에 대해 가혹한 회의론자인 쇼터는 자신이 읽은 당시의 수많은 사례와 에스텔을 거의 분간하기 어렵다고 말한다. 다중인격 연구의 최전선에 있는 심리학자 파인은 오직 하나의 원전만 읽고서 데스핀이 뛰어난 치유사라고 생각했던 것이다. 파인의 의견에 동의할 사람도 있겠지만, 그럼에도 그의 자료를 꼼꼼히 읽어보면 에스텔은 버릇없이 자란, 명성을 좇는 스위스 꼬마로서, 방종함에 물든 프랑스 온천의 집단사회를 교묘히 조종했고, 그 온천의 의료감독관인 사교계의 사기꾼을 이용했다. 1836년 그녀는 분명 잠깐의 명성을 얻었다. 마비와 몽환에 빠진 그녀가 바구니에 담겨 산맥을 넘어 온천으로 옮겨지는 것을 보려고 군중이 몰려들었다. 1837년 집에 돌아갔을 때 지역신문에 기사가 나기도 했다. 이런 사실이 있었다고 해서 그녀가 다중인격이 아니라고 말할 수는 없다. 수많은 다중인격들은 과시하길 좋아한다.

우리가 이들 사례를 어떻게 해석하든 간에 이 사례는 다중인격 증상언어의 역사에 직접적인 중요성은 거의 없다. 에스텔은 금방 잊혔고, 1890년대 초에 자네에 의해 재발견될 때까지 거의 알려지지 않았다. 지연된 영향일 수는 있겠다. 1919년 자네는 자초지종을 이렇게 털어놓는다. "당시 나는 완전 몽유증을 연구하고 있었다." 그것은 아잠이 총체적 몽유증이라고 부른 것을 가리킨다. "나는 샤를 데스핀의 저서에 관해 알지 못했고 그 후로도 꽤 오랫동안 읽지 않았다. ……에스텔에 관한 데스핀의 기록이 나에게 직접적인 영향을 미치지 않았더라도, 간접적으로나마 그 책의 영향을 받았을 수는 있다." 이렇게 말한 이유는, 자네의 가장 유명한 초기 환자로서 자네에게 명성을 안겨준 레오니는 거의 평생이라고 말할 정도로 오랜 기간 수시로 동물자기학자들의 손아귀에 잡혀 조종을 받았기 때문이다. 자네가 그녀를 연구하기 위해 1885년 르아브르로 데려오기 전까지 그녀는 닥터 페리에가 진료하고 있었다. "데스핀의 책은 캉Caen의 닥터 페리에에게 분명 알려져 있었고, 닥터 페리에는 그 기록을 인용했다. ……페리에가 그녀에게 그런 상태[완전 몽유증]를 유도해서 그 상태가 습관으로 정착되게 했을 가능성은 충분하다."[28] 흥미롭게도, 자네는 데스핀의 책을 처음 읽은 후, 에스텔에 관한 연구가 "히스테리아 환자의 정신 상태에 관한 최초이자 가장 뛰어난 서술 중의 하나"[29]라고 강조했다. 자네는 히스테리아의 신체적 증상(소위 전환성 증상conversion symptoms*)을 설명하기 위해 에스텔이 나오는 그 책의 여러 부분을 11번이나 언급했다. 곧 설명하겠지만, 1875년 이후 프랑스 다중인격의 가장 중요한 특징은 현란한 히스테리성 증상을 가지고 있다는 점이었다.

---

*   신체증상장애 범주에 속하고, 기능성 신경학적 증상장애이다. 히스테리성으로 나타나는 운동성이나 감각성 기능이상으로, 증상은 해부학적, 신경학적 기능 및 감각분포 등과 일치하지 않는다. 심리적 갈등이 신체증상으로 전환되어 나타난다고 해서 전환신경증으로도 불렸다.

이것이, 1875년 이후 에스텔이 프랑스 다중인격의 전조가 된, 역사적으로 중요한 점이었다.

11장   인격의 이중화

"1875년 봄, 기억의 *기이함bizarreries*에 관한 좌담회"에서 외젠 아잠
은 프랑스의 전형적 이중인격 펠리다 X.에 대해 첫 발표를 했다. 몽유
증은 인류 역사상 오랫동안 민간설화와 의료인 사이의 이야깃거리였
다. 19세기 내내 이중의식과 자연적 몽유증에 대한 관심은 크지는 않
았어도 꾸준히 이어져왔다. 그러나 아잠 이전에 다중인격에 관한 체
계적인 연구는 없었다.[1]

여러분에게 펠리다를 소개하겠습니다. 그녀는 사상의 역사에서 상
당히 중요한 역할을 한 주목할 만한 인물입니다. 초라한 신분의 이 여
자가 텐Taine과 리보Ribot를 일깨워준 사람임을 잊지 마십시오. 그녀의
이야기는 실증주의 심리학자들이 쿠쟁 학파의 유심론적 교조주의에
대항하여 영웅적 투쟁을 하던 당시에 사용했던 주요 논점입니다. 펠
리다가 없었더라면, 콜레주 드 프랑스에 교수직도 생기지 않았을 것
이고, 이 자리에서 히스테리아의 정신 상태를 강의할 기회도 제게 주

어지지 않았을 것입니다. 펠리다의 이야기에 함께 이름이 기록된 사람은 보르도의 한 의사입니다. 의사 아잠은 이 경이로운 이야기를 처음에는 '외과의사협회Society of Surgery'*에, 다음에는 1860년 1월 '의학회Academy of Medicine'에 발표했습니다. 발표 제목은 〈신경성 수면 또는 최면에 관한 기록〉이라고 붙였고, 이 사례를 비정상적 수면의 존재, 특히 고통을 느끼지 않고 수술이 가능한 수면 상태의 존재와 연관시켜 보고했습니다. 이렇게 우연히 이루어진 이 발표는 반세기 만에 심리학에 대변혁을 일으켰습니다.[2]

이것은 피에르 자네가 1906년 하버드대학교 강좌에서 한 말이다. 자네는 프랑스에서 가장 명성이 높은 콜레주 드 프랑스에서 심리학과장을 맡고 있었다. 이 이야기에는 딱 한 가지 틀린 점이 있다. 아잠은 1860년의 발표에서 펠리다의 이중인격을 세상에 공표하지 *않았다*는 점이다. 그녀에 관해 언급하기는 했지만, 이름을 말하지는 않았고, 자연적으로 최면몽환 같은 상태에 빠져 들어간 것으로 이해되었다. 또한 그는 펠리다에 대해 더 연구하겠다고 말은 했지만, 1876년까지 연구하지 않았다. 1860년 당시에는 최면을 제외한 그 어떤 담론에도 그녀는 그저 맞지 않았을 뿐이다. 1875년 봄이 되어서야, 새로운 담론으로 떠오른, 기억의 과학에 비로소 그녀는 들어맞게 되었던 것이다. 1876년이 되자 이 초라한 사람의 이야기가 돌연 프랑스의 심리학과 정신의학의 세상을 뒤엎었다.

---

* 　지역마다 외과의사surgeon의 역사는 조금씩 다른데, 프랑스에서는 17세기까지 이발사-외과의였고 의사와 동등하게 대우받지 못했다. 1731년 왕의 승인으로 '왕립외과아카데미'가 설립되고 1776년 '왕립내과의사회'와 통합해 1820년 프랑스 국립의학아카데미가 되면서, 비로소 정식 의사 취급을 받기 시작했다. 이후로도 오랫동안 surgeon은 일반의 또는 군의로 간주되었기에, 펠리다 사례를 외과의사협회에서 발표하는 것이 부자연스럽지는 않다.

외젠 아잠(1822~1899)은 보르도 지방의 중요 인사로서, 존경받는 지역후원자였고, 보르도의 대학교 설립에 핵심 역할을 했으며, 보르도 지역 포도밭을 초토화시킨 포도뿌리혹벌레phylloxera와의 전쟁을 조직한 중심인물이었다. 그는 유럽에서 가장 오래된 지역 중 한 곳인 보르도에 관한 고고학자이자 상당한 수준의 회화수집가였다. 보르도에서 아잠이 잠시라도 회장을 맡지 않은 문학이나 과학 단체는 없다고 생각될 정도다. 그럼에도 펠리다가 없었다면, 오늘날 보르도 지방의 역사에서 그가 기억되기는 어려웠을 것이다. 어쩌면 그 역할이 그의 운명이었는지도 모르겠다. 그는 프랑스에서 브레이드의 과학적 최면을 공부하던 최초의 연구자들 중 하나였기 때문이다. 1860년의 발표도 다중성이 아니라 최면에 관한 것이었다. 그러나 프랑스의 다중인격 시대에 최면은 히스테리아와 더불어 주요 구성요소가 되었다.

아잠은 펠리다의 장애를 명명하려 상상할 수 있는 온갖 명칭을 붙여보았다. 그의 논문에 등장한 이름만 나열해도, 특수 신경증Névrose extraordinaire, 인생의 이중화doublement de la vie(1876년 1월 14일), 주기적 기억상실 또는 인생의 분열Amnésie periodique, ou dédoublement de la vie(1876년 5월 6일), 주기적 기억상실 또는 인생의 이중화Amnésie périodique, ou doublement de la vie(1876년 5월 20일), 이중의식La double conscience(1876년 8월 23일), 인격의 분열La dédoublement de la personnalité(1876년 9월 6일) 등이 있었다. 1879년 3월 8일에는 이중인격La double personnalité이라고 기술했다.[3] 아잠의 출판사는 영어 이름을 프랑스어로 옮긴 이중의식을 사용하자고 권했다. 아잠은 그 권고에 상관하지 않고 인격의 분열을 선호했다. 이는 영어로는 인격의 분할, 이중화, 분열로 번역될 수 있고, 의심할 바 없이 "분열된 인격split personality"이라는 표현이 등장하는 데 일조했다. 정신분열증의 어원인 분열된 뇌split brain와 혼동을 일으켰던 그 표현 말이다. 여기서 주목할 점은, 나눠진 것이 어느 정도 수동적인 성질의 의식이 아니라 인생, 인격이라는 점이다. 즉 인간의 영혼 안에서 활동성을 가진 모든 것을 의미하기에 이르렀다.

아잠은 자신이 프랑스에 과학적 최면을 도입한 첫 번째 사람임을 자랑스럽게 여겼다. (그 영광을 주장할 만한 사람이 아잠 외에 최소한 두 명은 더 있다.) 그의 아버지는 보르도에서 의사이자 정신질환자도 진료한 정신병의사alienist였다. 아들인 그는 당연한 추세로 의사가 되어 여자 수용소의 수석 의사직을 맡았다. 1858년 6월 "한 젊은 여자 환자"를 진료해달라는 요청을 받았다. 광증환자로 알려져 있던 그녀는 자연적 강경증, 무감각 및 감각과민증이라는 기묘한 현상을 보이고 있었다. "덧붙여, 기억에 관한 흥미로운 증상을 보였는데, 이에 관해서는 다시 기술하겠다"라고 했다. 그녀가 바로 펠리다다. 그러나 아잠은 의도했던 기록을 쓰지는 않았다. 그는 많은 동료들에게 그녀를 보였고, 그들 중 어떤 사람은 그 병적 현상이 가짜라고 생각했고, 누군가는 연구를 격려하기도 했다. 그의 고용주가 영국 백과사전에 실린 수면에 관한 항목을 알려주었는데, 거기에는 아잠이 펠리다에게서 주목했던 바로 그 현상을 브레이드가 인위적으로 유발할 수 있었다고 적혀 있었다. 그러므로 아잠이 펠리다를 최면으로 이끈 것이 아니라, 펠리다가 아잠을 최면으로 이끈 것이다.

그는 브레이드의 책을 옆에 두고 펠리다에게 즉각 최면을 걸어 자연적으로 생겼던 증상들을 재현해냈다. 그러나 펠리다의 증상은 자연적으로 생긴 것이었기 때문에, 최면으로 입증할 수는 없었다. 그리하여 그가 물색한 다른 대상은, 우연히도 펠리다와 한집에 살고 있던 여자였다. 건강한 22세의 이 여자는 보석가공업소에서 일하고 있었다. 아잠은 자신이 읽었던, 최면으로 가능한 모든 현상을 곧 그녀에게서 재생할 수 있었다. 비록 브레이드가 여러모로 과장을 했고 최면의 치유력을 심히 과대평가하기는 했지만, 근본적인 점에서는 그가 옳

영혼 다시 쓰기

왔다고 아잠은 확신하게 되었다. 아잠은 지금은 우뇌반구의 언어영역 명칭으로 유명한 브로카Paul Broca의 친구였다. 1859년 아잠이 파리를 방문했을 때 브로카에게 최면에 관해 말했고, 브로카는 흥미를 가졌다. 수술 시의 마취도 가능할까? 두 사람은 한 여자환자의 끔찍한 농양을 최면하에 절개했고, 그녀는 통증을 느끼지 않았다. 브로카는 이를 파리의 식자층에 알렸다. 아잠은 잠시 동안 유명해졌다. 그러나 대부분의 의사에게 최면이란 동물자기학자 즉 사기꾼을 의미했다. 아잠이 아무리 동물자기학과 거리를 두려 해도 그 오명을 피할 수는 없었다. 최면은 수술을 위한 마취로는 신뢰받기 어려웠고, 1860년에는 이미 클로로포름이 보편적으로 사용되고 있었다. 짧은 유행이 지나간 후, 프랑스 의료계는 최면을 일반 대중과 동물자기학의 무대 시연자들에게 넘겨버렸다. 펠리다가 다른 이유로 유명해진 후인, 1878년이 되어서야 샤르코가 "최면을 과감하게 실연"(그 사건에 관한 바빈스키의 공식 설명을 인용한 것이다)해 보였다.[4] 아잠은 과학적 최면을 프랑스에 소개한 자신의 공로를 충분히 인정받지 못한다고 생각하여 언제나 울화에 차 있었다.

펠리다는, 자네의 레오니나 다른 많은 다중인격들과는 달리, 최면하에서만 인격의 *이중화*를 보인 것이 아니었음에 주목하자. 아잠이 펠리다를 만났을 때 그는 최면에 대해 알지 못했다. 그녀가 자연적으로 해리를 일으켰기 때문에, 아잠은 최면을 그녀에게 처음으로 실험해보았을 뿐이다. 펠리다에게 최면을 걸 수 있음을 알게 되자 그는 계속 다른 대상에게도 그 새 기술을 실험했다. 그는 펠리다가 치유될지도 모른다는 막연한 희망으로 펠리다에게 최면을 계속했으나 효과는 없었고, 마침내 단념하기에 이르렀다. 1859년 말 즈음에 펠리다는 조금 나아진 것 같았다. 그 후 16년 동안 아잠은 그녀를 보지 않았다.

최면은 프랑스에서 다중인격의 새로운 파도의 핵심이었고, 이것이 영국의 이중의식과 구별되는 점이다. 나는 그 환자들이 최면에 의해 다중인격으로 만들어졌다는 지루한 주장을 되풀이하려는 것은 아니다. 그건 헛소리에 불과하다. 주지하다시피, 아잠이 브레이드의 과학적 최면에 관해 알기도 전에 펠리다는 이미 교차성 인격을 가지고 있었다. 명백한 것은, 인격의 이중화를 가진 사람들 모두는 최면에 열광하는 사회에 살고 있었고, 그 환경에서 그들의 행동은 최면에 빠진 사람과 비교되었다는 사실이다.

이중의식과 1875년 이후 펠리다가 열어젖힌 새로운 시대 사이에는 더 큰 차이점이 존재했다. *인격의 분열* 사례 대부분은 기괴한 신체 증상을 가지고 있었다. 가장 극적인 것 중에는 부분적 무감각이나 감각과민, 부분 마비, 경련, 떨림, 그리고 시야 축소 및 미각이나 후각 상실 등이 있었다. 때로는 위장, 입, 코, 항문 등에서 원인을 알 수 없는 출혈이 있거나 극심한 두통과 현기증이 있기도 했다. 폐 충혈 증상은 폐결핵과 유사했다. 이러한 증상은 때로는 *무시무시했지만*, 기질적, 생리적, 신경학적 원인은 밝혀지지 않았다. 지금 이들 증상은 전환성 증상이라고 불린다. 그러나 나는 이 용어 사용을 피하려 하는데, 그 이유는 용어가 너무 경멸적 느낌을 주고 의미가 모두 살균된 것 같기 때문이다. 그 용어는 이들 환자가 경험한 지독한 고통을 간과하게 한다. 잠시 후에 펠리다의 끔찍했던 고통을 묘사하겠다.

펠리다가 살던 시대에, 이 증상들은 일반적으로 히스테리아 진단과 관련되었다. 프랑스의 모든 *인격의 분열* 사례는 히스테리아로 묘사되었다. 이것이 곧바로 *인격의 분열*과 이중의식의 차이는 아닌 것이, 이중의식—예를 들어, 크라이튼-브라운의 원형인 J. H.—도 히스테리아로 분류되었기 때문이다. 그러나 히스테리아 자체도 변화했다. 사람들이 언제 처음으로 *변화무쌍한* 히스테리아hysteria protean라고 부르기 시작했는지는 분명하지 않다. 이는 히스테리아가 무한히 다양

영혼 다시 쓰기

한 모습으로 나타날 수 있다는 의미다. 확실한 것은, 소바주Sauvages*가 1768년《질병분류학 방법론Nosologia Methodica》에서 히스테리아를 변화무쌍하다고 칭했다는 것이다. 역사상 히스테리아는 그 자체로 수많은 책의 주제였다. 페미니스트 역사학자들이 한 세대에 걸쳐 이룩한 놀라운 연구들[5]을 여기에서는 언급하지 않으려 한다. 히스테리아로 진단된 여자들에게 가해진 수많은 추악한 일들은 마녀사냥 광풍처럼 역겹기 짝이 없다. 이 시점에서 내가 강조하고자 하는 것은 유럽 의학의 역사 전개 과정에서 히스테리아의 원형이 근본적으로 변화되었다는 점이다.

두 명의 정신과의사가 400년 동안의 히스테리아를 통계조사했다. 19세기 중반까지 의학서적과 보고서가 역점을 둔 것은 (현재 임상현장에서 사용되는 용어 그대로의) 우울증이었다고 저자들은 단언한다. 다음에는 증상학의 급격한 양적 증가가 나타났다. 논문에 등장하는 증상 항목의 빈도를 그래프로 나타낸 것을 보면 대략 1850~1910년 사이에 "전반적으로 개념이 확장"되고 일정 수준의 높은 빈도가 유지되었다. "히스테리성 성격에 관해 자네보다 더 많이 쓴 사람은 없었다. …… 자네가 묘사한 모습은 공통적으로 우울, 공포, 정서적 불안정과 흥분은 물론, 과장된 표현, 암시성, 판단력 결여, 자기 통제 불능, 생생한 환상, 성적 문제, 자기 파괴적 경향, 퇴행 행동, 수치감, 의식 영역의 축소와 이중인격으로 이루어져 있다."[6] 이들 항목은 의사들이 자기 담당의 여자환자를 묘사하는 데 반드시 사용되었다. 그러나 무감각, 감각과민, 경련, 마비, 출혈 등은 거의 언급되지 않았고, 무엇보다도 펠리다 X.의 시대에 프랑스에 만연했던 고통은 말해지지 않았다.

---

* 프랑수아 소바주François Boissier de Sauvages. 18세기 프랑스 의사이자 식물학자. 식물분류 체계에 기초한 질병분류 방법을 기술했고 체계적 병리학의 기초를 확립했다.

최면과 히스테리아는 새로운 프랑스식 인격의 분열을 배태한 모체의 두 가지 모습이었다. 철학 역시 중요한 역할을 했는데, 심리학이 19세기 거의 내내 철학의 한 분야였다는 의미에서만은 아니다. 그 대부분의 기간 동안 프랑스 철학의 지배적 스타일은 빅토르 쿠쟁Victor Cousin(1792~1867)의 영향을 받았다. 이는 절충주의 유심론eclectic spirituali-sim, 또는 자네처럼 그 스타일을 좋아하지 않는 사람들은 유심론적 교조주의라고도 불렀다. 그것은 학교제도 깊숙이 침투해 있었다. 쿠쟁의 사상은 1870년 프로이센과의 전쟁 이후 설립된 제3공화정에 와서야 그 패권에 강력한 도전을 받았다.

쿠쟁은 영적 실체—신, 영혼, 관념들—는 실재하고, 객관적이며, 독립적인 것이고, 누구의 생각으로부터도 자유로운 자율적인 것이라고 주장했다. 철학은 그가 "심리학적 방법"이라고 칭한, 직관적 생각을 면밀히 살피는 것, 즉 데카르트와 콩디야크Condillac*의 진정한 프랑스적 방법으로 진전되어야 한다고 했다. 쿠쟁과 그 추종자들은 그들의 연구가 실제적 관념actual ideas을 내적 성찰하는 것에서 출발하므로 경험적이고 과학적이라고 보았다. 그들은 심리학 데이터를 생물학으로 환원시키는 데에 반대했고 인간의 생각이나 행동에 관한 그 어떤 종류의 결정론도 배척했다. 요컨대, 그들은 오귀스트 콩트Auguste Comte(1798~1857)가 기초를 닦은 실증주의파에 철저히 반대했다. 실증주의는 제3공화정에 와서야 번영하기 시작했다. 다중인격의 뿌리 중 하나는 공화주의적 실증주의다.

이 연관관계는 매우 뚜렷하다. 이폴리트 텐Hippolyte Taine(1828~1893)

---

* 프랑스 계몽기 철학자. 근대 감각론의 대표자로 알려져 있다. 분석적 방법을 채용하여 모든 정신활동을 '변형된 감각'으로 귀착시키고자 하였고, 단순 요소로부터 정신활동의 합성이 일어난다는 감각 일원론을 주장했다.

은 르낭Joseph-Ernest Renan과 더불어 19세기 후반 30여 년간 프랑스가 배출한 두 명의 걸출한 지성인 중 하나로 꼽힌다. 두 사람은 과학적 세계관을 지지한 실증주의자들이다. 텐의 주요 철학저서는《지성론 *De l'intelligence*》(1870)이다. 텐은 상투적이지 않았고, 사실을 수집하는, 반反이론적인 인물이었고, 프랑스 의학에서 중요한 역할을 한 반反인과론적 실증주의자였다. 그의 실증주의는 헤겔 철학에의 몰입으로 조율된 것이었다. 여기에서 그가 무엇을 *지지했는지* 다 적을 수는 없지만, 그가 반대했던 한 가지에 대해서는 말할 수 있다. 그는 절충주의 유심론자들이 말하는 자율적이고, 홀로 존재할 수 있는 자아self 또는 영혼soul이라는 개념, "유일하고, 지속적이며, 항상 동일한 *나*I or me, [그리고] 다양하고 일시적인 나의 감각, 기억, 심상, 생각, 지각, 이해와는 별개로 존재하는 그 어떤 것"이라는 생각을 배척했다.[7] 나의 감각, 기억 등이 소유한다고 여겨지는 능력이나 힘과 함께, *나*는 "언어에 의해 태어난 형이상학적 존재로서 순전한 환영幻影이고, 그 단어의 의미를 면밀히 조사하는 순간 소실되어버린다." 그는 자유의지 문제에 관한 칸트식 해법, 즉 '나'는 현상계의 인과법칙에 종속되지 않는 본체적 자아라는 것에 반대했다. 그는 자아란 역사를 지닌 헤겔적 존재자라고 생각했다. 그가 생각하는 자아는 로크식의 개인으로, 의식, 감각, 기억으로 이루어진 복합체다. 따라서 1876년 이중화된 인격이 신문 1면에 등장했을 때 그는 무척 기뻐했다. 1878년 책의 재판再版에서, 그는 이 사례들을 심취하여 인용했다.[8] 하나의 몸 안에서 교차하는 두 개의 자아는 각각의 인식과 일련의 기억으로 정의될 수 있다고 텐은 생각했다. 거기에는 초월적 영혼도, 본체적 자아도 없다. 대신 거기에 있는 것은, 두 개의 별개의 자아이고, 각 자아는 기억으로 만들어진 것이다.

텐의 1870년 가르침은 독자들에게 잊히지 않았다. 프랑스의 위대한 사전편찬자 에밀 리트레Emile Littré는 1867년《실증철학비평 Revue de philosophie positive》을 창간했고 세상을 뜨기 바로 전까지 편집을 맡았다. 그는 1875년 초에, 오늘날에는 구별되는 현상으로 설명되는 사례들을 한데 모아, 이중의식에 관한 단편을 그 잡지에 실었다. 거기에는 영국의 이중의식 연구자들에 대한 언급이 있었고, 따라서 그가 쓴 논문의 제목도 〈이중의식〉이었다. 그가 더욱 흥미를 가진 것은, 자신이 나눠진 느낌, 자신이 하는 말을 자신이 듣고, 자신의 행동을 자기 눈으로 관찰하는, 즉 말 그대로 자기 자신이 아닌 느낌에 관한 것이었다. 리트레는 주로 독일의 변형 증상 14가지를 인용했는데, 오늘날이라면 해리보다는 이인증으로 불릴 만한 증상들이었다. 그 증상을 가진 사례는 "다른 영적 속성이 흘러나오는 태곳적 원리"와는 거리가 먼 사람이었다고 리트레는 결론지었다. 의식과 자기 정체성은 복합적인 경험이 대뇌에 기록되어 "뇌에 구조적 변화"가 일어남으로써 만들어진다. 그는 자기 논문의 제목에도 불구하고 핵심 개념으로 '의식'보다는 '인격'을 논하고자 했다. 그는 절충주의 유심론의 부류들을 공공연히 비난했다. "계시적 신학과 직관적 형이상학에서는 인격이란 '뇌를 하나의 도구처럼 사용하는 영혼'에서 기인되는 것으로 본다."[9] 그는 이중의식이, 유일무이하고 본래적이며 초월적인 의식에 대한 명쾌한 반박을 제공할 것이라고 생각했다. 그러나 리트레가 접할 수 있던 사례는 오래된 일화거나 근래의 것이더라도 인격장애의 미미한 사례뿐이었다. 그에게 절실한 것은 확실하고 생생한 다중인격이었다. 이제 펠리다가 등장한다. 6년 사이에 테오될 아르망 리보 Théodule A. Ribot—콜레주 드 프랑스 심리학부에서 자네의 전임 교수였던—는《실증주의 심리학 소론 An Essay in the Positive Psychology》이라는 부제를 달아서 기억의 질병에 관한 책을 출판했다. 그 책에서 그는 "닥터 아잠의 상세하고 유익한 관찰기록"을 언급했다.[10]

영혼 다시 쓰기

비실증주의자들은 어떤 시각을 가졌을까? 피에르 자네는 실증주의자가 아니었다. 그는 텐이나 리보처럼 교조적 태도를 가지진 않았지만, 그런데도 한동안은 *인격의 분열*에 사로잡혀 있었다. 삼촌인 폴 자네는 영향력을 가진 철학자로서 전적으로 실증주의에 반대했다. 그럼에도 폴 자네는 리보의 석좌교수 자리를 처음에는 소르본대학교에, 다음에는 콜레주 드 프랑스에 마련하는 데에 적극적인 역할을 했다. 프랑스 최고의 상아탑인 콜레주 드 프랑스는 예로부터 자치기구였고, 수많은 석좌교수직이 있지만, 새로 임명할 때마다 과목을 결정해서 줄 수 있다. 자연법 및 국제법의 석좌교수직은 실험심리학 및 비교심리학 석좌교수직으로 바뀌었다. 폴 자네는 이러한 급격한 변동을 합리화하면서, 당시 선도적 지식인 평론잡지에 낸 논문의 상당 부분을 아잠의 펠리다와 여러 이중인격 사례에 할애했다. "그들은 심리학적 과학이 집중하고 있는 주요 사안들"이라고 결론을 내렸다.[11]

그리하여 *인격의 분열*은 당대 철학에 중요한 역할을 하게 되었다. 그건 옛 학파와 새 학파 사이의 경쟁이나 절충주의 유심론과 실증주의 사이의 전쟁 그 이상의 것이 관련되어 있었다. 실증주의자의 범위는 반교권주의부터 제3공화정의 공화주의까지 이르렀다. 그들은 넓은 정치에 속했고, 프랑스라는 국가 자체의 성격에 관한, 이제 막 전쟁에 패한 프랑스의, 퇴행의 문제에 결벽증적인 프랑스의, 그리고 강성해가는 독일어권 및 영어권 세계의 과학 앞에서 쇠퇴해가는 자국의 과학을 지켜보아야 하는 프랑스의 성격을 결정하는 전쟁이었다. 보잘것없던 여자, 펠리다는 공화주의자의 무기의 하나가 되었다.

아잠은 동물자기학자들을 경멸했고 따라서 자연적 몽유증의 음산한 프랑스 전통도 경멸했다. 처음에는 영국의 자료에 관해 알지 못했으나 곧 이를 발견하게 된다. 펠리다의 증상을 설명할 증상언어를 찾던 그는 인접한 곳에서 그 모델을 발견했다. 운명적인 1875년의 봄,

기억의 기이함*bizarreries de la mémoire*에 관한 좌담회에는 루이즈 라토Louise Lateau의 기억도 포함되어 있었다. 그녀는 부아덴Bois-d'Haine(프랑스 국경 근처 벨기에 마을)의 성흔을 가진 자로 불렸다. 매주 금요일마다 옆구리, 양손과 양발에 기적의 성흔이 나타나는 것으로 유럽 전역의 로마가톨릭계에서 유명했다. 또한 기도하며 몽환에 빠지는 것과 수년 동안 아무 음식도 먹지 않았다는 점으로도 유명했다. 현세의 의학은 그녀를 무시하려 했으나, 결국 벨기에 의학원은 그녀를 연구할 위원회를 구성했다. 1875년 초에 에바리스트 와를로몽Evariste Warlomont이 작성한 조사보고서가 나왔다. 아잠이 참조할 만한 연구물은 한동안 이것이 유일했다.[12]

> 1875년 1월 벨기에 의학원은 루이즈 라토에 관한 의문을 풀기 위해, 와를로몽을 수장으로 임명하여 보고서를 작성하도록 했다. 이 작업은 훌륭하게 마무리되었고, 보고서는 *삶의 이중화*, 이중의식, 두 번째 상태 및 자연적으로도 인위적으로도 발생되는 이들 상태가 실재함을 단언했다. …… 이러한 사실이 나의 1858년 관찰과 유사함을 발견했다. 이후로 그 중요성을 인정하고는 있었지만, 과학에서 너무 고립된 현상인 데다가, 내가 종사하는 외과와는 너무 멀리 떨어진 주제라고 생각하여 출판하지 않았다. 그래서 나는 펠리다 X***를 다시 찾았고, 그녀가 전과 똑같은 그러나 더 악화된 증상을 가진 것을 발견했다.[13]

그는 와를로몽이 사용한 용어를 일부 차용했다. 펠리다의 질환명으로 처음 시도한 이름인 *삶의 이중화*도 와를로몽이 말한 데에서 그대로 따온 것이었다. 아잠은 펠리다의 다른 인격들을 펠리다의 첫 번째 및 두 번째 상태라고 말했는데, 두 번째 상태를 état second(second

영혼 다시 쓰기

state) 또는 condition seconde(second condition)라고 칭했다. 대부분의 독자는 브로이어와 프로이트의 《히스테리아 연구》를 통해서 '이중의 식'이라는 표현을 접했지만, 그때는 이미 그 용어는 더 이상 사용되고 있지 않았다고 앞에서 말한 바 있다. 아잠이 사용한 두 *번째 상태*도 그러했다. 그 표현은 당시 20여 년간 프랑스 정신의학에서 표준어였다. 그리하여 또 다른 초라한 인간, 루이즈 라토가 정신의학에 족적을 남기게 되었다.

펠리다는 항상 병을 달고 살았다. 나는 그럼에도 그녀가 계속 삶을 살아간 것이 놀랍기만 하다. 텐이나 리보는 그녀로 인해 많은 것을 깨우쳤겠지만, 심리학이나 정신의학은 그녀에게 전혀 도움이 되지 않았다. 1843년에 태어난 그녀는 어린 나이에 재봉을 시작했다. 가족은 가난했고, 선원이었던 아버지는 바다에서 사망했다. 아잠이 처음 만났던 15살의 펠리다는 영리하고, 슬픔에 잠겨 있었고, 음울했다. 거의 말이 없었고, 성실하게 일했으며, 정서적인 면은 거의 없어 보였다. 그리고 극심한 히스테리성 증상을 보였다. 정상 상태에서도 맛을 느끼지 못했고, 히스테리성 발작이 오기 전에는 목에 *종류감*을 느꼈다. 몸 여기저기에 무감각한 부분이 많았고, 시야는 축소되었으며, 아주 조금이라도 감정을 내비치면 이어서 경련발작이 나타났는데, 의식을 완전히 잃지는 않았다. 잠들었을 때 입에서 피가 흘러나오기도 했다. 아잠은 모든 증상을 다 나열하지는 않았다. "매우 잘 알려진 것이었기 때문이다. 히스테리아 진단이 확실함은 더 말할 필요가 없었고, 그 특이한 양상들은 모두 이 질환에 좌우된다"라고 했다. 펠리다가 기준점이 되었다. 모든 프랑스 다중인격은 현란한 히스테리아였다.

아잠이 처음 그녀를 만났을 때 그녀는 관자놀이에 찌르는 듯한 통증을 겪고 있었고 그 후 거의 잠에 빠진 것처럼 극심한 피로 상태가 되었다. 이 상태가 10분 동안 지속되었다. 그리고 깨어나서는 곧 두 번째 상태에 들어갔다. 이 상태는 수 시간 동안 지속되었다가 짧은 몽환을 거쳐 보통 상태로 돌아왔다. 이런 일이 5~6일마다 일어났다. 두 번째 상태에서 그녀는 주변 사람들을 반기고, 미소 짓고, 유쾌하게 대했다. 몇 마디 말을 하면서도 평소처럼 재봉을 하고, 콧노래를 흥얼거리기도 했다. 집안일도 하고, 장 보러 가고, 고객의 집에 방문하기도 하는 등 그녀 나이 또래의 건강한 젊은 여자의 쾌활함을 가지고 있었다. 두 번째의 짧은 몽환이 지나가고 정상 상태로 깨어나서는 무슨 일이 있었는지, 또는 두 번째 상태에서 알게 된 것들에 대해서 아무런 기억을 하지 못했다. 가족들이 최근 일들을 알려줘야 했다. 초기에는 발작이 점점 더 잦아졌고, 두 번째 상태의 기간이 점점 길어졌다.

그녀에게 연인이 있었는데, 두 번째 상태에서 임신을 했고 그 상태에서는 임신을 기뻐했다. 그러나 첫 번째 상태에서는 이웃이 무례한 방식으로 그 사실을 깨우쳐줄 때까지는 임신을 부인했다. 그러고는 몇 시간 동안이나 지독한 간질발작을 일으켰다. 출산은 순조로웠고 그 청년과 결혼하고 나서 어느 정도 좋아지는 것처럼 보였다. 이때가 1859년이었다. 사내아이는 꽤 건강하게 성장했지만, 꽤 많은 소소한 정신병리를 가지고 있었다.

아잠은 펠리다를 16년간 만나지 못했다. 그동안 펠리다는 10번 임신을 했지만 모두 유산되고 한 아이만 살아남았다. 아잠은 그녀의 남편을 만나 그간의 일을 전해 들었다. 1875년이 되면서 펠리다는 명랑한 두 번째 상태에 3개월이나 머물기도 하면서 그 상태가 점차 그녀의 보통 상태가 되어갔다. 중년기에 이르러 펠리다는 대체로 두 번째 상태에 정착되어갔다. 사실상 아잠의 보고서는 꽤나 혼란스러워졌다. 처음에는 침울함이 첫 번째 상태이고, 놀러 다니기 좋아하는 성격은 두 번째 상태라고 했다. 머지않아 두 번째 상태가 보통이 되고, 전에 정상이라고 불렀던 것이 점차 유별난 것으로 되어갔다. 나이가 들어가면서 원래의 상태가 거의 사라졌을 수 있었겠지만, 그 상태가 견디기 어려워졌을 수도 있다. 원래 상태에 있을 때 그녀는 자포자기해 있었던 것이다. 몇 달 동안이나 무슨 일이 일어났는지 기억하지 못했고, 사람을 회피했고, 자신이 불치의 병에 걸렸다고 믿었을 것이다. 고통, 출혈, 마비 증상은 더욱 악화되었다.

소위 두 번째 상태가 점차 지배적이 되어갔지만, 불행히도, 그 상태의 특징이었던, 억제하기 어려울 정도의 쾌활함은 더 이상 유지되지 않았다. 침울해지고 신체 증상을 나타내기 시작했다. 어딘가 아프거나 염증이 생겼다. 폐의 출혈이 생겼고 코피가 멈추지 않기도 했고 토혈도 했다. 한때는 이마의 피부 위로 피가 스며 나오기도 했는데, "한 줌의 기적도 없이 피의 성흔이 만들어져서, 상황을 알지 못하는 사람들은 그것을 두고 법석을 떨었다."[14] 어느 땐가는 남편이 정부를 두고 있다고 확신하기도 했는데, 그 여자는 펠리다가 원래 상태에서 사이가 좋았던 사람이었다. 두 번째 상태에서 목을 맸지만 어설프게 하는 바람에 실패하고 주위 사람이 구해냈다. 깨어나도 두 번째 상태였다.

그녀는 재봉사로 생계를 꾸려나갔다. 중년이 되어서는, 발작이 다가옴을 느끼면 다른 상태의 자신에게 재빨리 노트를 남겨서 어디까지 일을 하던 중이었는지를 알리고 잠깐의 불편함이 지나간 후에 시간 낭비 없이 일을 계속할 수 있었다. 그러나 당시 그녀가 전환해서 돌아간 정상 상태는 성인 여자라기보다는 14살 소녀에 가까웠다. 그녀는 말수가 적었다. 아잠이 그녀의 기억을 자세히 들여다보지는 않았으나 그녀는 슬프고 미숙했다. 아잠은 이 상태를 세 번째 인격으로 생각하지는 않고 그저 다른 정상 상태라고만 보았다. 오늘날의 임상가라면 이를 어린이 인격이 아닌지 의심했을 것이다. 다른 상태도 있었는데, 극도의 공포에 빠지는 네 번째 상황이 그것이다. 아잠은 이를 두 *번째 상태*에 "부속된 것accessory"이라고 기술했다. 그녀는 "무서워, 무서워……"라고 소리치곤 했다. 특히 어둠 속에 있거나 눈을 감을 때면 무서운 환각이 보였다. 아잠은 "광증에 가까웠다"라고 묘사했다. 지금은 이를 정신분열형schizophreniform 일화적 발작이라고 부르는 사람도 있다. 누군가는 가해자 인격이 활동하기 시작한 게 아닐까 생각하기도 한다. 심지어는 다섯 번째 상태도 있는 것 같았다. 빅토르 에거Victor Egger*는 아잠이 자신에게, 여태껏 썼던 많은 논문과는 전혀 다른 얘기를 한 적이 있다고 썼는데, 그 상태가 어땠는지는 말하지 않았다.[15] 전적으로 부적절한 어떤 상태? 펠리다가 정상 상태와 두 번째 상태에 더하여 최소 3개의 인격 파편을 가졌으리라고 충분히 상상해볼 만하다. 그러나 아잠의 모델은 이중으로 나뉘는 분열이었다. 3번째 인격은 예상된 바가 없었다. 그때까지 *다*중인격은 존재하지 않았던 것이다.

아잠은 펠리다를 어떻게 생각했을까? 현재 유행하는 모호한 용어를 써보자면, 아잠은 펠리다가 '정신생물학적' 장애를 가졌다고 생각했다. 그는 모든 현상―육체적, 인지적, 또는 이들이 혼합된―은 동일한 원인을 가지고 있고 동일한 과학에 의해 연구되어야 한다고 믿었다. 그는 이를 생리학이라고 불렀는데, 그가 말한 생리학은 인접 학문인 형이상학과 심리학이 통합된, 확장된 생리학이었다. "비록 오늘은 독단적으로 분리되어 있을지라도, 이들은 서로의 내일에 기대고 있어서 긴밀하게 융합이 일어나 훗날 완전한 상호흡수가 이루어질 것이다."[16] 아잠의 생각은 생리학 계통을 따라가며 추정된 것이었다. 다른 많은 이들과 마찬가지로 그는 대뇌의 양측 반구와 두 가지 상태

---

* 19세기 프랑스 유심론 철학자. 소르본에서 젊은 마르셀 프루스트를 가르쳤고 베르그송, 르낭, 자네의 동료였다.

의 관계에 사로잡혀 있었다. 한쪽 대뇌반구에 혈액순환의 장애가 오면 그쪽 반구에 저장되어 있는 기억에 접근하기 어려워지리라고 추측했던 것이다.

아잠은 몽유증에 관한 관습적 사고를 깨뜨리려 하기보다는, 점점 더 그것이 옳다는 확신을 가지게 되었다. 모든 이중인격의 두 *번째 상태*는 "총체적 몽유증" 상태라고 믿었다. 그는 이 생각을 일찍이 논문에 썼다가 그 논문을 잠시 회수했지만, 1890년의 논문에서는 더욱 견고해진 생각으로 돌아왔다.[17] 오늘날의 임상가들은 아잠의 견해를 흥미로워할지도 모르겠다. 왜냐하면 아잠은 성인의 "총체적 몽유증"이, 면밀히 살펴본다면, 어릴 때에 그 전조가 있다고 믿었기 때문이다.

아잠의 논문이 파리에서 출판되자마자, 이중인격의 진정한 급류가 몰아쳤다. 이 사실은 1876년 7월 15일 폴 자네의 글에서 읽을 수 있다. "[아잠의 글을] 읽었을 때, 내 예전 환자의 병력이라고 깨닫게 되었다"라고 했다. 그리고 아잠의 연구보고가 '도덕 및 정치과학 학술원'에서 낭독되자마자, 후일 다중인격 연구를 하게 된 외젠 부쉬E. Bou-chut가 "저도 유사한 사례 두 명을 관찰했는데……"라고 말했다.[18] 사례는 계속 이어졌다. 1887년 8월 아잠이 피레네에서 온천치료를 하다가 10대 소년의 놀라운 사례와 마주쳤다. 아잠이 확립한 원형의 특징은 명료하게 다음과 같은 모습이었다. 여자, 젊은 나이에 발병, 불우한 어린 날, 일방향성 기억상실, 두 *번째 상태*에 더하여 부수적인 유사-상태들, 강한 암시성, 최면에 의해 두 번째 상태를 재현할 수 있음, 두 번째 상태는 총체적 몽유증과 유사함, 무엇보다도, *인격의 분열*의 원형 사례는 현란한 히스테리아를 앓고 있고, 신체적 위기crises에 압도되어 있음.

히스테리아와 *인격의 분열*의 연관성이 너무 강력해서 단지 인격 분열만 있는 사람도 히스테리성 증상을 가진 것으로 만들어야 했다.

예를 들어, 샤르코파의 최면을 앞장서서 주창한 제네바의 라담P. L. Ladame*이 기술한 젊은 스위스 여자가 그러했다. 그녀는, 굳이 설명하자면, 옛 영국식 이중의식에 가까웠다. 어렸을 때 화재사건에 놀랐고, 자신이 램프를 엎질러서 불을 냈다고 생각했을 때 두 번째 상태가 시작되었다. 한 상태에서는 온화했고, 다른 상태에서는 호전적이었다. 이 스위스 소녀를 묘사한 모든 형용사가 한 세기 동안 영어권에서 사용되었다. 창백한 안색과 몸단장에 무관심한 점을 빼면, "아무런 병적 증상도, 히스테리아의 징후도 없었다." 그러나 주치의의 관점에서 보면 개념적으로는 히스테리아여야 했다. 최면에 의해 끔찍한 신체 증상이 만들어졌고, 그녀는 최면으로 치유되었다.[19]

펠리다는 혼란스러운 원형이었다. 문제점이 너무 많았고, 매우 고통스러워했다. 고통스러워하는 유형들을 따로 구분할 필요가 있었다. 그래서, 원형으로서의 그녀는 새로운 두 개의 모델을 이끌어냈다. 그 두 모델은 모두 남자로서, 한 모델은 역사상 최초의 *다중*인격으로 기록되었고, 별개로 간주되던 상당수의 인격을 가지고 있었다. 그 남자는 다음 장에서 기술할 것이다. 다른 모델은 역시 보르도의 한 시민으로 그곳에서 의과대학생의 치료를 받았다. 그 학생은 후일 아잠의 (의학 조수가 아니라) 고고학 조수가 되었다. 그 환자, 알베르는 자신이 누구인지 거의 의식하지 못한 채 강박적으로 여행을 다녔다. 그는 심인성 혹은 해리성 둔주의 시발점이었다. 필리프 티씨에Philippe Tissie는 1887년 출판된 논문에서 그 환자에 관해 기술했지만, 1년 후 샤르코에게 대중의 관심을 가로채였다. 샤르코가 만든 진단명인 보행성 자동증*ambulatory automatism*이 20여 년 동안 프랑스 정신의학계에서 중요 부분을 차지했다. 이상한 전쟁이 시작되었다. 샤르코는 남성 히스테리

---

*   폴-루이스 라담. 19세기 제네바의 신경병리학자.

아를 대중적으로 변모시켰으나, 둔주자*fugueur*가 히스테리아라는 것은 부인했다. 그들은 간질성이어야만 했다. 샤르코에 적대하는 사람들은 히스테리아 쪽으로 결집했다. 몇 가지는 그 논쟁으로 인해 명료해졌다. 어떤 의사들은 둔주자를 이중인격으로 묘사하기도 했으나, 샤르코에 대항하러 나왔을 때에만 히스테리아라는 관점을 고수했다. 둔주자가 히스테리아와 다중인격이 밀접히 연관된다는 근거라는 것이다. 히스테리아는 1910년이 되자 프랑스에서 사라졌다. 둔주도 사라졌다. 둔주의 두 번째 특징은 우리에게 젠더 문제에 대해 손쉬운 답을 제공한다는 것이다. 1980년대 남성 다중인격은 교도소에 있다고 했다. 1880년대 말부터 1890년 초 사이에 남성 다중인격은 세상을 떠돌아다녔다.

다중인격과 히스테리아 혹은 둔주의 관계는 빠르게 변화했다. 어떤 것은 영구적인 것으로 변했다. 1875년 이전에는, 이중의식은 물론 자연적 몽유증까지도 오직 우발적으로만 기억과 망각에 연관되었다. 1875년 기억에 관한 논의에서 펠리다가 소생했고, 그 이후 20세기가 되기 전까지 이중인격이나 다중인격은 일방향 또는 양방향 기억상실을 제외하고서는 생각할 수 없게 되었다. 이는 경험적 사실이 아니라 개념적 사실이었다. 이중인격의 일부 본질은 히스테리성이었고, 일부는 피被최면 가능성이었다. 그리고 이중인격 혹은 다중인격의 일부 본질은 *기억의 병*maladie de la mémoire을 가지고 있다는 것이었다.

12장   최초의 다중인격

다중은 2개보다 많은 것을 의미한다. 이중의식도, 인격의 분열도 다중인격은 아니었다. 다중인격 진단을 옹호하는 사람들은 펠리다가 2개보다 많은 다른 인격을 가졌다고 말하고 싶을 것이다. 짐작하기로는 5개까지 있었다고도 한다. 다른 여러 종류의 치료를 받았더라면 5개 모두 왕성하게 활동했을 수도 있고, 모두가 병의 근원을 밝히는 실마리가 되었을 수도 있다. 그러나 무엇이었을지에 대한 가정이 아니라 무엇이었는지를 묻는다면, 펠리다는 정확히 2개의 교차성 인격을 가지고 있었다. 그것이 펠리다 자신이 생각했던, 그리고 가족이 묘사하고, 이야기하고, 펠리다를 대했던 모습이고, 이웃이 주목했던 모습이었다. 또 그것이 펠리다가 느끼고 경험했던 모습이었다. 증상언어의 관점에서 보면, 펠리다가 유명해졌을 당시, 다중인격은 실제로는 존재하지 않았다. 그게 무엇이었든 간에 환자들이 달리 치료를 받았어도, 사실상 2개의 인격만 있었다. 그렇다면 다중인격은 언제부터 존재하게 된 것일까? 1885년 7월 27일 늦은 오후부터다.

영혼 다시 쓰기

그날 오후 샤르코의 문하생이자, 파리의 남성 정신병원 비세트르 Bicêtre의 수석의사인 쥘 부아쟁Jules Voisin은 1883년 8월부터 1885년 1월 2일까지 자신의 담당 환자였던 한 환자에 관해 설명했다. 그가 루이 비베Louis Vivet였다. 그는 인격의 분열을 동반하는 대大히스테리아 남자 사례 1명으로 제시되었다. 부아쟁은 이 환자가 펠리다와 다른 점에 주목하기는 했으나 "닥터 아잠의 용어를 사용"하는 게 편리하다고 생각해서, 첫 번째 및 두 번째 상태라고 썼다. 루이 비베는 인격의 분열을 가지고 있었다. 1885년에 인격의 분열은 그리 흥미로운 주제가 아니었다. 그럼에도 부아쟁은 완벽한 히스테리아 원형으로서 그 환자에게 매료되었다. 그는 히스테리아의 극단적 증상을 모두 가지고 있었는데, 샤르코의 병동에 있는 여자환자들 사이에서는 흔한 일이었다. "남성 히스테리아에 관한 긴 인용문헌 목록에서 보통은 대략적으로 원형에 맞는 사례들만 접하게 되는데,"[1] 비베는 살페트리에르 Salpêtrière 병원에서 샤르코에게 훈련받은 의사들에게 친숙한 온갖 증상을 다 가지고 있었다는 점에서 경이로운 존재였다.

우연의 일치인 것은, 그 발표 자리에 닥터 이폴리트 부뤼Hippolyte Bourru(1840~1914)가 참석하고 있었다는 점이다. 비베는 1885년 1월 2일 비세트르에서 탈출했는데, 그 후 부뤼와 그의 동료인 뷔로P. Burot에게 맡겨지게 되었던 것이다. 부뤼는 새로운 이야기를 들려주었다. 루이 비베가 활개치고 다닌 시간은 길지 않았다. 2월 말 로슈포르에 위치한 군병원에 인도되었는데, 부뤼와 뷔로가 그곳 의사였다. 1885년 7월이 되자 부뤼는 완전히 새로운 현상을 정신의학 연보에 보고할 수 있었다. 비베는 8개의 뚜렷이 다른 인격 상태를 가지고 있었다.[2] 그날의 모임은 저녁 6시 30분에 막을 내렸다. 다중인격 담론이 가동되기 시작한 시간이다. 1년이 지나기도 전에 '다중인격'이라는 단어가 정확히 루이 비베를 묘사하기 위해 영국의 출판물에 나타났다.[3]

무슨 일이 있었는지 이해하려면, 이 주제와 관련된 우스꽝스러운 영역에까지 들어가야 한다. 우선, 금속치료법metallotherapy이 있다. 자석이나 여러 다양한 금속을 신체의 적절한 부위에 갖다 대면, 히스테리성 감각이상, 근육경축, 마비 증상이 제거될 수 있다는 것이었다. 1877년 생물학 협회는 이 치료법에 관해 보고서를 작성하기 위해 위원회를 구성했다. 위원회에는 샤르코와 루이스J. B. Luys(1828~1892)*가 참여했다. 그들은 예상보다 훨씬 더 많은 것을 관찰할 수 있었다. 히스테리아의 많은 신체 증상들은, 예컨대 마비, 감각이상, 경축은 몸의 한쪽 편에, 예를 들어 왼편 반신불수로 나타났다. (해부학적 사실과 달리, 얼굴 왼쪽과 몸의 왼쪽이 모두 마비되는 식이다.) 샤르코와 루이스 그리고 동료 위원들은 자석이나 다른 금속을 한쪽 편에 대었다가 그 금속을 몸의 다른 쪽에 갖다 대면 증상이 그쪽으로 옮겨진다는 것을 발견했다. 증상들은 금속을 쫓아 이리저리 옮겨 다녔다. 가장 체계적인 실험이 알프레드 비네(1857~1911)와 그의 동료 샤를 페레Charles Féré에 의해 실행되었다.[4] 샤르코의 최강의 비판자인 낭시의 이폴리트 베른하임Hippolyte Bernheim(1840~1919)은 이 현상에 무언가 의미 있는 게 있다면 그것은 그가 암시라고 칭한 효과일 뿐이라고 주장했다. 깜짝 놀란 비네는 유기체에 대한 자석의 작용을 부인하는 것은 전기의 작용을 부인하는 것과 같다고 답을 했다.[5] 곧이어 비네는 *이중의식*을 증명할 객관적 실험에 관한 열정적 소논문을 쓰게 되었고, 그 주제는 이제 과학적 탐구영역으로 넘어갔다고 선언했다.

　젊은 신경학자인 조제프 바빈스키(1857~1932)는 샤르코의 제자로서,

---

*　쥘 베르나르 루이스Jules Bernard Luys. 19세기 신경해부학자. 그가 발견한 시상하핵은 루이스체Luys' body라고 불린다. 최초로 뇌신경계 사진지도를 만들었다. 경력 후반부에는 히스테리아, 최면, 밀교 등에 빠졌다.

그 이상의 것을 발견했다. 지금은 바빈스키 반사로 유명하지만, 당시 바빈스키는 자석을 이용해 몸 한쪽의 증상을 다른 쪽으로 옮기는 데에 그치지 않고, 다른 사람으로도 옮길 수 있음을 발견했다. 두 명의 (유도된 것이든 자연적인 것이든 간에) 몽유증 환자를 스크린으로 격리해놓았다고 하자. 일례로, A 부인의 오른쪽 팔이 마비되어 있다고 가정하자. 자석을 A 부인의 팔에 대었다가 스크린 건너편에 있는 C 양의 오른쪽 팔에 갖다 대면, A 부인의 팔은 움직일 수 있게 되고, C 양의 팔이 마비된다는 식이었다.[6]

루이스는 이 결과를 바탕으로 놀라운 금속치료법을 개발했다. 히스테리성 환자의 실제 증상을 자석을 미끄러뜨리면서 다리 쪽으로 보낸 후 최면에 걸린 다른 건강한 환자의 다리로 이식할 수가 있었다. 증상만이 아니라 성격까지 이전되어 나타났다. 최면을 깨우면 증상은 양쪽 모두에서 사라져 있었고, 히스테리아 환자는 마비 등 그 어떤 증상이든 다 사라진 채 본래 성격을 되찾았다.[7]

부뤼와 뷔로는 여기서 한 걸음 더 나아갔다. 작은 플라스크에 약물 혹은 알코올 등의 액체를 담고 종이로 단단히 감쌌다. 이것을 환자의 머리 뒤편에서 들고 있으면, 잠시 후 그 환자는 플라스크 안의 내용물을 마신 것처럼 병이 생기거나 증상이 좋아지기도 했다. 루이 비베는 이 공연의 두 주인공 중 하나였다. (다른 한 명은 샤르코 병동의 여자였다.) 루이스는 이 기술을 모두 한데 모아 더 기막힌 현상을 만들어냈다. 마침내 의학학술원이 행동에 나섰는데, 그들은 그 현상 중 어떤 것도 재현할 수 없다. 배경에 관한 설명은 이쯤 하기로 하자. 중요한 것은, 비베의 여러 상태가 자석, 금속, 브롬화금과 같은 금속합성물로 유발되었다는 것이고, 멀리 놓여 있는 금속과 약품의 반응을 과시하는 데 주인공으로 사용되었다는 점이다.

냉소적인 사람들은 다중인격을 이인조 정신병*folie à deux*, 즉 환자와 치료사 사이에 부지불식간에 기묘한 협력이 일어나서 나타나는 감응성 정신병으로 묘사했다. 나는 그런 비난을 지금도, 앞으로도 하지 않을 생각이다. 그렇지만 루이 비베의 경우, 다인조 정신병*folie à combien*이라고 부를 만한 게 있었다는 데에는 의심의 여지가 없다. 얼마나 많은 사람들이 얼마나 오랫동안 그 일에 관여했는지 정확히는 모르겠지만, 최소한 5명에 대해서는 알고 있다. 즉 비베, 부뤼, 뷔로, 그들의 동료인 마비유Mabille 그리고 쥘 부아쟁이 그들이다. 그들과 함께 연구를 했거나 비베의 신기한 상태를 목격한 다른 20여 명의 의사 이름이 적힌 기록도 나는 가지고 있다. 샤르코도 분명 비베를 보았다. 적어도 당시 누군가를 진료해봤던 최고위 임상의사들만큼 많은 수의 의사들이 개인적으로 비베를 관찰했다.

앨런 골드는 최면에 충실하고 최면을 찬양하는 저서《최면의 역사》에서, 최면을 불명예스럽게 만드는 루이스 같은 인물에 대한 짜증을 숨기지 않았다. 부뤼와 뷔로를 포함해서 금속치료와 "연관된 무절제함"을 지적할 때 그가 사용한 "확실히 미친" "한층 더 미친"과 같은 표현을 발견할 수 있다.[8] 그런데 왜 그쯤에서 그만두지 않는가? 부분적 이유로는 견해 차이가 있기 때문이다. 애덤 크랩트리는, 부뤼와 뷔로가 루이 비베에 관해 저술한 1888년의 책은 "19세기에 출판된 다중인격 단일 사례에 관한 가장 중요한 연구라고 평가되었고 다중인격의 기원과 치료법을 이해하는 데 중요한 진척을 담고 있다"라고 적었다.[9] 내가 보건대, 과학과 의학의 견지에서, 부뤼와 뷔로의 연구 결과는 쓰레기다. 그럼에도 불구하고 그것이 중요한 이유는, 최초의 다중인격을 제시했다는 점뿐만 아니라, 크랩트리의 말처럼, "특정 인격들과 특수 기억 사이의 연관성을 인식"할 수 있게 해주었다는 이유에서다.

그들의 연구는 진정한 다중인격의 새로운 언어를 개시해준 것이다. 나는 여기서 부뢰와 뷔로가 했던 묘사의 진실성에 의문을 제기하려는 게 아니다. 그리고 비베의 주치의들이 "확실히 미친" 연구에 뛰어들었다고 해서 루이 비베가 계획적 사기꾼이라고 말하는 것도 당연히 아니다. 그는 매우 병적인 사람이었다. 나는 평소의 견해와 마찬가지로, 비베가 "진짜로 어떤 병을 가졌는지"에는 관심이 없다. 내가 관심을 가지는 것은, 그에 관해 어떤 말이 있었는지, 그가 어떤 취급을 받았는지, 그리고 다중인격 담론과 증상언어가 어떻게 등장했는지에 관해서다.

루이 비베의 삶에서 두드러진 점을 대략 기술하겠지만, 그의 신체적 증상에 대해서는 길게 말하지 않으려 한다. 명백히 여성생식기관이 있어야 나타날 수 있는 증상은 제외하고서도, 루이 비베는 19세기말 히스테리아의 언어로 알려진 온갖 신체 증상을 실제로 다 나타냈다. 부아쟁이 의학-심리학 협회에서 비베 사례를 발표한 이유이다. 온갖 종류의 통증, 무감각, 근육경축, 떨림, 감각과민증, 함묵증mutism, 발진, 출혈, 기침, 구토, 온갖 종류의 경련, 긴장병catatonia, 몽유증, 시드넘무도병,* 활모양의 자세arc de cercle(천장을 보고 누운 채 등을 활처럼 뒤로 휜 자세), 언어장애, 동물화(비베의 경우 개), 기계화(비베의 경우 증기기관차), 피해망상, 절도광, 번갈아 나타나는 편측 시력 상실, 시야 축소, 미각·후각의 변화, 환시, 환청, 가假결핵성 폐 충혈, 두통, 위통, 변비, 식욕 저하, 폭식, 알코올중독, 무기력, 몽환 등 내가 히스테리아에 관해 읽은 문헌에 나오는 모든 증상을 루이 비베의 보고서에서 발견할 수 있다. 비베의 셀 수 없이 많은 병폐들은 모두 주치의들이 발표했고,

---

*   Sydenham's chorea. 아동기나 사춘기에 연쇄상구균 감염 후에 빠르고 불규칙적 불수의 운동이 특이하게 나타나는 것으로 수개월간 지속되다가 사라진다. 성 비투스 축제 때 추던 춤과 비슷하다고 해서 성 비투스의 춤St. Vitus' Dance이라고도 한다.

그것이 얼마 동안 의학적 상상력을 사로잡았다.

　루이 비베의 삶의 시작은 그때나 지금이나 우리에게 매우 친숙하다. 1863년 2월 파리에서 알코올중독 매춘부의 아들로 태어나 매를 맞으며 방치된 채 성장했다. 8살 되던 해에 어머니가 샤르트르 근처에서 일할 때 가출을 했다. 아주 어릴 때부터 그에게는 토혈과 잠깐 동안의 마비가 포함되는, 소위 히스테리성 위기라고 불리는 증상이 있었다. 1871년 10월, 그가 9살이 채 되지 않았을 때, 옷을 훔치고 소년원에 보내졌다. 거의 2년이 지난 후에 프랑스 북서부 오트마른에 있는 교도소 농장으로 이송되었다. 그곳에서 9년여를 지냈는데, 수감 중반인 1877년 3월 살무사를 보고 겁에 질렸다. (후일 비베의 설명에 따르면, 독사가 비베의 팔에 감겼다고 했다.) 그날 밤 경련발작을 일으키고 이후 두 다리가 완전히 마비되었다. 그는 하반신 마비가 온 것처럼 행동했지만, 척수 손상은 전혀 없었다.

　교도소 농장에서 3년을 무위도식하며 지낸 후 어머니의 집이 있는 샤르트르에서 남쪽으로 20마일 떨어진 정신병자 수용소로 이송되었다. 담당의사인 카뮈제Camuset는 그가 유쾌한 녀석이고, 어린 날 저지른 범죄에 대해 단순하지만 충분히 후회하고 있다고 보았다. 그는 반신불수 상태로도 일할 수 있는 재단사 일을 배웠다. 그는 영리한 학생이었다. 2개월이 지난 어느 날, 경련발작이 일어나 50시간 동안 지속된 후에 깨어나서는, 마비 증상은 사라지고 자신은 교도소 농장에 있다고 생각했다. 수용소에 관한 것도, 반신불수도, 독사도, 새로 배운 기술도 알지 못했다. 그는 폭력적이고 싸우려 들고 탐욕스러워졌다. 전에는 금주를 했는데, 이제는 포도주를 훔쳐 마셨다. 간호인의 꽤 많은 돈(60프랑)과 개인물품을 훔쳐서 수용소를 탈출했다. 입었던 옷을 팔고, 새 옷을 사고, 파리행 기차표를 샀다가 체포되자 발로 차고 물어뜯으며 저항했다. 남은 기간을 수용소에서 지내는 동안 다양한 경련발작과 단기간의 국소적 무감각과 근육경축을 여러 차례 거쳤다. 그러나 점차로 좋아졌고 1881년 여름 18세의 나이에 석방되었다. 카뮈제는 그를 *인격의 분열* 사례로 기록했다.[10]

지금까지의 모습은 꽤 과거의 비베다운 모습이다. 두 개의 인격이 있는데, 하나는 다른 하나에 대해 모르고 있었다. 온순한 인격은 반신불수이고, 폭력적인 인격은 그렇지 않다. 범죄자 유형은 교도소 농장의 일, 독사 그리고 이어진 마비에 대해 아무 기억이 없었다. 비베가 원형에 맞지 않은 유일한 점은, 터무니없이 돈을 쓰는 폭력적 인물이 '정상 상태'로 간주되었던 반면, 온순하고, 경건하며 우둔한 상태가 *두 번째 상태*로 설명되었다는 것이다. 표준 사례들의 정상 상태는 내성적 모습이었다는 점에서 정반대였다.

그는 석방된 후 어머니가 있는 집으로 갔다가, 큰 포도밭 장원에서 일하기 위해 부르고뉴로 향했다. 곧 병이 들었고 병원에서 한 달을 지낸 뒤 25마일 떨어진 다른 병원으로 이송되었다. 담당의사는 그의 과거 이야기를 알지 못했다. 비베는 사지마비부터 우둔함에 이르기까지 상상할 수 있는 모든 종류의 위기 증상을 나타냈다. 도덕규범을 매우 잘 알고 있어서 무언가 충동적으로 일을 저지르고 나면 교활하게 미친 척해서 이를 은폐하려 했다.[11] 1883년 봄, 의사는 그가 회복되었음을 선언했다. 퇴원하며 집으로 돌아갈 약간의 돈을 얻었으나 집에는 가지 않았다. 샤르트르에서 40마일 떨어진 곳에서 사소한 도둑질로 3일간 교도소에 있었다. 그리고 그는 여러 곳의 수용소 여기저기에서 모습을 나타냈다. 보클뤼즈Vaucluse와 살페트리에르 등에서 라세그Lasègue*와 같은 유명한 의사로부터 진료를 받았고 뵈르망Beur-

---

* 샤를 라세그. 19세기 프랑스 의사로 정신과 영역을 진료했고, 이인조 정신병folie a deux이라는 용어를 만들었다. 범죄심리분석, 거식증, 진행성 마비 등에 이름을 남겼다.

mann에게 최면을 받았다. 수용소에서 만난 동료와 파리를 배회하기도 했다고 말했다.

그는 다시 옷과 개인물품을 훔쳐서 구속되었다. 정신지체와 간질이 있다고 판단되어 비세트르에 수감되어 부아쟁의 담당하에 놓이게 되었다. 그는 나타낼 수 있는 모든 발작 증상을 다 보였다. 부아쟁은 자석을 이용해 그의 증상들을 옮기려 시도했다. 처음에는 자석이 아무런 효력을 보이지 못했으나, 얼마 후 비베가 자석이 부아쟁에게 어떤 중요한 의미가 있는지 알아채자, 자석이 보이기만 하면 전환을 일으켰다. 금화金貨를 아픈 부위에 대면 극심한 통증을 일으켰다. 부아쟁은 그를 몽유증에 빠지게 하고는, 당시 흔히 시행되던 암시를 걸어 이 소년으로 하여금 수많은 이국적 포도주와 증류주를 맛보게 했다. 항상 빈 잔으로. 비베는 물론 항상 취했다. 구토하게도 했다. 임질에 걸렸다는 암시를 주자 소변통을 집어 들고 소변을 보려 애를 쓰면서 고통에 겨워 소리 지르고 그에게 병을 옮긴 여자를 저주했다. 부아쟁이 매끄럽게 기록해놓은 것을 보면, "암시를 걸 수 있는 통상적인 온갖 방법과 온갖 유발된 환각이 모두 다 작동되었다"[12]

부아쟁이 카뮈제의 이중인격 환자가 자기 진료하에 놓이게 되었음을 언제 눈치챘는지는 확실치 않다. 비베는 카뮈제가 인격의 분열로 자신을 유명하게 만든 일을 아마도 부아쟁으로부터 들었을 것이라고 나는 추측해본다. 어쨌든 비베는 때로 독사에 대해서는 아무것도 모르는 싸움 좋아하는 폭력적 자아가 되기도 했고, 때로는 하반신이 마비된 온순한 자아가 되기도 했다. 그러나 이들 상태는 수많은 히스테리성 위기에 의해 조절되었다. 그중 하나는 지금 정신분열형 증상이라 부르는 것인데, 2개월간 지속되었다. 부아쟁은 아잠의 용어인 첫 번째 및 두 번째 상태를 사용했으나, 펠리다와는 차이점이 있음에 주목했다. 첫 번째 상태는 폭력적 자아이고, 두 번째 상태는 온순한 자

영혼 다시 쓰기

아였다. 그러나 온순한 상태에도 이형異形들이 있었다. 예를 들어, 독사에 놀라기 전의 비베가 있고 그는 마비에 대해서는 알지 못했다. 그러나 부아쟁이 가장 인상 깊게 관찰한 것은 비베가 두 번째 상태에 있는 기간이 정확히 (마비가 아닌) 심한 근육경축이 있는 시기와 일치한다는 점이었다. 더욱이 오로지 최면에 걸렸을 때에만 비베는 "모종의 세 번째 상태"에 들어가서, 교도소 농장에 있고 독사에 놀라지 않았던 16살의 소년이 되었다. 그러나 부아쟁은 이를 세 번째 인격, 또는 제대로 부르자면 상태1과 상태2와 비교해서 세 번째 상태라고 불러야 했지만, 그런 결론은 내리지 않았다. 그 상태는 자연적으로 생긴 것이 아니고 최면에 의한 것이었기 때문이다.

비베는 다양한 종류의 기묘한 치료를 받았는데, 아편을 비롯해서 필로카르핀(식물성 알칼로이드로서 비베의 경우 근육경축 증상의 전이를 일으켰다) 주사, 구토를 유발시키기 위한 토근吐根 기름, 온몸 여기저기에 자석을 대는 방법이 있었다. 발작을 잠시 멈추게 했던 유일한 방법은 아킬레스 힘줄이나 슬개골 아래의 힘줄에 압력을 가하는 것이었다. 그는 반복해서 최면을 받았다. 1885년 1월 2일 최면을 받은 후 위기가 있었고, 다시 한 번 간병인의 돈과 옷을 훔쳐 달아났다.

1885년 1월 말 비베는 프랑스 해군에 입대했는데, 명백히 베트남으로 도망가려는 의도였다.[13] 그는 로슈포르 해군기지에 배치되었다. 그곳은 보르도에서 북쪽으로 100마일가량 떨어져 있고 오래전부터 해군기지가 위치해 있었다. 또 옷을 훔치다가 체포되었다. (왜 항상 옷을 훔쳤을까?) 군법정에 회부되었으나 책임이행 능력이 없는 상태라며 군병원으로 이송되어 부뤼와 뷔로의 수중에 떨어지게 되었다.

이들 둘은 자석, 금속, 약물을 사용해서 히스테리성 증상을 전이시키는 데 몰두하고 있었다. 그들은 비베에게 빠져들었고, 곧 특정 금속을 사용해서 한 상태에서 다른 상태로 전환시킬 수 있음을 발견했다.

게다가 그는 멀리 떨어져 있는 약물에도 훌륭히 반응했다. 루이 비베의 머리 뒤에서 어떤 약물을 들고 있으면, 갑자기 비베가 그 약물을 복용한 것처럼 행동하기 시작했다. 이것이야말로 비베가 주요 인물로 나오는 그들의 첫 저술의 주제로서, 다중인격에 관한 연구가 아니라,《독성물질과 약물의 원거리 작용》이라는 부제를 단 것이었다.[14]

부뤼와 뷔로가 비베를 처음 만났을 때, 그들은 우선적으로 해야 할 일이 금속과 자석의 효과를 알아보는 일이라고 말했다.[15] 그들은 활발하게 실험을 했고 놀라운 결과를 얻어냈다. 어떤 물질을 적용하면 그에 따라 새롭게 마비가 나타나거나 새로운 부위에 감각이상이 만들어졌다. 비베가 교도소 농장에서 독사를 본 이후의 상태를 재현할 수 있을지 실험해보고자 했다. 목덜미에 자석을 갖다 대자 이 상태가 그대로 유발되었다. 카뮈제의 수용소에서의 일들을 상기해보면, 비베의 반신불수는 독사 사건을 잊으면서 사라졌다. 비베는 온순했고 재단사 일을 배웠다. 로슈포르 군병원에서는 자석이 목덜미에 닿으면 그는 반신불수가 되었을 뿐만 아니라 독사 사건을 기억해냈다.

그리고 놀라운 부분이 나온다. 다양한 물질이 다른 여러 히스테리성 증상을 만들어냈다. 그것은 마치 비베가 주치의들의 암시를 이행하기 위해 금속에 반응을 해야만 했던 것으로 보인다. 여기에 더해서, 몽롱하거나 몽환에 빠진 채로 자기 삶의 특정 부분과 일련의 기억 및 행동양상을 새로운 마비 증상으로 연결시켜야만 했던 것 같다. 그러므로 금속물질마다 독특한 신체 증상과 별개의 단편적 삶의 기억이 결합된 새로운 상태를 만들어냈던 것이다. 아잠을 따라, 부아쟁도 비베의 첫 번째 상태와 두 번째 상태에 관해 말했다. 1885년 처음 의견 교환을 하면서 부뤼와 뷔로는 상태1부터 상태8까지 언급했고, 1888년 책에서는 충분히 형성된 6개로 상태의 수를 줄이고 여러 개의 인격 파편을 포함시켰다. 그들은 비베가 10개의 비정상적 신체 상태, 즉

"신경증적 상태들"에 있는 모습으로 자세를 잡게 하고 사진을 찍어 놓았다. 각각의 사진은 각기 다른 행동방식, 일반 상식, 삶의 단편에 관한 기억에 대응되는 것이었다.

그들의 책에 나오는 사진2의 설명문에는 "비세트르 상태: 왼쪽 몸(얼굴과 팔다리)의 완전마비, 1884년 1월 2일: 21세"라고 적혀 있다. 이것은 오해를 일으키는 사진이다. 그 사진은 1884년 1월 2일에 찍힌 것이 아니라, 아마도 1885년에 찍힌 것으로 1884년 1월 2일의 상태를 상징적으로 보이는 신체 상태일 뿐이다. 자석강을 비베의 오른팔 위에 얹어놓아 마비와 무감각 상태를 왼쪽으로 빠져나가게 하려 만든 것이다. 통상적으로 근력계筋力計로 마비의 정도를 측정하는데, 그 상태에서 비베의 오른팔의 근력은 36kg인 데 반해, 왼쪽은 0이었다. 그는 자기가 마치 비세트르에 있는 것처럼 행동했다. 어제 부아쟁을 보았다고도 말했다. 그는 1884년 1월 2일 이전의 기억이 없었고, 당시 파리의 종합병원 입원시설이었던 생텐느의 단기간을 제외하고는 비세트르 이전의 일은 아무것도 기억하지 못했다. 자석이 그를 첫 번째 상태인, 오른쪽이 마비된 건방지고 공격적인 남자에서, 왼쪽이 마비된 온순한 남자로 바꾸었다. 말투도 좋아져서 정중한 말씨를 사용했고, 잠시 전의 말투였던 '너tu'라는 호칭은 사용하지 않았다. 또렷이 잘 읽을 수 있었고, 포도주보다 우유를 좋아했다. "방금 전과 똑같은 사람이 아니었다."[16]

그 책에는 그런 사진이 10장 실렸고, 모든 사진은, 내가 생각하기로는, 이틀 동안에 찍힌 것이다. 부뤼와 뷔로는 정신 상태마다 신경의 마비와 무감각을 동반하고, 그런 신체적 상태는 몸의 특정 부분에 어떤 물질을 놓으면 유발된다는 것을 발견했다. 일단 유발시키고 나면 깊은 호흡과 근육의 잔 경련 혹은 발작적 경련이 일어나면서 상태 변화가 시작되었다. 6번째 상태(1888년에 기술된 것. 1885년에는 8번째로 기술되었음)는 다른 상태들과 어딘지 모르게 달라 보였다. 그 상태는 몇 시간 동안의 요란한 경련과 환각과 함께 시작되었다. 허벅지에 연철을 대면 그 상태가 유발되었다. 그렇게 나타난 6번째 인격은 하반신 마비 일화를 제외한 비베의 모든 인생을 다 기억하고 있었다. 전혀 마비된 곳이 없었고, 단지 왼쪽 반신이 감각과민 상태였을 뿐이었다.

독자들은 부뤼와 뷔로가 역설한 세 가지 구성요소의 주요 상호작용을 내가 과장한다고 생각할지도 모르겠다. 몸의 특정 부분에 접촉시키는 금속물질, 마비의 형태 그리고 기억되는 삶의 단편이 그 세 가지이다. 내가 강조하려는 것은, 그 의사들이 다중성이라는 개념이 자리잡을 수 있는 개념적 공간을 창조해냈다는 점이다. 사진으로 찍힌 10개보다 훨씬 더 많은 인격의 파편들이 있었다. 어느 날 루이 비베는, 내가 추정하기로는 19세기에 있었던 자연적 기억퇴행 중에서 가장 정교한 것으로 짐작되는 기억퇴행을 밟았다. 내가 아는 한, 근래에 그것에 관심을 가졌던 사람은 거의 없었지만, 주목을 받게 되면 곧바로 연령퇴행age regression 치료사의 또 다른 아이콘이 될지도 모른다. 그래서 어떤 일이 있었는지부터 이야기를 시작하는 게 낫겠다.

루이 비베에게 브롬화금gold bromide* 한 병을 마시게 하자 잠에 빠졌다가 계속 깨어나면서 다음과 같은 상태가 교차하며 반복되었다.

(a) 샤르트르에서 어머니와 함께 살던 5살 때로 깨어났다. 말투는 어린아이 말투였지만, 그 나이로는 적절했다. 오른쪽 발을 질질 끌며 걸었다.

(b) 샤르트르 근방 레브에 사는 6살 반으로 다시 깨어났다. 왼쪽 몸에 근육경축이 있고, 오른쪽 다리는 쭉 뻗쳐 있고 팔을 구부리고 주먹을 꽉

---

* 브로마이드 화합물에는 중추신경계 억제작용이 있어서 항불안제, 수면제, 항전간제 등으로 쓰였다.

쥐고 있다.

(c) 샤르트르 근방 뢰상에 살던 7살로 다시 깨어났다. 얼굴 오른편에 근
  육경축이 있어서 발음이 잘 안 되었고, 오른쪽 다리에도 경축이 있다.
  어머니가 그를 구타했다. 비베는 어린아이 목소리로 빵을 달라고 애
  원했다.

(d) 샤르트르에서 8살로 깨어났다. 그는 아마도 닥터 살몽Salmon에게 8개
  월째 치료를 받고 있다. 왼쪽 팔에 경축이 있고, 오른쪽 다리는 뻗쳐
  있다.

(e) 교도소 농장에 있는 13살로 깨어났고, 아직 독사를 보기 전이었다. 목
  욕하다 미끄러져 다치면서 6개월째 농장 노동을 하지 않았고, 여러
  곳에 근육경축이 왔다. 이 상태의 비베 사진이 있다. 그가 회상하기로
  는 교도소 농장에 오기 전에 에브뢰 근방에서 아마도 봉장 씨와 함께
  있었다.

부뤼와 뷔로는 이 현상이 "자연적 인격 분열의 더할 나위 없이 명
백한 예로서, 분열된 인격 대부분은 그동안 알려지지 않은 것이어서
전에 기술한 데에 추가될 수 있다"라고 했다. 이 현상은 특별히 브롬
화금으로 유발되었다고 말했다. 이들을 다중인격에게 일어난 자연적
연령퇴행의 최초의 예로 보아야 할 것인가? 유감스럽게도, 연령퇴행
은 19세기 중반부터 무대 위 최면술사들의 통상적 속임수였다.[17] 당시
에는 전위적인 최면방식에 심취해 있던 부뤼, 뷔로, 마비유가 그런 관
행에 익숙했다고 의심하지 않을 수가 없다. 그리고 비베는 분명 사방
을 돌아다녔고, 그 역시 수용소에서도, 대중 쇼를 통해서도 연령퇴행
에 관해 잘 알게 되었을 것이다. 나는 비베가 의도적으로 꾸며냈다고
말하는 것이 아니다. 내가 말하려는 것은, 그런 관행이 비베와 그를
지켜본 관중 모두에게 몽유증이 잘 알려지게 된 이유라고 확실히 말

할 수 있다는 것뿐이다.

　루이 비베에게 무슨 일이 있었던 것일까? 과거로 거슬러 올라가서 소급진단하는 것은 어리석은 일이다. 그 남자에게 무슨 문제가 있었는지 확신을 가지고 단언하는 사람은 바보짓을 하는 것이다. 우리는 그저 복잡하고 고통스러운 그의 역사를 여러 방식으로 읽어내려고 노력할 수 있을 뿐이다. 예를 들어, 처참한 상황에 대처하기 위해 어릴 때부터 해리를 일으켰던, DSM-III상의 잘 발전된 다중인격으로 평이하게 읽을 수도 있다. 그의 처참한 삶의 역사에 대한 나의 견해도 비슷하기는 하지만, 나는 전혀 다른 부분을 강조하고자 한다. 비베는 사실상 인격 상태와 신체 증상을 부합시키는 훈련을 받았다고 나는 해석한다. 우선 반신불수가 재발하고 온순한 이차적 상태가 자연적으로 출현했다. 이에 대해 비베는 보상을 받았다. 사소하지만, 그는 노동을 하지 않아도 되었고, 결국에는 교도소 농장을 나오게 되었는데, 그건 비열한 방법으로 획득한 게 아니었다. 더 중요한 것은, 주치의 카뮈제가 쓴 논문에서 잦은 논의의 대상이 됨으로써 유명해졌기 때문에 그가 보상을 받았다는 점이다. 그리고 자석과 금속을 사용해서 히스테리성 신체 증상을 이전시키는 데 몰두하던 의사들의 손아귀에 떨어졌다. 그 의사들의 기대에 순응하고 보상을 바라는 것보다 더 나은 길이 있었을까? 카뮈제의 수용소에서 자연적으로 발생했던 증상을 되풀이 흉내내어 마비 환자의 움직임을 보여주고 움직임마다 다른 삶의 단편을 나타내주는 일 외에? 비베는 의사들을 기쁘게 하려 필사적으로 애를 썼고, 사랑받고, 보상받기를 갈망했다. 비베가 이를 달성했다고 말하려는 게 아니다. 그가 처해 있던 환경은 그런 종류의 학습이 쉽사리 일어났던 곳이었음을 말하려는 것이다. 물론 나와 다르게 해석하는 시각도 있을 것이다.

　부뤼와 뷔로는 인격과 기억이 연관된다는 데에 완전히 찬동했다.

"의식의 이전 상태와 현재 상태를 비교하는 것은 이전의 영적 삶을 현재의 삶과 통합시키는 것과 연관된다. 그것이 인격의 토대이다. 자신을 이전의 자신과 비교해보는 의식이야말로 진정한 인격이다."[18] 그것은 이미 실증주의 심리학 학파들 전부가 주장하던 진부한 것이었으나, 내가 생각하기로는, 부뤼와 뷔로처럼 단순화된 관점에서 주장한 사람은 없었다. 그들은 기억에 관한 테오뒬 리보의 말을 인용했다. 기억이 인격의 바탕이 된다는 믿음은, 루이 비베가 6가지 혹은 8가지나 10가지 '상태'에 있었던 게 아니라, 적어도 6개 이상의 '인격'과 몇 개의 인격 파편이 있을 것이라는 생각에 무게를 실어준 것이었다. 이제 다중인격은 실로 정신의학적 언어의 세계로 입성한 것이다.

부뤼와 뷔로는 그들의 실험 결과가 임상현장에서 충분히 입증될 것이라고 단언했다. 비베는 군병원에서 연안으로부터 20마일가량 떨어진 라로셸에 있는 수용소로 전원되었다. 일상적 관리는 동료 의사인 마비유와 라마디에Ramadier 등의 손에 맡겨졌다. 부아쟁은 관절인대에 압력을 가해서 비베의 발작을 예방하거나 강도를 줄일 수 있었다. 마비유와 라마디에는 더 잔혹했다. 비베가 심한 위기 상태에 빠지기 전에 히스테리성 증상 부위에 과잉감각이 먼저 나타난다는 것을 알게 된 그들은 언제 발작이 올지 쉽게 알아차렸다. 그래서 고환을 세게 비틀어 잡으면 발작을 막을 수 있음을 알게 되었다. 다음에 그들은 눈꺼풀을 들어 올린 채 눈알을 누르고, 머리를 문질러서 몽유증을 유발시켰다. "이 정도로 해야, 암시를 써서 정상 인격을 불러올 수 있었고, 마치 마법을 건 것처럼 위기와 주요 증상이 사라지게 할 수 있었다."

여기까지는 루이 비베의 일상적 치료에 기억이 사용된 것 같지 않다. 그러나 삶의 단편적 부분과 마비 증상의 상관관계는 이용되었다. 라미디에와 마비유는 비베가 여러 상태 사이를 떠돌 때면 그를 잡아채기 위해 이 상관관계를 이용했다. 그들은 비베의 마비 증상으로 그가 어떤 정신 상태에 있는지 알 수 있었다. 비베가 가장 '정상적' 인격에 해당하는 신체적 상태에 있을 때, 마치 시계를 돌리듯 개입하여 거기에서 중단시킬 수 있었다. 의사들이 어떤 방식으로 개입했는지는 기록되어 있지 않지만, 짐작건대 앞서와 마찬가지로 고환에 충격을 가하거나 최면을 사용했을 것이다.[19]

마비유와 라마디에는 인격 상태와 신경성 위기 사이에 밀접한 관계, 다시 말해서 히스테리아의 증상 발작과 인격 사이의 관련성을 확립했다고 확신했다. 그들은 적어도 비베에 관한 한, 위기나 선행적 신체 증상이 없는 인격 변화는 접해보지 않았을 것이다. 그것은 대단한 발견이었다. 드디어 히스테리성 마비와 기억의 단편이 짝을 이룬 것이다.

이들 저자는, "비베와 같은 피실험자들은 불행하다. 위기가 지나간 후에 예기치 않게 튀어나오는 기억의 공백 때문이다. 언젠가 그들의 잃어버린 기억을 되살릴 수 있으리라고 우리는 믿는다"라고 썼다. 오늘날의 시각으로 보면, 그 말은 해리되었거나 억압된 기억을 회복시킨다는 의미로 들린다. 마치 그 의사들이 자네, 브로이어, 프로이트의 승화치료법을 예견한 것처럼 들릴 수도 있다. 그러나 결코 그렇지는 않다. 역동정신의학의 낌새는 아직 어디에도 나타나지 않았기 때문이다. 그 환자들은 기억의 커다란 공백으로 인해, 그저 평범하게 불행했다. 부뤼와 뷔로는 상당 기간 지속된 삶의 단편과 신체 증상의 상관성을 주의 깊게 관찰하여 비교적 정상적인 상태를 알아낼 수 있으리라고 생각했다. 그 후에는, 아마도 자석과 금속을 사용해서, 어쩌면 마비유와 라마디에보다 더 잔혹한 방법을 사용해서, 환자를 비교적 정상적인 상태로 끌어올 수 있다고 생각했던 것 같다.

그러나 내가 한 설명과는 대조적으로, 앨런 골드는 그의 주치의들이 루이 비베에게 가했던 일을 짧게 묘사한 후에, "이런 분탕질에도 불구하고 1887년 루이 비베는 많이 좋아져서 병원을 떠났다"라고 결론을 내렸다. 어떻게 알려진 걸까? 프레더릭 마이어스의 글에 의하면, "1887년…… 닥터 뷔로가 내게 알려주기를, [비베의] 건강이 많이 좋아졌고, 기묘한 증상도 대부분 사라졌다고 했다."[20] 전에도 두 차례나 증상이 없어졌던 적이 있었기에, 그래서 두 번이나 수용소에서 퇴원된 적이 있었기에, 뷔로의 말은 있는 그대로 받아들일 수 있겠다. 발작이 시작되려 할 때마다 의사들이 정말로 비베의 그 부분을 비틀어댔다면, 그가 왜 서둘러 나가길 원했는지 짐작이 된다. 그 후 루이 비베가 어떻게 되었는지는 알지 못한다. 다시 옷을 훔치지 않았을까? 짐작해보건대, 이후 체포되었다면, 그는 정신병원제도보다는 범죄사법제도를 선호했을 것 같다.

아잠은 루이 비베에 관해 짤막한 논평을 했다. 그중 어떤 문장은 비비 꼬여 있어서 그가 그 글을 쓰기 싫었던 게 아닐까 의심될 정도이다. "당연히 히스테리성 – 간질을 앓고 있다고 판단된 이 환자를 수면의 관점에서 연구를 했더라면, 불행과 방랑으로 점철된 어린 시절부터 몽유증 환자였음을 알게 되었을 것이고, 그의 두 번째 상태들이라고 하는 것들은 몽유증 발작을 과장한 것에 지나지 않음을 알게 되었을 거라고 나는 아직도 확신하고 있다." 두 번째 상태를 복수로 표현한 것에 주목하자. 아잠은 마지못해 한 개보다 많은 다른 인격이 있다는 관점에 반쯤 다가갔지만, 그 이상 나아가지 않았다. 그의 관점에서는, 첫 번째 상태는 정상 상태이고, 두 번째 상태들은 모두 몽유증이며, 몽유증은 거슬러 올라가면 어린 날에 나타나는 것이었다. 묘한 얘기이지만, 아잠은 오늘날 말하는 아동기 기원설을 자연스레 받아들였지만, 두 개보다 많은 인격이 있다는 생각을 고려하는 것은 꺼려 했다.

크랩트리가 말했듯이, 부뤼와 뷔로는 특정 인격들과 특정 기억들 사이의 연관성을 *끄*집어내주었다. 이는 다중성과 기억 사이의 연결을 한층 강화시켰다. 그러나 주목해야 할 점은, *다*중인격의 경우에만 그 연관성이 중요하다는 점이다. 두 개의 인격만 있는 경우, 다른 인격은 그저 다른 하나일 뿐이다. 그러나 여러 개의 인격들이 있다면, 어떤 인격이 어떤 건지 구별해서 설명할 방법이 있어야 한다. 부뤼, 뷔로 그리고 루이 비베는 여러 인격을 구별할 수 있는 훌륭한 방법을 제공했던 것이다. 서로 다른 인격들마다 3개의 서명을 가지고 있었다. 기억의 단편, 금속물질 그리고 특징적인 신체적 병증이 그것들이었다.

13장   트라우마

트라우마 사건, 트라우마 경험이 무엇인지 우리는 알고 있다. 심리적 타격, 정신에 상해를 입는 것이다. 어린 날에 심각한 트라우마를 받을 경우 아동 발달이 돌이킬 수 없이 저해될 수 있다. 트라우마는 정신적 상처이다. 이 단어는 거의 모든 불쾌함의 은유가 되었다. "그건 정말로 트라우마였어!"라고 말하는 식으로. 과거에 '트라우마'는 외과의사의 용어였다. 신체적 부상으로서, 흔히 전장에서 입은 상처를 의미했다. 물론 아직 옛 의미로도 사용되고 있다. 트라우마센터는 사고의 직접적 외상을 다룬다. 출혈을 막고 으스러진 뼈나 두개골을 맞추며 사람을 이리저리 수선해서 원래 모습으로 돌리려 한다. 그러나 일상 대화에서 트라우마를 그런 의미로 생각하는 사람은 거의 없다. 트라우마는 1세기 전에, 정확히는 프랑스에 다중인격이 등장했을 때, 그리고 기억의 과학이 출현했을 때 몸에서 마음의 영역으로 도약한 것이다.

나는 트라우마와 기억을 연결하는 복잡하게 얽힌 역사에서 단 하나의 가닥만 뽑아 이야기하려 한다. 그것은 트라우마성 신경증의 역사 연구에 관해 거의 최고라고 할 수 있는 에스터 피셔-홈베르크Esther Fischer-Homberg가, 트라우마의 '심리화psychologization'[1]라고 칭한 것의 일부에만 해당된다. 그녀가 염두에 둔 것은 1897년 이후 프로이트와 그 학파가 만든 *완전한* 심리화였다. 그해 이후 프로이트는 순수한 정신적인 사건, 아동기 성의 환상만이 신경증을 일으킬 수 있다는 생각을 용인했다. 반면, 마크 미컬리는 그보다는 "19세기 후반에 일어난 트라우마 개념의 점진적 심리화"[2]를 말한다. 트라우마는 프로이트의 1893~1897년 이론에서 이미 상당히 심리화되어 있어서, 히스테리아는 유아기의 성적 유혹이나 성폭력의 매몰된 기억에 의해 일어난다고 보았던 것이다. 트라우마는 성적 유혹이고, 신체적 흉터나 장해를 남기지 않는 사건이며, 그 후유증은 전적으로 심리적인 것이라고 했다. 그러나 심리적 트라우마의 개념을 창안한 사람은 프로이트가 아니다. 그 개념은 1885년 프로이트가 샤르코 문하생이 되기 위해 파리에 도착했을 당시 이미 회자되고 있었고, 때로 정신적 트라우마traumatisme moral라고 불렸다.

정신적 트라우마라는 생각은 어디에서 비롯된 것일까? 돌이켜보면, 직접적인 신체적·신경학적 트라우마인 뇌 손상에서부터, 히스테리성 증상을 일으키고 잃어버린 기억을 기억해냄으로써 해소될 수 있는 심리적 트라우마 개념에 이르는, 단계적 생각의 흐름을 쉽게 그려볼 수 있다. 두부외상頭部外傷이 기억상실과 마비 등의 신체적 장애를 일으킨다는 사실에서부터 출발해보자. 어떤 두부 충격은 외견상으로나 신경학적으로 명확히 손상을 받을 경우로 기억상실, 마비, 감각이상 등이 일어날 수 있다. 또 다른 두부 충격은 외적으로 눈에 띄는 손상은 없지만 마찬가지로 기억상실 및 여러 증상을 일으킬 수 있다. 두부 충격의 세 번째 경우는 결과적으로 기억상실이 생겼지만, 부검에서 뇌와 척수 등에 아무런 손상이 발견되지 않을 수도 있다. 따라서, 두부 충격은 눈에 띄는 신체적 외상이 없이도 기억상실을 일으킬 수 있다.

다음 단계는, 히스테리아에 흔히 기억상실이 동반된다는 생각이다. 이중의식은 히스테리성 기억상실의 극단적 형태다. 두부 충격을 받은 후 뇌 손상이 없이 히스테리성 기억상실만 일어날 수도 있는가? 기억상실 등의 증상이 마음의 상태를 나타내는 것이라면, 기억상실로 이어지는 인과적 연결은 신체적인 것이 아니라 정신적인 것일 수 있다. 실제 물리적 충격이 아니라, 충격에 대한 생각이나 기억이 그런 결과를 자아낼 수 있다. 따라서 고통스러운 생각이나 심리적 충격이 히스테리아를 일으킬 수 있다.

이어지는 다음 단계는, 신체적 손상은 생리학적 치료를 필요로 한다는 생각이다. 그렇다면 손상된 마음은 어떻게 치료할 수 있는가? 물리적 충격으로 기억상실이 일어날 경우, 환자는 때로 그 일을 기억하지 못한다. 따라서 히스테리아를 유발시킨 심리적 충격도 환자가 기억하지 못할 수 있다. 기억상실은 최면으로 실험적으로 연구할 수 있고, 과거에 일어났던 일은 최면으로 회복시킬 수 있다. 따라서 이런 식으로 일련의 유비類比를 이어가다 보면, 히스테리아 환자에게 최면을 걸어 심리적 충격에 대한 잃어버린 기억을 회복시킬 수 있고, 기억이 회복되면 마비 등의 증상도 사라지게 될 것이라고 본 것이다.

이러한 연쇄적 생각의 단계를 따라가다 보니, 두부외상 후의 기억상실 등의 신경학적 증상에서 출발하여, 심리적 트라우마의 기억 회복이 히스테리아 치료에 도움이 된다는 자네의 발견에까지 도달하게 되는 것이다. 이런 식의 자유연상이 도달한 결론의 주 구성요소는 트라우마, 충격, 기억상실, 히스테리아, 다중인격 그리고 최면이다. 이 구성요소들은 복잡하게 얽힌 이야기를 이해하는 데 필요한 배경이다.

트라우마

개념들은 저절로 연합하지 않는다. 개념의 연합이 일어나는 환경에는 의학의 역사부터 사회적 역사에 이르기까지 여러 요소들이 풍부하게 혼합되어 있다. 그 역사를 이야기하는 한 가지 방법은 19세기 산업사회에서 가장 강력한 기구였던 철도에서 출발하는 것이다. 철도는 누군가에게는 진보와 선善의 상징이었고, 다른 누군가에게는 도덕적 재앙을 의미했다. 철도망이 프랑스에 들어온 시기는 영국보다 늦었으나, 프랑스야말로 가장 인상적인 문학적 상상력을 불러낸 곳이다. 들뢰즈가 에밀 졸라의 《인간 짐승La Bête humaine》에 관해 말했듯이, "기관차는 오브제가 아니라 명백한 서사적 상징이다." 졸라의 작품이 항상 그러하듯이, 기관차는 그 기계에 미친 주인공에게 다가오는 재앙을 포함하여, "그 책의 모든 주제와 상황을 나타낸다."[3] 또한 철도는 트라우마의 심리화의 서사적 상징이다. 졸라가 정신적 파국을 물리적 재해로 상징했을 때, 철도는 신체적 트라우마에서 심리적 장애로 변형되었다. 피셔-홈베르크는, 철도사고까지 거슬러 올라가는 트라우마 신경증의 공식 역사는, 물질적 세계와 정신적 삶에 관한 19세기 비전을 변화시킨 강력한 철도의 '신화를 설명하는 신화metamyth'와 같은 것이라고 말했다.[4]

철도는 사고를 일으켰다. 개착로開鑿路가 함몰되고, 보일러가 폭발하고, 차량은 탈선했다. 그저 단순히 새로운 종류의 사고가 아니라, 바로 '철도사고'였다. 철도는 사고라는 개념을 현대적 의미로 정착시켰다. 사고라는 단어는, 무엇보다도, 항상 우연으로 혹은 원인 모르게 일어나는 어떤 일을 의미했다. 중세철학에서, 사고偶有性는 그 사태의 본질에 필연적으로는 포함되지 않는 한 사물의 속성이라고 본다. 그러나 현재 우리가 가진 사고의 특수한 의미, 즉 무언가 갑작스럽고, 나쁜 일이고, 해롭고, 파괴적이라는 의미는 거의 대부분이 철도사고에서 파생된 것이다. 사고와 관련되는 불법행위와 법적 책임에 관한

　　　　　　　　　　　　　　　영혼 다시 쓰기

거의 모든 문제는 철도와 연관되어 발전했다. '사고'는 언제나 있어왔지만, 사람들이 사고라고 부르게 된 것은 광산사고, 철도사고 등의 산업화시대 이후부터이다. 영국에서 1840년 왕립사고위원회가 만들어졌다. 신기술이 빨리 발전한 국가일수록, 과실과 책임에 관한 법률 및 경험해온 부상의 새로운 유형에 대해 더 일찍 관심을 기울이게 되었다.[5]

어떤 부상은 가시적이다. 부러진 뼈, 꿰뚫린 볼, 찢긴 근육 등, 소위 옛날식의 신체적 트라우마가 그러하다. 그러나 다른 일도 있어서 어떤 승객은 아무 상처 없이 걸어 나가서는 며칠이 지나서야, 예를 들어 등에 심한 통증을 호소하기도 한다. 요즘 말하는 편타성 부상whip-lash injury도 있다. 때로 신체적 문제는 당대의 생리학과 신경학으로 쉽게 알아챌 수도 있었으나, 어떤 때에는 호소하는 증상과 대응되는 그 어떤 신체적 상해도 알아내지 못했다. 1866년 런던의 저명한 의사 존 에릭 에릭센John Eric Erichsen(1818~1896)이 이러한 상태에 관해 강의한 바가 있다.[6] 그의 강좌는 철도사고 상해에 관해 그해 영국에서 출간된 3개의 연구서 중 하나였다. 놀랍게도 동시적으로 나온 이 3개의 연구 결과는 그 주제에 관해 출판된 최초의 것들이었다. 에릭센이 지칭한 철도척수railway spine라는 표현은 그가 창안한 것은 아니었지만, 그가 널리 알린 용어이다. 두부외상과 함께 그가 칭한 "척수 진탕spinal concus-sion"이 문제의 핵심에 자리잡고 있었다. 그 상해는 철도 특유의 것은 아니었으나, 철도로 인해 만연하게 된 것이다.

철도척수 환자에게서는 아무런 병변이, 즉 가시적인 트라우마가 없었다. 그런 점에서는 히스테리아 환자와 같았다. 에릭센은 그런 식의 비교에는 관심이 없었다. "별안간 불가항력적 재해"를 당한 45세 남자가 "사랑에 번민하는 소녀처럼 갑자기 '히스테리성'으로 변했다고 말해서는 안 된다"라고 했다.[7] 에릭센은 철도회사에 소송을 건 원고의 편에 섰다. 심리적 손상을 받은 남자와 히스테리성 여자를 대조시킨 것은, 남자가 사고에 대해 거의 아무것도 기억하지 못한다는 것을 분명히 하기 위해서였다. 따라서 새로운 병명이 필요해졌다. 그러나 법적인 측면과는 반대로, 의학적 비교는 계속되었다. 에릭센이 강의한 지 3년이 지나, 런던의 또 다른 저명한 의사인 러셀 레이놀즈 Russell Reynolds가 그 논의를 이어갔다. 그의 연구 목적은 "마비, 경련, 감각이상 등의 신경계의 심각한 장애 중 어떤 것들은 생각이나, 생각과 정서 모두의 병적 상태에 좌우될 수 있음을 증명하는 것"이었다.[8] 그는 주장하기를, 비록 철도사고와 연관된 기억이나 정서가 당대의 논의 시점에서는 가장 우선적이었을지라도, 그 '생각'이나 심리적 발단이 다방면으로 증상을 불러올 수 있다고 했다.

논문 발표 후의 토론에서 레이놀즈는 히스테리아와의 비교를 설득력 있게 이어갔다. "생각에 의해 발생한" 마비는 광기가 아니라고 주장했다. 증상과는 별도로, 전형적인 환자의 경우 정신은 완벽하게 건강하다고 했다. 그가 했던 치료법은 오늘날의 시각으로도 적절해 보인다. 그는 그것을 희망이라고 불렀다. 우선 "사례를, 소문이 난 부류의 인간이 아니라 위기에 처한 인간으로 진술하게 대해야" 한다고 했다. 환자를 격려하고 보조 인력을 붙여서라도 매일 걷게 해야 한다. "도덕적·정신적 의미로도, 또 근육수축 증상을 완화시키기 위해서도" 마비된 근육에 약한 전기자극을 주어야 한다. 그리고 마사지가 필요한 경우도 있다.[9] 레이놀즈의 논문은 호평 속에 논의되었다. 희망 치료의 효과를 본 사례도 묘사되었다. "중증의 경우 마음의 힘이 신체적 장애를 극복케 한다고 언급될 수는 없었다"라고 했다. 한 의사는 '히스테리아'는 적절한 용어가 아니라고 생각했다. 더 나은 정의가 필요하다고 보았다. 영국의사협회 회장은 철도사고의 결과를 "히스테리아와 같은 부류의 여자들"과 비교한 것은 "[레이놀즈가] 옳게 생

영혼 다시 쓰기

각한 것"이라고 말하기도 했다. 어느 한 의사는 난처한 사기 문제를 제시했다. 어느 철도사고 환자는 보상으로 2000파운드를 받자마자 마비 증상이 몽땅 사라져버렸다는 것이다.

철도회사는 수백만 파운드를 지불했다. 변호사들은 바빠졌고, 법적 싸움은 또 다른 이야깃거리를 만들게 된다.[10] 철도회사의 반대편에 선 원고측 전문가증인 의사들은 철도척수가 여자들의 병과 유사한 히스테리성 증상이라고는 도저히 말할 수가 없었다. 그러나 철도척수, 특히 1869년에 나온 레이놀즈의 짧은 논평은 샤르코에게는 선물과도 같았다. 그것이 남성을 여성화시켜서가 아니라, 히스테리아가 잠재적으로 남성의 것도 될 수 있기 때문이었다.[11] 1872~1878년 사이에 샤르코는 현란한 증상을 가진 히스테리아의 세계적 전문가가 되어 있었다. 그럼에도 영역전쟁은 그치지 않았는데, 자궁 전문가인 부인과의사와 산과의사가 히스테리아는 자기들 영역이라고 선언해왔기 때문이었다. 샤르코의 핵심 논지는 히스테리아가 신경학적 장애라는 것이었다. 유전적이라고도 했는데, 그 말은 조상으로부터 성향을 물려받은 사람에게서만 히스테리아가 발생한다는 것이었다. 부인과의사로부터 히스테리아를 빼앗아올 수 있는 가장 좋은 방법은 그 병이 양성 모두에게 생긴다고 선언하는 것이었다.[12] 남성 히스테리아의 존재는 언제나 인정받고 있었지만, 대개는 여성화된 남성이라는 의미를 함축하고 있었다. 샤르코는 억센 노동자들 사이에서 남성 히스테리아를 찾았다. 그들에게는 여성화가 끼어들 여지가 없었기 때문이다.[13] 여기에 더해서 히스테리아는 유전성이어야 했다. 샤르코는 죽는 날까지 이 주장을 완강히 고집했다. 그러나 사고에 의해서도 발생할 수 있고, 공업용 화학물질이나 알코올에 이르기까지 여러 독성물질에 의해서도 생길 수 있다고 했다. 샤르코는 특유의 실연 중 하나에서는 거꾸로, 러셀 레이놀즈가 기술한 증상들로부터 시작했고, 그 모든 증상을 적당한 남자 실험체에게 최면을 걸어 재현할 수 있음을 입증했다.[14] 따라서 샤르코의 실연 강연에서 기억, 히스테리아, 최면 그리고 신체적 트라우마는 단단히 맞물려 있었다.

샤르코는 증상이 고조된 상태에서 질환을 전형적으로 보여주는 사례를 이용하는 데에는 천재적이었다. 우리는 샤르코를 통해 사례는 접할 수 있겠지만 통계는 알 수가 없다. 보르도에 있는 샤르코의 추종자 중 한 사람이 샤르코의 교훈에 따라 일련의 환자 100명을 분석한 것이 있다.[15] 보르도의 히스테리아는 샤르코의 병동 환자들보다 증상 면에서 덜 현란했다. "대체적으로 보르도의 생탕드레 병원의 히스테리아는 살페트리에르에 있는 *대히스테리아*에 비하면 *꼬마히스테리아une petit hystérie*"라고 했다.[16] 1885년의 기록을 살펴보면, 히스테리아 환자 100명 중 62명이 정신적 원인으로 증상이 생겼고, 이 중 54명이 여자였다. 외상성으로 나타난 히스테리아는 16명으로, 이 중 12명이 남자였다. 중독으로 인한 히스테리아 9명은 모두 남자였다(중독에는 산업 독성물질과 알코올이 포함되었다). 그리고 나머지 13명(그중 여자는 11명)은 원인 불명이었다.

다중인격에 관한 우리 시대의 이론에 의하면, 어린 나이에 해리를 일으킬 수 있는 선천적 능력이 있어야 하고, 여기에 어린 날의 반복적인 트라우마가 합쳐져야만 다중인격이 발생한다. 이는, 히스테리아란, 유전되는 성향에 유인誘因이 합쳐져야 일어난다는 샤르코의 학설로부터 이어져온 것이다. 샤르코의 문하생 중 한 명이 〈히스테리아의 유발적 작인作因들〉이라는 제목의 논문을 썼다. 이 표현은 프로이트까지 사용하게 되면서(나중에는 점점 비판적으로 사용되었지만), 유전적 성향을 끌어내어 신경증을 발현시키는 유인을 의미하게 되었다.[17] 위의 숫자를 보면, 진정한 샤르코주의자라면, 대부분의 여성 히스테리아는 심리적 상태에 의해 병이 유발되는 데 반해, 남성 히스테리아 대부분

영혼 다시 쓰기

은 신체적 트라우마나 중독에 의해 유발된다고 믿을 것이다.

샤르코가 그 10년의 끝 무렵에 이르러 한 걸음 더 나아가서, 심리적 충격이 남자에게도 히스테리아를 일으킨다고 보지는 않았을까라고 상상해볼 수 있겠다. 샤르코가 그랬다고 주장하는 학자들도 있었지만 그건 희망사항일 뿐이다.[18] 샤르코는 신경학자로서, 히스테리아는 신경계통의 유전적 장애라는 견해를 고수했다. 최면을 사용해서 트라우마의 영향을 흉내낼 수 있을지 몰라도, 남자의 경우, 심인성이 아니라 신체적 트라우마나 독성으로 히스테리아가 생긴다고 했다.

그러나 샤르코의 병동과 그 유명한 강연 저 밖의 영역에서는 큰 사건들이 벌어지고 있었다. 프랑스는 재앙과도 같은 전쟁을 치렀고, 파리는 단기간에 폭력적으로 코뮌화되었다. 실제 뇌손상 외에도, 사람들은 엄청난 심리적 충격에 시달렸다. "충격 상태에 빠져 있는 것," DSM-IV에서 급성스트레스장애라고 부르는 현상이 보편적 인간조건이 되었다. 전투 후유증에 외상후스트레스장애라는 새 명칭이 주어졌지만, 고대 그리스의 역사가 헤로도토스는 여타 인간조건들에 대해서 묘사했듯이 이에 대해서도 훌륭한 전례를 남겨놓았다. 1914~1918년의 전쟁 동안, 영국의 경우 전투신경증shell shock, 독일의 경우 트라우마성 신경증의 연구가 매우 중요해졌는데, 물론 그러한 심리적 영향은 이전에도 잘 알려져 있었다. 프로이센과의 전쟁 후에 프랑스 통계학자들은 1870~1871년의 심리적 영향에 관한 조사를 진행했다. 1874년에 나온 두꺼운 보고서인《대격동이 정신질환의 발생에 미친 영향》에는 전쟁 동안 겪은 사건으로 장기간 스트레스를 경험한 386명의 시민에 관해 기술되어 있다.[19] 프랑스 의학용어에서, 격동commotion의 원래 의미는 "쓰러지거나 가격을 당했을 때 몸의 그 부분에 경험되는 쇼크"이다.[20] 트라우마처럼 격동도 심리화되었다. 1874년의 통계보고서에서 격동이라는 의미에는 문자 그대로의 신체적 상해는 포함되지 않았다. 비록 대부분의 피해자가 공포에 질렸거나 공포를 일으키는 어떤 행동을 자기 자신이 저질렀지만 말이다. 그리하여 정서적 충격에 의해 발생되는 정신질환의 놀라운 목록이 열거되었다.

공포나 심한 혐오로 인한 기억상실 및 다양한 증상이 발생한 4명의 사례를 살펴보자.[21] 1871년 40세의 부유한 농부가 열렬한 애국심의 발로로 3명을 살해했다. 그 후 과대망상, 환각, 피해의식을 가지게 되었다. 1874년이 되자 3년 전에 자신이 저지른 살인에 대해 아무것도 기억하지 못했다. 55세의 남자는 전쟁으로 사업체를 다 잃었다. 후일 그는 불면, 착란delirium, 기억상실을 일으켰고, 1873년에는 치매가 되었다. 40세의 전직 경찰관은 코뮌 지지자들에게 사로잡혀 총살 위협을 받았다. 1873년에는 심한 우울증과 불안, 포로로 잡혔던 시기의 기억이 사라졌다. 가족이 운영하던 작은 농장의 한 여자가 자기 집에서 몇 미터 떨어지지 않은 데에서 전투가 일어나자 공포에 질렸다. 그녀는 매우 심한 기억상실을 겪었고, 간단한 질문에 대답하는 것도 어려워했다. 자기 이름도, 자기 아이가 몇 명인지도 기억하지 못했다. 1871년 2월 말이 되어서야 완치되어 정신병원에서 나갈 수 있었다. 나는 이들 사례를 정신질환을 일으키는 심리적 트라우마라고 부른다. 시대착오적인 말이 아니다. 이 사례들은 모두 1885년 파리의 한 의학논문에 "정신적 트라우마"에 의해 발생한 기억상실이라고 묘사되었다.[22]

우리는 당시 마구 뒤엉켜 있던 개념들을 마주하게 된다. 샤르코는 히스테리아가 신체적 트라우마로 생길 수 있다고 가르쳤다. 기억상실 등의 증상을 일으킨 정신적 트라우마 예도 있었다. 더 큰 관심을 받은 연구는 직접적으로 두부외상이 야기하는 기억상실이었다. 인류가 존재하는 한 두부외상은 항상 존재했고, 의심의 여지가 없이 기억

영혼 다시 쓰기

상실을 일으켰지만, 놀랍게도 이에 관한 체계적인 연구는 1870년 이후에야 시작되었다. 이것 역시 시대착오적인 생각은 아니다. 당시 의사들은 스스로도 놀라워하며, 새로운 연구영역에 들어섰다고 말했다. 어쩌면 소설에서 더 많은 것을 추정할 수 있을지 모르겠다. 머리에 타격을 받고 기억상실에 빠지는 이야기는 1870년대 말의 통속소설과 연극에서는 흔하게 일어나는 사건이었다. 마법과 약물에 의한 기억상실은 아주 오래전부터 있어온 이야기이지만, 충격으로 생긴 기억상실은 선정적인 삼류소설의 새로운 주제가 되었다. 아마도 그 중간에 해당하는 사례가 영국 최초이자 세련된 탐정소설인 윌키 콜린스의 《문스톤》(1868)에 등장한다. 이 책은 기억이 과학연구의 대상이 된 바로 그 시기에 출판되었다. 소설 전반에 걸쳐 기억에 관한 수많은 유명 권위자들이 언급된다. 하지만 이야기를 흥미롭게 만드는 기억상실은 아편에 의해 유발된 것이고, 이는 아편중독자였던 콜린스에게는 익숙한 문제였다. 등장인물은 중독 상태를 재현하면서 기억을 회복한다. 콜린스의 소설이 나온 이후, 기억상실에 대한 의학계의 새로운 열광 분위기 속에서, 넘어지거나 타격을 받아 발생하는 허구적 기억상실이 뒤를 이었다.

기억상실과 그 원인에 관해 프랑스에서 가장 큰 규모의 조사 결과가 1885년에 출판되었다. 그 연구는 인정받은 임상의사가 아니라 의과대학 학생인 루이야르A. M. P. Rouillard의 업적이었다. 그는 "기억상실에 관한 질문은 매우 크나큰 질문"임을 심각하게 인식하고 있었다. "그 질문은 일반 병리학의 고차원적이고도 미묘한 문제를 건드리는 것이고, 정신병리학, 철학, 심지어 사회학과도 닿아 있다. 이를 철저하게 연구하려면 오랜 시간, 경험, 깊은 학식, 그리고 내 나이 또래에서는 찾아보기 힘든 재능도 있어야 한다"라고 썼다.[23] 그는 자신의 관점에서 모든 관련 문헌을 조사했고, 이를 당시의 기준으로 볼 때 엄청난 분량의 학위논문에 실었다. 1886년 그 논문의 심사자 중 한 사람은 이를 두꺼운 논문thèse volumineux이라고 불렀다.[24] 루이야르는 서두에서 (실어증이나 단어에 대한 기억상실과 대조되는) 순수한 기억상실의 연구는 최근에야 시작되었다고 말했다. 《의과학 백과전서》에 실린 장 피에르 팔레의 괄목할 만한 항목 설명을 제외하면, 최근 몇 년 전까지만 해도 기억상실에 관한 연구는 하나도 없었다고 했다. 그러면 그가 인용한 저자들은 누구였을까? 1883년 《병원신문Gazette des Hôpitaux》에 기억상실에 관한 개관논문을 실은 르그랑 뒤 솔*이 있었다. 그 외에 루이야르가 찾은 것은, 11장의 핵심 인물인 아잠과, 14장의 핵심 인물인 리보였다.

아잠을 떠올렸다는 것은 놀라운 일이 아니다. 아잠은 정신병자 수용소에서 뇌손상 환자를 진료하던 의사였고, 동시에 이중인격과 다중성은 기억의 병이었기 때문이다. 1881년 아잠이 지속적으로 펠리다의 관찰 결과를 기록하던 중, 그는 다양한 유형의 인지장애를 일으킨 두부외상 환자 59명의 사례를 기술했다.[25] 두부외상에 관한 연구는 이미 수많은 문헌이 존재했기에 아잠의 연구는 그리 중요하지 않다. 그러나 아잠이 초점을 맞춘 것은 기억상실이었고, 그것은 완전히 새로운 영역이었다. 20명은 심한 기억상실을 나타냈고, 그 외 대부분은 가벼운 기억장애를 보였다. 아잠은 기억상실에는 기본적으로 두 가지 유형이 있음을 분명히 했다. 그가 말한 새로운 용어는 널리 인정받았다. 선행성Anterograde 기억상실은 사고 순간과 그 이후의 사건을 망각하는 것이고, 역행성Retrograde 기억상실은 사고 이전의 일을 망각하는 것

---

* 앙리 르그랑 뒤 솔Henri Legrand du Saulle. 19세기 프랑스 정신과의사. 비세트르와 살페트리에르에 재직했다. 성격장애, 강박장애, 공포증을 기술했고 법정신의학적으로 범죄자의 심리분석에 큰 족적을 남겼다.

영혼 다시 쓰기

이다. 아잠이 명징하게 기술한 사례에서, 14명은 역행성, 4명은 선행성 기억상실을 가지고 있었다.

아잠의 설명은 세밀하고 정확하고 철저한 점에서 오늘날의 두부외상 진료의사들에게 감명을 주고 있다. 그러나 이 책에서 우리의 관심은, 1881년에 이르러서야 기억상실이 연구의 대상으로 완전히 자격을 갖추었다는 데에 있다. 다음 장에서는 "심층지식depth knowledge"과 "표층지식surface knowledge"을 구분하려 한다. 심층지식은 연구할 수 있는 대상의 종류, 다룰 수 있는 질문의 유형, 참이거나 거짓일 수 있는 명제의 종류, 타당성 있는 구별과 관련된다. 아잠이 두 종류의 기억상실을 구별한 것은 이 용어상에서 보자면, 기억과 망각에 관한 근본적인 개념 네트워크를 가리키는 표층지식이다.

아잠은 샤르코보다 3살 위였으니, 1881년에는 이미 58세였다. 그는 진취적인 지방 인사였고, 보수적이었으며, 파리에 경의를 지니고 있었다. 트라우마 개념을 심리화하는 일은 그의 나이와 지위에 있는 사람에게 해당되는 일이 아니었다. 오늘날 그가 기술한 사례를 읽으면, 그가 말한 기억상실과 인지적 문제의 어떤 것은 그 성질상 신경학적인 것이 아니라 도리어 심리적인 것이 아니었을까라는 의문을 갖게 된다. 그러나 그로서는 그것을 알 수 없었다. 트라우마를 충분히 심리화하는 데 통과해야 할 관문은 무엇이었을까? 기억상실의 원인이 정신적 트라우마라는 생각은 이미 자리를 잡고 있었다. 필요했던 핵심적 요소는, 히스테리아의 신경학 이론에 빠져 있지 않은 심리학자이자, 히스테리아와 기억상실 그리고 이중인격과 최면에 익숙한 심리학자였다. 피에르 자네가 모든 조건에 맞았다. 그는 처음엔 철학자로서 훈련을 받았기에 병리적·실험적 심리학을 다룰 수 있었다. 그의 박사학위 논문 〈심리적 자동증〉은 히스테리아의 트라우마성 원인에 관한 최초의 체계적인 연구였다. 그의 동생인 쥘 자네는 샤르코의 유명한 환자들 중 하나인 블랑슈 비트만Blanche Wittman*을 연구하기 위해 최면을 사용했고, 히스테리아의 원인으로서의 심리적 트라우마라는 관점과 치료에서의 최면의 역할에 대한 견해를 피에르 자네와 공유했다.[26] 프로이트와 브로이어는 '자네 형제들'이 자신들을 앞섰다고 인정했다. 비록 히스테리성 감각이상에 관한 자네 형제의 연구에 관해서는 회의적인 내용의 메모만 남겼지만.[27]

쥘 자네는 저명한 비뇨기과 전문의사가 된 반면, 피에르 자네는 심리적 트라우마를 임상진료의 초석으로 삼았다. 피에르 자네는 말년에 수많은 기록을 스스로 파괴해버렸다. 따라서 트라우마에 관한 그의 열정을 우리는 그가 출판했던 것만으로 판단해야 한다. 1889년의 〈심리적 자동증〉에서 그는 19명의 사례를 기술했는데, 그중 10명에서 트라우마가 지배적인 역할을 했다. 1892년의 《신경증과 고정관념》에서는 199명의 사례 중 73명에게서 트라우마를 알아냈다. 1893~1894년의 《히스테리아의 정신 상태》에서는 48명 중 26명에게 트라우마가 있었다. 1903년의 《강박증과 정신쇠약증》에서는 325명의 사례보고 중 148명에서 트라우마가 핵심 역할을 했다.[28] 그런데 어떤 트라우마? 프로이트와 자네를 대조해보면 흥미로운 점을 발견하게 된다. 1890년대에 두 사람 모두 트라우마에 매료되었지만, 각자가 강조하려 한 트라우마는 그 특성상 완전히 다른 것이었다.

자네는 프로이트가 성을 강조한 점을 혹평했고, 자신이 진료한 많은 히스테리아 환자는 비非성적 트라우마로 고통받고 있다고 주장했다. 그러나 내가 생각하는 두 사람 사이의 결정적 차이는 성과 직접

---

* 마리 '블랑슈' 비트만. 샤르코의 환자로서, 간질, 히스테리아 및 다중인격이 있었으리라고 추정된다. 정신의학 교과서에 실린 유명한 그림 〈샤르코의 임상수업〉(1887)에서 샤르코가 안고 있는, 의식을 잃은 것으로 보이는 여자가 비트만이다.

적으로는 거의 상관이 없다. 자네가 초기에 생각한 트라우마 사례에는 월경 기간에 얼음물에 몸을 담그고 있었다거나 얼굴에 무서운 피부병을 가진 아이 옆에서 잠을 자야 했던 일이 포함되어 있다. 그 트라우마는 인간의 행위가 아니다. 어떤 사람이 당신이나 다른 사람에게 무언가를 직접적으로 행한 것이 아니다. 자네의 트라우마는 어떤 사건 혹은 어떤 상태다. 물론 그 젊은 여자는 얼음물 속에 들어가 서 있었고, 그 소녀는 병든 아이 옆에서 누워 잠을 자야 했다. 그러나 실제 트라우마는 얼음물이나 감염된 얼굴피부였다. 인간의 행위는, 철학자들이 말하는 서술하의 행위action under a description는 자네의 트라우마 이야기에서는 매우 드물게 나온다. 프로이트의 트라우마는 거의 항상 누군가가 무엇인가를 행한, 의도적 행위와 연관되어 있다. 사람들과 그들이 했던 행위가 프로이트에게는 트라우마의 핵심이었다. 반면에 세상 전반이 자네의 트라우마의 소재였다. 자네가 사람들을 최대한 지평선 위에 나란히 세워둔 모습의 네덜란드식 트라우마의 풍경화를 그렸다면, 프로이트는 다투고 상호작용하고 유혹하는 등 활동하는 사람으로 가득 찬 네덜란드식 실내정경 풍속화를 그린 것과 같다.

자네의 트라우마는 비개인적인 것이기에, 특히 기억의 작업을 할 때 재해석을 요하지 않는다. 프로이트의 트라우마는 인간의 행위와 관련된 것이기에 기억 속에서 재해석을 해야 한다. 나는 17장에서, 인간의 행위에 관한 기억이 재서술되어 새로운 서술하의 행위로 만들 가능성이 오늘날 기억에 관한 문제의 핵심임을 주장할 것이다. 그 가능성은 기억되어야 할 트라우마로서의 바로 그 선택으로 인해, 프로이트의 경우 자동적으로 제기되는 것이었지만, 자네의 경우에는 바로 그 이유로 연구에서 제외되었다.

프로이트는 충실한 수습 시기를 거쳐 반항적인 독립으로 나아갔다. 1888년 독일 의학교과서에 히스테리아의 설명을 썼던 당시 그는 샤르코의 수습생이었다.[29] 1892년 샤르코의 강연을 독일어로 번역하면서 자기가 쓴 주석을 덧붙였을 때 그는, 샤르코가 프로이트에게 아버지 같은 존재였다는 토비 겔펀드Toby Gelfand의 말에 동의한다면, 수습기간을 마친 전문인, 그것도 오이디푸스적 전문인이었다.[30] 후일 프로이트는, 그 주석에서 자신이 "출판물에 적용되는 샤르코의 저작권을 명백히 침범했다"라고 말했다.[31] 이것은 전형적인 프로이트식 잘못된 자아-서술이거나 아니면 깊은 성찰일 수도 있다. 프로이트는 저작권을 침해하지 않았다. (우리가 농담으로 히스테리아가 샤르코의 부인이자 프로이트의 어머니라고 생각하지 않는 한.) 자기 스승에게 정면으로 반기를 들었지만, 은밀하게 번역서의 주석에 적어 놓은 것이다.

1888년 프로이트는 히스테리아 성향은 유전되는 것이라고 썼다. 그 질환은 명확히 정의되어 있지 않고 오직 증상 면에서만 특징지을 수 있다. 히스테리아의 전형적 유형은 샤르코의 *대히스테리아*였다. 그 원인은 무엇인가? 성性이 주로 여성에서 모종의 역할을 하는데, "특히 여성에서 이 기능의 높은 심적psychic 중요성 때문"이라고 했다. 신체적 트라우마도 흔한 원인인데, "첫째는, 공포와 의식 상실을 동반한 강력한 신체적 트라우마에 의해 잠재되었던 히스테리아 성향이 발현되는 경우이고, 둘째는 트라우마를 받은 부위가 히스테리아의 국소적 증상 부위일 때"라고 했다. 일반적 트라우마로 인한 상태와 "'철도척수' 및 '철도뇌railway brain'로 불리는 상태를 샤르코는 히스테리아로 간주했고, 샤르코의 권위에 의문을 품지 않는 미국의 학자들은 샤르코의 말에 동의했다." 1888년 말에 가서야 프로이트는 향후 자신의 연구가 무엇일지를 암시하는 글을 썼다. 증상은 최면암시로 완화될 수 있다. "비엔나의 조제프 브로이어가 최초로 쓴 방법을 적용하여 환자를 최면에 빠뜨려서 그 장애가 시작되기 이전의 심적 상

영혼 다시 쓰기

태로 이끌면 더욱 효과를 볼 수 있다." 이런 문장들은 문맥을 살피며 읽어야 한다. 레이놀즈의 말을 빌리면, 아직은 '생각'―신체적 트라우마의 개념―에 의해 신체 증상이 형성된다는 단계에 머물고 있다. 1888년까지는 최면으로 환자를 신체적 트라우마를 받았던 심적 환경으로 되돌아갈 수 있게 했다. 이는 히스테리성 증상을 제거하기 위해 사용되던 심리적 비결을 사용한 여러 방법 중 하나였다. 바로 다음 문장에서는, 마비 환자에게 누군가의 따귀를 때리고자 하는 강력한 욕구를 심어주어 팔다리를 움직이게 한 사례를 읽을 수 있다.

1888년, 자네는 잊혀진 과거의 심리적 트라우마로 인한 히스테리아 사례들과, 최면으로 기억을 회상케 함으로써 치유된 사례를 기술한 책을 이미 출판한 상태였다. 프로이트는 그때까지도 그쪽 생각의 방향으로 연구하고 있었다. 샤르코의 강연 번역을 마친 1892년에 그는 자신의 결론에 도달했다. 그가 쓴 주석에는 "히스테리성 발작에 관한 자신의 독립적 견해"가 제시되어 있다.

> 어떤 형태건 간에 히스테리성 발작의 핵심은, *기억*이다. 발병에 중요한 의미가 있는 어떤 장면이 환각으로 되살아난 것이다. …… *기억의 내용*은 대개 정신적 *트라우마*로서 환자에게 히스테리아를 유발시킬 만큼 충분히 강력하거나, 특정 시기에 발생하였기에 트라우마가 된 사건이다.[32]

1893년부터 유혹이론을 거쳐 1897년에 그 이론을 폐기하는 결말에 이르기까지의 과정은 잘 알려져 있다. 오늘날 많은 독자들은 프로이트가 이론가로서 가장 관심을 가졌던, 소위 인과론에 대해서는 덜 관심을 기울인다. 1888년에는 히스테리아 등의 신경증은 오직 증상으로만 정의될 수 있었다. 6년 후 프로이트는 각각의 신경증은 각기 특수한 원인론으로 정의될 수 있다고 생각했다. 이는 세균이론으로 엄청난 성공을 이룬 독일 의학의 유행 풍조였고, 정신의학에서도 마찬가지였다. 과거에 증상으로만 정의되던 많은 질병이 이제는 원인 세균으로 정의될 수 있었다. 은유가 아닌, 문자 그대로, 유발요인agents provocateurs으로 정의했다. 무의식 속에 감추어진 보이지 않는 특수한 원인이라는 프로이트의 학설은 당시 가장 성공적인 의학과 부분적으로 유사했다. 정신분석은 정신psyche의 현미경이어야 했다.[33] 최근 프로이트를 어떻게 볼 것인지, 어찌 보면 좀 한가한 논쟁이 있다. 대개는 거짓으로 밝혀진 대담한 추측을 끊임없이 산출해낸 과학자로 볼 것인가, 아니면 전통적 심리학적 해설을 새로운 영역, 즉 무의식과 꿈의 작업에까지 진중하게 손을 뻗은 학자로 볼 것인가. 이 두 관점은 부분적으로는 다 맞는 것 같다. 히스테리아, 불안신경증 그리고 신경쇠약증에 관한 프로이트의 원인론은 이 질환 유형을 뚜렷이 구별하기 위해서였고, 각 질환의 특수 원인을 제시하여 암묵리에 각각의 특정 치료법을 규정하기 위함이었다. 그의 원인론은 어둠에서 빛으로의 멋진 도약이었고, 스스로 위대한 발견이라고 생각하여 떠들썩하게 기뻐했다는 사실은 그의 서신 왕래로도 알 수 있다.

프로이트의 특수 원인론으로의 몰입은 이미 1892년 주석에서 찾아볼 수 있다. 그는 공포증에 유전적 바탕이 있다는 샤르코의 주장을 반박하면서 더 흔한 원인은 "유전성이 아니라 성생활의 이상에 있다. 관련된 성기능 남용의 종류까지도 구체적으로 명시할 수 있다"라고 했다.[34] 대부분의 독자는 '성'에 주목한다. 나는 '구체적으로 명시하다'에 주목한다. 1895~1896년의 연작 논문에서 그는 "특정 원인 하나와 하나의 특정 신경증 사이에 변치 않는 인과적 관계가 성립된다면, 그런 식으로 모든 주요 신경증마다 특수 원인이 있는 것도 가능하지 않겠는가?"라고 자문했다. 이에 대한 그의 답은 우렁차게 외치는 '그렇

영혼 다시 쓰기

다!'였다. 신경쇠약증은 무절제한 자위나 자연 사정射精이 원인이다. 불안신경증은 (피임법으로서의) 중단된 성교와 그로 인한 불만이 원인이다. 여자의 히스테리아와 남자의 강박증은 성적 트라우마에 의한 것이고, 이 트라우마는 "(사춘기 이전의) 어린 나이에 발생한 것임이 틀림없으며, 내용상으로는 생식기를 실제로 자극하는 행위(또는 성교와 유사한 과정)가 필시 포함되어 있다"[35]라고 했다. 이것이 소위 히스테리아의 유혹이론이고, 일반적 신경증 이론의 아주 작은 부분이다. 1897년 프로이트는 망연자실해졌는데, 그 이유는 단순히 유혹이론을 폐기해야 했기 때문이 아니라, 세균이론에 필적할 정도로 현대 심리과학의 위대한 공헌이 되었어야 할 이론을 포기해야 했기 때문이었다.

제프리 마송의 널리 알려진, 프로이트를 맹렬히 공격한 책의 제목은 《진실을 폭행하다The Assault on Truth》이다. 마송은 프로이트가 참된 이론인 히스테리아의 유혹이론을 폐기함으로써 진실을 공격했다고 말한 것이었다. 게다가 프로이트는 그 이론을 폐기함으로써 부르주아의 도시 빈에(그리고 도처에서) 아동성학대가 만연하고 있다는 진실을 부인했다는 것이다. 나는 그 사건들에 관해 마송의 해석에 시비를 걸 생각은 없다. 그건 하나의 의견일 뿐이다. 아동성학대 사건은, 이론가로서의 프로이트를 통과해서, 과학자로서의 프로이트, 그리고 퍼트리샤 키처Patricia Kitcher의 관점에서 보면, 모든 것을 설명할 수 있는 대통합이론을 원했던 남자, 프로이트를 스쳐갔다.[36] 그 프로이트는 자기가 속한 공동체에 얼마나 많은 성학대가 일어나는지에 그저 관심이 없었을 뿐이다. 그에게는 유혹이론이, 후일 아동학대운동처럼, 서구의 도덕성 비판에 속한 부분이 아니었다. 그것은 신경증의 체계적 원인론의 한 부분이었다. 프로이트는 학대 아동에게 기껏해야 우연한 관심을 보였을 뿐이다. 그가 신경 쓰던 것은 작은 진실들truths과 작은 어린이들이 아니라, 진리Truth와 그 파트너인 인과론이었다.

나는 프로이트가 지독한 진리에의 의지Will to Truth에 내몰린 사람이라고 해석하는데, 이는 자네와 비교되는 두 번째 대조점이다. 엘렌베르거는 프로이트의 가치관은 낭만주의 시대의 것이었고, 자네는 계몽주의 시대의 합리주의자였다고 말했다. 그의 통찰은 아무리 높게 보려 해도 편파적이다. 자네는 융통성 있고 실용적이었던 반면, 프로이트는 계몽주의 시대정신을 가진 헌신적이고도 상당히 완고한 이론가였다. 17세기였다면, 신경증의 특수 원인에 관한 그의 이론이 지성인들을 기쁘게 했을 것이다. 라이프니츠라면 열광했을지도 모른다. 프로이트는 평생 그런 이론을 열망했고, 많은 헌신적인 이론가들처럼 아마도 이론에 맞게끔 근거를 조작했을 수도 있다. 프로이트는 심저에 있는 하나의 근원적 가치로서의 진리에 열정적으로 몰입했다. 그런 유의 이념적 헌신은, 새빨간 거짓말을 하는 것과도 완전히 양립한다(거짓말하기를 요구한다고도 할 수 있다). 감정적으로 느끼는 목표는 어떤 수단을 쓰더라도 진리에 도달하겠다는 것이니까.

자네는 진리에의 의지 같은 건 가지고 있지 않았다. 그는 존경할 만한 인물이었고, 그리고(그래서라고 말하는 게 나을지도 모르겠다) 그에게는 진리에 대한 과장된 생각도 없었다. 그는 트라우마로 증상이 생긴 신경증 환자에게 그 트라우마는 일어난 적 없다고 안심시켜주었다. 그는 할 수 있다면 언제든 암시와 최면으로 이 일을 행했다. 일례로 그는, 6살 때 얼굴 한쪽이 농가진膿痂疹으로 덮인 어떤 소녀 곁에서 잠을 자야만 했던 젊은 여자환자를 치료한 적이 있었다. 그 환자는 그쪽 얼굴에 히스테리성 얼룩이 나타나고 감각박탈과 심지어는 그쪽 눈에 시각장애까지 생겼다. 자네는 최면을 사용하여 6살의 환자가 옆에 누운 아름다운 소녀의 얼굴을 쓰다듬고 있다는 암시를 걸었다. 그 후 시각장애를 포함해서 모든 증상이 사라졌다. 자네는 환자에게 거짓말을 하고 그 거짓말을 믿게 만듦으로써 환자를 치료했다. 그는 환자들에게 이런 치료—자신은 거짓임을 알고 있지만 환자들에게는 그 것을 믿도록 만드는 치료를 거듭 반복했다.

다중인격 및 트라우마장애 운동에서 자네를 찬미하는 사람들은 자네가 분명 히스테리아의 트라우마 기원에 확신이 있었다고 말한다. 그들은 자네의 거짓말을 완곡어법으로 표현해서, "긍정적 이미지로 대체했다"라고 말하는 식이다. "만약 트라우마 기억을 회상해내지 못해서 상세히 알려줄 수 없다면 혹은 고통이 완화되지 않는다면, 자네는 밀턴 에릭슨*처럼, 트라우마 기억을 중립적이거나 긍정적 이미지로 바꾸기 위해 최면을 사용했다. 예를 들어 왼쪽 눈에 시각장애가 있는 히스테리아 여자에게 '병이 없는 아주 예쁜 아이'와 한 침대에서 자고 있다고 상상하라고 권하는 식이다."[37]

프로이트는 자네와 정반대였다. 그의 환자는 프로이트의 해석에 따른 진실을 마주해야 했다. 돌이켜 생각하면, 프로이트가 결연히 이론에 헌신함으로써 스스로를 매우 자주 기만했다는 것은 의심의 여지가 없다. 프로이트가 환자들로 하여금 그들 자신에 관한 거짓을 믿게 했다는 것을, 때로는 너무도 기괴해서 애초에 가장 열렬한 이론가만이 제안했을 일을 믿게 했다는 것을, 프로이트학이 대두된 지 반세기가 지나서야 우리는 알게 된 것이다. 그러나 프로이트 자신도 거짓임을 알면서 치료방법으로 환자에게 그런 것을 믿게 했는지는 확인될 만한 근거가 없다. 자네는 환자를 속였지만, 프로이트는 자신을 속였다.

그리하여 우리는 기묘한 역설을 대하게 된다. 자네는, 엘렌베르거

---

* 　　20세기 초반의 미국 정신과의사이자 심리학자. 미국임상최면학회의 창립회장을 역임했다. 문제해결에 집중하는 단기치료와 가족치료 등의 전략적 치료에 집중했고, 자신의 치료법을 이론화하기를 거부했다. 프로이트가 정신치료의 이론가라면 에릭슨은 실천가라고 볼 수 있다.

의 주장처럼, 계몽기적 인물이 아니었다. 그는 제3공화정의 명예로운 시민이었고, 잉글랜드인들이 말하는 빅토리아 시대의 미덕을 준수하는 사람이었다. 자기가 속한 전문직 사회의 명예로운 동료들에게 거짓말을 했다고 생각할 하등의 이유가 없다. 흔히 여자이고 가난한 자신의 환자들에게 거짓을 믿게 함으로써 도움을 주는 것이 세상에서 가장 자연스러운 일이라고 생각했을 것이다. 추상적 진리는 자네에게 중요하지 않았고, 환자가 진실을 아는 것도 중요하지 않았다. 그는 의사였고, 치유자였으며, 누가 보아도 뛰어난 치유자였다. 공공진료소를 찾은 히스테리성 시각장애 여자는 명백히 치유되었다. 그녀는 운이 좋았던 걸지도 모른다. 그녀는 비엔나 사람이 아니었고, 프로이트에게 상담하러 갈 정도로 부자도 아니었기 때문이다.

우리는 불편한 결론에 도달한다. 심리적 트라우마, 회복된 기억, 정화abreaction에 관한 학설은 진실의 위기를 불러왔다. 이 학설을 개척하는 데에 가장 중요한 두 사람인 프로이트와 자네는 정반대 방식으로 위기를 마주했다. 자네는 거짓말과 만들어진 거짓기억으로 환자들이 고통스럽지 않을 수 있다면 거짓을 말하는 데에 아무런 양심의 거리낌을 가지지 않았다. 그에게 진리는 절대적 가치가 아니었다. 프로이트에게는 진리가 절대적이었다. 다시 말해서, 프로이트는 진정한 이론Theory을, 다른 모든 것이 종속되어야 할 거대이론을 목표로 했고, 자신의 환자도 그들 자신의 진실을 직면해야 한다고 믿었다. 그가 분석에서 끌어낸 기억이 과연 진실이었는지 의문을 갖기에 이르렀을 때, 그 기억이 환상일 경우에도 똑같이 적용될 수 있는 또 하나의 이론을 개발했다. 그는 완전히 잘못된 결정을 내린 걸지도 모른다. 그는 유혹이론을 폐기하는 이유에 관해 스스로를 기만한 걸지도 모른다. 아마도 두려워져서 그랬을지도 모르겠다. 그러나 다른 차원에서 본다면, 그의 동기는 어떤 환자 개인의 삶에 관한 진실이 아니었으며,

영혼 다시 쓰기

세기말 비엔나의 가정생활에 관한 진실도 아니었다. 그의 동기는 진리의 숭고한 이상이었고, 정신에 관한 고차원적인 이론적 진리였다. 그에게는, 키처가 "마음에 관한 완전한 학제간 과학"이라고 불렀던, 계몽주의적 비전이 있었다. 모든 환자를 이론에 일치되는 자기-지식으로 이끄는 것이 진료현장에서 분석가의 임무라고 그는 굳게 믿고 있었다.

환자가 자기 이해에 도달했는지 아닌지가 중요할까? 자네를 좇아 환자가 자기 기만에 빠지도록 최면을 거는 건 어떨까? 내가 생각하기에는, 진정한 자기 이해도 중요하겠지만, 복잡한 문제가 제기된다. 이에 관한 나의 생각은 이 책의 종장에서 말하겠다. 그러나 한 가지만은 분명하다. 잃어버린 기억과 회복된 기억에 관한 한, 우리는 프로이트와 자네의 후계자들이다. 한 사람은 진리를 위해 살았고, 상당히 오랫동안 자신을 기만했을 가능성이 농후하며, 심지어는 자기 기만을 스스로 알고 있었을 수도 있다. 다른 한 사람은 훨씬 존경할 만한 사람이었으며, 환자에게 거짓을 말함으로써 그들에게 도움을 주었고, 그러면서 자신이 다른 숭고한 무언가를 하고 있다고 스스로를 기만하지 않았다. 20세기 말 우리를 괴롭히던 기억 속의 진실truth-in-memory 논쟁은, 프로이트의 고뇌와 자네의 위로를 비교함에 따라, 마치 헛되이도 과거의 전쟁을 끊임없이 반복하는 것처럼 보인다. 이렇게 반복하는 이유는, 기억에 관한 지식이 영혼의 영적 이해를 대리했던, 1874~1886년의 12년 사이에 만들어진 기본 구조 안에 우리가 갇혀 있기 때문일 것이다. 트라우마의 심리화가 그 구조의 핵심 부분이다. 그토록 오랫동안 존재론에 공헌해왔던 영혼의 영적 고통이 이제는 숨겨진 심리적 고통이 될 수 있었기 때문이다. 그 고통은 우리 안에 내재된 유혹에 의해 생긴 죄악의 결과가 아니라, 밖에서 우리를 유혹한, 죄지은 자가 일으킨 고통이기 때문이다. 이 혁명은 트라우마를 축으로 그 방향을 틀었던 것이다.

트라우마는 자네가 심리적 트라우마에 관한 최초의 통찰을 《철학비평》에 발표한 1887년 이후부터 심리화가 되었다. 바로 그해에 유럽의 다른 한쪽에서는 전혀 다른 유형의 남자가 《도덕의 계보》를 탈고했다. 니체는 선견지명의 관찰자이자 분석가로 알려져 있다.

> '정신적 고통'도 나에게는 전혀 사실이 아니라, 그와는 정반대로, 정확히 형식화할 수 없었던 사실들에 대한 하나의 해석—인과적 해석—에 불과하다고 생각된다. 그건 아주 깡마른 의문부호 대신 사실상 등장한 살찐 용어일 뿐이다.[38]

니체는, 파리에서 기억의 비천한 벌판에서 땀 흘리던 사람들과는 문화적으로, 언어적으로, 지적으로, 도덕적으로 다른 세상에 살고 있지 않았던가? 전혀 그렇지 않다. 그는 리보가 출판하던 잡지 《철학비평》에 실린 자네의 논문을 아마도 읽었을 것이다. 리보의 글은 분명 읽었다. 왜냐하면 그는 《도덕의 계보》에서 리보의 《기억의 병》에 나오는 단락들을 거의 단어 그대로 부연 설명해 놓았기 때문이다.[39]

영혼 다시 쓰기

14장   기억의 과학들

이제 나는 4가지 논지를 제기하고 싶다. 저마다 다 난제이지만, 이들 사이의 상호연관성을 입증하는 것은 더욱 어렵다. 이 장과 다음 장에서, 여태까지 기술한, 오래된 사건들과 최근의 사건들 모두를 이해할 수 있는 방식 하나를 제안하려 한다. 요약된 4개의 논지는 다음과 같다.

1. 기억의 과학들은 19세기 후반에 출현했고, 그와 함께 새로운 종류의 참-또는-거짓, 새로운 종류의 사실, 새로운 지식의 대상이 등장했다.
2. 이미 개인 정체성의 한 척도로 간주되던 기억은 영혼의 문을 여는 과학의 열쇠가 되었고, 따라서 기억을 조사함으로써(기억에 관한 사실들을 알아내기 위해) 영혼의 영적 영역을 정복하고, 그 대용인 기억에 관한 지식으로 대체할 수 있을 것이다.
3. 이런저런 기억의 과학에서 발견되는 사실들은 표층지식이다. 그 저변에 있는 것은, 기억에 관해 발견되어야 할 사실이 존재한다고 하는 심

층지식이다.

4. 그 후, 이전이라면 도덕적·영적 차원에서 벌어졌을 논쟁이 사실적 지식의 수준에서 벌어졌다. 이들 정치적 논쟁은 모두 이러한 심층지식을 전제로 하며 심층지식에 의해 가능해진 것들이다.

표층지식과 심층지식의 개념은 미셸 푸코가 말한 인식*connaissance*과 지식*savoir*을 거울삼아 만든 것이다. 푸코는 지식이란, "하나의 과학적 담론이 구성되려면 담론적 관행에 의해 형성되어야 하는 요소들의 집합으로, 그 과학적 담론의 형식과 엄밀성뿐만 아니라, 그 담론이 다루는 대상들, 사용하는 언표enunciation의 유형, 다루는 개념들과 차용한 전략들로 명시된다"라고 정의했다. 예를 들어, 19세기 정신의학의 지식은 참이라고 생각된 것의 총합이 아니라, "정신의학 담론에서 말하는 모든 의료적 실천, 특이성, 편향성의 전체 세트"라고 그는 썼다.[1] 심층지식은 모두에게 다 알려져 있지 않을 수 있다. 심층지식은 문법과 비슷하다. 즉 기저에 있는 일련의 규칙들로서, 이 경우에는 무엇이 문법적인지가 아니라 무엇이 참-또는-거짓으로 파악될 수 있는지를 결정하는 규칙들이다. 참-또는-거짓이라고 설명되는 특정 사항은 인식 또는 내가 표층지식이라고 부르는 것이다. 내가 사용한 단어 '표층'은, 우리의 모든 평범한 지식을 알아내어야 할 깊은 데 있는 지식과 비교해서 표면에 붙어 있는 것에 불과하다고 경시하려는 의도가 아니다. 나는 이 용어를 촘스키의 심층 및 표층 문법에서 차용했다. 표층문법은 예를 들면, 영어의 문법이고, 그게 중요한 것이라고 말할 수도 있겠다. 촘스키의 비판자들은 심층문법 따위는 존재하지 않는다고 말할지도 모르고, 푸코의 비판자는 지식과 같은 것은 없다고 말할지도 모른다. 나는 표층지식을 지식의 종류에 관한 가치판단을 하기 위해서가 아니라, 분석을 위한 개념으로 사용할 것이다.

기억의 과학들에 관한 나의 4개의 논지를 이 책에서 입증하려 하지는 않겠다. 하나씩 설명하기에는 너무 복잡한 이야기가 될 듯하다. 과학의 통일성에 관한 우리의 진지한 규범적 헌신에도 불구하고, 기억의 과학들 사이에 실제적으로 중첩되는 것은 그리 많지 않다. 예컨대, (a)여러 다른 종류의 기억의 위치에 관한 뇌신경학적 연구, (b)회상에 관한 실험연구, (c)기억의 정신역동론이라 불리는 것으로서, 프로이트를 싫어하는 사람조차도 프로이트의 연구로부터 온전히 분리해 낼 수 없는 것 등을 생각해보라. 심리학과 정신의학에서 말하는 '역동적dynamic'이라는 단어에는 파란만장한 역사가 담겨 있다.[2] 내가 의미하려는 것은, 관찰되거나 추정된 심리적 과정과 영향의 관점에서 이루어지는 기억의 연구를 말한다.

위 세 가지의 기억의 과학들은 모두 19세기의 산물이다. 오직 신경과학만이 20세기 첨단기술 발전에서 큰 영향을 받았다. 19세기 신경학자들이 꿈에서나 그리던 것이 20세기에는 가능해졌다. 이 세 가지 기억의 과학들에 20세기의 과학을 더해야 하는데, 첫째로 (d)칼륨 통로를 통한 전달 등의 세포생물학 수준의 연구가 있다. 더 나아간다면 이를 (a)와 결합해서 세포보다 더 작은 수준에서 뇌의 여러 부분에 정보가 어떻게 전달되고 저장되는지를 설명해내는 것이다. 끝으로, (e)인공지능에서 기억의 컴퓨터 모델링, 병렬분산처리, 그리고 인지과학의 여러 분야를 더할 수 있을 것이다.

이들 다섯 가지 종류의 과학은 인식이고, 표층지식으로서, 자신들이 탐구하는 대상들을 당연한 것으로 전제하고 있다. 표층으로 칭한다 하여 결코 경시되는 게 아니고, 각기 다른 방식으로 중요하다. 실제적 적용 대對 이론적 지식 또는 추측의 현재 비율이 무한대로 1에 가까워진다면, 그런 분야들은 미래에 우리의 일상생활을 바꿀 수 있을지 모른다. 연구비 지원처는 그런 희망으로 활동한다. 칼륨 통로의 이온ion 흐름에 관한 연구비 신청서에 승인 확률을 높이기 위해 알츠하이머병에 관해 적은 구절에 견줄 만한 것은 없다. 그럼에도 불구하고, 기억의 정신역동론은 위에 언급한 기억에 관한 세 개의 오래된 과학들 중에서 서구문화에 막강한 영향을 끼친 오직 하나의 지식이다. 기억을 불러내는 것recall에 관한 연구는 오늘날 수천 개의 실험심리학 실험실에서 계속되고 있다. 그 결과로 흔히 쓰이는 용어가 생겼다. 단기 및 장기 기억이 그것이다. 그러나 넓은 관점에서 보면, 그 주요 기능은, 알아내야 할 기억에 관한 방대한 사실이 존재한다는 (말로 표현하지 않는) 확신, 즉 심층지식을 떠받치는 것일 수 있다.

내가 말한 4개의 논지를 나는 (c)의, 다중인격 치료법의 핵심 측면인, 기억에 대한 정신역동론적 접근법과만 연관시켜서 논증할 것이다. 지금 난리법석이기는 하지만 곧 지나갈 거짓기억과 관련된 정치적 갈등이나 이념 싸움에만 눈길을 주고 싶지는 않다. 기억에는 항상 정치적·이념적 함의가 들어 있었으나, 시대마다 그 시대 고유의 기억의 의미를 발견해왔다. 때로는 우리의 선조들이 말했던 것에 당혹을 느낄 수도 있다. 내가 중시하는 1874~1886년 사이의 예를 하나 들어보자. 기억에 관한 어느 강의 하나가 당시의 사회적 서열을 어떤 설명보다 명확히 기술해 놓았다. 1879년 7월 12일 파리 생물학협회에서 바로 그런 일이 벌어졌다.[3] 닥터 들래니Delannay는 청중에게 이렇게 말했다.

- 현대의 열등한 인종이 우월한 인종보다 기억력이 좋다. 흑인, 중국인, 이탈리아인, 러시아인은 언어(추정컨대, 프랑스어나 영어) 학습에 뛰어난 재능을 가지고 있다.
- 성인 여자는 성인 남자보다 기억력이 좋다. 남자배우보다 여자배우가 대사를 더 잘, 더 빨리 외운다. 학부 학생 중 여학생이 남학생보다 뛰

　　　　　　　　　　　　　　　영혼 다시 쓰기

어나다.

- 청소년이 성인보다 기억력이 뛰어나다. 기억력은 13살 때 최고조에 달했다가 이후 감소한다.
- 약자가 강자보다 기억력이 좋다. 지능이 낮은 자가 지적인 사람보다 기억력이 좋다. 암송으로 상을 받는 아이들은 다른 아이들보다 지능이 낮다.
- 고등사범학교Ecole Normale나 군의 훈련을 하는 군병원Val-de-Grâce에서 가장 기억력이 뛰어난 학생들은 가장 지적인 자가 아니다.
- 지방민들이 파리인보다 기억력이 좋다. 농부가 도시인보다 기억력이 좋다.
- 법조인이 의사보다 기억력이 좋다. 성직자가 일반인보다 기억력이 좋다.
- 음악인이 다른 계통의 예술가보다 기억력이 좋다. 식사 전이 식사 후보다 기억력이 좋다. 문맹이 글을 쓸 줄 아는 사람보다 기억력이 좋다는 점에서 교육은 기억력을 감퇴시킨다. 저녁보다 아침에 기억력이 좋다. 겨울보다는 여름에, 북부보다는 남부에서 기억력이 좋다.

모든 측면에서 꽤나 철저하게 평해놓았다. 기억력은 열등성의 객관적 지표다. 반反성직주의 의사는 알맞게도 성직자와 법조인을 나머지 모든 인류와 함께 자신들의 아래 서열에 위치시킨 것이다.

들래니의 말은 새로운 기억의 과학들과 인체계측법anthropometry을 명쾌하게 결합시킨 것이었다. 프랜시스 골턴Francis Galton(1822~1911)이 명명한 인체계측법은 인류학 중 측정과 통계에 관한 부분이었다. 인류학의 대부분은 여러 인종 간의 비교, 어느 한 지역의 하위집단들 사이의 비교, 성의 특징의 비교가 차지한다. 자연히 지능의 측정법도 만들어냈다. 인류학, 사회학, 심리학이 약진하고 있었고, 이들이 진군하면서 가로질러야 하는 영토가 기억이었다. 기억의 과학들이 출현

기억의 과학들

한 것이 바로 이 시기였다. 갓 발아한 인문과학의 이념적 성향은 특히 인종차별주의 및 성차별주의와 연관해서 연대순으로 잘 기록되어 있다. 그러나 기억 연구의 정치적 함의는 그리 주목받지 못했다. 이에 관해 논하기 전에 우선, 기억의 과학 (a)~(c)가 사실은 오래된 전통의 일부가 아니고 새로 출현한 것임을 확실시하기 위해 잠시 숨을 골라야겠다.

새로운 기억의 과학들과 그 선행 과학의 대조는 과학과 기예 사이, 무엇을 아는 것과 어떻게 하는지를 아는 것을 대조하는 것*과 같다. 새로운 기억의 과학들은 새로운 *그 무엇에 관한* 지식을 제공했는데, 이는 *어떻게* 기억할지를 가르쳐준 기억의 기예art와는 정반대가 되는 것이다. 플라톤 이후 계몽기까지 그 어떤 기예도 기억의 기예만큼 신중하게 연구되고 높이 평가된 것은 없었다. 어쩌면 기억하기memorizing의 기술이라고 말하는 게 나을 것 같다. 이 기술은 기억의 기법 혹은 기술의 집합을 말하는데, *기억하기의 기예De arte memorativa*, *기억의 기술memora technica*, 혹은 기억술mnemonics로 불려왔다.[4] 플라톤과 아리스토텔레스는 이 기술의 한 형식을 흔히 언급했는데, 이는 '정위定位, placing'로 번역된다. 더 유용한 명칭은 메리 커러더스Mary Carruthers가 칭한 건축적 기억술이다.[5] 머릿속에 삼차원 공간, 가구가 잘 비치된 집이나 도시 전체를 상상해 놓는다. 인쇄술이 1436년에 발명된 일을 기억하길 원하는가? 그러면, 마을의 첫 번째 집의 4번째 방의 36번째 기억공간에 책 한 권을 놓는다. 키케로는, 인쇄술의 발명 이후로도 오랫동안 살아남은, 이러한 건축적 기억술이 특히 웅변가에게 가장 중요할 것이라고 생각했다. 또한 기억은 도덕적 성품을 형성하는 데에도 중요하다고 인식되었다. 기억은 고도로 윤리적

---

* 　길버트 라일Gilbert Ryle의 비교.

이었다. 기억의 기술은 중세 성기盛期라 불리던 시기까지는 쇠퇴해 있던 상태였다. 위대한 학자들, 예를 들어 토마스 아퀴나스 같은 사람은 기억의 천재였다. 커러더스는 책과 기억 사이의 복잡한 관계에 대해 논하면서, 후일 책이 최종적 객관적 권위가 되기는 했지만, 많은 경우 책은 기억의 기예의 부속물에 불과했다고 주장한다. 건축적 기억술은 엄격한 규율과 꾸준한 훈련을 필요로 했다. 머릿속에서 집과 도시들을 세우고, 이들을 어떻게 배치할지를 학습함으로써 기억해 두어야 할 각각의 대상을 어디에 놓았는지 항상 확인할 수 있었다. 글도 이런 식으로 기억되었다. 유능한 학자라면 건축적 기억술로 저장된 거대한 데이터베이스를 가지고 있었다. 그런 학자는 인용할 문구나 금언을 찾으러 도서관에 갈 필요도 없었다. 머릿속에 다 있었으니까.

세 가지 점을 주목해야 한다. 첫 번째는 기억의 기예가 고대, 중세 성기 그리고 르네상스 시대에 중심적 역할을 했다는 점이다. 이 기술의 전문가는 위대한 인물로서 영예가 부여되었고, 정치적 자산이 되었다. 키케로의 시대에는 가장 존경받던 남자로 간주되던 웅변가의 기술이었다. 아퀴나스의 시대에는 학자의 능력이었다. 커러더스는 유용한 의견을 제시한다. "기억술은 중세 문화의 양식체계 중 하나로 간주될 수 있다. (기사도 정신은 또 다른 양식일 것이다.)"[6] 기사도 정신처럼 기억술은 한정된 사람만 쓸 수 있었고, 지고한 목적을 추구하는 데에만 한정적으로 적용되었다. '기억'의 이념적 잠재성이 1879년에 발명되었다고 보기는 어렵다. 그 내용만이 바뀌었을 뿐이다. 기억은 엘리트를 위한 것이었고, 그럼에도 기사도 정신처럼 세상에 스며들었다. 기억술은 "그 자체로 하나의 가치였고, 분별의 미덕과 동일시되었다. 양식체계로서의 가치들은 어떤 행동을 할 수 있는 권한을 부여하고, 어떤 행동에 더 큰 특권을 준다"라고 커러더스는 말한다.

두 번째로, 기억의 기예는 정확히 *테크네techne**로서, 이는 무엇을 안다는 것이 아니라, 어떻게 하는지를 아는 것을 의미했다. 그것은 연구의 어떤 대상, 즉 '기억'에 관한 지식을 가져다주는 과학은 아니었다. 세 번째로, 기억의 기예는 외부-지향적outer-directed이다. 자신의 경험을 기억하는 것과 관련되는 경우는 기껏해야 우연일 뿐이었다. 요점은 요망되는 사실, 사물, 텍스트는 무엇이라도 즉각적으로 재현해서 제공한다는 점이다. 기억의 기예를 사용하는 자는 자기 마음속에 외적 자료를 생생한 심상으로 배치해 두어서, 거기에 곧바로 접근할 수가 있었다. 엄청난 기술력으로 이루어진, 컴퓨터 메모리라 부르는 것은 아마도 기억의 기술의 직계 후손일지도 모른다. 여기에서 나는 어떤 언어학적 우연성을 발견한다. 언어마다 각기 다른 단어들로 기억의 개념을 새겨놓는다. 독일어에서는 Erinnerung**도, Gedächtnis***도 컴퓨터 메모리와는 상관이 없고, 그건 단순히 창고speicher로 지칭된다. 중세시대 사람들은 기억에 대해 창고의 은유를 흔히 사용했다.

계몽기 동안 기억의 기예는 쇠락했지만 다른 기예나 과학으로 대체되지는 않았다. 기억술도 교육되었지만 어떠한 도덕적 권위도, 위상도 주어지지 않았다. 물론 사람들이 기억에 흥미를 잃은 것은 아니었다. 기억과 그 재현―플래시백까지 포함해서―에 관한 가장 감동적인 표현 중 하나는 그런 글을 가장 쓸 법하지 않은 존 로크가 쓴 것이었다.

*　　고대 그리스의 소피스트부터 아리스토텔레스에 이르기까지 다양한 의미를 가졌으나, 현재에는 효율성과 유용성을 지향하며 능숙함을 거쳐 예藝의 수준에까지 도달한 기술을 의미한다.

**　　독일어 여성형 명사. 기억, 추억, 회상.

***　　독일어 중성형 명사. 기억, 기념, 추모.

　　　　　　　　　　　　　　　　　　영혼 다시 쓰기

마음은 때로 감추어진 *관념들*을 찾는 데 몰두하고, 이를테면, 영혼의 눈으로 바라본다. 비록 관념들 스스로가 이따금 우리의 마음에서 시작되어 오성에 바쳐지지만, 빈번히는 광포하고 맹렬한 어떤 정념에 의해 깨우쳐지고, 어두운 밀실로부터 탁 트인 한낮의 빛 속으로 몸부림치며 끌려 나온다. *관념들*을 기억으로 끌어내는 우리의 변용은, 그 외에는 고요하고 무심하다.[7]

로크의 시대에는 기억에 관한 사실을 밝히려는 체계적인 시도가 없었다. 그런 시도는 19세기 후반에 와서야 시작되었다. 물론 모든 선행자에게는 선행자가 있다. 신경학의 뇌 정위에 관한 연구기획은, 부분적으로는 정신의 기능과 능력을 두개골의 융기 부분에 맞추려던 골상학에서 비롯된 것이다. 1861년이 되어서야 해부학자들은 두개골을 열어볼 수 있었고 정신기능의 손실에 해당하는 뇌의 손상을 확인할 수 있었다. 바로 폴 브로카(1824~1880)가 그러했다. "이 사례에서, 전두엽의 병변이 언어기능 상실의 원인임을 확신한다."[8] (3년 전에 브로카가 농양 수술 시 열정을 가지고 야잠의 최면술을 시도했던 일이 11장에 기술되어 있다.) 브로카는 죽을 때까지 뇌의 정위 연구를 계속했으나 또한 프랑스 인류학에도 대단히 적극적이어서 그 무엇보다도 각종 인종에 관한 연구에도 몰두했다. 우리는 뇌의 운동성 언어중추인 브로카 영역으로 그의 이름을 기억한다. 그가 출범시킨 신경학의 거대한 기획인, 뇌의 국소부위에 따른 뇌기능 정위 연구는 현재에도 진행 중이다. 브로카의 발견은 후속 연구로 열렬히 호응을 받았다. 역사가들은 그다음의 역사적 지표로, 단어(혹은 단어의 이미지)가 저장되는 부위를 발견한 카를 베르니케Carl Wernicke의 연구 결과를 꼽는다. 이것은 특수한 종류의 기억저장 기능을 맡은 뇌 부위에 관한 최초의 도형으로 간주된다. 이 모든 일이 다 담겨 있는 단 하나의 논문을 말한다면, 그건 실어증에 관한 루트비히 리히트하임Ludwig Lichtheim*의 1885년 논문이다.[9] 이것은 해부학적·생리학적 프로그램임을 나는 강조해야겠다. 우리는 이를 신경과학적인 것으로 본다. 연구되는 부분이 뇌이기 때문이다. 이제 기억의 두 번째 과학인, 소위 기억해내기recall 또는 회상**으로 주제를 돌려보자. 1879년 헤르만 에빙하우스Hermann Ebbinghaus(1850~1909)는 심리학 연구의 새로운 패러다임을 확립했다. 최초의 실험심리학과는 거리가 먼 것이었다. 예를 들어, 구스타프 페히너Gustav Fechner(1801~1887)의 정신물리학psychophysics***은 몸과 마음의 관계에 관한 실험연구를 변화시켰다. 페히너는 실험대상이 두 물체 사이의 최소의 무게 차이를 식별하는 경험적 법칙을 발견했다. 독일에서는 페히너 전에도 실험이 있었고, 그 후에는 더 많은 실험이 잇따랐다. 그럼에도 불구하고, 쿠르트 단치거Kurt Danziger는 실험실적 측정 과학으로서의 심리학을 창시한 사람으로 에빙하우스를 꼽는 것이 타당하다고 생각한다. "심리적 능력의 측정에 관한 모든 기본적 특징이 헤르만 에빙하우스의 고전적 기억 연구에서 최초로 명시되었다"[10]라고 했다. 에빙하우스의 연구 결과는 1885년 출간된 《기억에 관하여On Memory》로 널리 알려졌다.[11]

에빙하우스는 다른 종류의 지식에 오염되지 않은 순수한 형태의

---

* 독일의 의사. 브레슬라우대학을 거쳐 쾨니히스베르크 의과대학 교수를 지냈다. 뇌의 언어처리 과정을 밝혔고 1891년 《신경학 저널Journal of Neurology》을 창립한 4명 중 하나다.

** '기억하다'로 번역되는 memorize와 recall은 기억의 과정process상 '기억을 하다' '기억을 꺼내다, 불러내다'의 의미로 사용되므로, 차이를 구별하기 위해 memorize는 '기억하다'로, recall은 '기억을 불러오다' 또는 '기억해내다'나 '회상' 등으로 번역하였다.

*** 정신물리학은 심리적 사건(감각을 생성하는 자극)과 물리적 사건(감각) 사이의 양적 관계에 관한 것으로, 페히너는 베버의 법칙(자극의 변화에 대한 지각을 정량화한 심리법칙)을 이용하여 측정된 자극에 대한 감각을 양적 측정하는 과학으로 발전시켰다. 오늘날 향수, 주류 등의 감각 측정에 이용된다.

영혼 다시 쓰기

기억을 연구하길 원했다. 그래서 그는 무의미한 음절을 기억해내는 시험을 했다. 왜 이것이 그리 중요한가? 데이비드 머리David Murray는 뮐러G. E. Müller(1850~1934)가 훨씬 더 큰 영향을 미쳤다고 주장했다. 그 이유는 뮐러가 망각forgetting에서 일어나는 간섭현상 이론을 개척했기 때문이고, 에빙하우스 자신은 기억의 기전에 관해 추론이 없는 관찰에만 전적으로 의존했기 때문이라고 했다.[12] 그런데 왜 단치거는 에빙하우스가 브로카에 비견될 만한 '최초'라고 꼭 집어 말했을까? 과학의 대혁명은 제외하고, '최초의 인물들'은 그 공헌의 중요성 때문이라기보다는 편의상 새로운 출발을 표시하는 방법으로 선택된다. 에빙하우스의 업적의 중요한 점은 연구자료의 통계처리법을 확립했다는 점이다. 기억은 일련의 무의미한 음절을 기억해내는 능력의 맥락에서 조사되어야 한다고 했다. 다음에는 이 기억해내는 능력의 통계분석을 고안해야 한다고 했다. 에빙하우스는 전형적 인간인 자신을 대상으로 연구에 착수했지만, 그 행동은 오직 통계적 정밀 검토를 통해서만 이해되어야 한다고 했다. 그의 연구방식은 표준이 되어 학습이론과 통합되었다. 동시대의 모든 연구심리학자들은 에빙하우스의 족적을 이어가는 데에 전문직 경력을 바쳤다. 실험심리학 저널에서 일련의 통계검사가 포함되지 않은 연구논문은 그 게재 여부조차 심사되지 않는다. 그런데 여기에서 놀라운 결합을 보게 된다. 기억해내기에 관한 최초의 지속적 연구와 심리학에서 최초의 지속적 통계분석의 사용이 그것이다.[13] 브로카를 기억의 해부과학을 출범시킨 최초의 인물로 특정한다면, 에빙하우스는 기억의 통계과학을 시작한 인물로 특정된다.

  기억의 해부학적·통계학적 연구는 내가 말하려는 목적과 관련해서 단지 여담일 뿐이고, 그것이 내가 브로카나 에빙하우스 같은 이 연구들의 표준이 되는 역사적 인물들만 언급한 이유이다. 이와는 대조적으로, 우리는 애초부터 정신역동론에 깊이 들어와 있었기 때문에 세부 내용에 발을 들이는 순간, 더 이상 '최초'는 없게 된다. 대신, 나는 기억에 관한 제3의 새로운 과학에서 돋보였던 많은 사람 중에서 이상적인 유형의 인물을 선택할 것이다. 1879년 파리의 테오뒬 리보는 기억의 병에 관한 일련의 강좌를 진행했다. 그 강좌는 3부작으로 출판되었는데, 첫째 권인 《기억의 병》은 1881년에, 《의지의 병》은 1883년에, 셋째 권인 《인격의 병》은 1885년에 출판되었다.[14] 우연의 일치가 얼마나 많은지에 주목하라. 리보가 이 3부작을 쓰게 된 기억에 관한 강좌를 파리에서 시작했던 1879년 그해에, 에빙하우스가 라이프치히에서 기억 실험을 했다. 리보가 3부작을 완성한 1885년에, 에빙하우스는 기억 실험의 결과를 출판했고, 루트비히 리히트하임이 단어 기억을 포함하는 뇌기능의 정위에 관한 당시의 연구 결과를 종합해서 책으로 출판했다. 같은 해에 발생한 일이라는 것은 그 자체로는 아무 의미가 없지만, 비교적 연관성이 없는 이 세 가지 기억의 과학들이 같은 시기에 같은 속도로 발생한 전체 상황이 그려지기 시작한다.

　과학 발전은 제도적 환경, 문화나 국가적 환경에 따라 다르게 진행된다. 프랑스에서 심리학의 발전은 독일이나 미국과는 매우 달리 진행되었다. 프랑스의 발전 과정은 의학적·병리학적 경로를 밟았다.[15] 그 결과로 기억에 관한 연구는 망각에 관한 연구가 되었다. 마이클 로스Michael S. Roth는 망각과 노스탤지어*에 매혹된 프랑스 의료계 문

---

*　1688년 요하네스 호퍼의 논문에 나온 단어다. 고향에서 멀리 떨어져 있는 군인, 무역상인 등에서 강렬한 귀향 욕구와 함께 실신, 고열, 사망에까지 이르는 상태를 '스위스병' '향수병'이라고 칭하여 독립적 질병으로 보았다. 18~19세기 사이에 시기와 장소에 따라 독립된 질병 또는 증상의 하나로 여겨지는 등 그 의미가 이리저리 바뀌었다. 프랑스에서 망각이 의료계의 화두가 되었을 때 노스탤지어가 항상 기억과 연관된다는 점에서 관심을 받았다.

화의 심층적 의미를 격조 높게 기술한 바 있다.[16] 그가 주목한 것은, 비록 리보의 책 대부분은 망각에 관해 쓰인 것이지만, 결론은 흥미롭게도 과잉기억에 관한 장으로 마무리되어 있다는 점이다. 너무 많이 기억하는 것은 병적이라고 생각했던 것이다. 그리하여 그는 리보의 책이 거의 도덕 논문에 가깝게, 올바른 기억의 양을 정의하려는 의도였다고 해석했다.

로스의 분석은 통찰력이 있는 것이나, 제도적 역사에 관한 더 세속적인 사실 또한 고려되어야 한다. 단치거는 놀랄 만한 통찰로 책의 서두를 열었다. 독일과 미국에서는 실험심리학이 실험생리학을 본떠서 만들어졌다고 했다. 심지어 "생리학적 심리학physiological psychology"으로 불리기까지 했다.[17] 프랑스는 전혀 다른 상황이었다. 18세기 말 피넬Philippe Pinel이 "수용소를 해방시킨" 이후, 정신의학은 언제나 프랑스 의학의 핵심이었다. 신경학자 샤르코의 카리스마적인 위력은 1870년대 초부터 그가 사망한 1893년까지 마음, 뇌, 정신질환 사이의 연관성을 과학연구의 중심에 위치시켰다. 따라서 1870년대 파리에서 기억의 심리학 연구를 했다면, 십중팔구는 기억의 병리인 망각과 기억상실에서부터 시작했을 것이다.

그 영향은 프랑스에 국한되지만은 않았다. 당시 미국은 유럽에서 오는 모든 새로운 과학적 개념에 절충적으로 개방되어 있었다. 볼드윈James Mark Baldwin의 고전적 저술인 《철학과 심리학 사전》(1901)에서 '기억' 항목은 그 하위 항목인 '기억의 결함'의 반 정도의 분량에 불과했다. 후자는 주로 기억상실에 초점을 맞춘 것이었다. '기억상실amnesie'은 1771년부터 프랑스에서 사용되었는데, 이는 막강한 영향을 끼친 소바주의 질병분류법의 라틴어를 프랑스어로 번역한 것이다.[18] 애초부터 그 용어는 의학적 장애로 명명되었기에 잠재적인 지식의 대상이었던 것이다. 그럼에도 1870년대까지는 중요한 연구영역이 아니었다. 그 이후에야 기억에 관한 프랑스의 새로운 과학의 핵심 주제가 되었다.

이 새로운 과학을 말해줄 '이상적 인물'로 내가 원한 사람은 병리학자도 신경학자도 아니고, 사실들에 관해 단언할 준비가 되어 있을 뿐만 아니라 방법론도 논할 수 있는 인물이어야 했다. 이것이 철학자로 단련된 리보를 선택한 이유이다. 그를 선택했으므로 그에 관해 미리 분명히 말해두어야 할 것은, 기억에 관한 그의 실증적 관점은 (망각과는 달리) 진부하다는 점이다. 그는 자신의 책의 첫 페이지에 스코틀랜드 학자들에게 감사의 말을 적을 정도로 영국의 연합주의 심리학*의 충실한 신봉자였다.[19] 유익하게도, 그는 기억이 마치 하나의 능력인 것처럼 말해서는 안 된다며, '기억들'이 있다고 주장했다. 그러나 이는 기술, 지식 등 습득된 여러 다른 종류의 능력이 뇌의 다른 부위에 저장된다는 데에서 연역해낸 추론에 불과하다. 리보는, 마음과 뇌의 관계는 당대 대부분의 실증주의자나 과학주의자와 마찬가지로 프로그램으로 연관된 것, 그 이상도 이하도 아니라고 보았다. 그는 "기억이란 본질적으로는 생물학적 사실이고, 우발적으로만 심리적 사실이 된다"라고 적었다.[20] 그는 무의식l'inconscient을 매우 진지하게 받아들였고, 이는 에두아르트 폰 하르트만Eduard von Hartmann의 엄청난 부피의 엄청나게 공상적인 1869년작 《무의식의 철학》과는 매우 다른 방식이었다.[21] 그는 그저 순수하게 추론적인 신경생리학의 한 부분으로 그렇게 적었을 뿐이다. 의식은 신경계통에서 일정 시간 동안 지속적으로 일어나는 특정 사건(당시 용어로는 '방출')을 의미한다. 같은 종류

---

* 관념 간의 연합에 의해 인간의 의식이 형성된다는 연합론associationism은 18세기 말부터 영국 경험주의 심리학의 기초가 되었다. 연합론은 심리학뿐만 아니라 인류학, 진화론, 생리학 등에서 분야의 특성에 따라 문명의 발전과 확산, 인간 발달, 신경계 활동 등을 설명하는 이론 중 하나다.

의 사건이지만 훨씬 짧은 시간 일어나는 것은 무의식이다. "뇌는 동시에 수천 가지의 임무를 해내는, 움직임으로 가득 찬 실험실과 같다. 시간의 조건과 상관없는 무의식의 대뇌 활동은, 말하자면, 공간에서 일어나는 일이고, 동시적으로 여러 군데에서 일어날 수 있다. 의식은 이런 뇌 활동의 매우 작은 부분만 통과시켜 자신에게 도달하게 하는 좁은 문과 같다."[22] 무의식에 관한 이런 말들은 리보의 시대에는 너무 흔한 것이어서 리보가 자네의 잠재의식 개념이나 자네가 사용한 용어인 表面下 의식*sous-conscience*을 예견했다고 보는 것은 어리석은 일이다. 자네 자신은 1889년의 〈심리적 자동증〉 이전에 쓴 논문에서 무의식*inconscient*이라는 단어를 사용했다. 그 시점에서 그는 독일에서 이어지고 있던 전통에 따른 하르트만의 생각과 자신의 것을 구별하기 위해 '잠재의식*subconscious*'이라는 명칭을 고안했다.

리보는 콜레주 드 프랑스에서 실험 및 비교 심리학과장을 맡았다. 그 직책의 후임자였던 피에르 자네가 (조금 과장을 섞어) 어떤 말을 했는지 되돌아보자. "펠리다가 없었더라면, 콜레주 드 프랑스에 교수직도 생기지 않았을 것이고, 이 자리에서 히스테리아의 정신 상태를 강의할 기회도 제게 주어지지 않았을 것입니다." 11장에서, 나는 이폴리트 텐과 에밀 리트레와 같은 강력한 문화적 지도자들이 주장한 바와 같은, 프랑스 실증주의에 관해 짧게 이야기한 바 있다. 그들의 실증주의는 1870년대 모델로서 프로이센과의 전쟁에서 수치스럽게 패배한 반작용으로 널리 유행하게 되었다. 그건 공화주의적이고 세속적이었다. 리보는 그 학파에 찬동하는 이유를 솔직히 밝혔다. 그는 1881년의 기억에 관한 저서의 부제를 '실증심리학*positive psychology*의 한 에세이'라고 붙였고, 그 책에서 "닥터 아잠의 상세하고도 본받을 만한 관찰 결과"에 대해 논평했다. 아잠의 인격 분열에 관한 연구를 기술한 뒤 그는 이렇게 적었다.

우선, 의식의 상태들과 뚜렷이 구별되는 하나의 실체로 이해되고 있는 나$_{moi}$의 개념부터 배격하자. 그건 쓸모없고 모순된 가설이다. 그건 갓 태어난 심리학에나 가치 있는 설명으로, 보이는 대로 단순하게 받아들이고, 설명하기보다는 가정해버린다. 의식하는 인간이란 복합체로서, 그 결과로 매우 복합적인 상태들로 이루어져 있다고 보는 우리 시대 사람들의 견해에 나는 동의한다.[23]

리보는 나를 고찰하는 데에는 두 가지 방식이 있다는 설명을 이어갔다. 나가 자신에게 인식되기 시작하면서, 그것은 의식의 현재 상태들이 모인 집합으로서, 현재 보이는 시야視野와 비교될 수 있다. 그러나 "매 순간의 이 나, 매 순간마다 끊임없이 새로워지는 이 현재는 대부분은 기억에서 그 양분을 공급받는다. …… 한마디로 말해서, 나는 다음 두 가지 방식으로 생각될 수 있다. 실제 형태로서, 의식의 실제 상태들의 총합이거나, 아니면 과거에서 연속되는 것이어서, 기억에 의해 형성된 것이거나."[24]

리보는 세 번째 저서인《인격의 병》을 다음의 말로 시작했다. "[심리학의] 현 상황에 조금 당혹스러워하는 옛 학파의 대표적 인물들이 '그들의 나'를 도둑질했다고 새 학파의 추종자를 비난하는 것은 극히 당연하다."[25] 11장에서 설명했듯이 '옛 학파'는 빅토르 쿠쟁의 소위 절충주의 유심론이었다. 리보와 실증주의 동료 연구자들의 전략은 영혼에 관한 종교적 또는 철학적 개념을 공격하는 것이 아니라, 과학에 저항하는 듯한 인간의 어느 한 측면에 대한 대용물을 제공하자는 것이었다. 우리는 단일한 '나'를 연구할 게 아니라, 기억을 연구해야 한다. 그런데 단일한 자아가 없음을 우리는 어떻게 아는가? 펠리다와 그 후인들이 보여준 인격의 분열 사례는, 인간이 선험적, 형이상학적 또는 영적인 단일한 자아로 이루어진 게 아님을 보여주는 데 더할 나

영혼 다시 쓰기

위 없는 것으로 여겨졌다. 그 사례들은 단 하나의 자아만 가지고 있지 않았기 때문이다. 그 사람들은 2개의 인격을 가지고 있었고, 각 인격은 기억상실 기간을 제외하고는, 지속적이거나 또는 정상적인 일련의 기억으로 연결되어 있었다. 적어도 한 인격은 다른 인격을 알지 못했다. 따라서 하나의 몸에 두 개의 인격, 두 개의 영혼이 있는 것처럼 보였다.

선험적 자아의 개념을 반박하는 데에 이중인격을 이용한 것은 논리적이라기보다는 수사적인 것이었다. 이 수사는 영혼에 관한 생각의 전장을 아예 바꿔버림으로써 성공을 거두었다. 영혼은 과학의 엄밀한 조사에서 자유로운, 생각의 최후의 요새였다. 분명 오래전부터 인간의 기계적 모델은 존재해왔다. 1747년 네덜란드에서 출판되어 스캔들을 일으켰던 라메트리La Mettrie의 《인간 기계》*도 거기에 포함된다. 프랑스 실증주의자들은 모든 심리학은 종국에는 틀림없이 신경학적 바탕을 가지게 될 것이라고 믿었다. 그것은, 예컨대 프로이트를 포함한 많은 독일어권 연구자들이 흔히 공유했던 믿음이었다. 리보와 그 동료 연구자들의 중요성은 그들이 어떤 프로그램을 가지고 있었기 때문이 아니라, 지식을 제공했다는 데에 있다. 그것은 새로운 지식, 기억에 관한 과학적 지식이었다. 기억에 관한 진정한 지식, 과학적 법칙으로, 지금도 "리보의 법칙"이라 불린다. 이 법칙은 표층지식의 완벽한 예로서, 기억의 기능들이 어떤 종류의 대상들이라는 전제하에서 어떻게 그 기능이 쇠퇴하는지를 설명한 것이다. 그가 그 법칙에 붙인 이름은 퇴행regression 또는 복귀reversion의 법칙이다. 어떤

* 줄리앙 라메트리Julien Offray de La Mettrie. 18세기 프랑스 의사이자 철학자로서, 유물론자이자 결정론자이다. 인간의 마음은 실제적 실체이고, 정신은 육체에서 발생하며, 인간과 동물의 차이가 없고 영혼도 없다는 주장을 했다. 급진적 주장으로 그의 저서들은 분서 처분을 당했다. 후일 철학과 심리학의 발전경로에 큰 영향을 미쳤다.

병리에 의해서든 간에 "기억의 점진적 파괴는 논리적 순서, 즉 법칙을 따라 진행된다. *불안정한 기억에서부터 안정된 기억으로 점차적으로 진행되어간다.*" 일찍이 획득한 기억과 기술은 안정된 것이고 최근에 획득한 것일수록 불안정하다. 그는 트라우마에 의한 기억상실과 노인성 인지기능장애의 기억상실 등 다양한 종류의 기억상실에서 그 근거를 찾아냈다. 그는 자신의 법칙이 그 어떤 종류의 기억상실에도 적용될 수 있는 보편성을 지녔다고 믿었다. 그에게 그 법칙은 "사실로부터 나온 것이고, 객관적 진리로서 인식될 필요가 있는 것"으로 보였다.[26] 그 법칙에 관해 그가 말한 내용은 이 책의 주석에 있다.[27] 우리의 관심은 이 법칙이 어떤 종류의 법칙이고자 하는지에 있다. 그것은 객관적 진리이다. 그것은 사실로부터 나온 것이다. 그 사실이라는 것은 병리학적 정신의학에서 나온 것이다. 그것은 기억의 상실, 망각에 관한 법칙이다. 끝으로, 그 법칙은 신체적 손상에 의한 망각과 정신적 쇼크로 인한 망각을 모두 동일한 방식으로 설명한다. 따라서 그것은 옛 의미의 트라우마와 앞으로 나오게 될(리보의 시점은 1881년이다) 트라우마의 의미를 모두 설명한다. 한 걸음 물러서서, 리보의 법칙에 있는 내용을 무시하고 그 형식만 본다면, 차후에 나타날 거의 모든 역동정신의학의 형식을 예견하는 것임을 알 수 있을 것이다.

나는 리보가 프로이트보다 앞선 선각자라든가, 현대 다중인격운동의 선봉이라든가 하는 그런 말을 하려는 게 아니다. 내가 말하려는 것은, 그는 바로 오늘날까지도 심층지식으로 남아 있는 근본적 심층지식의 규칙 안에서 표층지식을 끌어낸 초창기의 예증적 인물이라는 것이다. 우리 시대의 감수성이 지닌 특징 중 하나는 납득 불가능성에 들어 있는 현란함이다. 망각된 것이 우리의 특성, 인격, 영혼을 구성한다는 생각이 그것이다. 이 생각은 어디로부터 나온 것일까? 이를 이해하기 위해서는, 기억에 관한 지식이 19세기 후반에 어떻게 가

영혼 다시 쓰기

능해지게 되었는지를 성찰할 필요가 있다. 기억에 관한 새로운 과학들은 무엇을 하려 했던 것일까? 당연히, 새로운 발견과 더 많은 권력이었다. 비록 내가 새로운 과학들 중 하나만의 사례를 논증했지만, 새로운 과학들 모두는 영혼의 대용과학, 경험주의 과학 및 실증주의 과학으로서 출현했다고 제안한다. 그동안 과학의 밖에 있던 것으로 보았던 인간의 한 측면을 치료하고, 도와주고, 통제한다는 점에서 새로운 종류의 지식을 제공하는 대용과학으로서 새로운 과학들이 출현했다는 것이 나의 견해다. 기억에 관한 표층적 사실만 말한다면, 기억의 정치화는 그저 흥미로운 돌발 사고로만 보일 것이다. 그러나 그러한 사실에 관한 바로 그 생각이 어떻게 출현했는지를 생각해본다면, 그 전쟁은 거의 불가피했던 것으로 보인다.

15장   기억-정치

흔히 이런저런 일, 또는 거의 모든 일에 정치를 말한다. 그런 식으로 사용되는 정치라는 말에는 많은 의미가 박탈되어 있다. 그러나 기억의 정치라는 말은 은유가 아니다. 거짓기억증후군재단과 기억회복치료에 관한 다양한 학파의 대결은 명백히 정치적이다. 매년 워싱턴에서 열리는 ISSMP&D 동부 연례총회의 "아동학대 추방하기"는 정치적 선언이다. 총회 참석자들에게 북을 가져오게 해서, 봄날 저녁 국회의원들에게 압력을 가하기 위해 시위를 벌인다. 이 행사의 표면상의 목적은 아동학대에 관한 것이지만, 그 직접적 목적은, 자동차 범퍼에 붙인 광고 스티커인 "아이들의 말을 믿어라Believe the Children"와 거의 같은 선상에 놓여 있다. 기억, 특히 치료과정에서 이끌어낸 기억들은 신뢰를 받아야 한다는 것이다. 정치적 시위는 더 많이 일어난다. 예를 들어 아동대상범죄 기구는 1993년 9월 17일 워싱턴에서 로비를 위한 큰 행사를 벌인 바가 있다. 거기에서 이름을 숨긴 곳으로부터의 협박이 엄숙하게 알려졌다. 총회는 "아동대상범죄라는 공격적인 의

                                       영혼 다시 쓰기

제를 원치 않는, 속이 빤히 보이는 개인과 단체로부터 불리한 평판을 많이 들었다"라고 했다. 그 행사는 미국 레이건 정부의 연방법무장관이었던 에드윈 미스Edwin Meese가 주도했다.

　기억의 정치에는 아마도 개인적인 것, 공동체적인 것 두 종류가 있는 것 같다. 어떤 홀로코스트 기념탑을 찍은 커다란 사진에는 "잊히지 않은 공포: 기억의 정치"라는 캡션이 붙어 있다. 공동체의 기억은 집단정체성을 형성하는 데 항상 주요한 역할을 해왔다. 식별할 수 있는 사람들people은 거의 누구나 다 기원에 관한 이야기를 가지고 있다. 우주의 기원이 있고, 이후에 사람들의 탄생이 있다. 서구에서 민족적 혈통의 명칭으로 번역되는 많은 이름은 그저 단순히 '사람들'로 번역하는 게 낫다. 반투Bantu*가 그런 예다. 또는 문자 그대로 "사람들 중의 사람들"이라는 뜻인 코이코이Khoikhoi도 있다(유럽인들은 그들을 '부시먼Bushmen'이나 '호텐토트Hottentots'라고 불렀다). 이들은 저마다 자신들 공동체의 기억, 연대기, 영웅에 바치는 헌시를 가지고 있다. 집단기억이 집단을 정의해준다. 그것은 의례과정 속에 기호화된다. 유대 결혼식에서 엄숙한 순간에 유리잔을 깨뜨리는 행위는 유대교 신전의 파괴를 추모하기 위한 것이다. 예수가 마지막 만찬에서 제자들에게 "나를 기억하며 이를 행하라"라고 한 것은 이후 모든 미사와 성찬식에서 재현되고 있다.

　확실치는 않으나, 흔히 책의 사람들Peoples of the Book이라고 불렸던 사람들과 연관되는 독특한 기억하기remembering의 정치가 존재한다. 부분적으로 경전을 통해 민족적으로나 문화적으로 자신들을 구별해온 사람들을 일컫는다. '비옥한 초승달 지대'에서 발생한 유대교, 마니교, 기독교, 이슬람교의 신자들이 포함된다. 각 종교의 경전은 응고

---

*　　남부 아프리카 유목민족들의 언어인 반투어에서 반투는 '사람들people'이라는 의미다.

된 기억이고, 원전에 끝없이 주석이 붙으며 더욱 신성화된다. 책의 사람들은 계속 기억을 보충하는 글을 추가한다. 그것은 그들의 집단기억이 풍성하게 흘러가는 것을 오랜 시간 지켜보는 방식이다. 그것이 개인들의 고통스러운 기억일지라도, 그 고통은 사람들의 이야기를 기억하고 인식하는 공동체의 영원한 관행 속에 위치한다.

홀로코스트의 기억은 그 방향이 내부로도 외부로도 향한다는 점에서 독특하다. 내부로는 고통의 기억을 지닌 집단에게로, 외부로는 비유대인, 특히 계획적 집단학살 행위에 책임이 있음을 결코 잊어서는 안 될 서구인에게로 향하고 있다. 모든 사람들의 기억은 그만의 특징을 지닌다는 사실에도 불구하고, 잠시 인류학적 관점으로 생각해서, 집단기억을 유지하는 것이 집단정체성과 차별성을 견고히 하는 방식 중 하나라고 보면 크게 틀린 생각은 아니다. 그런 관점에서, 홀로코스트 기억의 정치는 인간사회의 오래된 관행 중 하나다. 개인적 기억의 정치는 이와 대조적으로 비교적 새로운 것이다. 기억의 정치에 관해 내가 논하려는 것은 한쪽으로 치우쳐 있다. 왜냐하면 내가 몰두하고 있는 것은, 개인적 기억의 정치가 어떻게 생성되었는지의 질문이기 때문이다. 물론 집단적 기억과 개인적 기억 사이에 상호연관이 있음을 나는 결코 부인하지 않는다. 둘 사이의 확실한 연결고리 하나는 트라우마다. 트라우마성 스트레스의 과학으로부터 알게 된 것에는, 강제수용소 생존자 자신 및 그 자손들은 아동학대 피해자만큼 심리적으로 고통받는다는 사실이 있다. 그러나 이는 한 방향으로만 투영해서 본 것 같다. 이 말은, 홀로코스트 기억은, 트라우마학學이 존재한 적이 없다 할지라도, 또 기억의 과학들이 19세기 말에 출현하지 않았더라도, 집단기억의 한 부분이 되었을 것이고 그와 연관된 정치가 있었을 것이라는 의미이다. 그러나 개인적 기억의 정치는 이들 과학이 없었더라면 결코 나타날 수 없었을 것이라고 나는 강력히 주장한다. 따라서 집단기억과 개인적 기억 사이의 상호작용에 시사점이 많겠지만, 우리가 면밀히 들여다보아야 할 것은 개인의 기억이다.

개인적 기억의 정치는 특정한 유형의 정치이고, 지식을 둘러싼, 혹은 지식에 관한 권리를 둘러싼 세력다툼이다. 그 정치는 특정 종류의 지식이 존재할 가능성을 당연한 것으로 여긴다. 개인에 관한 사실의 주장과 반박이 끝없이 이어지고, 이 환자에 대한, 저 치료사에 대한 주장이 악덕과 미덕에 관한 사회적 관점과 결합된다. 표층지식을 두고 경쟁하는 주장들의 저변에는 심층지식이 자리잡고 있다. 그 심층지식은 참-또는-거짓을 확인해줄, 기억에 관한 사실들의 존재에 관한 지식이다. 과학으로 알려주는 기억의 지식에 관한 가정이 없다면, 이런 종류의 정치성은 존재하지 않을 것이다. 적대하는 진영들은 각 표층지식의 기반 위에서 세력다툼을 하지만, 심층지식이 있다는 것은 공통적으로 인정한다. 각 진영은 서로에게 반대하고, 자기들이 더 나은, 더 정확한, 최고의 근거와 방법론에서 끌어낸 표층지식을 가지고 있다고 주장한다. 이것이야말로 트라우마의 기억을 기억해낸 자와 그것에 의문을 품은 자 사이의 대결이다.

이를 뒤집어볼 수 있을까? 모호한 기억의 과학들에서 나온 이야깃거리에 불과한 것을 정치가 중요한 것으로 만들었다고? 주디스 허먼의 《트라우마와 회복》이 바로 그런 관점에서 본 것이다. 그녀는 정치의 역할에 대해 명확하게 말한다. "지난 세기 동안 심리적 트라우마의 특정 형태가 세 차례나 대중의 인식 위로 떠올랐다. 트라우마에 대한 연구는 매번 정치적 운동과의 동맹 속에서 번영했다."[1] 그녀가 예로 든 세 번은 히스테리아, 전투신경증 그리고 성폭력 및 가정폭력이다. 그녀는 명쾌히 단언하기를, 샤르코의 *대히스테리아*로 요약되는, 떠들썩했던 히스테리아는 "19세기 프랑스의 공화주의, 반교권주의 정치운동과 연관되었다"라고 했다. 사실 그녀가 말한 것은, 그 정치적 운동으로부터 "발전되어 나왔다"라는 것인데, 아마도 과장된 것일지도 모른다. 그녀는 "전쟁에 대한 열광이 사그라지고 반전운동이 부상하던 정치적 맥락"에서 전투신경증이 외상후스트레스장애로 발전되어갔다고 본다. 끝으로, 성폭력 및 가정폭력이 인식된 정치적 맥락은 페미니즘이다.

허먼이 주장한 연관성은 명백해 보인다. 이 세 가지 복잡한 이야기를 아귀를 맞추어 설명하고 미묘한 차이를 살리는 일은 역사가의 손에 달려 있다. 비록 기억된 트라우마와의 관계는 사례마다 다를지라도, 이 세 가지의 근저에 있는 것은 기억, 바로 트라우마의 기억이다. 프로이트가 마침내 도달한 판단, 즉 히스테리아 환자는 과거의 회상으로 고통스러워한다는 견해는 유명하다. 외상후스트레스장애는 기억의 과학으로 완전히 통합되었다. 이와는 대조적으로 대부분의 성폭력 및 가정폭력은 기억이 전혀 필요 없다. 그 일은 현재진행형이고, 그 근거는 멍, 출혈, 터진 입술, 골절 그리고 버림받은 전 남편이나 전 애인의 스토킹 행동 등이다. 그럼에도 불구하고, 그 폭력 즉 트라우마를 허먼의 관점에서 바라보면, 그 핵심에 있는 것은 기억된 혹은 망각된 트라우마이다.

허먼이 말하는 세 가지 정치운동—프랑스의 공화주의, 반전운동 그리고 페미니즘 운동—은 서유럽과 미국 역사의 두드러진 특징이다. 이들은 기억과 상관없이 탄생했고 영구적인 발자취를 남겼다. 내가 묻고자 하는 것은, 허먼이 예로 든 위 세 개의 정치운동의 정세에 왜 기억에 관한 질문이 그렇듯 중요한 위치를 차지하고 있는가이다. 내가 주장하는 바는, 이들 각각은 모두 1세기 이전에 출현한 기억의 새로운 과학들에 깊이 뿌리내린 기억의 정치를 이용했다는 것이다. 이들 정치운동이 가능했던 이유는 새로운 과학들이 종교로부터 영혼을 빼앗아 과학에 넘기려 꾀했던 바로 그 방식 때문이었다. 따라서 도덕의 대결은 과학적이고, 객관적이고, 비개인적인 것이어야 했고, 또 그렇게 보였다. 나의 논지는 허먼의 저술과 일치하지만, 탐구의 방향은 정반대이다. 그녀는 트라우마 연구가, 특히 망각된 트라우마에 관한 연구가 이들 세 가지 정치운동 안에서 발전되어 나왔다고 해석한다. 나는, 거꾸로, 새로운 과학들에 의해 정당성과 실현 가능성을 부여받은 기억의 정치의 한 부분으로서의 트라우마에 정치적 운동들이 들러붙어 있었다고 해석한다. 과학과 정치는 상호작용하는 것이지만, 정치를 가능케 한 것은, 기억과 망각에 관한 모종의 진리가 있다고 보는, 근저에 있는 심층지식이다.

기억의 정치화는 여러 수준에서 분석될 수 있다. 나는 심층지식이 유일한 이야기라고 주장하지는 않는다. 내가 주장하는 것은 기억에 관한 심층지식이 다른 사건들에서 주요 배경으로 사용되었다는 점이다. 이 현상을 충분히 이해하려면 기억의 과학보다는 훨씬 더 특수하고 지엽적인 사건을 이해해야 한다. 작동되는 이해관계는 많고, 우연히 목격한다 하더라도 무엇이 중추세력이고 전복세력인지 구분할 수 있을 정도로 자명하다. 근친강간과 가정폭력 생존자를 강조하는 페미니즘 분파들은 과거의 악행을 기억해내는 것이 그 개인이 자력을 갖출 원천이 된다고 본다. 개신교 근본주의 종파는 악마숭배의식의 학대와 사악한 이교 프로그래밍 이야기에 깊은 인상을 받고, 묻혀 있던 기억의 회복에 신뢰를 보낸다. 사회적으로 중요한 이 두 사회집단에 대해 사람들은 적대감을 느낀다. 호전적인 페미니즘과 역시 호전적인 근본주의 두 집단 모두에게 매력을 느끼는 사람은 거의 없는데, 왜냐하면 이들 두 집단은 선혀 다른 계급 충성도와 지리학적 분포를 보이고 있기 때문이다. 그렇지만 그들 사이에 다른 점이 있다 하더라도 그 집단의 신봉자들 모두가 당연시 여기는 것은 달라지지 않는다. 그들 모두는 알아내야 할 기억의 지식이 있음을 전제하고 있다는 점이다.

왜 그 전쟁은 특히 잊혀진 고통의 영역을 두고 그렇듯 자주 벌어지는 것일까? 평범한 '기억하기'보다는, '망각하기forgetting'가 기억 – 정치의 현장이다. 내 관점을 분명히 해두어야겠다. 첫째로, 과거의 사건들이 기억에서 사라진 것으로 경험되는, 기억의 침식작용에 나는 관심이 없다. '침식'도 의미로 가득 찬 은유이다. 그 단어는 어떤 물질 덩어리가 시간의 흐름과 무관심 아래 점차로 마모되어감을 암시하기 때문이다. 이런 의미로 보면 기억은 사물이 아니라 기억해내는 능력과 관련되고, 반복해서 연습하지 않고서는 사건의 세부 내용과 순서까지도 점점 덜 떠오르게 될 것이다. 반복 연습하지 않는다면, 첫 데이트를 위해 외웠던 그 모든 시와, 학교에서 암기해야만 했던 그 모든 것들도 더듬거리게 될 것이다. 이는 기억능력의 침식이지, 결코 기억-정치의 주제는 아니다. 기억-정치는, 오직 기묘한 플래시백에 의해서만 기념비적인 어떤 것으로 바뀔 수 있는, 그 무엇보다도 비밀의 정치이자, 잊혀진 사건의 정치다. 잊혀진 사건이 그 모습을 드러낼 때면 고통의 서사로 기억된다. 우리는 정보를 숨기는 것보다 정보를 잃는 데에는 덜 관심을 기울인다. 기억-정치를 위한 배경은, 단어의 의미 그대로의 병적 망각으로서, 테오뒬 리보와 그 동료들에게 익숙한 19세기의 병리성을 의미한다.

기억-정치라는 용어는 내가 만든 것이지만, 미셸 푸코의 《성의 역사》를 읽은 독자라면 그가 말한 인체의 해부-정치anatomo-politics와 생명-정치bio-politics에서 차용한 것임을 알 것이다. 이 두 명칭은 (그의 주장에 따르면) 17세기부터 존재하게 된, 인간의 생명에 행사되는 두 가지 형태의 권력으로서, "한 묶음의 매개적 관계성으로 연결되어 진행되어가는 두 개의 극極"이라고 그가 이름지은 것들이다.

둘 중 하나—처음에 형성된 것으로 보이는 것—는 기계로서의 몸을 중심으로 형성된다. *규율하고, 능력을 최적화하고, 힘을 징발하는⋯⋯ 이 모든 것은 규율로 특징지워지는 권력 행사의 과정에 의해 확보된 다. 인간 몸의 해부-정치이다.* 조금 늦게 형성된 두 번째 것은, 인간 종 으로서의 몸, 생명의 기계성으로 채워지고 생물학적 작용의 토대로 사 용되는 몸, 즉 번식에 초점이 맞춰진다. ⋯⋯ *전체적 개입과 규율적 통 제를 통해 감시는 그 효과를 나타낸다. 즉 인구의 생명-정치다.*[2]

푸코는 "몸의 종속과 인구를 통제하기 위한 수많은 기술의 급증이 '생명-권력'의 시대를 열었다"라고 했다. 푸코가 말하는 권력은, 위 에서 아래로 행사되는 힘이 아니다. 그가 말하고자 했던 권력은 우리 의 삶을 관통하는 힘으로서, 우리 모두는 그 힘의 행사에 하나의 부 속품으로 참여한다.

푸코가 말한 권력과 정치의 두 개의 쌍 각각은 자기만의 표층지식 을 가지고 있다. 생명-권력의 경우, 생물학과 인구 및 종에 관한 지 식이 있으며, 이는 뒤이어 통계학의 특수기법을 낳았다. 해부-권력 의 경우, 해부학과 몸에 관한 지식이 있다. 따라서 각 극에는 권력, 정 치, 과학의 세 개의 방향축이 있다. 기억의 과학들은 어떠할까? 14장 에 나왔던 결론을 사용해서, 브로카의 운동성 언어중추로 표시되는 뇌기능의 정위 프로그램은 뒤늦게 나타난 해부-권력의 극으로 볼 수 있다. 실험심리학은 생리학 실험실에서 시작되었을 수 있고, 다시 또 해부-지식의 일부가 되었으나, 에빙하우스에 의해 통계과학이 되면 서, 더 이상 개인적 사건이나 개별적 존재에 관여치 않고, 평균과 편 차에만 관련되고 있다. 그것은 일반화된 생명-극의 한 부분이다(푸코 가 말한 '생명'을 남용한 일반화이지만, 실은 그가 말한 "규율적 통제"의 본질이 포착 된 말이다).

나는 푸코가 말한 두 개의 극인 해부-극 및 생명-극의 보강을 제안한다. 빠진 것이 무엇인지는 자명하다. 그것은 마음, 정신, 영혼이다. 푸코는 "한 묶음의 매개적 관계성으로 연결되어 발전되어가는 두 개의 극"에 관해 말했다. 바로 그다음 페이지에서 그는 18세기 동안 생명-권력이 발전되는 데에 필요했던, 두 개의 방향에 관해 언급했다. 그것은 규율과 인구학으로서, 초기에는 뚜렷이 구분되던 것이었다. 두 개의 극과 그 사이를 연결하는 관계성의 은유로는 그 복잡성을 다 파악하기 어렵겠지만, 이를 조금 바꾸어서 적용하면 유용하다. 내가 기억-정치라고 칭한 것은 세 번째의 극점으로서, (지도 그리기와 측량의 은유를 계속 이어나가 보면) 최근의 지식을 삼각측량을 할 수 있기 때문이다. 그렇지만 내가 대단한 말장난을 하지 않는 한, 세 개의 극이라고 말할 수는 없다(어차피 지구는 북극-남극의 두 극밖에 없다). 내가 깍지콩(극을 의미하는)을 세 개의 다리를 가진 삼각대의 세 개의 극 주변에 심으면, 풀은 꼭대기로 자라며 서로 얽히는데, 이는 푸코의 "한 묶음의 매개적 관계성"을 훌륭하게 보여주는 이미지다.

푸코는 인체의 해부-정치와 인구의 생명-정치를 말했다. 그렇다면 기억-정치는 무엇의 정치인가? 자아의, '주체'의, 아니면 인간 마음의 정치인가? 아니면 그것이 실체화된 인칭 대명사인 '나$_{ego, moi}$'의 정치인가? 나는 다른 많은 것 중에서도 특히 인격의 특성, 성찰적 선택, 자기-이해를 가리키는 개념인, 인간 영혼의 기억-정치라고 말하는 것을 선호한다. 영혼의 개념—나의 세속적 이해방식으로든 다른 방식으로든 간에—은 결코 보편적이지 않다. 영혼의 개념은, 세속적인 것이든, 영적인 것이든, 기억-정치가 출현한 유럽의 배경에 스며들어 있다. 다른 문화권의 사람들은, 내가 나의 문화로부터 물려받은, 역사적으로 자리잡은 영혼 개념이 아닌, 다른 개념을 가지고 있다. 그건 그들에게 좋은 일이다. 그 사람들은 기억-정치나 다중인격장애를 가지고 있지 않을 테니까.

영혼 다시 쓰기

영혼에 관한 유럽의 개념은 억압적이고 어쩌면 가부장적인 체제의 한 부분이라는 비판을 받아왔다.[3] 그 주장의 많은 부분이 진실임은 분명하다. 잡다한 서구적 전통 안에서, 영혼의 개념은 수많은 위계질서를 유지하는 데 사용되어왔고, 권력 행사에서 핵심 역할을 해왔다. 영혼은 사회적 질서를 내재화시키는 수단이었고, 한 사회를 지탱하는 미덕과 잔혹함을 자신에게 주입하게 하던 수단이었다. 이것이 사회학자가 말하는 영혼의 순수 기능주의적 관점이다. 그 말은, 영혼에 대한 생각은, 그 생각을 원하고 수용하는 사람이 그 기능이 무엇인지 의식적으로 알지 못할지라도, 사회적으로 어떤 기능을 하고 있음을 시사한다. 영혼에 대한 생각은 공공질서를 유지하는 데 도움이 되기 때문에 지속된다. 그건 의도되지 않았던 기능이다. 더 나아가 기능주의자들의 설명에 또 다른 중요한 요소가 있다. 바로 피드백이다.[4] 삶이 위태로워 보이고 서구사회가 붕괴하려 할 때, 다양하게 현현顯顯되는 영혼의 부활에 관한, 그리고 영혼에 관해서가 아니더라도, 그렇다면 가족의 가치에 대한, 대단한 이야기가 있다. 나는 이 대략적 기능주의적 분석에 어느 정도는 동의하지만, 불편하지 않은 것은 아니다. 기능을 노출시킨다는 것은 그 가치를 훼손하는 것이 아니라, 도리어 깊이 이해할 수 있게 해주는 것이다. 그리고 가족의 가치가 위기에 처했다고 간주되는 이때, 우리에게 들려오는 것은 명시적으로 영혼에 관한 이야기가 아니라, 영혼의 과학적 대리물인 기억에 관한 이야기이다.

서구 전통에서 영혼이 가진 중심적 역할은, 사람들이 곧바로 플라톤이나 아리스토텔레스를 언급하며 연관시킨다는 데에서도 잘 드러난다. 우리의 생각이나 감정 대부분—우리가 근대성이라고 부르는 것의 그 어느 쪽에서건 간에—은 기꺼이 이쪽 아니면 저쪽의 어느 한쪽 편을 들지만, 영혼만은 플라톤파와 아리스토텔레스파가 흔연스레

어울리게 만들고, 소피스트와 사피스트Sapphist*를, 라일과 사르트르**를 한자리에 모이게 한다. 영혼은 확실히 종교를 생각하게 하지만, 서구의 지성인들은 기독교인보다는 아테네인에 더 가까워진다. 우리는 공공연한 데카르트주의자는 분명 아니다. 우리는 영혼과 몸이 원칙적으로 그리고 궁극적으로 구별된다고 공언하지 않는다. 그러나 그 문제에 관해 우리는 너무 고지식하고 자기만족적이다. 나는 데카르트와 비트겐슈타인이 했던 말 사이의 유사성[5]을 지적하며 사람들을 귀찮게 하는 걸 즐겨왔다.*** 그 유사성이 존재하는 이유 중 일부는, 인간에 관한, 그리고 자연에서 인간의 지위에 관한 서구적 비전 안에서 영혼이 그렇듯 오랫동안 존속해왔기 때문이다.

어떤 학문분야가 영혼의 지식을 목표로 할까? 우리는 그게 심리학, 마음과 정신의 과학일 것이라고 예상한다. 심리학이 많은 것을 알려

---

* 소피스트는 고대 그리스의 철학파로서 변론술과 백과사전적 지식을 가르쳤다. 윤리, 종교, 제도 등의 가치 기준을 상대적인 것으로 파악함으로써 절대적이라고 여겨졌던 것들을 이성적으로 고찰할 기회를 제공했다. 사피스트는 고대 그리스 시인인 사포Sappho가 동성애자였다는 점에서 유래되어 여성동성애자를 일컫는다. 모두 당대 기성의 윤리적 가치관에 순응하지 않았다는 공통점이 있다.

** 길버트 라일Gilbert Ryle. 영국 철학자로 일상언어학파의 형성과 발전에 지도적 역할을 했다. 주저 《마음의 개념》(1949)에서 심신이원론을 '데카르트 신화' 또는 '기계 속의 유령의 신화'라고 비판하여 철학 서적으로서는 이례적인 큰 반향을 일으켰다. 반면 사르트르는 《상상력: 상상의 심리적 현상》(1940)에서 자율적 인식능력으로서의 상상을 옹호했다. 라일은 사르트르와 방법론적 접근방식은 달랐을지라도 근대의 정신주의 철학을 비판했다는 점에서 함께 이야기된다.

*** 해킹은 데카르트와 비트겐슈타인이 습관과 성향(이민자, 외국에서 모국어로 집필, 외국에서 병사, 친구에 대한 집착, 글을 완성하고도 수년간 붙잡고 있고 설명을 하는 데 열중하는 성향 등) 외에도, 단아한 문장과 면밀한 개념 전개, 심리학적 방법론의 특별함에 대한 공감, 정신적 활동을 뜻하는 '사고'가 뇌 등의 신체의 어느 장기에서 일어나는 현상이 아니라고 생각하는 데 유사점이 있다고 했다(《뉴욕리뷰오브북스》, 1982). 데카르트의 심신이원론은 무너졌지만, 비트겐슈타인은 심적인 상태에 대한 1인칭적 접근과 3인칭적 접근의 비대칭성에 입각한 이원론적 그림을 제시했다는 점에서 다른 성질의 이원론자라는 유사점이 있다고 했다.

줬다는 데에 의혹을 품는 냉소주의자는 여전히 질문할지 모른다. 심리학이 영혼에 어떤 일을 했는데? 아마도 심리학은 영혼의 과학이 되려 했던 것이 아니라, 실험을 할 수 있는 대상을 발명해낸 것인지도 모른다. 이것이 내가 앞에서 언급한 심리학의 역사에 관한 단치거의 주제이다. 그의 야심만만한 제목의 책《주체를 구성하기 *Constructing the Subject*》는 연구의 대상으로서 그리고 무엇보다도 측정할 수 있는 속성을 가진 피실험자로서 인간 주체를 구성해온 이야기를 담고 있다. 그러나 그 책은 모두가 '심리학'이라고 알고 있는 것의 역사가 아니다. 그 대신에 저자가 말하는 것은, 대학의 심리학 교실에서 심리학이라고 가르치는 것, 특히 실험심리학의 측정법이 무엇인지에 관해서이다. 그 과학은 학문적 연구범위를 넘어 급격히 펴져나갔다. 숙련도의 측정, 지능 측정, 인간관계 또는 아이-부모 유대관계 등의 측정법이 기업의 인사과, 교도소, 학교, 산과産科병동에서 장사 수단으로 사용되고 있다. 그런 식의 양적 측정은 심리학 실험실에서 시작된 것이다. 그들은 사회에서 그 방식을 적용할 정당한 영역을 확보하고 있는데, 그 이유는 무엇이 측정되어야 하는지, 무엇을 세상에 관한 지식이라고 설명할지를 결정하는 것이 바로 그들이기 때문이다. 단치거는 독일(그리하여 세계의) 실험심리학이 기원하게 된 제도적 배경을 표면으로 끌어올렸다. 심리학은 몸에 관한 연구분야인 생리학을 본떠서 만든 것이다. 그 연구영역과 연구모델은, 푸코의 두 개의 극의 관점에서 보자면, 몸이었다. 만약에 심리학 실험실이 옛 생리학 실험실의 부속물이거나 모방에 머물러 있었다면, 심리학은 푸코의 두 개의 극의 관점으로 보면 해부학 쪽으로 정리될 수 있었을 것이다. 그러나 이 관계에서 중간에 있을 수 있는 것은 명백히 아무것도 없다. 마음과 관련되는 수많은 연구가 사실은 몸에 방향성을 맞추고 있다는 것은 명백한 사실이다. 행동주의, 신경학, 뇌기능 정위 연구, 신경철학, 기분

조절 약물, 또는 정신적 고통에 관한 생화학적 이론들은 모두 몸에 관한 과학들로 간주된다. 병든 마음을 전기충격이나 화학약물로 통제할 수 있을 때, 이들 분야는 극단적인 해부-권력의 행사로 이어진다. 물론 이런 방식으로 영혼에 도달할 수야 있겠지만, 그건 몸에 관한 지식을 통해, 생리학과 해부학을 통해 이루어지는 것이다.

영혼을 삼각측량하는 두 번째 방법은 개인의 몸이 아니라 인구 수준에서, 인간의 유형들을 채집하고, 분류하고, 측량하는 것이다. 그러므로 종의 정치, 즉 품종으로 범주화되는 종으로서의 인간족human race의 정치가 등장하게 된다. 나는 이 단어를 예전에 원예가, 종묘상, 목축업자가 사용했던 의미 그대로 사용한다. 온갖 종류의 인구조사와 계수기는 인류의 전경을 새로운 인간 유형들로 넘쳐나게 할 것이다.[6] 생명-권력의 엔진이 되는 응용과학은 통계학이다. 실험심리학이 생리학 실험실을 모델로 하여 출발했다 할지라도, 단지 출발에 불과했을 뿐, 곧 통계과학이 되어버렸다. 근대 실험심리학으로의 이행은 에빙하우스의 기억실험실에서 이루어진 것이었다. 실험실 심리학이 몸에서 인구로, 해부-극에서 생명-극으로, 개인적 사건에서 통계학으로 이행되었던 것은 정확히 기억의 연구에서 일어난 일이었다. 마음에 관한 연구영역을 푸코의 두 개의 극에 국한시키면, 해부-극의 끝자락에는 브로카가, 생명-극의 기슭에는 에빙하우스가 위치한다.

그런데 우리는 기억-권력을 엉뚱한 곳에서 찾고 있는 것은 아닐까? 전기傳記문학에서 도움을 구하면 안 되는 걸까? 존 로크의 특출한 관점에서 보면, 인간은 일대기가 아니라, 기억된 일대기로 이루어

영혼 다시 쓰기

진다.《플루타르코스 영웅전》, 성인들의 삶, 오브리*의《소전기집小傳記集》처럼, 우리가 기록된 과거를 가지고 있는 한 우리는 전해지는 '삶'을 알고 있다. 그러나 그건 예외적인 인물들의 삶이다. 전형적인 성인의 전형적인 삶은 우리를 열광케 하지 않는다. 그 이야기는 "모방하기보다는 찬양하는 데 더 적합하게" 이야기된다. 그러면 공개적 고백은 어떨까? 성 아우구스티누스, 프란체스코 페트라르카, 루소처럼 우리 각자도 그런 삶을 고백할 수 있지 않았을까? 그렇지 않다. 그들은 평범하지 않았다. 모든 사람이, 특히 미천한 사람 중에서도 가장 하층민조차 일대기를 가진다는 생각은 도대체 어디에서 비롯된 것일까?

일대기의 이미지는 도처에 존재한다. 인간의 삶은 이야기로 인식되어왔다. 국가는 그 역사로 생각된다. 종은 진화의 목적이 되었다. 영혼은 삶을 통과하는 순례자다. 행성은 가이아로 상상된다. 일대기, 사건기록, 의무기록이나 법적 기록이 어떻게 일탈자, 범법자, 광인의 생애가 되었는지에 관해 잘 알려진 견해가 있다. 사건기록의 시작을 찾아보면, 그 기록과 그 역할이 그것을 고안한 사람들에 의해 놀라울 만큼 상세하게 기술되어 있다. 예를 들어, 19세기 잉글랜드의 토머스 플린트Thomas Plint**는 범죄자의 일생을 확인할 수 있다면, 범죄로부터 사회를 방어할 수 있다고 장황하게 기술했다.[7] 두말할 것도 없이

---

*　　존 오브리John Aubry. 17세기 영국 작가. 옛것을 좋아하는 취미가 있어서 유령이나 연금술에 관한《잡록雜錄》(1696)을 썼고, 당시의 각계 명사들의 전기적인 기록을 간결하고 생생하게 서술한《소전기집》(1813)을 남겼다. "데카르트는 부서진 컴퍼스를 사용했다." "홉스는 건강을 위해 매일 밤 문을 닫고 노래를 불렀다." 등의 재미있는 글도 있다.

**　　19세기 영국의 주식 중개인이자 독실한 복음주의 기독교 신자로서 빅토리아 시대 중반기의 정부 개혁을 지지했다. 기독교 노동윤리 및 도덕적 미덕을 기념하는〈작업Work〉이라는 제목의 유명한 그림을 포드 매독스 브라운에게 의뢰할 정도로 노동윤리가 범죄예방에 효과가 있다고 역설했다. 범죄자의 일생을 기록하도록 정부에 후원을 했다.

신분증명identification—서사로 사람을 낚아 선착장에 옭아매는 것—이란, 결국은 해부학의 신기술로써, 처음에는 귀 사진(프랑스의 모든 경찰서에는 표준화된 귀 사진이 있었다), 그다음에는 지문을 찍는 것이었다. 다시 몸이다. 우리는 DNA와 함께 여전히 거기에 머물러 있다.

마찬가지로 의학적 사례 기록방식도, 18세기의 질병분류 도식에서 사용되기는 했으나, 19세기 중반까지는 전성기에 이르지 못했다. 그 프로젝트의 일부는, 역사가 잰 골드스틴Jan E. Goldstein의 저서 제목처럼, 《위로하기 그리고 분류하기To Console and Classify》*였다.[8] 한편으로는 환자의 삶의 이야기를 제공하기도 했다. 처음에는 환자의 말이 범죄자의 말보다도 신뢰를 받지 못했다. 하지만 플린트가 범죄자의 일생을 어떻게 적을 것인지 런던에서 강의한 지 얼마 지나지 않은 1859년에, 파리의 폴 브리케는 히스테리아 여자환자의 일생을 어떻게 기록할 것인지 강의하고 있었다.[9] 때로 그는 이들 환자가 어렸을 때 끔찍한 일을, 더군다나 아버지에게 겪었음을 지적했다. 브리케의 히스테리아 교과서는 19세기 중반의 고전적 저술이다. 시간을 거슬러 올라가면, 담당 여자환자의 과거 이야기를 혐오스러워하는 의사를 볼 수 있다.

기억-정치는 19세기 중반부터 시작된 지루하고 초라한 인생들에 대한 체계적 기록 때문에 그 세기에 출현한 걸까? 그런 삶이 기록된 이유는 단지 그들이 사회적으로 성가신 존재였기 때문이었다. 기억-정치는 흔히 자기 과거에 관해 거짓말을 하는 범죄자들의 삶이 기록된 두꺼운 장부에서 파생된 것이란 말인가? 불안한 여자들의 삶이 동시에 더불어 이야기되었다는 의미인가? 불행하고, 병들고, 일탈한 자

---

*　　잰 엘런 골드스틴(1946~). 시카고대학교 역사학 교수. 근대유럽 역사 전문으로, 《위로하기 그리고 분류하기》는 19세기 프랑스 정신과 전문직의 탄생과 발전에 관한 저술이다.

들의 일대기가, 우리가 누구이고 무엇이 우리를 만들었는지에 관한 현재의 개념과, 현대 사회의 관습을 변형시킨 그 두려운 부분인가? 분명 그런 사건들이 상관없는 것은 아니지만, 그렇다고 그게 핵심적인 것도 아니다. 예를 들어, 우리가 브리케의 책에서 어떤 걸 발견하든 간에, 적어도 그가 살던 시대에 아동학대에 관해서는 우리가 생각하는 방식이 아니었고 그렇게 해석되지도 않았다. 더욱이 망각의 문제도 없었다. 브리케의 환자들은 자신에게 일어난 일을 아주 잘 알고 있었다. 플린트의 범죄자들이 거짓말을 했을지 모르지만, 그들이 기억을 잃었다는 말은 전혀 적혀 있지 않았다. 망각의 문제는 새로운 장르의 일대기, 의학적 사례와 범죄기록, 그리고 일탈자들의 기억에 관한 기록에 의해 설정되었을지도 모른다. 그러나 망각을 자리잡게 하기 위해서는 다른 무언가가 필요했다. 19세기 후반에 출현해서 발달한 기억의 과학들이 바로 그것이다.

나는 19세기 후반이 되어서야 우리가 기억에 관해 생각하기 시작했다고 말하는 것이 아니다. 14장에서 기억의 기술을 잠깐 들여다봤다가 로크의 감동적인 표현에 귀를 기울였다. 과거로부터의 일화들은 "빈번히는 광포하고 맹렬한 어떤 정념에 의해 깨우쳐지고, 어두운 밀실로부터 탁 트인 한낮의 빛 속으로, 몸부림치며 끌려 나온다. 관념들을 기억으로 끌어내는 우리의 변용은, 그 외에는 고요하고 무심하다." 그러나 19세기 이전에는 기억의 지식이라는 개념은 거의 존재하지 않았다. 한 세기는 긴 시간이다. 그래서 나는 단호하게 12년으로 줄여 이를 1874~1886년이라고 규정했다. 그 시간대를 살아간 세대에게는 지적으로도 실제로도 직계 선조가 분명히 있었을 것이다. 그 시기는 기억에 관한 사실들이 존재한다는 심층지식이 출현했던 시간이다. 그런데 왜 그때 출현한 것일까? 그 이유는 기억의 과학들이 과학이 공공연히 말할 수 없었던 무언가의 공적 토론장으로 기능할 수 있었기 때문이다. 영혼에 관한 과학은 존재 가능하지 않았다. 그리하여 기억의 과학이 된 것이다.

　기억을 두고 벌어지는 지금의 세력다툼은 19세기에 확립된 가능성의 공간에서 형성되었다. 우리가 가질 가능성이 있는 지식의 구조를 은유적으로 말해서, 정치적 전쟁터 역할을 하는 것으로 말한다면, 그건 당시에 터를 잡은 것이다. 오늘날 영적 문제에 관해 도덕적 논쟁을 하려 할 때, 우리는 민주적인 태도로 주관적 견해를 포기하고, 객관적 사실인 과학으로 몸을 돌린다. 그 과학은 기억이고, 그 기억은 내가 선택한 1874~1886년의 기간 동안 주조된 과학이다. 우리는 근친강간이 사악한 것인지 아닌지 더 이상 면밀히 고찰하지 않는다. 그것을 고찰한다는 것은 주관적 가치를 말하는 것이기 때문이다. 대신, 우리는 과학으로 시선을 돌려 누가 근친강간을 기억하는지를 묻는다. 기억에 관해서라면 객관적 과학지식이 있을 수 있다. 최소한 그렇게 우리는 학습받아왔다.

16장   마음과 몸

다중인격이 형이상학에서 중요한가? 나는 그렇지 않다고 생각한다. 형이상학이 묻는 것은, '인간이란, 영혼이란, 자아란 무엇인가?'이다. 형이상학은 내가 누구인지를 묻는 게 아니라 내가 무엇인지를 묻는다. 한 인간으로서 나를 성립시키는 것은 무엇인가? 답 중 하나는 영국 경험론 철학에서 잘 알려져 있다. 그것은 적어도 존 로크만큼 오래된 것이기 때문이다. 인간이 의식과 기억으로 이루어져 있다는 것은 오늘날 거의 일반 교양에 속한다. 대중과학 잡지에서 그것이 어떻게 불쑥 드러나는지 한 예가 있다. "기억을 회수하는 능력은 기하급수적으로 감소해서, 일기나 사진 등의 인공적 도움이 없이는 한 달만 지나면, 경험한 일의 85%는 닿을 수 없이 사라져 버린다. *우리의 기억이 우리의 정체성임을 생각해본다면, 무서운 속도로* [정체성을] *잃어버리는 것이다.*"[1] 농담거리가 되기에 충분한 말이다. 뭐라고? 내가 시시각각 정체성을 잃어가고 있다고? 그것 참 무서운 일이다! 아니면 다른 방향의 결론에 이를 수도 있다. 우리의 기억이 우리의 정체성은 아니다(그게 전부는 아니다).

다중인격이 철학적 주제에 적합하다고 누군가의 마음에 최초로 떠오른 때는 언제였을까? 내가 발견한 가장 이른 사례는, 영국의 의학 저널인《랜싯》에서 오랫동안 편집장을 맡았던 토머스 워클리의 간결한 사설이다. 그는 순수이성에 중독되어 있고 사실의 문제에 무지한 철학자들은 고려해볼 가치도 없다고 일축해버리는 것으로 1843년 3월 25일 토요일 호를 열었다.

> 마음의 철학이 그걸 추구하는 데에 가장 적합한 사람들에 의해 개발되지 않았다는 사실에서 알 수 있는 것은, 연구방향이 엉뚱하게 틀어지고, 유용한 과학분야가 되기보다는 변호사와 궤변가, 관념적 추론가들의 미묘한 논리싸움을 위한 수련장이 되어버렸다는 것이다. 그리하여 가장 유능하고 명석한 두뇌를 가진 형이상학자조차도 이미 잘 알려진 생리학과 병리학적 사실과 자주 충돌하는 장면을 보게 된다. 예를 들면, "의식은 *단일하다*"라는 말은 정신에 관한 철학자들 사이에서는 공리이고, 바로 그 철학자 양반들이 그 주장의 보편성이나 확실성을 떠받치기 위해 이른바 *개인적 정체성*의 증거를 만들어내고 있는 것이다. 그러면 이중의식으로 간주된다고 명료히 밝혀진 몽유병자 사례에 대해서는 무어라고 말할 것인가? 일상적 각성 상태에서 몽유증 상태로 진행되어 완전히 다른 마음의 작동을 보여주는 것에 대해서는? 그럴 경우, *그의* 개인적 정체성의 증거는 그 자신이 아니라 다른 사람에게 있어야 한다. 어느 한 상태에서의 그의 기억은 다른 상태에서 생각하고, 느끼고, 지각하고, 말하고, 행했던 일을 조금도 인식하지 못하기 때문이다.[2]

워클리는 로크의 사상적 전통을 언급했지만, 흥미롭게도 로크 자신은 확고했을 것이다. 왜냐하면 그가 명확히 표현한 기준에 의하면,

오직 한 명의 동일한 '사람man'(여기에서는 여자)과 서로 다른 두 개인 person이 있는 것이기 때문이다. 지금으로서는 터무니없는 결론이겠지만, 이것이 로크가 일관되게 유지했을 생각이다. 로크 자신은 의사로서, 이중의식 현상을 통해 개인의 정체성에 관한 자신의 이론을 예증하는 게 당연했겠으나, 1693년에 이중인격은 보고되지 않았다. 몽유증은 로크에게 익숙했으나, 몽유 상태에 있는 개인은 그때까지는 서로 다른 두 존재로 행동할 능력을 가지지 않았다. 아니면, 당시 의사들은 그런 현상을 촉진해낼 수 있음을 깨닫지 못했을 수도 있다.

워클리가 옳았을까? 이중의식이나 다중인격이 과연 개인이란 무엇이어야 하는지를, 아니면 인간의 마음, 또는 자아의 본성, 아니면 주체성에 관해 무언가를 보여주는 것일까? 내 생각은 그렇지 않다. 설사 그렇다 할지라도 그저 간접적으로만 보여줄 뿐이다. 서구 역사에서 다중인격의 진행과정이 알려주는 것은, 보통 사람이나 전문가가 무엇을 말할 태세가 되어 있는지, 그리고 불안한 마음의 사람들과 어떤 식으로 소통하려 들지 정도에 불과하다. 우리는 마음을 연구하는 모든 철학자가 주목해야 할, 마음의 다른 상태가 있을 가능성을 자연의 실례로부터 찾지 못한다. 우리가 발견하는 것은, 전문가와 환자가 중심에 있는 공동체, 그리고 그 세력이 가족, 법과 질서, 사업으로 급격하게 확장되고 있는 공동체에 관한 사실이다. 미디어 덕분에 그 세력은 북미의 '모든 사람'으로 확장되었다. 이제 모든 사람이 다중인격에 대해 알게 되었기 때문이다. TV는 진짜 광인은 보여주지 않는다. 그런 시대는 베들럼Bedlam*에서 유흥거리로 광인을 전시하던 잔혹 쇼로 막을 내

---

* 　1247년 런던 외곽에 설립된 베들레헴Bethlehem의 이명. 애초에 십자군 구호물품 보관소였다가 14세기부터 광인수용소로 사용되었다. 비인간적 처우와 불결한 시설로 악명이 높았다. 일반적으로 정신병원, 난장판 등의 오명으로 쓰인다.

렸다. 과연 그럴까? 우리는 진짜 광인이나 강직증 환자가 아니라, 기묘한 기능장애로 우리의 눈을 즐겁게 해주길 원한다. 괴상하기는 하지만 관리가 가능한 정신장애자만이 널리 방송된다. 만약 다중인격이 자연 그대로의 실험이라면, 주장하건대, 그건 공동체에 대한 실험이다.

여기에서 한 가지는 구별해 놓아야 한다. 다중인격은 마음에 관해서 *직접적으로는* 아무것도 보여주지 않는다는 것을. 그 말은, 마음(혹은 자아 등등)에 관한 실질적 철학의 주제를 다룰 아무런 근거도 제공하지 않는다는 의미이다. 그 현상은 분명 그 현상과는 완전히 독립적인 이유를 가진 마음에 관한 어떤 주장을 예시해줄 수는 있다. 그렇다면, 그 현상은 철학적 주장을 입증하는 근거가 아닐까? 아니다. 나는 다중인격이 어떤 근거도 제공하지 않는다는 관점을 고수하겠다. 다중현상은 단지 색채를 더해줄 뿐이다. 다중인격에 현실적 삶의 모습이 들어 있다는 사실은 때로 근거처럼 보이지만, 예시되는 학설은 다중인격과 상관없는 원칙에 그 뿌리를 두고 있고, 다중인격의 존재로써 입증되지도 않는다. 나는 매우 다른 세 명의 우리 시대 철학자들을 인용해서 나의 주장을 논증하려 한다. 그들은 다중인격 관련 의학문헌과 그 현상을 면밀히 주목해왔다. 그들은 워클리의 언론조직의 영향에 거의 구애받지 않는 사람들이다. 스티븐 E. 브로드는 ISSMP&D를 둘러싼 환자 및 전문가 사회와 긴밀하게 관련되어왔다. 대니얼 데닛Daniel Dennett과 공저자인 니컬러스 험프리Nicholas Humphrey는 다중인격운동의 문화지학ethnography 연구를 지휘했다. 세 번째로, 영국인인 캐슬린 윌크스Kathleen Wilkes는 옛 문헌연구에 몰두했는데, 모국에서 다중인격에 관한 지식을 찾는 일은 이삭 줍듯 책들에서 어렵게 모은 것임에 틀림없다. 반면 미국인인 브로드와 데닛은 수많은 다중인격과 임상가들과 쉽사리 이야기를 나눌 수 있었다.

그러나 우선은 한 세기 전에 활동했던 가장 강력한 철학적 지성 두

명의 고전 두 편을 살펴보자. 윌리엄 제임스와 알프레드 노스 화이트
헤드Alfred North Whitehead가 그들이다. 제임스의 《심리학의 원리들》에
는 그가 교차성 인격이라고 칭한 것과 그 관련 문헌을 예리하게 개관
한 내용이 포함되어 있다.[3] 그는 프랑스 문헌을 상세하게 알고 있었
다. 또한 미국의 유명한 둔주 사례인 앤설 본을 개인적으로 면담했
다.[4] 그에 관해 한 가지 더 설명하자면, 그는 뉴잉글랜드에서 다중인
격에 대한 관심을 고조시키고 지속시키는 데 깊이 관여한 보스턴의
심령현상 연구자들과 항상 긴밀하게 교류했다. 제임스의 논평은 "자
아의 의식"이라는 제목의 장의 마지막 부분에 실려 있고, 뒤이어 더
유명한 11장의 "생각의 흐름"으로 이어진다. 자아의 의식에 관해 "이
토록 길게 쓴 그 장"은 그가 "자아의 돌연변이"라고 칭한 세 가지 유
형으로 결론지어져 있다. 기억의 상실 혹은 거짓기억, 교차성 인격 그
리고 영매가 그것이다. 그는 리보를 좇아서, 교차성 인격은 곧 기억
의 장애인데, 동일한 몸에 나타났던 이전의 다른 인격에 대해 아무것
도 알지 못하기 때문이라고 했다. 제임스는 "무감각증을 가진 히스테
리아와 '기억상실'을 가진 히스테리아는 한 사람"이라고 거리낌 없이
말했다. "최면몽환에 환자를 빠뜨림으로써 억제되었던 감수성과 기
억을 회복시키면" 환자는 다른 사람이 된다. "다시 말해서 '해리'되고
분열된 상태로부터 환자를 구출해서 다른 인격의 감수성 및 기억과
재결합시키면 환자는 변화된다"[5]라고 했다. 그러나 그는 '개인person'
이라는 단어에 진지한 의미나 철학적 무게를 담지 않았고, 그저 흔히
말하듯이, '술만 들어가면 사람person이 달라진다'라는 식으로 사용했
다. 분명, 제임스는 마음에 관해 고찰하려는 모든 철학자에게는 하나
의 모델이다. 그는 교차성 인격이 "현재로서는 답을 찾을 수 없는 질
문"으로 이끄는 현상의 하나라고 하면서도,[6] 그 어떤 철학적 추론도
이끌어내지 않았다.

화이트헤드의 후기 철학은 윌리엄 제임스와는 매우 다르게 독해되고, 오랜 기간의 집중적인 연구가 필요하다. 화이트헤드가 그의 저서 《과정과 실재》에서 다중성을 다룬 방식에 대해 나는 피상적인 몇 마디밖에 하지 못함을 그의 찬미자들에게 사죄한다. 우리가 흔히 하나의 존재자entity로 생각하는 것은, 그의 관점에서 볼 때, 하나의 사회다. 하나의 전자電子는 전자 계기들electron occasions의 사회다. "우리의 시대는 전자 계기의 사회로 간주되어야 한다."[7] 뒤이어 어떠한 유기체도 하나의 사회라고 말한다. 그러나 사람은 특별하다.

고등동물의 경우에는 중심 방향이 있는데, 이는 모든 동물로서의 몸에는 살아있는 개인person 또는 개인들이 잠복해 있음을 시사하는 것이다. 우리들 자신의 자아의식은 그러한 개인들을 직접적으로 인식한 것이다. 연속해서 교차하는 인격, 여러 인격이 합동으로 빙의된 다중인격의 해리가 보여주듯이, 통합된 제어에는 제한이 있다.[8]

화이트헤드의 관점에서 보면, 다중인격은 상태 사이를 너무도 쉽사리 넘나든다. "설명되어야 할 것은, 인격의 해리에 관한 것이 아니라 통합된 지휘에 관한 것이다. 그 이유는 우리는 남들이 관찰 가능한 통합된 행동을 할 뿐만 아니라, 자신의 통합된 경험을 의식하고 있기 때문이다." 화이트헤드가 다중성을 예로 사용한 방식은 완벽하다. 그는 논증하기 위해서가 아니라, 자기 논지를 예시하기 위해 그 단어를 사용했던 것이다. 화이트헤드에게 알려진 다중인격에 관한 어떠한 현상도—분명 모턴 프린스나 심령연구를 통해 보스턴에서 알게 된 것은 아닌—그의 우주론의 근거를 이루고 있지 않다. 내 견해로는, 이것이 마음에 관한 철학과 다중인격 사이의 바람직한 관계다. 화이트헤드의 철학은 다중인격에 맞춤한 듯했지만, 다중인격은 어떠한 도

영혼 다시 쓰기

움도 되지 않았다. 화이트헤드의 우주론도 다중성 현상의 그 어떤 사소한 부분을 예측하거나 설명하지 않는다. 거꾸로 말하면, 다중인격장애의 임상적 구조는 화이트헤드의 우주론과는 전혀 별개의 것이다.

최근 철학자들은 다중인격을 근거로 사용해보려 시도했다. 그중 한 사람인 대니얼 데닛은 근래에 가장 널리 읽힌, 마음에 관한 철학서 《설명된 의식 Consciousness Explained》*의 저자이다. 니컬러스 험프리는 현재 활동 중인 정신과의사이다. 두 사람은 치료사와 고객으로 이루어진 다중인격 공동체를 조사하고, 많은 논쟁을 불러온 에세이 〈우리를 대변하다 Speaking for Ourselves〉를 집필했다. 그들은 흰개미들은 저마다의 일을 함에도 불구하고 어떻게 군체로서 단 하나의 목적을 가진 것처럼 움직이는지를 관찰했다. 그들의 요점은, 집단 행위자성으로 보이는 것에 우두머리 감독은 필요치 않다는 것이다. "중앙에 지배자가 있는 것으로 보이는(그리고 통제자가 있다고 편리하게 묘사되는) 지구상의 대부분의 체계에는 지배자가 없다."[9] 험프리와 데닛은 이 사실을, 개인─많은 하위체계로 이루어진 존재─이란 무엇인지에 관한 부분적 모델로 사용한다. 그렇지만 어떻게 순수하게 개인성 personhood을 특징지을 것인가? 그들은 바로 미국 국가와의 유비를 제시한다. 우리는 미국의 특성에 대하여, 그 자신만만함, 베트남전의 기억, 영원히 젊은 국가라는 환상 등으로 말할 수 있다. 그러나 그러한 특성을 구현하는 지배적 실체는 없다. "미스터 미국의 자아와 같은 실체는 없지만, 지구상의 모든 국가에는 당연히 국가원수가 존재한다." 미국의 대통령은 국가의 가치관을 함양하고 대표하기로 되어 있고, "다른 국가를 상대할 때에는 대변인이 되어야 한다." 저자들은, 국가가 합리적으로 잘 운영되려면 국가원수가 필요하다고 추정한다.

* 한국어판 제목은 《의식의 수수께끼를 풀다》.

흥미로운 것은, 화이트헤드가 우연히도 거의 동일한 유비를 사용했다는 점이다. 개인들이 되려면 통합적인 통제력을 필요로 함을 언급하면서, "이들 다른 실체들을 관장하는(모든 미국 시민을 주재하는 엉클 샘처럼) 또 하나의 정신을 필요로 해서는 안 된다. 여러 실제 모습을 관장하는 또 하나의 정신을 요구해서는 안 된다는 것은 명백하다"라고 했다.[10] 마찬가지 의미로, 험프리와 데닛의 대통령은 엉클 샘이 아니라, 그저 또 하나의 시민, 임시 수장을 맡은 시민인 것이다.

험프리와 데닛에 따르면, 우리가 개인이라고 생각하는 것은, 많은 체계를 가지고 있다. 그럼에도 불구하고 여러모로 매우 중요한 하나의 하위체계가 있을 수 있는데, 특히 타인과 관계 맺는 방식이 여기에 포함된다. 대통령 유비를 적용하면, 그것은 하위체계 집합체의 공공의견을 반영하는 수석대표다. 이 유비는 다중인격에 관한 균형 잡힌 사고방식을 제시한다. 특히 하위체계 시스템의 뚜렷이 다른 측면을 다룰 때, 교대로 돌아가며 대표로서, 대통령으로서 기능하고 있는, 혹은 잘못 기능하고 있는 몇 개의 하위체계가 있다. 그 배경이 되는 철학을 알기 위해서는 데닛의 저서 중 가장 잘 알려진 《설명된 의식》을 들여다보아야 하는데, 그 책에서 인격장애는 "자연이 지휘하는 끔찍한 실험" 중 하나라고 했다.[11]

그런 실험이 알려주는 것은 무엇일까? 자아라는 바로 그 개념에 관한 데닛의 회의론은 매우 잘 알려져 있다. 의식에 관한 그의 이론은, 그가 "전부 아니면 전무의 양자택일이자 고객에게 딱 맞는 맞춤형"이라고 비꼬던, 자아에 관한 태도를 불신하는 것이다.[12] 그는 자신의 이론은 그런 태도에 도전하는 것이라며, 좋은 예로 다중인격을 들었다. 그 문장이 적힌 같은 쪽에, 한 쌍의 쌍둥이에 관한 이야기를 적었다. 40세가 된 이들은 평생 한 번도 떨어져본 적이 없고, 한 사람이 말하면 다른 사람이 이어서 말했고, 행동도 연대해서 했다. 두 개의 몸

영혼 다시 쓰기

에 한 사람의 개인—바로 분수分數로 나눠진 인격장애의 예다! 예시로 보여준 "분수인격장애"의 위력은 그 이야기가 참인지 거짓인지와는 상관이 없다. 개인에 관한 데닛의 시각으로 그러한 묘사가 말이 되게끔 해준다. 다중인격은 화이트헤드에게 그러했듯 데닛에게도 놀라운 일은 아니었다. 그를 경악하게 한 것은 다중성이 아니라, 아이들이 자랐던 끔찍한 상황이었고, 그리고 일부 치료사들에 의해 아이들이 해리로 밀어넣어진 상황이었다.

> 이 아이들이 얼마나 터무니없이 무섭고 혼란스러운 상황에 있었는지, 나는 그들이 심리적으로 생존해냈다는 사실이, 자아의 경계선을 다시 그려서 필사적으로 자신을 보존하려 했다는 사실보다, 더 놀랍다. 저항할 수 없는 고통과 갈등에 처했을 때 아이들이 한 것은 "(자신으로부터) 떠나는 것"이었다. 아이들은 자신의 경계선을 다시 세웠다. 그리하여 그 무서운 사건이 어느 누구에게도 일어나지 않았거나, 혹은 쏟아지는 폭력하에서도 유기체를 잘 유지할 수 있는 다른 자아에게 일어난 일이 되도록 새로운 경계선을 창조한 것이다. 최소한 이것이 그들이 최선을 다해 기억해낸, 자신이 했다고 말한 것이다.[13]

이것은 데닛이 말한 '자연의 끔찍한 실험'의 결과인가? 그런 생각을 한 사람은 데닛이 처음은 아니다. 다중인격은 때로 마음의 연구에 커다란 실험거리를 제공하는 것처럼 보였다. 1944년 다중인격의 고전적인 초기 보고서의 저자들은 프랜시스 베이컨의 말로 글을 마무리하면서, "다중인격 사례는 자연의 악마적 실험 *experimentum lucifera*"[14]이라고 했다. 최면술의 주요 연구자인 어니스트 힐가드는 같은 맥락으로, "[해리 이론가들이] 연구한 다중인격과 같은 종류의 것이 차라리 자연의 희귀한 실험으로 보인다"[15]라고 말했다.

비트겐슈타인은 그의 저서 《수학의 기초에 관한 고찰》에서 어떤 실험에 관한 그림이 강력한 설득력을 지닌다면, 그 그림은 실험으로서의 기능이 전혀 없는 것[16]이라고 말했다. 이 말은 그가 수학적 증명에서 그림의 사용에 관해 설명한 요지이나, 일반적인 논제에서도 진실이다. 마음에 관한 데닛의 철학에 나온 다중인격 사례가 무언가 한 것이 있다면 그건 실험으로서가 아니다. 그들은 단지 '예시'의 역할을 한 것이다. 그런데 무엇을 예시해준 걸까? 환자들은 2세기 동안 이중의식이나 다중인격으로 진단되어왔다. 그러나 지금의 다중인격이, 데닛이 주목한 증상언어를 사용하기 시작한 것은 매우 가까운 최근이다. 오늘날 그들 모두는 그런 식으로 말하거나, 아니면 적어도 그렇게 말해야 한다고 어렴풋이 느끼고 있다. 그들이 치료과정에서 자신을 묘사하는 방식을 어떻게 알게 되었는지가 그것이다. 그들은 해리하던 자신을 기억해내기보다는, 공포를 경험했던 수많은 다른 인격들 속에 묻혀 있던 다양한 공포의 조각들을 기억해내려 한다. 환자가 자신을 설명하는 말은 지난 20여 년 사이에 급격히 달라졌다.

데닛은 자연이 지휘하는 끔찍한 실험에 관해 말했다. 그 실험이란 정확히 무엇일까? 데닛이 다중인격이 했다고 하는 말을 그대로 똑같이 말하는 성인들을, 자연이 우리를 위해 무인도에 생성해 놓았다는 그런 것은 아니다. 그 실험에는, 수년간 치료를 받고, 바로 그녀가 하고 있는 그 이야기를 말하는 데에 이른 환자도 포함된다. 그 실험은 아주 강력하게 통제되고 있어서, 환자가 그런 이야기를 하지 않는다면 지나치게 저항한다고, 즉 너무 부인한다고 간주되어 치료에서 퇴출될 수도 있다. 문제는 아이들이 극악무도한 대우를 받았는지 아닌지에 있지 않다. 어린 시절이 지독한 것이었다면 그 아이들이 심각한 심리적 문제를 안고 성장할 것인지에 있지도 않다. 문제는 그 후에 나타날 다중인격의 원형적 행동이 자연의 실험 중 하나인지에 관한

영혼 다시 쓰기

질문이다. 아니면, 북미 특정 계층의 성인이 특정 치료법과 특정 신념을 가진 치료사에게 치료받으면 오히려 그런 식으로 행동하게 되는 걸까? 지금껏 내가 말한 그 어떤 것도 험프리와 데닛의 심층적이고도 명료한 보고서에 문제를 제기하려던 것은 아니다. 인간의 마음에 관한 데닛 철학의 근본 수칙들 어느 것에도 나는 문제 제기를 하지 않는다. 그 수칙들은 그 자체로 독립적이고, 그리고 그것이 바로 지금 내가 지적하는 것이다. 다중인격은 데닛의 철학을 그림처럼 보여줄 수 있겠지만, 오늘날 다중인격의 세부적 현상은 데닛의 하위체계 이론에 관해 알려줄 게 아무것도 없다. 그의 철학은 물론 화이트헤드의 철학도 다중인격 현상으로 뒷받침되지 않는다.

험프리와 데닛은 잠시 동안 다중성의 주의 깊은 관찰자였다. 스티븐 브로드는 참여관찰자에 더 가깝다. 그의 저서 《최초의 복수複數형 인간: 다중인격과 마음의 철학》은 1991년에 출판되었는데, 같은 해에 출판된 데닛의 《설명된 의식》과는 정반대의 철학이다. 데닛이 단일한 근원적 자아 개념을 진지하게 폐기하거나 해명해서 버린 데 반하여, 브로드는 그러한 실체의 필요성을 확고히 믿었다. 그의 주장은 다중인격에서 끌어낼 추론을 반대로 뒤집음으로써 중요한 역할을 이미 해준 셈이다. 나는 이 질환이 마음의 철학에 대해 알려주는 게 아무것도 없다고 주장해왔다. 그러나 적어도 이 현상의 실재는, 형이상학적 영혼이나, 필연적으로 통합되어 있는 자아, 즉 선험적 자아와 같은 개념들과는 확실히 모순된다(아니면 모순된 것처럼 보인다). 따라서 다중인격의 존재는 전통적 철학에서 매우 중요한 주제를 품고 있다(혹은 품고 있는 것처럼 보인다). 내가 틀린 걸까? 다중성이 바로 자아에 관한 철학적 질문을 직접적으로 지니고 있다고? 이것은 바로 리보가 논증했던 것이고, 부분적으로는 데닛도 주장한 것이다. 브로드는 그 반대로 논증했다. 다중인격 현상이야말로 다중성의 저변에 있는 통일성을 필요로 한다고 주장한 것이다. 리보와 거의 똑같은 가정에서 출발한 그는 선험적 자아가 존재할 수밖에 없다고 결론지었다. 누가 옳은 걸까, 리보 아니면 브로드? 가능성 하나는 둘 중 한 사람이 옳다는 것이다. 다른 가능성은 둘 다 틀리다는 것이다. 다중인격 현상에서는 자아에 관한 어떠한 결론도 끌어낼 수 없다. 나는 두 번째 관점을 택하겠다. 어찌 되었건 리보와 브로드는 서로 상대측을 무효화시키는 것이어서, 어느 한쪽 관점을 지지하면 다른 쪽 논증이 얼마나 신뢰할 수 없는 것인지를 상기시킬 뿐이다.

브로드는 근본적 자아가 있다고 생각했지만, 이 생각과 가장 쉽사리 연관되는 모델을 인정하지 않았다. 우리는 발견되어지길 기다리는 진정한 개인이 있다고, 항상 자신과 함께 있어왔던, 그리고 치료과정에서 드러날 진정한 개인이 있다고 생각하고 있는지도 모르겠다. 아잠의 환자 펠리다의 어느 상태가 진짜인지, 펠리다가 마지막으로 정착한 상태가 그녀의 첫 번째 상태인지 두 번째 상태인지를 두고 벌어졌던 논쟁은 앞서 언급한 바가 있다. 미국에서 다중인격에 관한 초창기 연구자들이었던 프린스 및 그의 영향을 받은 임상가들은 진정한 인격의 모습을 미리 그려놓았던 것 같다. 어떤 다른 인격이 진짜 미스 비첨이었을까? '진짜' 다른 인격 하나를 발견하자마자 그걸 애지중지하면서 그 외의 다른 인격들은 모두 퇴장하라고 말한다. (프린스가 바로 이렇게 행동했다. 그는 하나의 다른 인격을 선택했고, 그 인격은 그에게 순종했다.) 브로드는 분열되었다가 다시 통합되어야 할 본래의 개인이라는 게 있어야 할 필요는 없다고 주장한다.

근본적 에고—진정한 자아가 아니라, 모든 자아들의 중심에 있는 핵심—에 관한 브로드의 주장 중 하나는, 한 개인의 다른 인격들 모두가 중첩되는 기본 기능을 가지고 있음을 관찰한 데에서 출발한다. 다른 인격들은 걷고 길을 건너고 신발 끈을 맬 수 있다. 다른 상태마

영혼 다시 쓰기

다 많은 것을 다시 학습해야 하는 희귀한 다중인격조차도 모든 일상적 기능은 가지고 있었다. 그들이 재학습해야 했던 것은, 과시하기 위해 배우는 것들, 예컨대, 손글씨, 피아노, 그리스어 혹은 남성적 운동과 같이 그 기능 자체가 바람직한 사회적 지위를 나타내는 것들이었다. 활발하고 밝은 인격은 억제되어 있던 정상 상태의 자아보다 이런 일을 훨씬 더 잘할 수 있었다. 그러면서도 그녀는 잡담을 하고 식품가게에서 잔돈을 거스르고 자동차를 운전할 수 있었다. 물론 어린이 인격은 이런 일들을 할 수 없었지만, 이런 일들은 환자가 회피하고자 하는 성인 세계의 측면이었다. 소란을 피울 게 아니라면, 어린이 인격은 혼잡한 길을 건너가는 데 필요한 기능을 유지했다. 다른 인격들 사이에 중첩되는 기능을 설명하고 다른 인격들이 서로를 인식하는 공의식적 상태에 있을 때 소통할 수 있게 해주는 어떤 실체가 분명 있어야 했다. 이러한 정신의 무대공연이 일어나는 어떤 통합된 근본적 자아가 있어야 하는 것이다.

브로드는 다중인격 한 사람당 하나보다 많은 자아가 있다고 서슴없이 말했다. 여기까지는 그도 데닛에 동의한다. 이 이후가 문제다. 그는 데닛식의 관점을 흰개미 군체에 은유해서 '군체주의자colonialist'라고 불렀다. 군체주의란, "궁극적 심리적 단일체는 존재하지 않고, 한 개인 안에 본래의 다중성이 깊이 파묻혀서 '주체들' '자아들' (또는 최근의 인지과학과 인공지능 분야의 표현으로는) '모듈들' 또는 하위체계들만이 있을 뿐"[17]으로 보는 관점이라고 했다. 데닛은 모듈의 측면에서 이루어진 이 서술에 이의를 제기했다.[18] 군체주의에 반대하는 브로드의 요점 중 하나는, 다른 인격끼리 일부분씩 중첩되며 공유하는 기본 기능의 네트워크가 있다는 것이다. 이 관찰 결과는 맞지만, 데닛의 주장에 대항하기에는 생각보다 강력하지 않다. 데닛은 모든 다른 인격마다 신기하게도 똑같이 길을 건너는 능력을 가진, 여러 개의 하위체계로 다중성을 묘사하지 않았기 때문이다. 그와는 반대로, 하나의 몸은 다른 시간대에, "국가의 다른 수석들"인 하위체계에 의해 다양하게 대표되는데, 그 대표 하위체계는 길을 건너고 업무를 처리하는 대부분의 하위체계와 협동해서 움직인다. 친위 쿠데타가 일어난 후에, 새로 등극한 국가수장은 전前 정부관료 대부분을 그대로 유지한다.

　그러므로 다중인격의 삶에 관한 브로드의 통찰은, 데닛을 성공적으로 논박한 결과로 볼 것이 아니라 직접적으로 살펴보아야 한다. 앞서 언급한 바와 같이, 그는 다른 인격들이 한 사람의 개인이 진짜로 분열되어 나타난 것이라고 생각하지 않는다. 용어는 개선해야 할 필요가 있지만, 그는 다중인격이 많은 수의 자아를 가지고 있다고 서슴없이 말한다. 그는 다음과 같이 설명한다. 다중인격은 정말로 대부분의 사람들과 다르다. 그들은 독특한 "통각統覺의 중추들centers of apperception"을 가지고 있다. 이 단어는 오랜 역사를 가진 철학용어로, 칸트를 지나 라이프니츠까지 거슬러 올라간다. 사전에서, 통각은 완전한 인식awareness을 지닌 의식적 지각conscious perception이라고 정의된다. 다른 여러 개의 통각 중추를 가진다는 것은, 브로드의 말에 따르면, 여러 개의 '나me'를 가지는 것이다. 각각의 '나me'는 통상적인 인식, 믿음, 기억, 희망, 분노 등이 모인 상당히 평범한 집합체이다. 각각의 나는 이들 여러 믿음 자체를 자기 자신의 1인칭the first person '나I'에 귀속시킨다. 그 믿음들은 브로드가 '지표사indexical, 指標詞'라고 부른 것이다. 이 단어 또한 최근의 언어철학에서 나온 철학용어이다. '여기' '지금' 그리고 '나me' '그들'과 같은 단어는 단어들이 발화되는 맥락 안에서만 지칭된다. 그것들이 지표사로 불린다. "나는 도심에 갔다I went to town"라고 말할 때의 '나I'는 나me를 의미한다.

　브로드는 이 개념을 잘 활용했다. 예를 들어, 최면에 걸렸을 때 따로 분리된 통각 중추들이 있지 않다고 주장한다. 이와 대조적으로 영매는 별개로 여러 개의 통각 중추를 가지고 있을지 모른다고 했다. 그들은 몽환에 빠져, 완벽한 지표사적 방식으로, 다른 목소리를 가진 다른 자아들selves의 믿음과 기억과 느낌을 말한다. 그들은 당신의 할머니의 목소리로도, 자라투스트라의 목소리로도 말한다. 그런 까닭에 브로드는 그 '장애'를 다중인격장애에서 제외시키고 싶어했다. 영매는 특이하다. 영매는 어떤 점에서는 다중인격과 닮은 것 같지만, 장애로 인해 치료를 요할 정도로 고통을 겪지 않는다. 또 어떤 다중인격은 불편하지 않을 수도 있다. 여기에서 지적해야 할 것은, 이전에 브로드가 출판한 두 권의 심령연구 저서에서는, 심령에 관해 신중했으나 호의적 견해를 피력했다는 점이다.[19] 그는 특히 염력에 매혹되었는데, 1900년경 심령사건의 황금기 때처럼 아코디언을 공중에 떠다니게 하거나, 요즘이라면 복잡한 전자기계가 생성한 임의적 숫자의 조합을 알아맞히는, 생각의 힘의 사용에 매료되었다. 또한 그는 영매를 매우 진지하게 받아들여서, 영과 소통할 수 있는 능력을 가진 사람으로서가 아니라, 꼭 병적인 상태는 아닐지라도 다중적 자아를 가진 사람으로 보았다.

그의 이론은 해리를 인위적 연속체로 보지 않는다는 점에서 취할 바가 있다. 그 점에서는 그에게 동의하지만, 우리는 그의 의미론적 용어를 필요로 하지 않는다. '지표성'과 같은 단어의 사용은 심층논리처럼 들리게 한다. 그는, 다중인격이 '우리'와 같은 대명사를 사용하는 방식은 그 근저에 깔린 인식론적 태도를 반영하는 것이라고 주장했다. 애석하게도, 그것만큼 심오한 것이 없는지는 의문이다. 클리닉에 가는 환자나 강신술회의 영매로서의 그 모든 '나me들'을 계속 유지하는 것은, 별개의 통각 중추들을 가리키기 위해 '나'를 사용하는 것만큼 논리적으로 근사하지 않다. 그건 고리타분한 이름 붙이기다. 우리는 브로드가 끌어들인 전문적 의미론을 고유명사의 사용/남용에 관한 소박한 성찰로 바꾸어야 한다.

　브로드의 주장에는 단순히 군체주의에 대한 반박보다 더 큰 포부가 들어 있었다. 그는 구별되는 모든 중추들의 근저에는 "통각의 선험적 통일"이 있다는 칸트의 말이 본질적으로 옳다는 관점을 취한다. 칸트와 브로드는 선험적 자아라는 결론에서는 동일했으나, 그것을 옹호하는 논증은 달랐다. 칸트의 논증은 난해한 것으로 악명 높지만, 그 논증이 어떻게 이루어지는지 나는 알고 있다고 생각한다. 그러나 브로드의 논증이 어떻게 이루어지는지 나는 이해할 수 없으므로, 그 부분은 독자에게 맡기려 한다. 리보와 브로드는 본질적으로 동일한 현상에서 출발했다. 브로드는 근본적으로 선행되는 자아가, 그리고 아마도 선험적 자아가 존재한다는 결론으로 우리를 이끌어가려 했던 반면, 리보는 그런 것은 존재하지 않는다는 정반대의 결론으로 우리를 이끌고자 했다. 어느 쪽도 맞지 않다. 다중인격은 이 논쟁에 색채를 더해주지만, 어떠한 근거도 제공하지 않는다.

　윌크스의 《실재하는 사람들*Real People*》은 데닛이나 브로드와는 매우 다른 관점을 취한다. 그 두 사람은 자아, 개인, 의식 등이 실제로 무엇인지를 말하려 했다. 윌크스는 개념분석을 목표로 하는 일상언어철학이라 불리는 전통하에서 글을 쓰면서, 대상이 아니라 대상의 개념을 이해하고자 했다. 우리가 대상에 대해 어떻게 생각하는지 알고자 했던 것이다. 익숙한 개념은 언어를 사용함으로써 명확히 표현된다. 개념은 우리가 실제로 말하는 것에 의해서뿐만 아니라, 다양한 상황에서 말하게 될 것에 의해서도 묘사될 수 있다. 아주 이상한 사건은 우리를 말문이 막히게 한다. 흔히 일어나는 일에는 안성맞춤인 개념이지만 그것으로 괴이한 사건을 분류하려 들면 그 개념은 허물어질 수 있다. 그 상황을 잘 살펴보면, 그런 사건은 우리가 흔히 사용하는 개념의 적용범위를 넘어선 것임을 알게 된다. 그러나 윌크스는 일상언어철학에 속한 많은 저자들의 글쓰기 방식에 분개하고 있다. 그들은 이야기들을 창작한다. 개인의 정체성은 인기 있는 철학적 허구이다. "만일에 ⋯⋯이라면, 우리는 무어라고 말하겠는가?" 말없음표는 개인의 정체성에 관한 생각을 한계까지 밀어붙이는, "괴이하고, 재미있고, 혼란스럽고, 언제 끝날지 모르는 다양한 사고실험"으로 채워진다.

> 생각건대, 이런 매혹적인 허구는 논의를 엉뚱한 방향으로 빗나가게 한다. 더욱이 상상과 직관에 많이 의존하게 되므로, 탄탄한 결론이나 동의된 결론에 이르지 못하게 된다. 직관은 사람마다 다양하고 상상은 끝내 실패하기 때문이다. 게다가, 나는 우리에게 그런 게 필요하다고 생각하지 않는다. 왜냐하면 상상에 도전하는, 그럼에도 사실로서 받아들일 수밖에 없는 수많은 수수께끼 사례들이 존재하기 때문이다.[3]

월크스는 몇몇 유명한 다중성에 관한 보고를 훌륭하게 사용했는데, 특히 가장 널리 알려진 모턴 프린스의 전형적 사례인 미스 비첨의 예를 들었다. 그녀는 우리가 "사실로 받아들일 수밖에 없는" 수수께끼 사례들에 관하여 말한다. 우리는 사실에 대해 신중해야 하고, 사실이 허구보다 더 이상할 뿐만 아니라 허구와는 완전히 구별되는 것이라는 통념도 경계해야 한다. 나는 거의 모든 차원에서 의심하고 있다. 우선, 거짓의 가능성이 있다. H. H. 고더드는 자기 환자 '노마'에 관해 단순히 거짓말을 했다. 그 환자의 정보는 사례기록에 적혀 있는 그대로의 '사실들'이 아닐 수 있음을 잊지 않게 해주는 유익한 경고다.

모턴 프린스가 쓴 미스 비첨에 관한 놀랍도록 두꺼운 책에는 사실이 모두 다 적혀 있지는 않다. 비첨이 팜스프링스 상류사회의 정신과 의사인 프린스의 동료와 결혼했다는 사실도 결코 말하지 않았다. 필시 비첨의 첫 남편이었을, 그림자에 싸인 미스터 존스에 대해 우리는 프린스가 말해준 것보다 더 많은 것을 알고 있다. 비첨의 위기를 촉발한 유명한 고딕풍 공포 장면에 관해 우리는 더 많은 것을 알고 있다. 그녀가 정신병원에서 조수로 일할 때, 폭풍우가 치던 어느 날 존스가 사다리를 타고 창문에 나타났다. 많은 일이 생겼던 그 하루 전에는 옆 마을에서 "세기의 범죄사건" 재판이 있었다. 그 사건은 운문 韻文으로 영원히 기억하게 되었다. "리지 보든Lizzie Borden*은 도끼를 잡았네 / 어머니에게 40번을 내리쳤네 / 자기가 해놓은 짓을 보고 / 아버지에게는 41번을 내리쳤네." 진실이 허구보다 더 이상한가? 그 것은 허구인가, 아니면 윌크스가 암시한 바와 같이, 대체된 상상이 아니라, 고조된 상상인가?[21] 500여 명의 극작가들이 프린스의 책을 극화하기 위해 대본 초안을 제출했다.[22] 우승한 작가의 연극 〈베키 사례 *The Case of Becky*〉는 데이비드 벨라스코가 연출하여 브로드웨이에서 6개월간 공연되었으며 무성영화로도 만들어졌다. 이건 실제 사건을 재현한 것docudrama인가, 아니면 실제 사건과 허구가 뒤섞여 드라마화된 것drama doc인가?

윌크스는《이브의 세 얼굴》에 대해서도 언급했다. 이브는 세 개의 다른 자서전에서 세 가지 다른 모습을 보여주었다. 윌크스는 그 이야기를 잘 알고 있고, 그녀 역시 나만큼 회의적이다. 나는 윌크스의 방법론 때문에 길게 얘기하려 한다. 그녀는 자기 저서의 제목인 "실재하는 사람들"과 대비되는 자아, 개인 등의 다양한 개념을 시험해볼 것을 제안한다. 책의 다중인격 장에서는 주로 미스 비첨의 4개의 인격을 다루었는데, "그녀 안에 몇 개의 인격이 존재했을까?"라고 윌크

---

*   1892년 매사추세츠주 폴리버에서 벌어진 살인사건의 용의자. 계모와 아버지를 도끼로 살해했다고 기소되었으나 수년간의 공방 끝에 무죄 석방되었다. 보든 사건과 재판은 수많은 영화, 연극, 문학작품 및 운율로 끊임없이 재창조되고 있다. 가정폭력과 성폭력이 연루되어 있다는 점에서 페미니스트 탐구의 대상이다.

스는 묻는다. 그리고 우리가 답할 만한 것들을 탐색했다. 그녀는 우리가 말하는 개인에 관한 개념이 산산조각 난 것으로 보인다고 주장한다. 책의 초반부에서 그녀는 "개인성personhood의 6가지 조건"을 제안했는데, 비첨의 각각의 인격이 각 조건에 얼마만큼 맞는지를 묻는 것이다. 모든 것을 감안할 때, 적어도 3개의 다른 인격은 꽤 잘 맞는다.

> 이 논증이 정면으로 겨누는 것은, 프린스가 [특정 치료 기간 동안] 세 명의 개인을 다뤄야 했다는 결론을 우리가 내려야 한다는 것이다. 복수성을 인정하는 편의 논증들이 단일성을 주장하는 논증들보다 더 많다. 그러나 우리가 마땅히 말해야 할 것과 말하는 것이 항상 일치하는 것은 아니다.[23]

이것은 최신의 해리성정체감장애 임상가들이 결코 권장하지 않을 결론임에 주목하자. 프린스는 한 개인을 대하고 있었고, 세 개의 다른 인격들은 또 다른 세 개의 다른 인격들에 비해 훨씬 통합되어 있었다고들 말할 것이다. 그러나 윌크스의 분석은 엄정하다.[24] 나는 참된 이야기가 하나만 있고 허구가 아닌 그 실제 사례에만 언어철학적 분석을 적용해야 한다는 단지 그 전제에는 의문을 표한다. 윌크스가《실재하는 사람들》을 출판한 지 몇 년 지나지 않아 다중인격 일대기와 자전적 다중인격 일대기가 두 배로 증가한 것은 어쩌면 당연한 일이다.

나는 프린스의 사례가 허구였다면 그것도 마찬가지로 괜찮았을 거라는 약한 주장은 하지 않겠다. 여러 개의 자아에 관한 모든 말들은, 신분이 높건 낮건 낭만적 시인과 소설가가 수세대를 거쳐 고심하며 만들어낸 것이고, 오늘날의 일반지식이 되기에는 너무나 찰나적인 수많은 신문기사와 단편적 글에 의해 만들어진 것이라는 강한 주장을 하려 한다. 프린스는 어떻게 묘사해야 자기 환자가 다중인격이 될지 정확히 알고 있었다. 그의 장황한 보고서를 훑어보고 하나의 몸에 여러 개인이 들어 있다고 결론짓는 게 그렇게 놀라운 일일까? 이 말은 실재하는 개인들을 묘사하기 위해 어떻게 언어를 사용할지의 시금석이 아니다. 실재하는 사람이건, 상상된 사람이건, 아니면 대개가 그렇듯이 이것저것이 뒤섞인 사람에 대해서건 간에, 사람들을 표현하는 언어를 문학적 상상력이 어떻게 형성해왔는지를 알려주는 결과물이다. 우리 자신을 묘사하는 데 사용하는 언어에 관한 한, 우리 모두는 상상과 현실의 혼혈이다. 유럽의 이중인격 소설에 관해 풍부하게 저술한 칼 밀러Karl Miller의 책에는 이 문제가 잘 정리되어 있다.

모든 인생은 치장된 것이고, 가장된 것이고, 상상된 것이다. *위선적 독자*, 당신의 인생도 포함해서. 시빌의 인생은 시빌에 의해 만들어졌고, 사례가 되었을 때에는 그녀의 주치의에 의해, 책이 되었을 때에는 《시빌》의 저자에 의해 만들어졌다. 16개의 자아가 상상되었지만, 거기에 단 두 개라도 있었을지 전혀 확신할 수가 없다.[25]

영혼 다시 쓰기

17장 　　　　　　　　　　　　　　과거 속의 불확정성

　좀 더 분석적인 맥락에서 마무리 짓는 게 좋겠다. 내가 논증한 것
은, 다중인격에는 마음과 몸의 철학을 연구하는 사람들에게 알려줄
무언가가 없다는 것이다. 거의 문법적인 종류의 철학적 분석은 기억
과 다중성을 이해하는 데 도움이 될지 모른다. 이 장의 제목의 의미
는 제목 그대로이고 까다롭기도 한데, 그 이유는 우리는 과거가 고정
되어 있고, 최종적이며, 결정된 일이라고 생각하기 때문이다. 나는 흔
한 주제인 기억의 불확정성에 대해 얘기하려는 것이 아니다. 내가 말
하려는 것은 그들이 어떤 행위를 했다고 상기해낸 기억이 아니라, 사
람들이 실제로 한 행위의 불확정성에 관해서다. 다시 말해서, 불확정
적인 것은 일어난 행위에 대한 기억이 아니라, 과거의 행위에 대한
어떤 것이다. 우리에게 가장 영향을 끼치는 기억은 자신 또는 타인이
이런저런 무언가를 하는 장면과 사건에 관한 기억이다. 정신과의사
들을 열광시켰던 억압된 기억은 흔히 성적 행위나 잔혹한 행위의 기
억이다. 근래에 성적으로 잔인한 행위의 축도를 보여주는 것은 가학

적 아동성학대다. 그러나 행위는 단순히 비디오가 보여주는 것과 같은 활동이나 몸의 움직임이 아니다. 주로 우리가 관심을 갖는 것은 의도적인 행위, 개인이 행하려고 의도한 일이다.

의도적인 행위는 "서술하의under description" 행위이다. 철학자 엘리자베스 앤스콤Elizabeth Anscombe은 그 예를 이렇게 설명했다. 한 남자가 펌프의 지렛대를 위아래로 움직이고 있다. 그는 수동으로 펌프질해서 물을 집 안의 수조로 보내고 있다. 그가 독극물이 든 물을 펌프질해 보내는 그 집 안에는 사악한 남자들이 모여 계략을 꾸미고 있다. 그는 그 집에 있는 남자들을 중독시키고 있다.[1] 지렛대를 움직이고, 물을 펌프질하고, 남자들을 중독시키는 그 신체활동에 분명 구별되는 일련의 물리적 연속성은 없다. 그러나 한편으로는 펌프로 물을 끌어올리고, 다른 한편으로는 남자들을 중독시키는 행위가, 여러 개의 별개의 행위라고 말할 수 있는가? 앤스콤은 다양한 서술들 아래 오직 하나의 행위가 있을 뿐이라고 주장했다. 그 행위에 관해 각각 이어지는 서술은 다양한 상황에 관련시키고 있지만, 오직 하나의 의도된 행위만 서술되고 있다. 1959년 이 주제에 관한 짧은 논문이 출판된 후, '행위 이론'이라고 불리는 학문분야 전체가 발전되어왔다. 일부 철학자들은 주장하기를, 오직 하나의 신체적 활동이 있었을지라도, 비디오 기록에 나타날 수 있는 해당 사건들의 오직 한 가지 연속성만 있을지라도, 그 남자는 두 가지 별개의 행동, 즉 펌프질과 독살을 수행하는 것이라고 주장한다. 그렇게 생각하는 이유는, 부분적으로는, 두 가지의 다른 서술이 있고, 행위는 언제나 "어떤 서술하에" 있기 때문에 별개의 두 가지 행위가 있다는 것이다. 여기에서 나는 앤스콤의 주장을 따라가려 한다. "그는 무엇을 하고 있었는가?"라는 질문에는(아니면 펌프 옆으로 가서 그 남자에게 "당신은 무엇을 하고 있는가?"라고 묻는다면) 실로 하나보다 많은 참의 답이 있다. 그러나 거기에는 몇 개의 서술들하에 있는 오직 하나의 행위만 있을 뿐이다.

의도는 다른 일련의 문제를 끌어들인다. 이것이 기억 및 다중성과 어떻게 관련되는지는 곧 얘기하겠지만, 그 전에 중요시해야 할 것은, 우리가 아주 잘 알고 있는 평범한 사건을 명료하게 이해하지 않은 채, 선정적인 사례만 주시해서는 안 된다는 점이다. 앤스콤이 말한 예를 상상해보자. 나는 나무판자를 톱질하고 있다. 내 나무판자는 당신의 탁자 위에 놓여 있다. 나는 내 판자를 톱질할 뿐이지만, 부지중에 당신의 탁자까지 동시에 톱질하고 있다. 나는 그리하려고 의도하지 않았다. 내가 나의 판자를 톱질하는 행위는 당신의 탁자를 톱질하는 나의 행위와 동일하다. 여기에는 오직 하나의 행위만 있을 뿐이지만, 두 가지 일을 하고 있어서 나는 나의 판자를 톱질하고 당신의 탁자도 톱질하고 있다. 나는 이 일들 중 한 가지만 하려고 의도했다. 일반화시키면, 우리는 다음 3가지를 구분할 수 있다. *의도를 갖고 행위하기*acting with an intention, *의도적으로 행위하기*acting intentionally, *행위하려고 의도하기*intending to act.[2] 의도적으로 행위하기는 어떤 의도를 갖고 행위하는 것이다―즉 어떤 서술하의 행위를, 바로 그 서술하에서 행위하려고 의도하는 한에서, 수행하는 것이다. 그러나 A라는 서술하에 의도적으로 행위를 하면서, 또한 B라는 서술하의 행위를 수행할 수도 있다. B라는 서술하에 행위하려고 의도하지 않았는데도 말이다. 앤스콤의 이론에서는, 누군가의 행위가 의도적인 행위가 되려면, 어떤 A라는 서술이 있어야 하고, A라는 서술하에서 행위하려고 의도한 것이어야 한다. 그러나 A를 수행할 때 비록 의도적이지는 않지만 또한 B를 했을 수 있다. 비트겐슈타인으로부터 큰 영향을 받은 앤스콤이 의도적인 행위는, 예를 들어, 체계적인 연속적 행위에 내적이고, 사적이며, 정신적인, 의도를 더한 것이 아니라고 명쾌하게 주장했음[3]을 나는 또한 말해야겠다. 어떤 하나의 사건을 일으킨 의도는 마음속의 어떤 존재자를 지칭하지 않는다.

행위는 어떤 서술하의 행위라는 논제는 미래에 대해서도 과거에 대해서도 논리적인 귀결을 가진다. 내가 무언가를 하려고 결정하고 그것을 한다면, 나는 의도적으로 행위하는 것이다. 내가 접하지 않은, 그리고 내가 아무런 서술을 가지지 않은 많은 종류의 행위가 있을 것이다. 앤스콤의 논제에 따르면, 나는 그런 행위들을 하려 의도할 수 없다는 말이 된다. 나는 그런 일들을 하겠다고 선택할 수도 없다. 물론 나는 A라는 어떤 일을 하려고 선택할 수 있겠지만, 나중에 구성되는 새로운 서술인 B가 적용될 수 있다. 그렇다면 A를 하려고 선택하고, 그 일을 했으나, 실제로는 B도 했지만, 나는 B를 하려고 의도한 것이 아니다. 그 제약은 물리적 구속이나 도덕적 금지가 아니다. 그것은, 내가 그러한 의도를 품을 수 없다는 사소한 논리적 사실이다. 그 사실은 나를 구속감을 느끼게 할 수도 없고, 나의 무력함을 유감스러워하게 만들 수도 없다. 서술이 없어서 제약을 받는다고 느낄 수도 없다. 왜냐하면 내가 자의식적으로 그렇게 제약을 받는다고 느꼈다면, 어렴풋하게 그 행위의 그 서술을 느꼈을 터이고, 그리하여 그 서술의 선택에 대해 생각해볼 수 있었을 테니까.

행위에 관한 앤스콤의 논제는 예상치 않은 따름정리로 이어지는 것 같다. 새로운 서술들이 사용 가능하게 될 때, 그 서술들이 회자될 때, 더욱이 그것들이 말해도 괜찮고 생각해도 괜찮은 그런 종류의 것이 될 때, 그때에는 선택이 가능한 새로운 일들이 존재하게 된다. 새로운 서술들과 새로운 개념들을 손에 넣을 수 있게 되었기에 새로운 의도들이 나에게 열리게 된다면, 나는 새로운 기회들로 가득 찬 세상에 살게 되는 것이다.[4] 이 책 첫 장에 처음 나온 단어들은 "다중인격 유행"이었다. 이 책에서 우리는 수많은 '유행'을 만나왔다. 아동학대, 의례 학대, 회복된 기억, 회복된 기억에 관한 진술 철회 등. 냉소적인 사람들은 이런 유행 중 어떤 것은 모방에 의해 만들어진 것이라고 비꼰다. 그러나 그렇다 하더라도, 이런 종류의 '유행' 역시 논리적 측면을 가지고 있다. 유행 사례마다, 다중인격과 같은 질환의 경우에도, 새로운 행위의 가능성이, 새로운 서술하의 행위가 나타나거나 유행된다. 다중인격은 새로운 방식으로 불행한 사람이 될 가능성을 제공한다. 다중인격 진단을 지지하는 사람들조차도, 유행하는 표현법을 빌리자면, 다중인격은 문화적으로 용인되는 고통의 표현방식이 되었다는 데에 기꺼이 동의한다.

새로운 용어가, 일상어는 아닐지라도, 다중인격에 관심을 가지고 있는 사람에게는 익숙해졌다는 점을 생각해보자. "전환" "다른 인격" "인격의 파편" "커밍아웃" "다른 데로 떠나기going to another place" 그리고 심지어 자신을 일인칭 복수인 "우리"로 표현하는 것까지. 100년 전에는 두 *번째 상태*와 같은 더 절제된 표현이 있었다. 냉소주의자들이 종종 관찰한 바로는, 이중인격과 다중성의 그 모든 격랑 속에서 다른 인격들을 견고히 만드는 방법 중 하나는 이름을 붙이는 것이었다. 특정 범위의 행동, 느낌, 태도, 기억들에 하나의 고유명사를 붙이고, 함께 접착시켜서 불완전한 인격 하나를 만드는 것이다. 덜 주목을 받는 두 번째 방법으로서, 다른 인격에 관한 새로운 서술적 어휘('전환'과 같은)는 그 존재와 행위에 새로운 선택의 기회를 열어주었다. '기분의 기복'이 심하다는 표현보다는, '가해자 인격으로 전환된다'라는 표현이 뭔가 더 특별해 보인다. 가해자 인격은 통제력을 가질 수 있기 때문이다. 나는 이런 어휘가 나오기 전에는 이중인격이 전환될 수 없었다거나 다른 인격이 커밍아웃할 수 없었다고 말하는 게 아니다. 메리 레이놀즈는 전환을 했고, 활달한 다른 인격이 커밍아웃했다. 우리는 그러한 서술이 이용 가능하지 않았던 시대로 시간을 거슬러 올라가, 그러한 서술이 당시의 개념적 공간의 일부가 아니었던 시대에도 그 서술을 거리낌 없이 적용하려 든다. 활달한 다른 인격이 의도적으로 나타났는지, 1816년에도 선택해서 나타났는지는 확실치 않다.

이 예는 모든 의도적 행위는 서술하의 행위라는 논제의 경계를 얼마간 모호하게 만든다. 앤스콤은 책임을 가진 도덕적 주체인 전인全人으로서의 개인의 의도에 관심을 가지고 있었다. 이제 다중성에 관한 한 가지 설명에 따르면, 전환은 의도적인 것이 아니라 불수의적으로 일어난다. 해리성정체감장애라는 진단과 명칭이 지속된다면 이 설명이 지지를 받게 될 것이다. 사실 여기에는 "한 개 미만의 개인"이 있다. 1980년대에 널리 퍼졌던 설명과는 대조적으로, 다중인격은 의도를 형성해낼 만큼 잘 체계화된 개인이 아니다. 그러나 다음의 설명은 아직까지도 다중인격운동에 속한 일반인들 사이에서는 통용되고 있다. 에스터가 전환하여 스탠이 커밍아웃하면, 스탠은 본 인격인 대프니의 다른 인격들을 모두 장악한다. 스탠이 행위자agent이다. 스탠은 전환을 담당하는 인격이다. 전환은 에스터나 대프니의 의도적 행위가 아니고, 스탠의 행위다. 스탠이야말로 커밍아웃할지를 결정하는 다른 인격이라는 것이다. 다중인격에게 새로운 언어와 개념이 사용 가능해지기 전까지, 전환은 인격의 파편이 선택할 수 있는 게 아니었고, 의도적 행위와 같은 것도 할 수 없었다. 그러나 적어도 1980년대에는 의도적 행위를 서술하는 방식으로 스탠의 행위가 묘사되었다. 이제 해리성정체감장애가 공식 진단명이 되고, 이론에서도 임상에서도 인격들이 그리 뚜렷치 않게 되면서, 의도적 행위의 이런 기회도 사라질지 모른다.

이는 의도와 행위에 관한 앤스콤의 논제를 껄끄럽게 한다. 아무튼 의도가 있기 위해서는 특정 수준의 인격의 통합성, 인격의 전인성을 지녀야 한다. 다른 인격들의 언어는, 해리행위에는 해리의 중추, 해리된 인격들, 하다못해 인격의 파편(파편 하나하나가 행위들을 귀속시키기에 충분한 한 개인의 특징들을 가지고 있는)이라도 담겨 있을 수 있다는 서술을 제공하고 있었다. 살인범과 강간범들에 관한 유명 법정 사례뿐만 아니라, 불륜을 저지른 건 자신이 아니라 다른 인격이므로 자신은 위자료를 받을 자격이 있다고 주장한 사우스캐롤라이나의 여자에 관해 생각해보자. 대프니를 그녀라고 보고, 에스터는 불륜을 저지른 대프니의 다른 인격이라고 생각해보자. 에스터는 불륜을 저질렀지만 대프니는 이를 알지 못한다. 의도적 행위를 다른 인격에 귀속시키는 이보다 더 명백한 사례가 또 있을까? 나는 새로운 형태의 서술과 함께, 새로운 종류의 의도적 행위가 출현했다고 주장한다. 허용되지 않았던 의도적 행위가 이제 그러한 서술에 의해 행위자에게 활짝 열린 것이다.

앞서 언급한 '유행' 중에서 가장 논란이 적은 것이 아동학대이다. 아동학대의 통계가 계속 증가하고 있다는 사실은 잘 알려져 있다. 보고가 더욱 잘 이루어지고 있는데도, 아동학대가 증가하고 있다는 데에는 의아해하지 않을 수가 없다. 아동학대를 단속하는 데 들이는 엄청난 노력, 돈, 홍보 및 후원을 고려한다면 섬뜩한 결론에 이르게 된다. '아동학대'라는 서술에 포함되는 행동의 범위는 지난 30년 동안 급격하게 확장되어왔다. 과거에는 주목받지 않았던 종류의 행동이 이제는 학대로 간주되고 있다. 새로운 방식의 학대성이 나타난 것이다. 학대행위를 하고 싶지만, 잘 주입된 행동억제로 인해 공공연한 종류의 행위는 피하려던 성인이, 이제 그들 자신마저도 학대성이라고 묘사할 만한 행위를 할 수 있다. 그리고 당연하게도, 전에는 감히 생각해보지도 않았던 일이 행동으로 이어지기도 한다. 여기에는 내가 *의미론적 진염*semantic contagion이라고 칭한 일이 일어난다. 어떤 한 종류의 행위를 생각하면, 마음은 그 종류의 다른 행위로 이어진다. 그리하여 어떤 행위가 새롭게 분류가 되면 또 다른 행위로 연결이 되는 것이다. 다음과 같은 식의 논리 전개를 하는 사람은 거의 없다. "이제 내가 이런 일─아동학대─을 하고 있으니, 이왕 저지른 김에 더 크게 일을 벌이는 게 낫겠다." 그러나 많은 것들이 '아동학대'라는 하나의 의미론적 표제로 덮여 있기 때문에, 일단 어떤 장벽이 사라지고 나면, 이전에는 혐오스러웠던 행위도 덜 무섭게 느껴질 수 있다. 아동학대의 증가는 부분적으로는 홍보 자체에 의한 것일 가능성도 간과해서는 안 된다. 새로운 서술하의 행위가 가능해지고, 다음에는 의미론적 전염에 의해 더 나쁜 행위로 이어질 수 있다는 점에서 그러하다. 무언가 할 수 있도록 새로운 가능성을 연다는 말은 훌륭하게 들리지만, 항상 멋지지만은 않다. 나를 유혹으로 이끌지 마라. 좋은 일의 가능성을 열 수 있는 것처럼 사악한 일의 가능성을 열 수도 있다.

아동학대의 증가가 단순히 모방효과 때문이 아닐 수도 있을까? 어떤 종류의 행동에 대한 새로운 개념을 획득하는 것과 모방행동 사이에 명확하게 경계를 그을 방법은 없다. 사례마다 따로 검토되어야 한다. 세상을 놀라게 한 동반자살은, 1811년 반제Wannsee의 하인리히 폰 클라이스트*이건 혹은 1991년 미국 중서부의 10대들**이건 간에 분명히 모방자들을 만들었다. 그렇다고 그들이 새로운 개념을 창조했다거나 새로운 서술을 가능케 했다고 말하지는 않겠다. 모방자들은 그저 단순히 영감을 받았다고 생각할 수도 있겠다. 그러나 아동학대의 경우, 정보를 유포하고 아동학대범을 잡고 예방하려는 강력한 추진력에 의해 새로운 개념과 서술이 퍼지면서, 새로운 종류의 행위가

---

* 　그리스신화 속 아마존 여왕 펜테실레이아와 아킬레우스 사이의 죽음에 이르는 애증을 묘사한 연극 〈펜테질레아〉(1808)의 작가로 유명하다. 여자친구와 동반자살했다.

** 　1991년 5월 일리노이주 라운드레이크 학교 동급생이자 이웃인 소녀 두 명이 선로에서 열차에 치이길 기다려 자살했다. 그해 1월 텍사스에서 16세 소년이 교실에서 권총 자살한 이후 10대 자살률이 급증하기 시작했다.

개방되고, 사악함을 실현시킬 기회가 되었을 수 있다는 생각은 확실히 새겨둘 필요가 있다.

말이 나온 김에, 이런 생각이 악명 높은 포르노 검열제도와 어떻게 연관되는지 주목해보자. 포르노를 배포하는 것은 당연히 그 자체로 나쁘고 사악하다는 의무론적 주장이 있다. 이 주장에 가까운 것으로는, 포르노의 이용 가능성은 그 자체로 여자에게 모욕적이며, 더 나아가 자기 비하 이미지를 심어주는 것이라는 주장도 있다. 또한 포르노 사진은(글과 달리) 여자와 아이를 착취해야 이루어진다고 주장한다. 그러나 거의 모든 주장은 공리주의적이고 결과주의적이다. 포르노의 유포는 남자로 하여금 여자의 품격을 짓밟고 폭력행위와 잔인한 행위를 촉진할 수 있다. 가장 야비하고 가장 가학적인 종류의 포르노는 모방행위를 끌어들인다고 한다. 이 주장에 대한 근거는 빈약하지만, 면밀히 살펴보자는 것은 잘못된 주장일 수도 있다. 진정 사악한 것은 그보다 한 단계 위에 은신해 있다. 포르노를 유포하는 것은 새로운 종류의 행위에 관한 지식을 유포하는 것이다. 잔인하고 학대적인 남자도 포함해서 대부분의 남자는 치욕을 준다는 게 어느 정도 범위인지 모를 정도로 무척 무지하다. 포르노가 하는 일 중 하나는, 언어적이든 시각적이든 간에, 새로운 방식의 행위, 새로운 서술을 유포하는 것이다. 이는 확실히 사악함에 관한 추상적인 생각이지만, 사악한 행위는 논리적 엄격함과 더불어 사념 없는 도덕적 설명으로 말해져야 한다.

나는 인간 유형의 고리 효과에 대해 종종 말해왔다. 고리 효과란, 한쪽에는 사람들이, 다른 한쪽에는 사람들과 그들의 행동을 분류하는 방식이 있어서 그사이에 일어나는 상호작용을 말한다. 특정 유형의 사람이라고, 또는 특정 행위를 한다고 간주되는 것이 그 개인에게 다시 영향을 미칠 수 있다. 새 분류방식이 그렇게 분류된 사람에게 조직적으로 영향을 미치거나, 혹은 그렇게 분류된 사람들이 지식을 가진 자, 분류하는 자, 분류의 과학에 대항하기도 한다. 이러한 상호작용이 분류된 자들을 변화시키고, 그리하여 그들에 관한 지식을 다시 변화시킨다. 이것이 내가 되먹임 효과라고 부르는 것이다. 이제 여기에 변수를 더해보자. 사람과 행동을 분류할 새로운 분류법이 발명되고 새로 주조되면, 좋든 나쁘든 간에 한 사람의 개인이 되는 새로운 방식이 창조되고, 새로운 선택의 길이 열린다. 새로운 서술이 나타나고, 따라서 새로운 서술하의 행위가 출현한다. 실질적으로 사람이 변하는 것이 아니라, 논리적 관점에서 그들에게 새로운 기회가 열리는 것이다.

여태까지는 개인 자신이 무엇을 할지 어떤 존재가 될지를 선택하거나 결정하는 바에 대해 말해왔다. 이제 다른 사람의 행위로 눈을 돌려보자. 20년 전에 비해 지금은 아동학대가 더 많이 보고되고 있는데, 보고하는 단체가 더 많아졌기 때문이기도 하고, 관계 당국과 일반인이 더 열성적으로 활동하기 때문이기도 하다. 아동학대 개념이 다듬어지고 주조되는 데에는, 금방 언급한 미래의 가해자에게 미칠 추정적 영향보다 이 활동이 훨씬 뚜렷한 영향을 미쳤다. 이건 거의 문제가 되지 않는다. 우리는 아동학대를 묘사하고, 보고하고, 더 많은 대응 활동을 한다. 아동학대 개념이 확장되어가면서, 더 많은 상황이 '아동학대'라는 서술하에 놓인다. 따라서 보고되어야 할 아동학대도 증가한다. 여기까지는 아주 단순하다. 그러나 아이들 자신이 어떻게 보고 경험하는지에 관해 생각하기 시작하면서부터 우리는 훨씬 복잡한 영역에 발을 들이게 된다. 1978년 이후 아이들에게 아동학대를 교육하려는 통합된 시도가 있었다. 한때 통상적인 교육은 "낯선 사람이 주는 사탕은 받지 마라. 모르는 사람을 따라가거나 그 차에 타지 마라"였다. 그러곤 예를 들어, 좋은 접촉과 나쁜 접촉에 대해 교육하기

영혼 다시 쓰기

도 했다. 그 차이를 가르치기 위해 짧은 이야기, 연극 대본, 영상 클립이 사용되었고, 새로운 어휘와 새로운 방식의 서술도 주어졌다. 아이들이 교육 내용을 잘 이해하는지 일부 심리학자들 사이에 논쟁이 있었다. 캘리포니아주 정부는 아동학대 교육 예산을 과감히 삭감했는데, 일부 전문가들이 발달학적 견지에서 6세 아이들은 교육 내용을 이해할 만큼 충분히 성숙하지 않다고 주장했기 때문이었다. 이런 종류의 교육에 어떤 장점과 결함이 있건 간에, 발달학적 비판에는 의문을 가져볼 만하다. 반대를 입증할 강력한 근거가 없어도, 아이들은 매우 영리하고, 그런 일에 관해 말을 하게 될 때면 때로 혼란스러워할지라도(단순히 부끄럼을 타는 것이거나, 또는 현명하게도 성인을 불신하는 것일지도 모른다) 무슨 일인지 잘 알고 있다는 것은 새겨들을 금언이다.[5]

아이들은 결국 성인보다 더 잘 알게 될 수 있다. 그리 극악스럽지 않은 종류의 학대를 말해보자. 앞서 코넬리아 윌버식의 성학대를 인용한 바 있다. 거기에는 9살 딸과 함께 욕조에 들어가거나 샤워하고, 아이를 부모 침대에서 함께 자게 하거나, 유년기가 지나서도 몸을 씻겨주는 등의 다양한 종류가 있다. 부모는 그런 행위를 결코 학대성 범주로 생각하지 않았다 하더라도, 아이는 학대성으로 판단하도록 교육받았을지 모른다. 그 아버지는 무엇을 했는가? 그는 9세 딸과 함께 샤워했다. 딸은 불편함을 느꼈을 뿐만 아니라 학대당한다고도 느꼈다. 아버지가 너에게 무엇을 했느냐고 묻는다면, 그 딸은 아버지가 자신을 학대했다고 대답할 수도 있다. 이런 결말은 매몰차다. 현실적인 희망은, 딸이 불편함을 느낀다면, 아버지가 이를 깨닫는 것이다. 꼭 범주화해야 할 필요가 있는 것은 아니다. 아버지가 언제부턴가 딸이 함께 샤워하는 것을 불편해함을 알면서도 이를 고집했다면, 그때는 학대성 행위가 된다. 그 학대가 심리적인지 성적인지 설명하는 일은 매우 미묘한 문제여서 법정에서 가려질 일이다. 그럼에도 불구하고 '그가 무엇을 했는가?'라는 개념적 질문은 여전히 복잡하다. 더 이해하기 어려운 것은, 어렸을 때에는 이러한 서술을 알지 못했으나, 과거를 돌이켜보니 이 서술에 해당하는 일이 있었음을 떠올린, 이제는 성인이 된 사례이다. 그녀는 아이일 때, 극악하게는 아니었지만, 학대를 당했다. 그럼에도 그녀가 아이일 때에는 그녀 자신은 물론 주위의 성인도, 오늘날 5살 아이가 생각하는 방식으로 개념화할 수가 없었을 것이다. 소급해서 인간의 행위를 재서술하고 재경험하는 일은 가장 어려운 주제이다. 이를 직접 설명하기 전에 약간의 사전 준비가 필요하다.

역사를 들여다보면 상황은 지금보다 덜 개인적이고 덜 긴박하게 느껴진다. 우리는 역사적 인물에 대해서는, 샤워실의 그 부녀에게 느끼는 것과 달리, 무관심할 수 있어서, 논리적 어려움이 더 명확해 보일 수 있겠다. 아마도 결코 사소하지 않을 소급된 재서술의 가장 단순한 예를 여기 제시하겠다. 영국 의회에 나온 한 의원입법 법안은, 1914~1918년 제1차 세계대전 동안 군법회의에 회부되어 총살형을 받은 영국과 캐나다 군인 307명의 사면에 관한 것이었다. 가장 많은 죄과는 탈영과 전선 배치 명령에 불복종한 것이었다. 이 비밀재판의 상세한 내용이 1990년에 출판되었다. 군법회의를 진행했던 사무관에게 공감을 느낄 사람은 지금은 거의 없을 것이다. 의원입법 법안의 발의자는, 오늘날이라면 그 군인들은 외상후스트레스장애로 진단받았을 것이고, 처형이 아니라 정신과 치료를 필요로 했을 것이라고 말했다.[6] 이것은 극단적인 소급적 재서술이다. 이 사례마저도 단순하지 않다. 이는 옛날의 행동을 병리화한다. 이게 문제가 되는가? 이 법안은 상징적이다. 이는 반전 정치의 일부이고, 실제로는 그 전쟁에서 처형된 24명의 아일랜드인 자원병을 대상으로 했던 앞선 법안을 모델로 한 것으로서, 잉글랜드–아일랜드 사이의 정치와 관련되어 있었다. 또한 그 병사들의 몇몇 후손에게는 사적인 의미를 가진 것이기도 했다. 오래

영혼 다시 쓰기

전 전쟁에서 내 선조 중 한 사람이 탈영으로 총살당했다면, 이 의원입법 법안으로 내 마음이 기뻤을지 전혀 확신할 수 없다. 도리어 내 선조가 그 상황에서 가장 합리적인 행동인 탈영을 시도할 만큼의 재치와 배짱이 있었다고 자랑스러워했을지도 모른다. 논리적 관점에서 볼 때, 이렇게 제안된 소급적 재서술이 흥미로운 이유는, 병사가 의도적으로 했을 행위의 수를 늘리지 않고, 도리어 감소시킨다는 점이다. 그들은 더 이상 탈영병으로 불리지 않고, 적어도 '일급' 탈영병으로 불리지 않는다. 그 이유는, 그들이 외상후스트레스장애를 앓고 있었다면, 엄밀하게 말해서 그들은 자의적으로 탈영한 게 아니기 때문이다.

의회에 내놓은 이 법안은 명예를 훼손시키지 않으려는 의도이다. 역사적 인물을 파괴하거나 폄하하기 위한 제안을 우리는 더 자주 마주친다. 누군가를 헐뜯기 위해 현재의 판단을 소급적용하여 재서술하는 것은 때로 우리를 잘못된 판단으로 이끌어간다. 유명한 스코틀랜드인 탐험가 알렉산더 매켄지Alexander Mackenzie(1755~1820)는 아동학대자일 뿐만 아니라 아동성추행자라고 불려왔다.[7] 매켄지는 그의 이름을 따 명명된 매켄지강을 북쪽으로 거슬러 항행하여 북극해에 닿은 최초의 유럽인이자, 로키산맥을 가로질러 태평양에 다다른 최초의 유럽인이다. 그는 성자가 아니었고, 인종차별주의자였음이 명백하지만, 48세의 나이에 14세 소녀와 결혼했다는 사실만으로 그가 아동학대자 혹은 아동성추행자라고 불려야 하는지, 아직도 나는 의구심을 가지고 있다. 그 결혼은 불법도 아니었고, 1812년 당시에는 전혀 이례적이지 않았다.* 오늘날 48세 남자가 14세 소녀와 성적 접촉을 한

---

* 1812년 48세의 알렉산더 매켄지는 런던의 거부이자 탐험가인 조지 매켄지George Mackenzie의 14세 딸 게디스Geddes와 결혼했다. 둘 사이에 딸과 두 아들이 있다. 그녀의 4대 조부는 1639년부터 14년간 지속된 스코틀랜드, 잉글랜드, 아일랜드 3국 전쟁을 지휘했던 스코틀랜드 백작이었다.

다면 그건 아동학대다. (나보코프의 《롤리타》는 지금 우리가 '아동학대'라고 붙이는 표식이 약간은 단순화되고 도덕주의적일 수 있음을 상기시키지만, 매켄지의 경우에는 해당되지 않는다. 그 문제와 관련해서 그의 삶은 오히려 단순했던 것으로 보인다.) 아동학대와 같은 단어를 그렇듯 폭넓게 소급적용해야만 할까? 다행스럽게도 이 질문은 순수하게 개념적인 것이므로, 우리는 법에 호소하지 않아도 된다.

그럼에도 불구하고, 그런 질문만으로도 엄청난 격노를 불러오는 경우도 있다. 필리프 아리에스는, 사춘기 전후의 인간에게 더 자유롭고, 더 솔직하고, 성적으로 덜 혼란스러운 삶이 주어졌던 이전 시대의 아동기에 관한 통찰력을 가지고 있었다.[8] 어린이에 관한 개념도 거의 존재하지 않았고, 학대의 개념도 그러했다. 우리 시대에 일어나는 식의 학대를 어린이들은 당하지 않았고, 개념상으로 그런 학대가 가능하지 않았다. 심리학 역사가인 로이드 드모스Lloyd DeMause는 아리에스의 말이 헛소리라고 본다.[9] 그는 모든 역사는 아니더라도, 적어도 서구 문명의 역사는 아동학대의 역사라고 말한다. 더 옛날로 갈수록 상황은 나빠진다. 아리에스는, 영아기와 유아기의 루이 13세(1601~1643, 1610년부터 재위)가 항상 공공연히 성기를 만지고 놀았다는 사실을 성에 대한 억압적 개념화가 존재하지 않았던 근거로 사용했다. 왕립의사는 그 놀이에 관해 충분한 기록을 남겼다. 드모스는 이 이야기를 아동성학대가 만연했다는 근거로 삼는다. 마찬가지로, 고대 그리스의 남색과 소위 1212년의 어린이 십자군*이라 불리는 사건도 그가 주장하는 논지에 해당한다. 같은 맥락에서, 데니

---

* 1212년 5월부터 9월 사이의 4차 십자군 원정에 아동 및 청년들이 나서서 행군을 시작했다고 한다. 원정은 실패했고 모두 노예로 끌려갔다고 하나, 그 사실성에 대해서는 아직도 논란이 있다. 교황의 승인도 없었고 청소년에 국한된 것도 아니었으며 전투나 귀환자에 관한 이야기나 기록도 없었다는 점에서 종교적 열정이 대중적으로 표현된 것이라고 보기도 한다.

스 도노번은 프로이트가 오이디푸스 콤플렉스의 요점을 엉뚱하게 짚었다고 주장한다.[10] 소포클레스의 《오이디푸스 왕》에서 이오카스테는 오이디푸스를 불구로 만들어 양치기에게 건네며 그를 죽이라고 한다. 도노번은 《오이디푸스 왕》이 아동학대와 그 후유증의 이야기로 읽히기를 원했다. 글쎄, 분명 영아살해 시도에 관한 이야기이기는 하다. 그 범죄는 오늘날에도 종종 아동학대 규정집에 올라온다. 그렇다고 그 고대의 전설을 아동학대로 시작되는 이야기로 서술해야만 하는 걸까? 현대의 도덕적 개념을 소급적용하는 데에는 명백히 문제가 있다.

흔한 예로서, 1950년에 일어난, 뻔하기는 하지만 역겹다고까지 말하기에는 애매한 수준의 성추행 사례를 생각해보자. 1950년이라면 법이나 관습을 위반한 것이 아니었고, 그 당시의 사회에서 유행하던 취향에 반하는 것도 아니었을 것이다. 1950년대 용어로 그 일을 설명한다면, '성추행'이라는 표현은 분명 사용하지 않을 것이다. 그렇다면 그 남자는 무엇을 하고 있었을까? 당신은 아마도 그 행위를 확인하고, 비서에게 한 말이 무엇인지, 그리고 그가 그 말을 한 방식을 지적하며, 답변할 것이다. 그러나 동일한 그 질문에 이제는 "그는 비서를 성추행했다"라고 당신은 답할 수 있다. 그 행위는 당신이 처음에 더 중립적인 관점에서 기술한 것과 동일한 행위이지만, 두 번째 답에서는 새로운 서술하의 행위가 된다. 반면, 그 남자가 성추행을 의도했는지를 묻는다면, 대부분의 사람들은 뭐라고 답해야 할지 확신하지 못한다. 오늘날 여러 사회에서는, 자신이 성추행을 했는지 자각하지 못했다고 말하는 남자를 경멸한다. 그런 식의 행동을 멈추지 않는다면, 그의 사회생활은 끝장날 것이다. 그러나 1950년대의 경우를 다시 생각해보면, 추행이라는 바로 그 개념이 그에게 사용 가능하지 않다면 비난의 강도는 확실히 줄어들 것이다.

신중한 철학자로서 나는 많은 소급적 재서술이 확실히 옳은 것도 확실히 틀린 것도 아니라고 말하는 편이다. 그럼에도 불구하고 정치적 책략으로 새로운 서술과 인식을 과거에 부여하는 것은 유용하다. 이것이 바로 드모스와 도노번이 한 일이다. 그 책략의 논리적 귀결이 무엇인지는 알아두어야 한다. 소급적 재서술은 과거를 거의 바꾸는 것과 같기 때문이다. 이 표현은 분명 역설적이기는 하다. 그러나 당시에는 서술될 수 없었던 방식으로 과거의 행위를 지금 서술한다면, 이상한 결과가 나오게 된다. 모든 의도적 행위는 서술된 행위이기 때문이다. 만일에 그 당시 서술이 존재하지 않았거나 사용 가능하지 않았다면, 당시에는 그 서술하에서 의도적인 행위를 할 수 없었을 것이다. 그가 그 서술하의 행위를 했다는 것은 나중에 가서야 진실이 된다. 적어도 우리가 과거를 다시 쓰는 이유는, 과거에 대해 더 많은 걸 찾아내서가 아니라, 과거의 행위를 새로운 서술로 제시하기 때문이다.

아마도 과거의 인간 행위는 얼마간은 불확정적인 것이라고 생각하는 게 가장 나을 것 같다. 우선 성추행의 매우 손쉬운 예부터 생각해보자. 성추행에 관한 미국적 주요 개념의 출현이 1950년에 결정되어 있었다고 생각되지는 않는다. 앞서 나는 1950년에 일어났던 단순하고 뻔해 보이지만 심히 역겹지 않은 성추행 사례를 상상해보자고 청했다. 1950년에 그것이 성추행이라는 의도적 행위로 확정적이었다고 나는 확신할 수 없다. 사실, 어떤 사람들은 그 당시에는 분명 성추행이 아니었다고 말하기도 하지만, 나는 그 의견에는 강력히 반대한다. 당연히 성추행이었다고 주장하는 사람도 있다. 이 사례에서 그것은 1950년에 의도적인 성추행이었다고 나는 판단한다. 그러나 매켄지가 14세 소녀와 결혼했기 때문에 아동성추행자라고 말하지는 않겠다. 그가 성추행자라고 단호하게 주장하는 사람들도 있는데, 왜 그런 주장을 하는지 이해할 수는 있다. 우리가 허용하는 경계선은 저마다

영혼 다시 쓰기

다른데, 이것이 불확정성을 암시하는 것이라고 나는 생각한다. 이는 "원하는 대로 뭐든지 말하기"의 문제가 아니라, "왜 우리는 서로 다른 방향으로 끌리는지를 이해하기"의 문제이다. 소급해서 과거를 재서술할 때면, 논증이나 성찰보다는 정치적 수사가 많은 사람에게 더 영향을 미친다. 나는 소급적 재서술에서 어떤 지점에 선을 그어야 할지에 대해 누구도 설득하고 싶지 않다. 오히려, 그것은 과거에 그리 확정적이지 않았을 수 있음을, 과거의 의도적 행위에 대해 어떤 미래의 서술이 적용되거나 적용될 수 있음을 나는 강력히 주장한다.

이제 되돌아가서, 다중인격과 관련된 질문을 해보자. 이 장의 앞부분에서 나는 온순하고 단정한 기혼 여성인 대프니에 관해 언급했다. 대프니가 그 존재를 알지 못했던 다른 인격인 에스터는 남자 애인을 두고 있었다. 나는 이 사례를 1980년대의 다중성 언어로 서술했다. 이러한 서술을 소급해서 얼마나 잘 사용할 수 있을까? 어느 시대에나 대프니 같은 여자는 자주 연인과의 만남을 가져왔고, 그럼에도 그런 만남과 감정을 일상생활과 분리할 수 있었다. 그녀가 아내와 어머니로 살아가는 동안 삶의 그런 측면에 대해 정말로 의식하지 못했다고 가정해보자. 그녀는 비밀공간에 숨긴 향수와 속옷에 주의하지 않았다. 그녀는 흔히 옛날 삼류소설에서 나오듯, 두 개의 인생을 가지고 있었고, 자기 기만에 이를 정도로 이 둘을 철저히 분리시켰다. 그녀와 연인이 밀회할 때면 에스터라는 자기들만의 이름을 사용했고, 헤어질 때면 퉁명스럽고 무뚝뚝한 남자 '스탠'이 튀어나왔다.

대프니가 이번에는 1980년대의 캐롤라이나가 아니라 남북전쟁 이전의 남부에서 불륜에 빠졌다고 상상해보자. 당시 그곳에는 이중의식이 알려져 있지 않았다. 그럼에도 불구하고, 비록 그녀 자신이 그런 서술은 할 수 없었을지라도, 우리는 그녀의 이야기를 읽으며 무슨 일이 있었는지는 말할 수 있지 않을까? 그녀는 에스터로 전환해서 따분한 남편으로부터 벗어나 막간의 낭만을 즐기던 다중인격이 아니었을까? 그녀의 아버지가 노예 아이들을 학대하는 것에 그치지 않고 자기 딸까지 매우 어린 나이에 성폭행했음이 밝혀진다. 그 사실이 이 사건을 매듭짓는가? 다중인격 진단을 지지하는 많은 사람들은 대프니가 다중인격이었다고 주장할 것이다. 나는 이 주장을 문제 삼고 싶지 않다. 중요한 것은 다음 단계다. 만일에 그녀가 다중인격이었다면, 다중성에 관한 모든 언어가 그녀에게 소급적으로 적용될 수 있는 것 아닌가? 아니다.

예를 들어, 앞서 말했듯이 1980년대라면, 특정 상황에서 에스터가 커밍아웃하기로 결정하고 대프니로부터 통제권을 빼앗을 수도 있다. 그러나 1855년의 '에스터'에게는 이런 일이 그야말로 가능하지 않았다. 견고한 다른 인격도 없었고, 다른 인격의 자기-개념도 없었으며, 다른 인격으로서의 에스터는 존재하지 않았다. 마찬가지로 어떤 다른 인격이나 인격 파편으로의 '커밍아웃'이라는 어떤 행위의 서술도 없었다. 반복해서 말하자면, 이것이 행위에 관한 논리적 요점이기는 하지만, 행동 유형에 관해, 인간의 유형들에 관해 새로운 서술을 도입하는 효과에, 당혹스럽기는 하지만, 다른 시각을 보여줄지 모른다.

내가 근시안적으로 보일 수도 있다. 어쨌거나 대프니가 1980년대식의 치료를 받았더라면, 다중성이 만개했을 수 있다. 에스터와 스탠은 그녀의 다른 인격들이었을 터이고. 그녀는 '자신 안'에 그 인격들을 가지고 있지 않았을까? 이는 새로이 생각해볼 점이다. 대프니는 다중성이 만개할 수 있는, 소위 철학자들이 말하는 '성향'을 가지고 있었다. 마치 깨지기 쉬운 찻잔에는 떨어뜨리면 산산이 부서질 성향이 있는 것처럼. 그 성향은, 부서지기 쉬운 찻잔의 성질이 내적 구조에서 비롯된 것처럼, 대프니의 내적 구조의 일부거나 아니면 그로 인한 결과이다. 그래서 다른 인격으로서의 에스터에 관해 합리적으로 말할 수 없는 걸까?

왜 그럴 수 없는지를 실제 사례인 1921년 H. H. 고더드의 환자 버니스 R.을 통해 살펴보자.[11] 나는 그녀가 DSM-III의 기준에 확실히 부합한다고 논증한 바 있다.[12] 그녀는 다중인격이었다. 그녀에게는 어린이 인격인 폴리가 있었는데, 고더드의 보고서에 근거해서, 폴리가 커밍아웃해서 버니스를 장악했다고 분명하게 말할 수 있다. (그러나 폴리가 한 그 행위가 의도적인 것이었는지 여부는 확신할 수 없다.) 만일 버니스가 1991년에 다중인격 및 해리장애 클리닉에서 치료를 받았다면, 실질적으로 여러 개의 다른 인격을 발현시켰을 가능성이 매우 크다고 생각한다. 그 가족 내에는 수많은 트라우마가 있었다. 그럼에도 역사상 존재했던 버니스에게 특정 치료하에서 필시 발현되었을 인격 구조를 소급 투사하는 것은 잘못된 일이라고 나는 판단한다. 어떤 일이 있었을지 확실히 모른다는 단순한 이유에서가 아니다. 버니스가 1921년에 치료를 시작했을 때 그녀가 하나 또는 둘보다 많은 다른 인격들로 된 인격 구성을 가졌다는 말은 사실이 아니다. 확실한 것은, 1921년 9월 적어도 하나의 다른 인격 즉 폴리가 있었다는 것뿐이다. 또한 그녀가 1991년의 치료과정을 거친다면 여러 개의 다른 인격들을 발현했으리라는 것도 있음직한 일이다. 어쩌면 버니스와 같은 다중인격은, 적합한 강화조건이 주어지면 그렇게 진행될 잠재적 성질을 가졌을지 모른다. 그러나 이러한 잠재성을 제외하고 버니스에게는 '실제성actuality'이 없었다. 유일하게 확정된 사실은 하나의 다른 인격이 있었고, 또 다른 인격인 루이제에 관한 암시가 있었다는 것뿐이다.

이를 버니스에 관한 다른 사실과 비교해보자. 그녀는 고더드에게 아버지가 자신과 성관계를 했음을 반복적으로 말했다. 고더드는 이 말이 한동안 버니스가 지내던 떠돌이 소녀들의 쉼터에서 주워들은 환상이라고 확신했다. 그는 이 거짓기억이 버니스의 다중성과 연관된 것이라고 생각하지는 않았다. 고더드도 자네처럼 근친강간의 기억이 사라지도록 해줘야 한다고 생각했다. 그의 기록을 보면 그는 그런 일이 일어난 적 없다고 그녀를 설득했다. 고더드의 기록을 읽고 기밀로 간주되는 버니스의 가족사를 조사해본 후에 내가 추정하기로는, 버니스는 실제로 있었던 근친강간(당시에는 질 성교를 의미했다)을 기억해낸 것이거나, 더 가능성이 큰 것은 계간이다. 나는 그녀가 근본적으로 진짜 기억을 가지고 있었다고 생각한다. 내가 완전히 틀렸을 수도 있고, 반쯤 틀렸을 수도 있다. 삽입이 없었더라도 극악한 성학대라고 불리는 것이 있었을 수 있다. 그러나 명백한 사실 하나가 있다. 버니스의 아버지가 그녀와 성교를 했거나 아니면 하지 않았거나 둘 중 하나라는 것이다. 비록 진실이 무엇인지 우리는 결코 확실히 알 수는 없겠지만, 이것이 '실제성'이다. 그렇지만 버니스의 다른 인격들의 진짜 숫자에 관해서도, 찻잔의 물리적 구조와 같은 그녀의 내적 본성에 관해서도 진실은 존재하지 않는다. 그것은 확정적인 것이 아니다. 되풀이 말하자면, 버니스에 관한 단 하나의 확정된 사실은 어린이 인격인 폴리가 있었다는 것뿐이다.

여태까지 과거의 인물이나 과거의 행위에 새로운 서술을 소급적 용용하는 것에 대해 논했다. 마지막으로, 가장 어려운 일인, 우리 자신의 과거를 이해하고 받아들이는 것을 논하려 한다. 회복된 기억을 지지하는 사람과 거짓기억을 지지하는 사람은 철저히 상충되는 것처럼 보이지만, 하나의 가정을 공유한다. 어떤 사건들이 일어났고 경험되었거나, 아니면 일어나지 않았고 경험되지 않았거나, 둘 중 하나라는 가정이다. 과거 자체는 확정적인 것이다. 참된 기억은 경험한 사건을 상기해내는 반면, 거짓기억은 결코 일어난 적 없는 사건을 상기해낸다. 기억해낼 대상은 명백하고 확정적이며, 기억 이전의 현실이다. 전형적인 정신분석가조차도 과거의 근본적 확고함에 의문을 가지지 않

영혼 다시 쓰기

는 경향이 있다. 분석가는 기억해낸 사건이 실제로 일어났는지에 무관심할 것이다. 그들이 중시하는 것은 그 기억해낸 것에 대해 가지고 있는 현재의 감정적 의미이다. 그럼에도 불구하고, 과거 자체는 그리고 당시 어떻게 경험되었는지는 대개는 충분히 확정된 것으로 간주한다.

물론 양 진영(회복된 기억 대 거짓기억)에서 논쟁이 벌어지고 있는 많은 사건들은, 캠코더가 있어서 논란이 되는 그 장면을 기록했다면 보여질 수 있었다는 진부한 의미에서 확정적이다. 그 남자가 5살 의붓아들을 계간했거나 아니면 하지 않았다. 이것이 과거의 확정적인 부분이다. 버니스의 근친강간에 관한 기억이 꽤 정확했거나 아니면 부정확했다. 회복된 기억에서 나온 근거를 내세워 법정에 선 사례마다 모두 완벽하게 확정적인 과거 사건의 혐의를 주장했는데, 대개는 터무니없이 극악한, 발생했거나 아니면 발생하지 않았거나 한 일이었다. 회복된 기억 속의 다른 많은 사건도 똑같이 확정적이다. 그러나 엄청나게 많은 양을 정리해야 하는 기억작업은 분명하게 변경 불가능한 사실-아니면-거짓으로 귀결되지 않는 것으로 악명 높다. 설사 버니스의 기억이 정밀하게 파헤쳐졌더라도, 아마도 아버지에 대한 모호한 성적 불편함만 찾아내고, 그녀가 옛날식 단어를 사용해서 처음 보고한 근친강간만큼 극적인 것은 없었을지 모른다. 아마도 고더드는 반쯤은 옳았다. 버니스의 아버지는 딸을 성적으로 학대했으나, 버니스가 기억한 것처럼 보이는 것보다 덜 극악한 방식이었다. 그녀가 떠돌이 소녀 쉼터에서 무서운 이야기 형식으로 한 세트의 새로운 서술들을 습득했을 때, 의미론적 전염이 작동되었을 것이다. 그 말은, 그녀가 새로운 생각들을 습득하면서, 그 생각들을 예전의 행위에 적용했다는 의미다.

이제 사람들 대부분은, 기억이 정확한 기록을 만들어내는 캠코더의 기록물과 같지 않다는 것을 상식으로 받아들인다. 우리는 경험한 일련의 사건들을 기억 속에서 재생하지 않는다. 대신, 우리가 기억해 낸 요소들을 재배열하고 변형시켜서 무언가 말이 될 만한 것으로, 혹은 때로는 수수께끼나 종잡을 수 없을 만큼의 구조로 변형시킨다. (종잡을 수 없는 것도 요소들이 부조화스럽도록 충분히 조직되어야 한다.) 다듬고, 보충하고, 삭제하고, 합치고, 해석하고, 가림막을 친다. 과거란, 몰래카메라를 줄줄이 설치해 두었더라면 충실한 기록이 만들어졌을, 그런 종류의 것이라는 개념은 아직도 존재한다. 그러나 한번 상상해보자. 계약을 성사시키고 악수하는 두 사람을 내가 보았다고(혹은 기억한다고) 하자. 다른 경우에는 서로 모르는 두 명이 처음 만나는 장면을 내가 보았다고(혹은 기억한다고) 해보자. 두 개의 서로 다른 장면의 카메라 이미지는 구별하기 어렵고, 오직 전체 이야기가 스크린에 담길 때에만 구별될 수 있다. 활동은 기록되지만, 서술-하의-행위는 기록되지 않는다. 어떤 이론가는 우리가 장면을 다르게 해석한다고 말하지만, 그 말은 그리 도움이 되지는 않는다. 그 장면이 두 명의 사업가가 계약을 마친 것임을 알기 위해서는 상당한 사회적 분별력을 갖춰야 하지만, 그런 분별력을 가지고도 그런 일반적인 경우에, 우리가 본 게 무엇인지 '해석'하지는 않는다. 우리가 본 것은 그저 두 남자가 서로 인사하는 것뿐이다. 그러나 해석의 관점에서 분석하기를 좋아하는 사람들에게는, 내가 본(혹은 기억하는) 것은 '해석된' 장면으로서 의미를 담고 있는 일화다. 어쨌든 간에, 마음속에서건 비디오 영상에서건 간에, "저 두 남자는 무엇을 하고 있는가?"라는 질문에 답을 내놓기에는 이미지 하나로는 충분치 않다.

심리적인 면에서 우리를 흥미롭게 하는 기억된 과거는, 인사를 나누거나 거래를 하는 등 인간 행위로 가득 찬 세상이다. 상상의 캠코더가 하늘에 있어서 특정 장면에서 일어나는 모든 일을 기록한다 하더라도, 사람들이 한 일을 기록하기에는 그것만으로 충분하지 않다. 이것은 트라우마 연구와도 관련될 수 있다. 끔찍한 사고의 피해자를 대상으로 일정 시간차를 두고 이루어지는 면담은 어찌 보면 근면하기 짝이 없다. 캘리포니아 지진, 버팔로 크릭 댐 붕괴사고, 오클랜드 대화재, 석유 플랫폼 사고 현장에서 시신 분류작업을 했던 스코틀랜드 경찰들*, 평범한 이웃이었던 녀석들이 차우칠라에서 아이들이 가득 탄 스쿨버스를 납치해서 캘리포니아 사막에 하루 동안 묻어버렸던 일** 등은 그런 사건의 예이다. 마지막 사건과 관련된 트라우마는 약간은 장난삼아 저지른, 납치보다는 생매장 사건이었지만, 오히려 이 사건만이 인간의 행위에 가깝다. 트라우마 전문가들은 이들 사건에 주목하고 외상후스트레스장애의 증상뿐만 아니라 시간에 따른 피해자의 기억을 연구했다. 이 분야의 선구자로서 차우칠라 납치사건을 연구한 레노어 터Lenore Terr는, 그녀가 단일 사건 트라우마라고 부른 사건의 피해자는 뚜렷한 기억을 유지하고 있다고 했다.[13] 그 견해는 생매장 사건은 물론 대부분의 자연재해에도 적용된다. 그럼에도 나는 그러한 사례들과 회복된 기억 사이의 차이점을 지적하고자 한다. 그 트라우마들의 본질적 특성은 인간의 행위가 아니라는 것이다. 그 트라우마 사건들은 있는 그대로였고, 의도나 서술하의 행위가 일어나지 않는다.

---

*   1988년 7월 6일 스코틀랜드 북해에 위치한 석유 플랫폼 파이퍼 알파Piper Alpha에서 폭발사고가 일어나 167명이 사망하고 다수가 부상했다. 인명 피해와 경제 파급효과 면에서 세계 최악의 해상 유전 재해로 꼽힌다. 외상후스트레스장애가 구조작업자에게 생겼다는 점에서 주목을 받았고, 이후 필수 조사 대상자가 되었다.

**   1976년 7월 캘리포니아주 차우칠라에서 스쿨버스 운전사와 5~14세 어린이 26명을 납치해서 채석장에 묻어둔 트레일러로 내려보내고 몸값을 요구한 사건. 지하에서 약 16시간이 지난 후, 운전자와 아이들은 트레일러 상단의 구멍을 열고 땅을 파서 탈출했다. 범인인 채석장 주인의 아들과 친구 두 명은 종신형을 받았다.

그래서 나는 인간이 개입되지 않은 상황들로 인한 트라우마의 영향을 인간의 행위로 인한 트라우마에 투사하는 데에는 신중해야 함을 강조한다. 그 이유는 관련된 기억의 종류가 다르기 때문이 아니라, 기억되는 사건들 사이에 논리적 차이가 있기 때문이다. 우리는 지진을 서술하지만, 어떤 서술하의 지진이라는 말은 어불성설이다. 그 사건은 그저 지진일 뿐이다. 물론 레노어 터가 말하는 차이(단일 사건 대 반복적 사건)와 내가 말하는 차이(의도적 인간 행위 대 인간이 개입되지 않은 사건)는 겉보기에 그리 많이 상충되지 않는다. 인간의 행위가 서술에 포획되는 한 가지 방식은 그 행위가 더 확대된 장면에 맞는지의 관점에서다. 그 남자의 손이 펌프 손잡이 위로 오르락내리락한다. 한 걸음 뒤로 물러나 보자. 그는 펌프로 물을 끌어올리고 있다. 더 확대해보자. 그는 건물 안의 남자들을 독살하고 있다. 앤스콤이 명료히 표현했듯이, 어떤 행위의 의도성이란 행위의 결과에 더해진 사적인 심리적 사건이 아니라, 맥락에서 행함이다.

나는 옛 행위를 재서술하는 것, 특히 새롭게 만든 서술형식으로 그렇게 하는 것에 대해 말해왔다. 기억해낼 때 일어나는 다른 무언가가 있다. 사람들이 행한 행위로 가득 찬 트라우마 장면이 다른 시간에는 다른 의미가 부여될 수 있다. 이 현상은 경력상 꽤 초창기의 프로이트에게도 잘 알려져 있었다. 유아성욕론을 완전히 펼치기 전에, 그는 유아나 아동이 부모의 성관계를 목격했던 원초적 장면이 목격 시점에서도 반드시 성적 의미가 있어야 하는 건 아니라고 말하고 싶어했다. 그러나 사춘기 이후에는 똑같은 옛 장면이 강렬한 성적 의미를 지니게 된다. 프로이트와 여러 사람들의 연구 덕분에 어린이는 무성적이라는 19세기 생각은 더 이상 확고하지 않다. 그렇지만 그 생각은 아동발달이론에서 부분적으로 유지되는데, 특정 발달 단계에서 어떤 경험은 '부적절'하다는 인식 때문이다. 그런 이유로 성에 대한 과도

영혼 다시 쓰기

한 관심을 근거로 아동학대의 임상진단을 하기도 한다. 프로이트는 동시대 사람들보다 더 많이 유아와 아동의 무성설을 믿었던 것 같다. 따라서 그가 무성설에 대한 믿음을 철회했을 때 더욱 주목받았던 것이다.[14] 우리는 프로이트-역사와 프로이트-주해의 문제들을 그의 초기 통찰과 분리할 수 있다. 아이일 때 경험한 원초적 장면의 의미는, 후일 사춘기가 되어 기억을 불러내거나 억제했을 때의 의미와 다르다는 개념은, 오해의 소지가 있는 전제 위에 세워진 개념일지라도 본질적으로 중요하다. 우리는 주어진 사건을 해석하는 수준에서 생각해볼 수 있고, 아니면 일어났던 일에 대해 새로운 수준의 느낌을 가지는 것으로 생각해볼 수도 있다. 한 발 더 나아가보자.

새로운 서술하에 놓인 옛 행위는 기억 속에서 재경험될 수 있다. 그리고 만일에 그 서술이 정말로 새로운 서술이고, 기억된 사건이 일어났던 시간에 그 서술이 가능하지 않았거나 존재하지 않았다면, 그렇다면 이제 기억 속에서 경험되는 무언가는 어떤 의미로는 이전에 존재하지 않았던 것이다. 그 행위는 있었지만, 새로운 서술하의 그 행위는 아니었다. 더욱이, 그 사건이 이렇듯 새로운 방식으로 경험될 것이라고는 확정되지 않았다. 왜냐하면 그 사건들이 발생했을 당시에는 미래에 새로운 서술이 출현할지 확정되어 있지 않았기 때문이다. 다만 다음의 말은 확실하게 되풀이해야겠다. 억제된 기억이든 억압된 기억이든 간에, 완전히 확정되어 있는, 끔찍한 사건에 대한 똑바른 기억 또한 이 세상에는 많이 존재한다는 것을. 내가 탐색하는 기억은 그러한 것의 주변에 있는 것이고, 더 직접적인 회상과는 다른 정신적 기전으로 인해 야기되는 기억이다.

그러므로 나는 의도적 인간 행위의 기억에 관한 매우 어려운 견해를 제안하고 있는 셈이다. 우리가 문제 삼는 그 사건은 지금 보이는 것처럼 그렇게 명확한 것이 아니었을 수 있다. 우리 자신이 한 일이나 남들이 행한 것을 기억해낼 때, 우리는 과거를 재고하고, 재서술하고, 다시 느끼는 것일 수 있다. 이러한 재서술이 과거의 완벽한 진실이 될 수도 있다. 이 말은 지금 우리가 과거에 관해 주장하는 진실이라는 것이다. 그리고 역설적이게도, 그 재서술은 과거에는 진실이 아니었을 수 있는데, 이 말은 그 행위가 일어났을 때 이해되었던 의도적 행위에 관한 진실이 아니었을 수 있다는 말이다. 그 당시에 이해했던 의미에서 의도적 행위가 아니었을 수 있다는 의미다. 과거는 소급해서 수정된다고 내가 말하는 이유다. 우리는 과거에 일어난 일에 대해 의견을 바꿀 수 있다는 의미에서뿐만 아니라, 어떤 논리적 의미에서 일어났던 일 자체가 변형될 수 있다는 의미이기도 하다. 과거는, 우리의 이해와 감수성이 변화됨에 따라, 어떤 의미로는, 그 행위가 행해지던 당시에는 존재하지 않았던 의도적 행위로 가득 차게 된다.

그런 파격적인 결론을 완벽히 명백하다고 보는 사람들, 사실, 진리, 이성, 논리 등의 오래된 범주를 기쁘게 폐기하는 사람들이 있다. 내가 말하는 것이 그들에게 매력적일 수 있다면 유감스러운 일이다. 이 책을 통해서, 그리고 이 장을 통해서, 진리와 사실의 개념 모두가 기본적이고 비교적 문제성이 없는 개념임을 나 스스로 당연하다고 생각하고 있음은 명백하다. 일부 과거의 행위에는 어떤 불확정성이 있다는 나의 역설적인 주장은 진지한 것인데, 그럴 수 있는 이유는 바로 그 주장이 참과 거짓의 존재를 전제하고 그 배경에 비춰보는 것이기 때문이다. 마치 모든 것이 불확정적이고, 텍스트와 서술의 문제인 것처럼 글을 쓰는 이론가들은 우리의 선입관을 매우 효과적으로 뒤흔들어 놓는다. 그들의 사례는 때로 많은 걸 알려주지만, 그들의 일반적 논제에는 별로 말해주는 게 없다. 옛 금언을 인용하자면, 만약에 모든 육체가 지푸라기라면, 왕들과 추기경들 또한 지푸라기이고, 하지만 모든 이들 또한 지푸라기라면, 우리는 왕들과 추기경들에 관해 많은 것을 알 수 없었을 것이다.*

과거의 불확정성 개념과 기억에 관한 두 가지 흔한 생각을 함께 논의하는 것이 좋겠다. 하나는 앞서 이미 언급했던 것이다. 기억은 비디오 기록물과 같지 않다. 기억은 이미지를 필요로 하지 않고, 이미지는 결코 충분하지 않다. 게다가 우리의 기억은 가려지고, 누덕누덕 기워지고, 뭉쳐지고, 삭제되어 있다. 이 생각은 두 번째 생각으로 이어진다. 기억하기에 대한 가장 좋은 유비는 스토리텔링이다. 기억을 위한 은유는 서사narrative다. 아마도 소설가들이 이 주제에 대해서는 이론가보다 더 나을 것이다.《착한 테러리스트》(5장 말미에 인용했던)에서 도리스 레싱의 주인공 앨리스는 "자신의 기억을 불러내려 애를 쓰고 있었다." 그러나,

무언가 안정된 것을 붙잡으려 미친 듯이 휘저으면서 마음이 술렁거리기 시작할 때면, 지금처럼, 단번에 어린 시절로 빠져들어 가서, 매만지고 광을 내고 싱싱한 색깔로 칠하고 또 칠했던 이런저런 장면에 즐겁게 머물게 되는데, 그럴 때면 "옛날 옛적에 앨리스라는 아이가 엄마 도로시와 함께 살고 있었습니다……"로 시작되는 이야기 속으로 걸어 들어가는 듯이 느껴졌다.[15]

기억을 서사로 간주해야 한다는 신조는 기억-정치의 한 측면이다.

---

* 해킹의 저서《통계적 추론의 논리Logic of Statistical Inference》에서 데 피네티De Finetti의 주장—우연이라는 물리적 속성이 존재한다면 이 세상은 '불가사의한 가짜 세상'일 뿐이라면서, 논리법칙 또한 주관성 성향의 우연한 일치에 의한 산물이라고 함—에 대해, 이사야서 40:6("하나님이 이르되, 모든 육체는 풀이요, 그 아름다움은 들의 꽃과 같으니")에 빗대어 반박한 것. 저자는 통계법칙을 왕과 추기경에 비유했다.

우리는 우리의 삶을 만들어냄making up으로써, 즉 우리의 과거에 관한 이야기를 엮어냄으로써, 우리가 기억이라고 부르는 것으로써, 우리의 영혼을 구성해낸다. 우리가 자신에 관해 말하는 이야기, 또 자신에게 말해주는 이야기는 우리가 무엇을 했고 어떻게 느꼈는지에 관한 기록이 아니다. 그 이야기는 세상과 맞물려야 하고, 적어도 외견상으로 다른 사람의 이야기와 조화되어야 한다. 그러나 이야기의 진짜 역할은 하나의 삶, 어떤 개성, 하나의 자아를 창조하는 일이다. 기억을 서사로 보는 시각은 흔히 인도적이고, 인본주의적이며, 반反과학적이라고 제시된다. 이는 기억을 신경학적 프로그램으로 이해하는 시각과 분명 상충된다. 그런 시각은 특성상 해부학적이다. 기억의 다양한 종류들은 신체의 각기 다른 부분들, 즉 뇌의 다른 부위들에 위치한다는 것이다. 해부학으로서의 기억과, 서사로서의 기억이 서로 완전히 대립될 필요는 없다. 신경학자인 이즈리얼 로젠필드Israel Rosenfield는 저서 《기억의 발명》에서 기억의 뇌 정위에 관한 해부학 프로그램을 추적하였으나, 결과적으로는 인간의 삶에서 기억의 역할에 관한 서사적 분석과 한층 더 유사한 것을 역설하게 되었다.[16] 그러나 서사로서의 기억이 종종 반과학주의 이념의 한 부분임은 의심의 여지가 없다. 그럼에도 기억-정치는 바로 실증주의 심리학의 과학적 배경에서 생겨났음을 잊어서는 안 된다. 그 동기는 영혼을 우리가 그것에 대해 지식을 가지고 있는 무언가로 대체하려는 세속적 욕구였다. 시인은 세속이든 과학이든 관심이 없겠지만 그렇다고 아무것도 하지 않을 수는 없었다. 인본주의적 반응은 대안을 시도해보는 것이었다. 즉 과학이 아닌 서사로 영혼을 포획하려는 것이었다. 프루스트의 《잃어버린 시간을 찾아서》는 프랑스에 밀려 들어오던 최초의 과학주의적 기억-정치에 대한 반응이다. 프루스트는 기억을 다시 쓰고, 동일한 이야기를 변형시켜 되풀이 이야기하면서 연작을 냈다. 그는 분명 자네보다는 베르그송에 가까우나, 그 기반은 동일하다. 마르셀 프루스트의 아버지가 기술한 한 사례는 아들의 책에도 등장했고 피에르 자네의 여러 연구에도 나와 있다.[17] 베르그송은 자신과 동시대인이자, 동기 연구자이자, 평생의 동료인 자네에 관해 반복적으로 묘사했다. 서사로서의 기억과 기억의 과학들은 영혼의 세속화라는 하나의 줄기에서 뻗어 나온 가지들이다.

서사로서의 기억이라는 특성을 우리는 얼마만큼 고수해야 할까? 기억과 스토리텔링을 생생하게 연결했던 레싱은, 그럼에도 불구하고, 어떤 *장면scene*을 곱씹는 것에 관해 묘사했다. 나는 그게 맞다고 생각한다. 나는 대중적 관점의 장점을 짧게 제안하고자 한다. 기억은 어떤 점에서는 이미지를 필요로 하지 않는 한 지각perception과 비교될 수 있다는 관점이다. 서사에서 잠깐 다른 데로 관심을 돌려보자. 행위는 어떤 서술하의 행위라는 주장을 내가 고수하고 있음에도 불구하고, 우리가 끊임없이 인간의 조건을 말로 표현을 하고 있는지 의구심을 가지고 있다. 길버트 라일Gilbert Ryle은 전후 옥스퍼드 철학의 일인자인데, 마음의 철학에 관한 1949년의 고전적 저서의 끝부분에 나오는 기억에 관한 고찰에서, '기억하기remembering'와 '이야기하기narrating'를 이미 연관시킨 바가 있다.[18] "잘 기억해내기recalling는 잘 제시하는 것presenting이다. …… 이것이 서사의 기술이다." "그렇다면 회고하기reminiscing는 충실하게 말로 이야기하는 형식을 취하게 된다."[19] 우리가 기억하고, 기억을 불러내고, 회고하는 *한 가지* 방식은 이야기하기에 의한 것임을 라일은 명확히 한 것이다. 이 말은 기억하기와 이야기하기가 *같다*는 말로 이어지지는 않는다. 비록 라일도 일화적인 기억해내기에 관해 보통 글을 썼지만, 레싱처럼 그 또한 장면에 관해 말했다. 기억하기가 종종 장면, 광경, 느낌에 관한 기억이라고 말하는 것은 이미지로 기억을 한다거나, 혹은 어떤 장면의 이미지나 잔상 또는 느낌의 해석을 내적으로 재생하는 것을 의미하지는 않는다. 그렇게 할 수도 있지만 그럴 필요는 없다. 경험심리학에 따르면 사람들이 시각화하거나 이미지를 형성하는 정도는 그 차이가 매우 크다.

장면에 관한 은유는 괴로운 기억의 갑작스러운 회복에서 보고된 경험으로 잘 이해될 수 있다. 요즘 흔히 사용되는 표현은 영화기법에서 용어를 따온 '플래시백'이다. 그 어떤 유발자극도 없이 예기치 않게 어떤 장면이나 일화가 기억에 떠오르는 것을 말한다. 때로는 힐끗 일별한 정도일 수도 있고, 아니면 밀려오는 느낌에 압도될 수도 있다. 그런데 여기에는 위험이 숨어 있다. 억압된 기억의 이론가들은 종종 관습적으로 말하는 기억과, 플래시백 혹은 돌발적으로 엄습하는 느낌 사이에는 차이가 있다고 주장한다. 그들은 과거의 기억은 이야기와 같아서, 재배열되고, 다시 채색되고, 발명과 생략으로 가득 차 있음을 인정한다. 기억이 곧바로 서사로 이어질 때에는 종종 세부사항, 분위기, 내용이 틀리다는 것이다. 그러나 플래시백과 되살아난 느낌은 정말로 재경험되는 것이라고 본다. 그것들은 어쨌든 간에 특별 취급을 받고 있거나, 또는 그렇다는 의미를 담고 있다.

이 가정된 특권은 어디에서 유래된 것일까? 의심할 여지 없이, 또렷한 플래시백과 연관된 순수한 공포와, 흐릿한 플래시백과 연관된 극심한 불안과 긴장에서 오는 것이다. 정말로 일어났던 무언가를 가리키는 게 아니라면, 어떻게 과거로부터 이렇듯 숨 막히는 괴로움이 밀려올 수 있는 걸까? 데이비드 흄은 직접적 지각이 더 "선명하고" "생생하다"는 점을 근거로 하여 이를 기억 속의 이미지와 구별하려 했다. 안타깝게도, 본래의 트라우마보다 더 강렬하게 느껴지는 플래시백보다 더 생생한 것은 없다. 그렇지만 사실 플래시백은 그리 확고한 것은 아니다. 최근의 기억치료는 플래시백을 강화시키고, 그럼으로써 플래시백은 더욱 견고해진다. 자네와 고더드는 종종 최면암시를 거는 몇 마디 말로도 플래시백을 흔들어 제거했다.

플래시백의 순수한 현실감을 위축시키려는 건 아니지만, 감정이나 느낌의 플래시백이 가혹한 진실을 가리킨다는 생각 뒤에 숨어 있는 상당히 다른 요소를 제시하려 한다. 이 생각은 대중의 마음에 자리잡은 서사로서의 기억이라는 개념과 관련된다. 이 생각에 이르게 된 논리구조는 다음과 같다. X 유형의 기억에 빈 부분과 창작 부분이 들어 있다는 데에는 우리 모두가 동의한다. 그런데 Y라는 다른 유형의 기억이 있고, 이는 저절로 떠오르고, 통제도 되지 않는다. X에 착오가 있을 경향이 크다는 사실에서 Y에도 착오가 일어날 경향이 크다고 판단할 이유는 없다. Y는 강렬하게 경험되었기 때문에 착오가 없다고 가정할 수도 있다. 그렇게 추상적으로 출발하면 결론은 분명하게 나오지 않는다. 이 문제는 여기에서 한 발 더 나아가야 한다. 왜냐하면 이 논증은 X와 Y의 예리한 구별에 의존하는 것이기 때문이다. 이는 서사에 비교될 만한 수많은 종류의 기억하기가 당연히 존재한다고 인정하는 것인데, 물론 나는 이에 동의하지 않는다. 비록 기억하기는 서사적 기술이라는 라일의 말에 동의하기는 하지만, "잘 기억해내기는 잘 제시하는 것"이라는 말을 나는 부인한다. 기억하기의 통상적 개념은, 문법에 부호화된 바대로, 장면들을 기억하는 것이고, 때로 서사로 제시되는 기억하기이지만, 그럼에도 불구하고 장면과 일화들의 기억이라고 나는 주장한다. 플래시백은 더 이상 기묘하게 덜컥 튀어나오는 장면이 아니다. 그건 보통 기억과 특별히 다르지 않다. 따라서 따로 특권을 가지고 있지 않다.

따라서 기억하기를 서사로 기술하는 사람들은 때로 과거의 진실에 가닿는 수단으로서의 기억의 특권을 약화시키려고 한다. 그러나 실상 그들은, 다른 종류의 기억, 특별한 종류의 기억, 그러곤 지지자들에 의해 특권을 부여받은 기억을 위한 공간을 창조해내고 있는 것이다. 나의 접근방식에서 보자면, 기억하기를 서사와 동일시하는 데에서 논리적 오류가 시작된다. 그것이 플래시백을 여타 기억과 다른 특별한 성질을 가진 것으로 만들어주는 것이다. 그러나 기억을 불러내는 것을 장면과 일화를 생각하는 것과(그리고 때로는 장면들에 대해 서술하거나 이야기하기와) 비교한다면, 이는 다른 종류의 기억하기와 본질적으로 다르지 않게 된다. 꾸밈없는 진실에 가닿는 데에는 다른 종류의 기억하기보다 플래시백이 훨씬 낫다는 말을 믿을 하등의 이유가 없어지는 것이다.

플래시백은 고통스럽고, 무섭고, 통제할 수 없다는 점에서 색다를 수 있다. 그러나 그리 유별난 것은 아니다. 일상적으로 회상되는 많은 장면 또한 고통스럽고, 무섭고, 뜻대로 사라지지 않는다. 우리는 기억하기로 가득 찬 삶 내내 반복적으로 나타나는 극히 사소한 장면들을 잊지 못하기도 한다. 그 기억은 반복해서 나타나기 때문에 성가시고, 생각하지 않으려는 노력 그 자체로 인해 더욱 없애기 어려워 보인다. 끝으로, 아주 많은 플래시백은 전혀 고통스럽지 않다. 며칠 전, 예전에 한동안 살았던 장소에 갔는데, 그때 어떤 장면 전체가 되살아났다. 당시 나는 자세히 알지 못하는 누군가와 말하고 있었고, 그 사람에 대해 매우 염려하고 있었다. 그 플래시백에는 얼마간 좋은 기분과, 약간의 슬픔이 배어 있었다. 무엇보다도 이것은 일상적인 경험이다. 이런 일은 모든 성인에게, 이 책을 읽는 모든 독자에게 일어나고 있다. 어떠한 종류의 이데올로기든 우리에게서 이 일상적인 것을 탈취하게 해서는 안 된다.

오래전 프로이트는 회복된 기억의 장면에는, 그 장면이 플래시백이든, 기억치료로 떠오른 것이든, 또는 외부의 도움 없이 자기 성찰에 의한 회상의 장면이든 간에, 경험하던 당시에는 느끼지 못했던 어떤 의미가 부여되어 있다는 귀중한 통찰을 남겼다. 하나 더 추가하자면, 오늘날과 같이 과장된 심리적 수사가 넘쳐나는 시대에, 기억된 장면 속의 행위는 자주 소급해서 재서술된 것들이다. 이 말은, 어떤 행위가 처음 이루어졌던 그 당시에는 가능하지 않았던 서술하의 행위가 되어버렸음을 의미한다. 특히 요즘과 같이, 비난과 역비난이 혼란스레 뒤섞인 기억의 경우에는 더욱 그러하다. 그러한 원형의 사례를 하나 제시하자면, 30대의 여자가 5살 때부터 일어난 끔찍한 장면을 기억해낸 경우가 있다. 1990년에 30살이라면, 5살이었을 때는 1965년으로, 당시는 아동학대가 '매 맞은 아기'로 겨우 인지되기 시작한 때였다. 레싱은 자신이 그 이야기 속으로 걸어 들어가는 것처럼 느껴질 때까지 기억을 매만지고 광을 내고 생생한 색채로 칠하고 덧칠한 일에 관해 묘사했다. 그런 일은 항상 있었으나, 지금의 시대에는 한 가지 모습이 더해져 있다. 우리가 덧칠한 그 색깔은 그 일이 실제로 일어났던 시간에는 대개는 존재하지 않았던 색깔이라는 점이다.

내 생각이 오해되지 않도록 분명히 해두고자 한다. 앞서 말했듯이, 아동학대와 같은 현재의 도덕적 범주를, 그 용어의 현재 의미 그대로, 한두 세대 전의 사건에 적용하는 데에 나는 문제의식을 거의 가지지 않는다. 더 오래전의 과거로 물러날수록, 문화와 규범은 크게 달라지고, 나는 점점 소급적용을 주저하게 된다. 또한 옛이야기 속의 사람이 오늘날이라면 어떤 방식으로 행동했을 것이라고 추정해서 현대적 용어를 적용하는 것에도 나는 저항감을 느낀다. 인간의 행위나 조건의 경우, 나는 옛날의 잠재적 상태가 아니라 실제적 상태에 대해서만 현대적 통칭을 사용할 것이다. 이 지점에서는 통례적으로 질문하던, 기억이 과거를 정확하게 반영하는지 사례마다 일일이 확증해야 한다는 문제에 집중하고 있지 않다. 내가 관심을 가진 것은 과거의 인간 행위의 불확정 현상에 관한 것이다. 다양한 방식으로 확정적이지 않았을 수 있고, 그렇다면 어떤 행위는 오늘날의 어떤 서술하에 놓이게 될 것이다. 그렇다면 정확성 문제는 제기되지 않을 것이고, 적어도 단순하고 뻔한 사례에서는 더욱 그러할 것이다.

다음에는, 언어에 의한 전염 현상이 있다. 이제는 학대라고 불리는, 보기 불편한 장면을 회상해보자. 그 장면은 몇몇 두드러진 점이 있기는 하지만, 오랫동안 묻혀 있었고 흐릿하며, 그것을 기호화할 의식 구조도 존재하지 않았다. 그러나 누가 그 불편함을 저질렀든 간에 그 핵심 행위를 범주화할 포괄적 서술 한 가지가 있다. 즉 아동학대. 이 장면은 어떻게 이어질까? 그 분류명은 포괄적 서술로 시작된다. 그 장면에 (단어 그대로) 살을 붙일 가능성이 있는 사건들은 길게 이어진다. 거짓기억운동이 자주 주장했듯이 치료사 측에서 공공연히 암시를 걸 필요조차 없다. 더욱 깊숙하고 더욱 의미론적인 기전으로부터 나온 장면 위에 '아동학대'라는 문구를 펼쳐놓으면, 결국은 어떤 서술하의 인간 행위의 개념으로 이어진다. 삶의 중요한 사건에 관한 모든 기억이 그러하듯이, 그 장면은 그저 "매만지고 광택을 내고 색이 덧칠된"것이 아니다. 특별한 팔레트에서 나온 색으로 칠해져 있고, 그 팔레트는 아동학대라고 불리는 것이다.

의미론적 전염은 극단으로 치닫는 경향을 가진 영향력이다. 어떤 사건들이 A 유형으로 서술되면, 다음에는 극단적으로 나쁘거나 극단적으로 선한 A 유형의 사건으로 다시 또 재서술될 수 있다. 도리스 레싱의 책에서, 앨리스의 환상은 어머니와의 시간을 반짝이는 시간으로 바꾸어놓았다. 비난으로 가득 찬 기억은 과거를 공포스러운 것으로 만든다. 또 의미론적 전염을 일으키는 완전히 비논리적인 요인도 있을 수 있는데, 소위 치료사에게 갈 여력이 있는 중류층 사람들 사이에서 자신을 피해자로 보는 최근의 유행이 그것이다. 어느 대화에서 한 아프리카계-미국인 정신과의사가 퉁명스럽게 이를 미투주의me-tooism라고 불렀다. 현실적 억압에 대항하여 의식 고취가 일어날 때, 혼란스럽고 우울한 사람들은 "나도me too"라고 말하면서 위안을 찾는다.

　다중인격과 회복된 기억 운동에 대한 1994년의 지혜로운 대처법은, 치료사들이 고객에게 기억을 암시하지 않을 것을 보장해야만 한다는 것이다. 어떠한 암시도 없어야만 할 뿐만 아니라, 어떠한 암시가 없음도 보여져야 한다. 소송에 대비해서, 필요하다면, 테이프와 증인까지도 안전책으로 사용되어야 한다. (애석하게도, 내가 듣게 되는 공개토론은, 어떻게 소송을 예방할 수 있을지에 관한 것이지, 어떻게 해야 고객과 가족에게 해를 끼치지 않을지가 아니다.) 암시에 관한 한, 이 말은 너무 단순한 것 같다. '암시'가 어떻게 작동되는지 다 파악된 것은 아니지만, 이 단어는 니체가 말한 "심리적 고통"이라는 단어처럼, 명료한 개념이라기보다는 의문부호를 상징한다. 치료과정의 많은 고객들은 여러 자조집단에 참여하고 있거나 적어도 자조 관련 서적을 읽는다. 설문지를 작성하고 계산해보니 X 장애의 진단에 필요한 최소 조건을 만족시킴이 증명되었다면, 자신에게 X 장애는 없다고 생각하려면 꽤나 굳건한 마음이 필요하다. 이때 최선의 방법은 모든 장애의 설문지를 다 작성해보는 것이다. 그리고 자신이 모든 장애를 다 가지고 있다는 결과를 확인하면, 확실히 회의론이 자리잡게 될 것이다. 허나 그런 식의 방법을 쓸 정도로 끈기 있는 사람은 거의 없을 것이다.

　암시는 치료사들보다는 주변환경에서 더 많이 주어진다. 가장 파악하기도 어렵고 다루기도 어려운 암시는, 내가 의미론적 전염이라고 칭한, 내적으로 유발되는 암시이다. 장면 하나를 기억해내면, 그 기억의, 예를 들어 학대당한 기억의 처음 암시에 함께 따라오는 포괄적이나 소급적인 재서술의 팔레트를 사용하여 채색하기 시작한다. 다중인격은 장면과 서사를 연결하는 특유의 방식 때문에 특히나 흥미로운 예를 제공한다. 심한 우울증이나 안정적 친우관계의 결여와 성적 문제가 있으면 자조집단이나 치료를 통해 도움을 받거나, 기억을 회복하고 이를 극복하는 데에서 위안을 찾을 수도 있다. 그러나 특별한 원인은 찾지 못한다. 프로이트는 처음에는 히스테리아, 신경쇠약증, 불안신경증 등의 특수 원인을 발견하기 위해 환자의 정신 안으로 침투하고자 했다. 작금의 다중인격 이론은 프로이트의 초창기 상태와 닮아 있다. 이야기는 원인을 필요로 한다. 이 일 다음에는 저 일이 일어난다는 식의 연대기는 따분하다. "구약성경의 가계도"를 변형시詩로 읽으면 모를까 서사로 읽는다면 지루하기 짝이 없을 것이다. 요정 이야기는 요정식의 원인을 창조한다. 신데렐라의 마차는 어쩌다가 우연히 호박으로 되돌아간 것이 아니다. 현실에서는 인과율의 고리가 단단할수록—원인론이 더 특수할수록—서사는 더욱 풍부해진다. 다중인격은 회복된 기억에 가장 유용한 서사의 틀을 제공하고 있는 것이다.

　나는 이 책 초반부에서, 아동학대에 대해 의식이 고양된 환경에서 현대의 다중인격운동이 어떻게 번성하게 되었는지를 제시한 바 있다. 심지어는 무례하게도 나는 그 운동을 아동학대라는 숙주에 기생하는 기생충에 비유하기까지 했다. 그러나 생태학의 지혜를 빌리면, 기생은 숙주와 항상 쌍방향적인 관계이다. 정신분석을 애호하는 치료사들을 제쳐두고라도, 회복된 기억을 다루는 임상가들도 다중인격의 징후에 매우 감수성이 예민하다. 아동학대의 트라우마 기억의 회복을 다중인격과 연결하는 긴밀한 관련성은 결코 우연히 만들어진 게 아니다. 왜냐하면 기억이 그저 서사에 불과하다고 말하는 것은 나에게는 미흡하지만, 기억을 조리 있게 서사로 엮는 기술을 가질 때 과거의 중요한 부분을 잘 기억해낸다는 관점에서 나는 라일의 말에 동의하기 때문이다. 이것이야말로 다중인격의 인과론 설화가 제공한 것이다. 좋은 이야기는 설명을 잘하는 것이기 때문이다. 해리는 대응

기전의 하나로 설명된다. 다중인격은 어린 날 자신이 선택한 대응기전으로 인해 지금의 자신이 되기에 이르렀다고 이해하게 된다. 이제 알맞은 장면들로 채워진 서사적 구성이 가능해지게 된 것이다.

다중인격이 암시 및 치료사에 의해 인위적으로 만들어진 것이라는 모델은 무모한 회의론자들이 유발한 것이다. 옹호론자들은 이를 자신 있게 배척한다. 나는 그 모델이 빈약하고 피상적인 것이라고 주장한다. 다중인격은 마음을 연구하는 사람들이 선뜻 의견을 내기 어려운 현상들로 우리를 이끈다. 나는 그 현상들 중 하나를 의미론적이라고 부르는데, 더 적당한 말을 찾을 수 없기 때문이다. '의미론적'은 최소한, "사회적 구성"이라는 과잉의 비료에 침식된 영토보다는 논리적 공간에 더 가깝게 내가 서 있음을 분명하게 해주는 장점이 있다. 의미론적 효과는 오래전의, 덜 확정적인 과거의 행위에 현재의 서술을 소급해서 적용하는 데에서 나타난다. 이 효과를 강화시켜주는 또 다른 의미론적 현상에는 의미론적 전염이 있다. 더 많은 행위가 기억에 떠오를수록, 그 행위는 첫 서술의 포괄적 표제하에서 점점 더 특수한 서술로 묘사된다. 세 번째 의미론적 현상에는, 기억은 서사가 받쳐줄 때 가장 확실해지고, 서사는 확실한 인과적 구조를 갖출 때 가장 탄탄해진다는 사실과 관련된다. 다중인격은, 프로이트가 신경증의 특수 원인론이라는 자신의 이론을 폐기하고 떠나버렸을 때, 잠시나마 성공할 수 있었다. 자기 이해를 찾아 방황하던 개인은 특수 인과론의 구조로 자신을 납득하게 되는데, 여기에는 처음 두 가지의 의미론적 현상으로 생긴 기억에 충실해야 한다는 조건이 붙는다. 우선시되어야 할 것은 과연 그녀가 행복해졌는지, 친구와 가족과 어울리며 더 잘 살 수 있게 되었는지, 더 자신감이 생겼는지, 덜 무서워하는지에 관한 것이다. 그렇다고 하면, 그리고 치료과정에 슬며시 기어들어 왔을지도 모르는 그 어떤 거짓이나 환상으로 인해 아무도 해를 입지 않았다고 가정하면, 재구성된 그녀의 영혼이 과거와 자신을 얼마만큼 정확히 기억하고 있을지가 중요할까? 이 책 내내 까다로운 도덕적 문제가 배경에 버티고 있었다. 이제 그중 하나를 전면으로 가져오려 한다.

18장 거짓의식

우리가 기억한다고 생각하는 일이 기억하는 거의 그대로 실제로 일어났는지가 중요할까? 일상에서 대개는 문제가 된다. 나는 비옷 주머니에 지갑을 넣어뒀다고 생각했는데, 거기에 없다. 당황한다. 퍼트넘의 책 사본을 당신에게 빌려주었다고 나는 기억한다. 오, 아니네, 그건 리사에게 빌려준 것이었다. 혼란스러워진다. 그렇다면 오래전에 대한 진짜 기억처럼 보이는 기억seeming memories이라면 어떨까? 그렇다고 믿는 나의 생각이 다른 사람에게 영향을 줄 때에는 문제가 된다. 이것이 거짓기억 논쟁의 요점이다. 어떤 여자가 가족과 연락을 끊어버렸는데, 그 이유가 아버지가 그녀를 학대했고 어머니는 그 일을 알면서도 침묵을 지켰다고 그녀가 잘못 믿게 되었기 때문이라면, 헤아릴 수 없는 해악을 가족에게 끼친 것이 된다. 이 경우, 기억인 것처럼 보이는 거짓믿음은 끔찍한 결과를 불러온다. 그런데 남에게 영향을 끼치지 않는 거짓믿음이라면? 누구에게도 해를 끼치지 않는 틀린 기억은 무엇이 문제인가? 나는 거짓의식false consciousness의 관점에서 그 답을 제시하겠다.

내가 거짓의식으로 의미하려는 것은 아주 평범한 것이다. 즉 자신의 특성과 과거에 관해서 중요롭게 거짓믿음을 형성해온 사람들의 상태이다. 거짓의식은 그 상태에 빠진 당사자에게 책임이 없을지라도 당사자에게 유해한 상태라고 나는 논증하겠다. 거짓기억은 (용어상 모순적이지만) 거짓의식의 작은 부분에 불과하다. 보통 '거짓기억증후군'은 그 개인에게 결코 일어난 적이 없던 사건들의 기억으로 이루어진 기억 패턴을 지칭하기 때문이다. 사건을 (대개가 그렇듯이) 부정확하게 기억한다는 말이 아니다. 오히려 그 사건들과 조금이라도 비슷한 사건은 일어나지 않았다는 의미다. 사실, 소위 거짓기억증후군은 반대-기억증후군contrary-memory syndrome으로도 불리는데, 진짜 기억처럼 보이는 그 기억은 거짓일 뿐만 아니라 현실과는 정반대되는 것이다. 원형적인 예를 들자면, "자기가 했던 말을 취하한" 어떤 사람은, 삼촌이 자신을 자주 강간했다고 기억한 것 같았는데, 그런 일은 일어나지 않았음을 이제 깨달았다고 말한다. 아무도 그녀를 강간한 적이 없었다. 삼촌은 점잖고 배려하는 사람이었다. 가해자가 자신의 삼촌이라는 진짜처럼 보이는 기억은 삼촌을 어떤 다른 사람의 대역으로 덮어씌운 것도 아니었다. 아무도 학대하지 않았기 때문이다. 이것이 내가 반대-기억이라고 부르는 것이다. 이것이 거짓기억증후군재단이 홍보하는 종류의 '기억'이다. 자신의 내밀한 삶에 관해 반대-기억을 가진 사람은 내가 거짓의식이라고 칭하는 것을 가진 사람이다. 거짓의식에는 이보다 더한 다른 것도 들어 있다.

금방 예로 든 반대-기억과 대체로 비슷한, 단지 사실이 아닌 기억인 단순-거짓-기억merely-false-memory에서는 삼촌이 진짜 가해자인 아버지의 가림막일 수 있다. 그렇다면 그 기억은 현실과 완전히 반대되는 것은 아니지만, 그 과거는 근본적으로 다시 주조된 것이다. 아니면, 삼촌은 6살의 그녀를 강간한 것은 아니지만 부적절한 애무를 했을 가능성도 있다. 거짓기억증후군을 지지하는 사람들은 단순-거짓-기억과 같은 것에 그리 관심을 두지 않는다. 그렇지만 그러한 진짜 기억처럼 보이는 기억은 거짓의식을 키울 수 있다. 예를 들어, 아버지와 그녀 자신의 이미지를 보호하기 위해, 다정하고 밝은 삼촌이 야비한 짓을 했다고 기억하는 경우이다.[1]

기억과 관련된 또 다른 문제에는 잘못된-망각wrong-forgetting이 있다. 자신의 성격이나 성질을 구성하는 데 필수적인 과거의 핵심 사항을 억제suppression하는 것을 말한다. 내가 말하는 것은 억압repression이 아니다. 억압은 사건이 의식적 기억에서 사라져버리고, 욕동drive과 성향도 의식적 욕구desire에서 사라지는 가설적 기전이다. 그 가설에서는, 억압 자체는 도덕적 주체의 자리에서 행하는 고의적이거나 의식적인 행위가 아니라고 본다. 특히 순수 정신분석주의자라면, 과거를 극복하지 못하고 억압된 기억을 해방시키지 못하는 사람은 거짓의식으로 고통받는다고 말할지도 모르겠다. 글쎄, 5년의 자유시간과 상당한 돈을 가진 사람이, 정신분석이 두려워 사절한다면 거짓의식을 가졌다고 말할 수 있을지도? 그러나 사랑과 보살핌으로 가족을 부양하고 생계를 꾸려나가는 평범한 필멸의 존재가, 힘든 시기의 기억을 억압해서 평안을 지킨다고 하여, 어떤 식으로든 거짓의식으로 고통받는다고 말할 수는 없겠다. 그러나 그게 무엇이든, 누구에 의해서든 간에, 어떤 기억이 의도적으로 억제되어 있다면, 거짓의식에 대해 생각해봐야 할 때이다.

반대-기억, 단순-거짓-기억 그리고 잘못된-망각으로 인해 생길 수 있는 일은 무궁무진하다. 이들 세 가지와 그 외의 가능성 있는 것들을 한데 묶어 기만적-기억deceptive-memory의 표제로 분류하려 한다. 나는 하이픈으로 연결한 합성단어를 만들어 표식을 했지만, 엄밀히 말해서 우리가 다루는 것은 기억이 아니라, 진짜처럼 보이는 기억 혹은 기억의 부재不在다. 나는 기만적-기억 안에 과거의 확실한 사실에 관해 진짜처럼 보이는 기억 또는 기억의 부재를 포함시켰다. 이는, 앞장에서 말한, 과거 인간 행위의 불확정성을 지칭하는 게 아니다. 물론 내가 의미론적 전염이라고 칭한 일이 일어났다면, 기억과 결합되어 보이는 확실한 거짓믿음에 도달했을지도 모르겠다. 과거의 행위를 성학대(아이인 그녀를 씻길 때 성기에 꼼꼼하게 주의를 기울이던 행위)라고 재서술하는 데에서부터, 어머니가 그녀를 씻기면서 고무오리를 개구부에 쑤셔넣었다는 그럴듯한 기억에까지 도달했다면, 이제 의미론적 전염과 기만적-기억에 도달한 것이다.

　기억-정치는 대체로 성공했기 때문에, 자기 자신, 자신의 특성 그리고 영혼이 거의 다 자신의 과거에 의해 형성되었다고 생각하기에 이르렀다. 그래서 우리 시대에는, 거짓의식은 종종 얼마간의 기만적-기억을 포함한다. 그러나 그렇게 생각할 필요는 없다. 델포이의 경고, "너 자신을 알라"는 기억과 관련된 게 아니다. 나 자신을 알기 위해서는 자신의 특성, 한계, 욕구, 자기 기만적 성향을 알아야 한다고 말한 것이다. 즉 자신의 영혼을 알아야 한다고 말한 것이다. 다만 기억-정치가 도래한 이후에야 기억이 영혼의 대리인이 된 것이다. 오늘날까지도 기억과 아무런 상관이 없는 수많은 거짓의식이 존재한다. 정말로 아량 있고 감수성이 있다고 믿었던 누군가는 사실은 이기적이고 무관심하다. 칸트의 격률, "목적을 의욕하는 사람은 수단도 의욕한다"의 살아있는 반증을 나는 알고 있다. 그는 가치 있는 목적을 성실하게 추구하고 있지만, 자기 이해는 물론 남에 대한 감수성도 결여되어 있는 사람이다. 그는 자신이 추구하는 목적을 위해 무엇을 수단으로 사용해야 하는지 깨닫지 못한다. 그는 목적을 추구하지만 수단을 사용할 능력이 없어 보인다. 이 또한 거짓의식의 한 종류이다. 독자들마다 정곡을 찌르는 예를 찾아낼 수 있을 것이다. 자신은 이러한 거 짓의식에 조금도 오염되지 않았다고 생각하는 독자야말로 어쩌면 가 장 거짓된 의식을 가졌을 수 있다.

그러나 여기에서 우리가 관심을 가진 것은 '기억하기'이고, 따라서 기만적-기억에 자양분을 공급하는 거짓의식이다. '자양분을 공급한 다'라고 말한 이유는 기만적-기억을 가진 것만으로는 충분하지 않기 때문이다. 거짓의식이 존재하기 위해서는 자기가 누구인지를 아는 자아의식의 한 부분으로 기만적-기억을 사용해야만 한다. 기만적- 기억 역시 우리 자신을 말하는 이야기의 한 부분임에 틀림없다. 또한 우리 자신을 구성하는 방식, 아니면 자신이 그렇게 구성되었다고 믿 는 방식임에 틀림이 없다.

근래에 잡동사니 같은 수많은 말과 글이 열정적으로 '거짓기억' 즉 반대-기억에 관해 떠들고 있어서, 나는 그 대신에 잘못된-망각에 관 해 생각해볼 만한 명확한 예를 제시하려 한다. 내가 생각하기로는 어 느 누구도 피에르 자네만큼 체계적으로 기만적-기억을 주입한 사람 은 없었다. 그는 고귀한 동기로 그렇게 했다. 자네의 환자들은 극심 한 고통을 받고 있었고, 그 증상은 나쁜 기억의 트라우마 때문이었다. 그는 면담과 최면을 통해 트라우마가 무엇인지 알아내는 것으로 치 료를 시작했다. 일단 고통의 원인이 밝혀지면, 자네는 환자로 하여금 그 사건이 결코 일어난 적이 없었다고 믿게 하려 최면을 걸었다. 앞 서 설명했던 두 사례를 상기시키자면, 그중 한 명인 마리는 첫 월경 을 시작할 때, 출혈을 멎게 하려고 얼음물이 든 통 속에 서 있었다. 월 경은 잠시 동안 멈추었지만, 나중에는 매월 히스테리성 저체온증과 지독한 한냉증에 시달려야 했다. 이유를 알지 못했던 그녀의 히스테 리성 증상은 점점 더 심해져 갔다. 마르게리트는 6살 때 얼굴에 혐오 스러운 피부병을 가진 소녀와 함께 자야 했고, 무서워하지 않음을 보여주기 위해 그 얼굴에 손을 대야 했다. 성인이 된 그녀의 그쪽 얼굴과 몸에 발진, 마비, 무감각과 시력 상실이 나타났다. 자네는 최면으로 그 사건들은 일어난 적이 없다고 믿게 했다. 마리는 첫 월경 때 얼음물이 든 통 속에 몇 시간이나 서 있지 않았고, 마르게리트는 무시무시한 피부병의 얼굴을 가진 소녀 옆에서 잔 적이 없게 되었다. 두 여자 모두에게서 히스테리성 증상은 사라졌다.

마리와 마르게리트가 스스로 기억을 억제한 게 아니라, 억제한 사람은 자네였다. 따라서 내가 내린 정의에 의하면, 그들은 삶의 주요 사건에 잘못된-망각을 한 것이다. 이 두 여자가 거짓의식으로 고통받았다고 말해야 하는가? 자네가 말한 것에 근거한 것은 아니다. 마르게리트의 트라우마는, 자네의 기록에 따르면, 그저 그녀를 겁에 질리게 했던 사고에 불과했다. 그 이야기에 많은 게 생략되어 있지 않은지 의심하는 것은 당연한 일이다. 왜 마르게리트를 병든 소녀 옆에서 자게 했을까? 왜 그녀는 혐오스러운 피부를 만져야만 했을까? 어떤 잔인한 어머니 혹은 숙모가 그녀에게 그런 일을 하게 만들었을까? 그 사람들이 그녀에게 또 다른 무언가를 가하지는 않았을까? 여하간 그 사람들은 어떤 종류의 가족이었을까? 마찬가지로, 마리는 왜 월경에 그토록 겁을 먹었고, 왜 그토록 무모한 방법을 썼는지 의문이 생긴다. 두 사람의 인생에 관해 알아야 할 것은 많다. 추측하건대, 자네에게 치료받은 후 두 여자는 완벽한 거짓의식 상태에서 살았을 것이다. 증명할 수는 없겠지만. 모든 사람이 자기 자신을 속속들이 이해해야 한다는 것은 실현될 수 없는 이상이다.

이제 잘못된-망각에 해당되는 또 다른 실재했던 예를 살펴보자. 고더드의 환자인 19살의 버니스는 폴리라는 이름의 밉살스러운 4살짜리 다른 인격을 가지고 있었다. 버니스는 고더드에게 자신이 아버지에게 강간을 당했다고 되풀이 말했다. 고더드는 버니스를 설득했고,

내가 생각하기로는, 아마도 최면을 걸어 그 일은 환상이라고 믿게 했을 것이다. 버니스의 근친강간 기억이 상당히 정확한 것이라고 가정해보자. (내 관점에서 이것은 단지 가설일 뿐이지만, 분석하기 위해 그렇다고 가정해보자.) 더불어, 고더드가 버니스의 기억을 억제하는 데 성공했다고 치자. (이 점은 확실히 말하기 어렵다. 콜럼버스 주립병원 정신병자수용소 소장의 편지를 보면, 고더드가 버니스의 치료위탁을 끝내면서 그녀를 완치시켜 보냈다고 거짓말을 했음을 우리는 알고 있기 때문이다.) 나는 이 두 가지 가정을 캐슬린 윌크스식의 "실재적 개인Real Person"을 제시하려는 게 아니라, 현실적 사건과 여러모로 유사한 예를 제시하기 위해 사용하려 한다. 첫 번째 가정에서, 고더드는 잘못된-망각을 유도했다. 두 번째 가정에서, 버니스는 아버지나 다른 누군가로부터도 어떤 식으로도 성학대를 당하지 않았다고 믿고 있다. 그러나 첫 번째 가정하에서, 그녀는 성학대를 당했다.

이렇게 약간의 상상이 가미된 버니스는 분명 기만적-기억을 가지고 있다. 마르게리트나 마리와 달리, 거짓의식도 가지고 있다고 나는 생각한다. 왜냐하면, 1921년 당시에는 그녀를 비롯해 주변 사람들도 사소한 사건이라고 간주했을 행동 패턴의 사건을 그녀는 잊지 않았기 때문이다. 그 근친강간 사건은 그녀의 성장, 가족, 젊은 시기에 매우 중요한 무엇이었다.

그런데 고더드가 유도하고 버니스가 수용한 그 거짓의식에 무언가 잘못된 것이라도 있는 것일까? 그것에 잘못된, 명백하고, 공리적인 것이 있을 수 있다. 끔찍한 결과도 따라올 수 있다. 예를 들어 1921년의 버니스에게는 어린 동생들이 있었는데, 3살 된 어동생 베티 제인도 그들 중 하나였다. 아버지는 3년 전에 결핵으로 사망했고, 어머니도 곧이어 결핵으로 사망하면서 가족은 모두 흩어졌다. 베티 제인은 그 동네에 있던 올곧은 가정에 입양되어 성도 바뀌었다. 버니스가

16살이었을 때—베티 제인이 영아일 때—아버지가 사망하지 않았다면, 베티 제인도 건드렸을 거라는 데에 노련한 사회복지사들은 자기 밑천을 다 걸지도 모르겠다. 그렇다면 고더드는 최악의 결과를 초래했을 수 있다. 경계신호를 주었을지도 모를 버니스를 침묵시킨 것이기 때문이다. 그녀는 자기가 알고 있던 것을 더 이상 기억하지 못한다. 그러나 공리주의적 관점에서 보면, 거짓의식이 잘못된 것은 아니다. 문제가 되는 것은, 버니스가 어린 베티 제인에게는 중요했을 결정적 정보를 박탈당했다는 점이다.

자기 과거에 관한 거짓된 믿음은 덜 극적이지만 나쁜 결과를 초래할 수 있다. 중요하지 않은 기억일지라도 모순이 드러나면 대부분의 사람들은 당황해한다. 그러나 방금 말한 버니스 사례에서 그녀에게 모순을 지적할 사람은 남아 있지 않다. 아마도 폭행을 당했을지 모르는 쌍둥이 자매마저도 11살에 사망했다. 역사적 사실에서 차용한 이 이야기에서 버니스는 모든 반대-사실로부터 차단되어 있다. 이 일이 30년 후에 일어났더라면 사태는 달라졌을 것이다. 1951년에 (1921년이 아니라) 19살이었던 버니스는 근친강간 사건이 일어난 적이 없다고 믿기에 이른다. 그러나 49세가 되는 1981년에는 아동성학대와 근친강간으로 뒤덮인 언론보도를 접하지 않기가 더 어려웠을 것이다. 극심한 중년의 위기가 선명하게 연상된다. 전혀 과장하지 않고 말하자면, 그녀는 예전에 무언가 지독한 일이 자신에게 일어났을 거라는 어렴풋한 느낌에 마음이 찢기는 듯한 고통에 빠질지도 모르겠다.

그러나 실제 상황에 가까운 이야기에서, 베티 제인은 입양된 가정에서 (바라건대) 안전하고, 주변 사람 거의 모두는 사망했다. 버니스의 의무기록으로 추정하건대, 근친강간이 신문 1면에 보도되기 전에 그녀는 사망했을 것이다. 인지부조화가 일어날 상황은 주어지지 않았다. 그러므로 나는, 1930년에 버니스의 거짓의식이 잘못된 것임을 제시하기 위한 공리주의적 논증이 아예 필요치 않을 이야기를 의도적으로 말하고 있는 것이다. 나쁜 결과는 없었다. 그런데 어쩌면 버니스의 상태에 관해 공리주의적 반대가 있을 수 있다. 위험 가능성도 있다. 예를 들어 가정하자면, 죽은 아버지가 이교도였고, 그 이교는 계속 아이들을 해칠 수도 있었다. 버니스의 기억은 억제되고 내부 일을 폭로할 수 없었을지 모른다. 아니면 1930년에 버니스의 억제된 기억이 의식 표면에 떠오를 위험도 있다. 적절한 지원이 없이 그녀는 심리적으로 아주 지독한 자기 고문을 견디어야 했을지도 모른다. 자네는 이러한 위험을 잘 알고 있었고, 때로는 자기 환자가 트라우마를 다시 망각하도록 또 최면을 걸어야 할 필요성이 있음을 알았다. 그는 농담 반 진담 반으로 환자들보다 자기가 오래 살아야 한다고 말했다고 한다. 그가 죽어서 다시 떠오른 기억을 없애주지 않는다면 환자들이 고통받을 것이기 때문이라고 했다.

거짓의식에서 무언가 반대할 만한 걸 찾아내려면 공리주의자는 더 노력해야만 한다. 놀라운 일은 아닌 것이, 거짓의식은 그 결과가 아니라 그 자체로 반대할 만한 것이고, 공리주의자가 반대해야 할 것은 결과이기 때문이다. 고더드의 치료법이 효과가 있었다고 가정해보자. 버니스가 비교적 제대로 된 한 인간으로 삶을 꾸려가고, (유능하진 않았지만) 가벼운 사무직 일을 할 수 있고, 당시의 사회적 규범에 따라 결혼하고 가정을 이룰 수 있었을 것이다. 나쁜 결과가 없다면 무엇이 문제가 되는 것일까?

우리가 상상해본 버니스는 고대의 경고인 "너 자신을 알라"를 분명히 위반한다. 그녀는 왜 자신이 지금처럼 되었는지, 아버지와 관련된 끔찍한 일화들이 (지금 해리의 원인론으로 설명되듯이) 자신을 어떻게 붕괴시켰는지 스스로도 알 수 없었으리라는 것은 맞는 말이다. 어찌 되었든, 버니스는 통일성 있는 영혼을 획득했다. 영혼은 잘 작동이 되었고, 우리는 그렇게 알고 있다. 그녀에게 더 나은 어떤 진실이 필요했을까? 아마도 치료사는 아무 말도 하지 않았을 것이다. 그는 버니스가 거의 정상적 상태로 돌아갔다고 기꺼워했을 것이다. 그런데 고더드의 보고서에는 약간 앞뒤가 안 맞는 부분이 있다. 1926년 출판된 논문에서 그는 버니스가 반나절 근무에 꽤 만족해한다고 글을 맺었다. 그다음 해에 출판된 책은 역사적 진실에 좀 더 가까웠는데, 거기에는 "그녀가 생계비를 벌 만큼 충분히 강해지기까지는 어느 정도 시간이 더 걸릴 것"이라고 적혀 있다. 이쯤에서 이 사건은 마무리 지어야겠다. 버니스는 고더드가 퇴원시킨 후에 잘 살아갔다고 상상하자. 실용주의자pragmatist라면 '역사적' 진실은 쓸모없다고 말할지 모르겠다. 어찌 되었든 버니스의 영혼은 작동했으니까.

　나는 아직 만족스럽지 않다. 우리는 분명 영혼과 자기 지식에 관한 또 다른 비전을 가지고 있다. 그 비전은 무엇에 근거한 것일까? 그것은 완전하게 발전된 인간은 어떠할지에 관한 뿌리 깊은 확신과 감성에서 오는 것이다. 이는 서구의 도덕적 전통의 한 부분으로서, 버니스의 한 부분이자, 고더드의 한 부분이고, 나의 한 부분이다. 첫째로는, 아리스토텔레스가 발전시킨 옛 의미의 목적론인, 인간 존재의 목적의식이 있다. 즉 자기 인식에 도달한, 완벽한 개인으로 성장하는 것을 의미한다. 두 번째는, 존 로크가 제시한 유명론으로서, 그에 따르면 기억은 개인의 정체성을 정의하는 기준 중 하나로, 어쩌면 필수불가결이라는 견해가 있다. 세 번째는 자율성에 관한 개념으로, 우리는 우리 자신의 도덕적 자아를 구성할 책임이 있다는 것이다. 아마도 칸트 윤리학에서 가장 오래 유지되어온 부분일 것이다. 네 번째는, 최근 기억-정치가 우리로 하여금 믿게 한 또는 믿도록 압력을 가하는 것으로서, 개인 또는 옛날 언어로 영혼이라고 불리는 것이 기억과 품성으로 구성된다는 것이다. 어떤 종류의 기억상실이든 결과적으로 무언가를 도둑맞은 게 된다. 그 부분이 기만적-기억 즉 비자아nonself로 대체된다면 그 얼마나 나쁜 일일까?

이 전통의 세 번째 부분은, 버니스처럼 상처받은 다른 많은 여자들의 사례에서 흥미롭다. 버니스 R.의 거짓의식 속에 있거나 있지 않았던 그러한 일들을 생각해보자. 그녀는 닥터 고더드에 속한 남성지배적 세상으로 재구성되어 넣어졌다. 그 세상은 딸을 성폭행하는 아버지가 거의 없고, 불안한 젊은 여자가 파트타임 사무직에서 일하면 불안이 완치되는 그런 곳이다. 버니스는 단정하고 공손한 반일 근무 사무원이 된다. 이미 상당히 나약해진 이 여자에게 자율성의 가능성은 사실상 말살되어버렸다.

고더드가 한 일에 대한 그러한 비난에는 강력한 페미니스트적 의미가 들어 있다. 그러나 이는 칸트나 루소, 아니면 특히 이 주제에 관해서라면 미셸 푸코의 것이든 간에, 기본적으로 '근대적' 도덕이론에서 비롯되는 것이기도 하다.[2] 이들의 사상에서는 자율과 자유의 개념이 두드러진다. 이들은 각자의 품성, 성장, 도덕성에 대해 어떻게 책임을 질지 인식할 것을 요구한다. 이 철학자들은, 자연의 모든 존재와 마찬가지로 인간은 도달해야 할 완전히 정의된 목적을 본성적으로 가지고 있다는 고대 그리스의 사상을 딛고 일어선 사람들이다. 그들은 아니라고 말한다. 근대적 이미지에서, 목적을 선택해야 하는 자는 우리 자신이다. 그것은 엄혹한 강령이다. 왜 그 목적을 선택하는지 이해할 때에만 우리는 완전한 도덕적 존재가 될 수 있다. 현실적으로 볼 때, 버니스가 루소나 칸트 혹은 푸코가 마음에 그렸던 요구를 만족시킬 만큼 충분히 강했을 거라고 기대되지는 않는다. 그러나 버니스가 자유를 누릴 그 어떤 가능성도 고더드는 미리 완벽히 제거해버렸다. 그는 가부장적 전략을 사용해서 난폭하게 그녀를 억제하고 과거를 재구성해버렸던 것이다. 그의 잘못을 들여다보기 위해 특별히 페미니스트 노선을 따라갈 필요도 없다.

미몽에 빠지지 말자. 자율성은 편안치 않다. 1990년대의 버니스들은 근친강간의 기억을 그저 억누르려고 하지 않는다. 오늘날이라고 버니스들에게 상황이 그리 좋은 것은 아니다. 그렇지만 적어도 지금까지 고취되어온 의식과 진지한 자매의식의 지지하에 자아를 발견할 가능성이 있고, 그 자아가 진실일 동안만은 가치 있게 여겨질 것이다. 그러나 위선의 말을 경계하라. 내가 가정한 의사擬似역사적 인물인 70년 전의 버니스와 비교해볼 때, 수많은 지식으로 뒤얽힌 1990년대의 난장판 시대를 살아가는 버니스들이 더 행복하고 나은 삶을 영유할 것이라고 확신할 수는 없다. 실재했던 버니스의 거짓의식이 가시 돋친 장미정원이었다면, 참 의식은 엉겅퀴 밭*일지 모른다.

자기 지식은 그 자체로 미덕이다. 우리는 감상적이지 않은 자기 이해를 통해 본성을 실현하는 방식을 소중히 여긴다. 우리가 가진 그 모든 악덕에도 불구하고, 과거와 현재를 직면할 수 있을 만큼 성숙한 인간으로 성장하는 것이 좋은 것이라고 생각한다. 삶의 과정에서 성향과 재능이 어떻게 맞물리고 품성의 강함과 나약함을 형성하는지 이해할 수 있는 사람으로 성장하는 것이 좋다고 생각한다. 성장과 성숙의 이미지는 칸트보다는 아리스토텔레스적이다. 고대의 가치관은 누구도 완전히 성취하지 못하는 이상이지만, 겸손하기도 하여, 이승 너머의 세상에서 의미를 찾으려 하기보다는, 현생의 삶에서 탁월함을 발견하고 삶과 그 잠재적 가능성을 존중한다. 그러한 가치관은 거짓의식은 본질적으로 나쁜 것이라는 의미를 함축하고 있다.

---

* 창세기 3:18~19. "땅이 네게 가시덤불과 엉겅퀴를 낼 것이라…… 땀이 흘러야 식물을 먹고…… 그 속에서 취함을 얻음이라." 이는 단지 선악과 사건에 대한 처벌일 뿐만 아니라, 고난과 노력으로 생명을 번성하게 하라는 의미로 해석되어왔다. 고난과 노력 그리고 그 결실을 일컬을 때 인용된다.

거짓의식의 개념은 다중인격과 그 치료법에 관한 끈질긴 우려의 핵심을 짚은 것이다. 나는 다중인격이라는 장애가 실재하는 것인가라는 질문으로 이 책을 열었다. 나는 그 질문이 종종 매우 다른 종류의 질문의 대리질문, 즉 결과에 관한 질문이라고 말했다. 임상가들은 환자를 도울 최선의 방법을 알기 원한다. 당면한 절박한 질문은 가장 도움이 될 치료법이 무엇인가다. 다중인격은 실재하는 장애가 아니라는 반대론자들도 때로 치료에 관해 말한다. 그들은 겉으로는 어린 시절의 트라우마처럼 보이는 기억과 연관시켜서 다른 인격의 발달을 부추기는 것은 나쁘다는 견해를 고수한다. 그들은 다른 방식의 치료법이 더 좋은 효과를 보일 거라고 주장한다. 다중인격의 지지자들은 그런 식의 "온화한 무관심"은 환자를 영구히 재발을 반복하는 재발성 다중인격자로 내버려두는 것이라고 믿는다. 이 말들은 실증적 질문처럼 들리지만, 이와 관련된 임상시험은 여태껏 전혀 없었다. 비판과 수정은 다중인격운동 내부에서 나왔다. 해리성정체감장애로의 개명은 단순히 명칭의 변화만은 아니다. 이는 스트레스에 대처하는 행위자로 확고하게 굳어진 다른 인격들에서 벗어나려는 시도다. 그 대신, 이 명칭이 강조하는 것은 일부 환자가 보이는 인격의 와해, 전인성의 상실, 개인의 부재이다.

그럼에도 이런 내부적 논쟁은 모두 결과와 관련된, 공리주의적인 것이다. 거기에는 내가 도덕적 문제라고 부를 수 있는, 더 심층적인 것이 있는 게 아닌가 하고 나는 의심하고 있다. 다중인격운동에 비판적인 일부 사람들은 관련 정보를 잘 알고, 감수성이 있으며, 겸손하다. 그들은 거짓기억의 유해함을 소리 높여 알리지는 않지만, 경솔한 치료사로부터 제대로 치료받지 못한 개인을 도우려 노력한다. 그들은 주변에서 들려오는 어리석은 논쟁을 신뢰하지 않는 편이고 오히려 그 주제에 침묵한다. 그들은 조용히 의견을 물을 것이다. 늦은 오후, 회의실 한구석에서, 다중인격이 실재한다고 생각하느냐고. 그러나 그들이 염려하는 것을 무엇이 실재하는 것이냐의 관점으로 보아서는 안 된다. 이들 신중한 회의론자들이 우려하는 것은, 다중인격 치료법을 거친 환자들이 10여 개 이상의 다른 인격을 지니는 것에 익숙해지고, 그 다른 인격들이 특히 성학대의 트라우마에 대응하는 방편으로 어린 날에 형성되었다고 굳게 믿게 되는 데에 있다.

자신만만하고 노골적인 회의론자는 이 모든 것이 환상이라고 가볍게 털어내지만, 내가 염두에 두는 사람들은 덜 오만하고 더 성찰적인 의혹을 품은 사람들이다. 그들은 환자가 자신에 관한 이야기를 만들었음을 인정한다. 그 서사에 포함되는 것은 극적인 사건들, 다른 인격의 형성에 관한 인과적 이야기, 그리고 다른 인격들 간의 관계에 관한 설명 등이다. 그것이 자기-의식이다. 그것이 영혼이다. 의심하는 사람들은 그것을 실재reality로 받아들인다. 그들은 정신의학이 고통받는 사람들과 그 고통을 치료할 수 없는 무기력함으로 가득 차 있다는 사실을 너무도 잘 알고 있다. 환자가 좀 더 자신을 갖도록, 삶을 꾸려나갈 수 있도록 해주는 임상가들을 그들은 존경한다. 그럼에도 불구하고, 그들은 다중인격 치료가 거짓의식으로 이끌지 모른다고 경계한다. 아동학대의 기억처럼 보이는 것이 반드시 틀린 것이라거나 왜곡되었다는 노골적인 의미에서가 아니다. 그 기억은 충분히 사실일 수 있다. 그러나 그 최종 결과는, 온전한 개인이 되려는 목적을 실현하는 인간이 아니라, 철저하게 주조된 인간일 수 있다는 생각에서 경계를 하는 것이다. 그건 자기 인식을 가진 개인이 아니라, 자기 이해를 흉내내는 소란스러운 재잘거림으로 더 악화된 개인이다. 다중인격에 비판적인 일부 페미니스트도 이와 같은 도덕적 판단을 공유한다. 너무 잦은 다중인격 치료는, 깨지기 쉬운 그릇이라는 자기 이야기를 소급해서 창조해내고, 여성은 스스로는 인생을 버텨나갈 수 없는

영혼 다시 쓰기

수동적 존재라는 옛 남성 모델을 암묵적으로 확인시켜준다고, 그들은 덧붙인다.

그렇게 신중하게 주저하는 회의론자들은 다중인격이 실재하는 거냐고 묻는다. 철학자가 아니므로, 그들은 공리주의적 맥락에서, 가장 효과적인 치료가 무엇일지 질문하면서 계속 의심을 지속해야 한다고 느낀다. 그러나 나는 철학자로서, 이제는 그들을 대신해서 말해야 한다. 마음속으로 그들은 다중인격의 치료 결과가 일종의 거짓의식이라고 느낀다고 나는 말하겠다. 이는 철저하게 도덕적인 판단이다. 이 판단의 기반은, 거짓의식은 자기 자신을 아는 개인으로의 성장과 성숙에 반대되는 것이라는 생각이다. 거짓의식은 철학자들이 자유라고 부르는 것과 정반대의 것이다. 그것은 인간이란 무엇인가에 관한 최선의 비전에 반대되는 것이다.

주

서문

1   Hacking(1986b).

1장

1   Boor(1982).

2   American Psychiatric Association(1980) 257.

3   Horton & Miller(1972) 151.

4   0명은 Merskey(1992) 참조. 84명: 1969년까지 집계된 수로, Greaves(1980) 578 참
    조. 1791년의 사례는 Ellenberger(1970) 127 참조.

5   Coons(1986).

6   발생률은 7장에서 설명. 5% 수치는 Ross, Norton & Wozney(1989). "기하급수적
    증가"는 Ross(1989) 45.

7   Brook(1992) 335. 해리는 첫 번째 유형의 분열(splitting)이고, 두 번째 유형은 대상
    과 정서(affect)를 좋고 나쁜 것, 애정과 증오로 분열시키는 것이며, 세 번째는 자
    아(ego)를 행위하는 부분과 자기를 관찰하는 부분으로 분열시키는 것이다. 프로
    이트는 심리학과 정신분석을 연구한 45년 동안 분열에 관해 말해왔다.

8   WHO(1992) 151~161.

9   American Psychiatric Association(1980) 259. Kirk(1992).

10 1987년의 DSM-III-R 기준은 다음의 두 가지이다.
    A. 한 개인 안에 2개 이상의 뚜렷한 인격 또는 인격 상태(주변환경과 자신을 지각
    하고, 관계를 이루고, 생각하는 양상이 비교적 일관됨)가 존재한다.
    B. 최소한 2개 이상의 정체성 또는 인격 상태가 되풀이해서 그 개인의 행동을 전
    부 장악한다.

11 이 요약은 Putnum(1993)에 나온 것이다. 그러나 1986년 다중인격에 관해 첫 조사
    (Putnum et. al., 1986)를 한 이후부터 사실 시행되고 있었다.

12 Austin(1962) 72.

13 Ross(1989) 52. 'true'와 'real'은 동일한 단어가 아니다. 오스틴은 'real'은 'true' 사
    례의 종류에 관한 가장 일반적인 형용사라는 견해를 고수했다. 그러나 나는 미국
    정신의학협회나 콜린 로스가 그런 엄격한 의미로 'real'이나 'true'를 사용했다고

생각하지는 않는다.

14 Wilbur & Kluft(1989) 2197~2198. 의원성에 관해 흔히 묻는 질문은 다중인격이 최면에 의해 유발된 것이냐이다. 회의론자들은 더 일반적인 것을 의심하고 있고, 문제되지 않는 상황에서 관찰한 바에 따르면, 가장 예측가능성이 높은 것은 다중인격 환자를 진단하고 치료하는 치료사라고 보았다.

15 "온화한 무관심"이라는 문구는 ibid., 2198. 신중한 접근방식의 강조는 Chu(1991). 추는 매클레인 병원 해리장애센터의 센터장으로서 회의론자가 아니었다. 그는 Chu(1988)에서 환자로 하여금 진단된 자신의 장애에 대한 저항을 어떻게 극복할지를 기술했다.

16 네덜란드에서 자랑했던 연구로는, van der Hart(1993a, 1993b). 1984년과 그 이후에도 미국의 다중인격 선도자들인 베닛 브라운, 리처드 클러프트, 로버타 삭스 등은 네덜란드에서 워크숍을 실행했다. 이는 van der Hart & Boon(1990)에 실려 있다.

17 Frankel(1990). 최면과 정신의학 사이의 모호한 관계에 관해서, 특히 1785년부터 지금까지 프랑스에서의 매우 이례적으로 모호한 관계에 관해서는 Chertok & Stengers(1992) 참조.

18 Braun(1993). 이는 첫 번째 본회의 세션 개회사에서 나온 말이고, 책에 인용된 것은 Braun의 초록 첫 문장이다.

19 Ross, Norton, & Wozney(1989) 416. 상위장애의 진단에 관해 균형 잡힌 논의를 보려면 North et.al.(1993) 참조.

20 Merskey(1992) 327. 다중인격에 대한 비난으로 분노에 찬 서신이 쇄도했고 이 저널의 다음 호에 실려 있다. Freeland et. al.(1993)도 머스키와 그 동료들이 다중성으로 보이는 4명의 환자를 진료한 방식을 비판했다.

21 다중성이 인간의 본성의 일부일 것이라는 생각을 담은 선구적인 책은 1985년 크랩트리가 출판한 것이다. 이러한 생각이 조금 완화된 저술에는 Beahrs(1982)가 있다.

22 Coons(1984) 53.

23 Braun(1986).

24 이런 견해가 진행되는 분위기를 이해하려면, 1989년 콜린 로스의 말에 주목하자. "나는 개인적으로는 다른 것(alter), 다른 인격(alter personality), 인격(personality)을 동의어로 사용한다. 더 제한된 것은 파편, 파편적 다른 인격, 또는 파편 인격이라고 칭한다." 그러나 1994년에는 전혀 다른 말을 했다. "다중인격장애가 그 정의상 하나 이상의 인격이 있다고는 하지만, 사실 그렇지는 않다." 그리고 "환자 대부분은 하나 이상의 인격을 가지고 있다고 하지만, 이는 사실상 불가능하다"라고 썼다. Ross(1989) 81, Ross(1994) ix.

25 Putnam(1989) 161.

26 Putnam(1993). Putnam(1992b)와 비교해보라.

27 Spiegel(1993b).

28 Lewis Caroll, *Alice's Adventures in Wonderland*(1865), 1장의 3번째 단락부터 끝까지.

29 Bowman & Amos(1993).

30 Spiegel(1993b).

31 Torem et.al.(1993) 14.

32 Spiegel(1993b) 15.

33 APA(1994) 487. C항의 기억상실 추가는 10년이 넘도록 논란의 핵심이었다.

34 DSM-IV의 해리성정체감장애의 진단항목 B항에는, DSM-III-R에 있던 단어 '온 전한(full)'이 삭제되어 있다. 다른 인격이 그 개인의 행동을 온전히 다 통제하지 않아도 진단이 가능해진 것이다. 이는 최근 다중인격 현상과 같이, 예를 들어, 왼 쪽 귀 안에 자리잡은 또 다른 인격의 재잘거림을 어쩔 수 없이 들어야 하는 상황 이 되어버려서, 그 개인을 온전히 다 통제할 수 없게 되었기 때문이다.

45 Spiegel(1993a).

2장

1 Hacking(1994).

2 Ross(1989) 82~83.

3 Putnam(1993) 85.

4 Ross(1989) 83.

5 Whewell(1840) 8.1.4.

6 가족유사성에 관한 비트겐슈타인의 생각을 이해하는 데는 여러 방식이 있으며, 그가 개와 다중인격에 가족유사성 개념을 적용하는 것을 보고 기뻐했을지 의심할 만한 이유가 실재한다. 그러나 그가 만들어낸 이 개념은 널리 알려져 있어 우리의 생각을 바로잡는 데 도움이 될 것이다. 비트겐슈타인에 관한 참조문헌과 원문의 상세한 논의는 Baker & Hacker(1980) 320~343 참조.

7 예를 들어, Rosch(1978) 참조.

8 방사상 집합이라는 아이디어는 Lakoff(1987)에서 가져왔는데, 이 책은 원형에 관한 로쉬(Rosch)의 개척적 연구에 대해서 풍부한 이론과 완전한 참조를 제공한다. '원형'이 반(半)기술적 방식으로 사용되었음에 주목하자. 원형은, 새나 다중인격 의 집합 같은, 어느 집합의 구성원들의 사례를 지칭하며, '새' '다중인격' 등 그 집 합의 이름을 편하게 사용하는 사람들에 의해 가장 쉽게 만들어진다. 원형은 특정 집합에 속한 사람들을 경멸적으로 칭하는 스테레오타입과 혼동하지 말아야 한다.

9 Spietzer et.al.(1989).

10 Torem(1990a).

11 Putnam(1989) 144~150.

12 Shereiber(1973).

13 Ludwig(1972). 윌버는 이 논문의 공저자다. 윌버는 환자를 진단하고 치료했고 다른 저자는 다양한 검사를 했다.

14 Putnam et.al.(1986). 이 조사의 결과는 이미 1983년부터 유포되고 있었다.

15 《더 스테이트(The State)》지, 사우스캐롤라이나주 컬럼비아, 1992년 2월 11일자 1B면. 재판정에서 넬슨은 자신이 1988년부터 캐럴 R.을 치료했고 22개의 다른 인격들 중 21개의 인격을 확인했다고 증언했다. 또한 캐럴이 주요 우울증, 관절염, 갑상선기능저하증, 색정광 및 다중인격장애를 가지고 있다고 말했는데, 이는 대부분의 전문가들이 법정에서 늘어놓는 정신질환들보다 훨씬 더 많은 것이었다. 게다가 DSM에 기재되지 않은 색정광을 덧붙였다.

16 Yank(1991).

17 Coons, Milstein & Marley(1982), Coons(1988).

18 Putnam, Zahn & Post(1990).

19 Bliss(1980, 1988).

20 Pitres(1891) 2:plate1.

21 Wholey(1926). 스틸사진은 Wholey(1933) 참조. 그 환자는 최근 대두된 원형과 여러모로 비슷했지만 다른 인격의 수는 적었다. 그녀는 영화에 매혹되었고 자신이 화면에 등장하는 환상을 가졌다. 홀리는 이 사례를 마치 한 편의 영화처럼 작성하고 발표했는데, 논문은 극화된 등장인물 즉 다른 인격들의 목록을 포함해서 인쇄된 '영상 발표' 자료로 가득했다.

22 Smith(1993) 25.

23 *Dissociation Notes: Newsletter of North carolina Triangle Society for the Study of Dissociation* 4, no.3(1994년 7월). 피터슨의 서신은 1쪽에, 생애 이야기는 3~4쪽에 실렸다.

24 Cavell(1993) 117~120. 정신의학과 정신분석을 배경으로 이 주제의 지형을 품격 높게 그려놓았다.

25 Casey & Fletcher(1991).

26 *The Flock*(New York: Fawcett-Columbia, 1992)의 면지에서 인용.

27 Dailey(1894).

28 이 정보는 대화 도중에 개입한 데이비스에게서 나온 것이다. Ross(1993) 참조.

29 Hacking(1986b) 233. 나는 1983년 어느 강의에서 다중인격을 분열이라고 잘못 말했다. 여기에서 그 실수를 교정한다.

3장

1 Thigpen & Cleckley(1957).

2 Thigpen & Cleckley(1954).

3 Lancaster(1958).

4 Sizemore & Pitillo(1977).

5 Sizemore(1989).

6 Thigpen & Cleckley(1984).

7 Schreiber(1973).

8 Wilbur(1991). 윌버와의 대담은 Torem(1990b) 참조.

9 Wilbur(1991) 6.

10 Schreiber(1973) 446.

11 아미탈 인터뷰에 관한 것은 deVito(1993) 참조. 228쪽에는 "다중인격장애 환자는 아미탈에 의해 더 깊은 혼수상태에 빠지게 되고, 따라서 다른 인격들이 더 용이하게 튀어나오게 한다"라고 적혀 있다. 비판자들은 다른 인격이나 특정 믿음체계를 만들어내는 게 너무 쉽다고 말한다. 그들은 아미탈이 진실을 말하게 하는 약이 아니라 암시성을 강화시키는 약이라고 한다. 허버트 스피겔은 잠시 동안 '시빌'을 치료한 적이 있었다. 최근 TV와《에스콰이어》와의 인터뷰에서 시빌의 다른 인격은 자의로 만들어진 것이라고 말했다. Fifth estate(1993), Taylor(1994) 참조.

12 Kluft(1993c), Schreiber(1973) 15.

13 Ellenberger(1970).

14 이 연구자에 대해서는 Micale(ed.1993)에 자세히 묘사되어 있다. 특히 전기적, 분석적 소개는 3~86쪽 참조.

15 자네는 처음에는 1893년 프로이트와 브로이어가 트라우마, 기억, 잠재의식을 사용하는 것에 대해 수용적이었다. 다음에는 자신이 먼저 그 개념을 사용했음을 조심스레 언급했다. "히스테리아 사례에서 잠재의식적으로 고착된 생각에 대한, 조금 오래되기는 했지만, 우리의 해석을 특히 브로이어와 프로이트가 입증한 것을 발견하고 기쁘게 생각한다"라고 했다. Janet(1893~4) 2:290. 그 후 그는 점점 불만을 품게 되었다. Janet(1919) 2:3장. 프랑스의 애국적 귀족인 자네에게 더 나빴던 점은 독일적이고 유대적인 운동에 압도되었다는 것이었다.

16 James(1890) 10장, Prince(1890).

17 Kluft(1993c). 그는 성공에 대한 자신의 열정적인 초기 보고서가 다른 치료사들을 오해하게 만들었고 쉽게 완치된다는 낙관에 빠지게 했다고 말했다.

18 Kluft(1993b) 88.

19 Ellenberger(1970) 129~131.

20 Greaves(1980).

21 Schwartz(1980); Allison(1974b, 1978b).

22 Allison(1978a) 4.

23 Allison with Schwartz(1980), Allison(1991).

24 Allison(1974a).

25 Kluft(1993c), Allison(1974b).

26 1978년 5월 애틀랜타의 APA 연례총회 자리에서 〈다중인격의 정신치료〉가 발표되었다.

27 앨리슨은 자신의 기록들을 〈다중인격의 진단과 치료〉(Santa Cruz, 1977) , 〈다중인격의 정신치료〉(Broderick, 1977)로 유포했다.

28 Allison & Schwartz(1980) 131~132.

29 ibid., 161.

30 Allison(1978b) 12.

30 Putnam(1989) 202. ISH에 관한 문헌조사는 Comstock(1991) 참조.

31 Putnam(1989) 203에서 인용한 것으로, 원 논문은 앨리슨이 발표했던 1978년 5월 애틀랜타의 미국정신의학협회 총회에서 발표한 〈다중인격 진료의 치료철학〉이다.

32 Hawksworth & Schwartz(1977).

33 1994년 5월 6일 캐나다 밴쿠버에서 열린 ISSMP&D 4차 춘계총회에서, "교도소에서 다중인격장애의 치료가 가능한가?"라는 주제 아래 찬성주자로는 컬리너(Culiner)가, 반대주자로는 앨리슨이 나서서 논쟁을 벌였다.

34 Keyes(1981).

35 전문가증인들이 쓴 글들은 다음과 같다. Allison(1984); Orne, Dingfes & Orne(1984); Watkins(1984). 다중인격 반대자가 쓴 심리(審理)에 관한 냉소적 설명은 Aldridge-Morris(1989)를 보라. 기소할 것을 주장한 마틴 오른은 다중인격운동에게 눈엣가시가 되었다. 그는 해리현상이 실연(acting out)과 최면의 혼합물이라고 배심원을 설득했던 것 같다. 오른은 시인 앤 섹스턴(Anne Sexton)의 정신과 의사로 잘 알려져 있다. 그는 섹스턴의 치료과정을 담은 테이프를 보관했고, 출간을 허용했다. Middlebrook(1991). 오른의 서문은 xiii~xviii쪽 참조. 오른의 치료에 대한 다중인격운동의 견해는 Faust(1991)를 보라. 다중인격으로서의 섹스턴과 오른의 환자학대에 대해서는 Ross(1994) 194~215 참조.

36 Azam(1878) 196.

37 Brouardel, Motet & Garnier(1893). 이들 세 저자가 검찰측 증인으로서, 순서대로 파리의과대학교수회 회장, 감화교육원장, 파리 중앙경찰청 부속 진료실 주임의사였다. 원고측 샤르코 팀은 샤르코, 발레(Ballet), 메스네(Mesnet)였다. 폴 브루아르델이 샤르코의 동료이자 4번째 증인인 오귀스트 부아쟁(Auguste Voisin)과 진단명을 두고 생생하게 맞붙었다. 부아쟁의 체면 손상과 그에 따른 그의 진단에 대

한 도전은 힐사이드 교살자 재판의 어떤 전문가증인이 경험한 것보다 훨씬 그 강도가 심했다. 그 논쟁에 나온 용어인 몽유증과 잠재성 간질은 익숙한 것은 아니지만, 논쟁의 지형은 힐사이드 교살자의 경우와 매우 흡사했다.

38 Ondrovik & Hamilton(1990); Perr(1991); Slovenko(1993), Steinberg, Bancroft & Buchanan(1993); Saks(1994a, 1994b).

39 Lindau(1893). 이 희곡에 대한 당시 선도적 정신과의사들의 논의 내용은 Moll(1893); Lowenfeld(1893) 참조.

40 *TV guide*, 1994년 4월 23일자, 34면.

41 근래에 다중인격 괴담에 자양분을 공급하는 스릴러물에는 1988년작인 《위대한 구원(A Great Deliverance)》(한국어판 제목: 성스러운 살인)이 있다. 가출한 질리언의 아버지가 성경을 손에 들고 끔찍하게 목이 잘려 죽는다. 질리언은 마을 청년들에게는 문란한 창부 같지만 여자와 아이들에게는 더없이 상냥하고 순수하다. 섭식장애가 있고 아버지에게 성폭행당한 두번째 사람이었던 그녀의 여동생이 곧 그의 마수에 사로잡힐 한 아이를 보호하기 위해서 그를 죽인 것이다. 정신과의사가 질리언은 해리장애가 있다고, "아주 심해지면 다중인격이 된다"라고 누설하기까지 298쪽을 다 읽어내야 한다.

42 *Time*, 1982년 10월 25일자, 70쪽. 사우스캐롤라이나주 컬럼비아의 윌리엄 B. 홀 정신의학연구소의 다중인격 전문상담가인 네이선 로스스타인(Nathan Rothstein)도, 그의 현재 동료 래리 넬슨(Larry Nelson)(2장 주15 참조)도 다중인격운동 활동가가 아니다. 에릭에 관한 인터뷰에서, 로스타인은 다중인격은 드물어서 그 자신도 5명밖에 만나보지 못했다면서 더 많이 볼 수 있으리라 기대하지도 않았다고 말했다. 물론 그는 이 장애가 어린 날의 트라우마와 연관성이 있기는 하지만 다른 정신장애와도 연관된다고 생각했다. *The State*, 사우스캐롤라이나주 컬럼비아, 1982년 11월 7일자, F1.

43 동의를 얻어낸 사람은 데이토나비치에 있는 심리학자 맬컴 그레이엄(Malcolm Graham)이었다. *The State*, 사우스캐롤라이나주 컬럼비아, 1982년 10월 4일자, 3A. 동의서는 분명 현실적으로 문제가 되었다. 그에 대한 지혜로운 대처는 Greenberg & Attiah(1993) 참조.

44 Greaves(1992) 369. 이 장 내내 나는 다중인격운동의 자기 이미지에 대해서 신중하게 논평했다. 다른 관점에서 보면 다른 사건이 더 중요하게 보일 수 있을 것이다. 예를 들어, 한 표준 저널에 실린 마거리타 바워스(Margherita Bowers)의 1971년 글에는, 차후의 다중인격 진단과 치료의 많은 원칙이 제시되었다. 그 글은 운동 문헌에 별 영향을 미치지 못했다. Bowers et al.(1971); Bowers & Brecher(1955) 참조. Confer(1983)는 다중성에 관한 초기 교재의 모든 지적 요소를 갖추었지만 결코 받아들여지지 않았다. 운동에 참여하지 않은 정신과의사들의 관점에서는,

영혼 다시 쓰기

Hilgard(1977)가 해리 개념을 부활시킨 가장 중요한 저작처럼 보였다. 예를 들어 Frankel(1994)를 보라. 운동 저자들은 물론 실험최면의 위대한 연구자 중 하나인 힐가드를 인용했으나, 그 영향을 많이 받은 것 같지는 않다. 어떤 저작을 추어올리고 다른 것을 배제하는 것은 지식과 권력의 사회사에 대한 중요한 실례를 제공한다.

45 *American Journal of Clinical Hypnosis, Psychiatric Annals, Psychiatric Clinics of North America, International Journal of Clinical and Experimental Hypnosis.*

46 Greaves(1987).

47 클러프트가 정말로 그 학술지를 소유하고 있고, Ross(1993)에 따르면 러시-프레스바이테리언-세인트루크 병원이 어떤 의미에서 ISSMP&D의 연례총회를 소유하고 있다.

48 Putnam(1993) 84.

4장

1 Herman(1992) 9.

2 Aries(1962).

3 Wong(1993).

4 Hacking(1991b, 1992). 나는 이 두 논문에서 아동학대가 다른 시기마다 어떻게 달리 조형되어왔는지에 초점을 맞추었다. 아마도 이해관계자에 의해 단순히 억제되었을 수도 있다. 이러한 주장과 참조문헌은 Olafson, Corwin & Summitt(1993) 참조.

5 Briquet(1859).

6 Kempe et.al.(1962) 23.

7 Braun(1993).

8 Belsky(1993) 415.

9 Kempe et. al.(1962) 21.

10 Helfer(1968) 25.

11 Sgroi(1975).

12 Herman & Hirschman(1977); Herman(1981).

13 이 토픽이 처음 회자되고 그에 관한 저술이 등장하기까지 몇 년간의 지체가 있었다. 출판된 글을 보면, 1977년쯤에 개념의 확장이 시작되었으니, 그해는 아동학대에 익식 고취가 일어나던 기념비적인 시기였다. Browning & Boatman(1977), Forward & Buck(1978) 참조.

14 Wilbur(1984).

15 Kinsey(1953) 121. Landis(1956)의 조사에서는 남자의 경우 30% 빈도, 여자의 경우 35%의 빈도로 나타났다.

16 Finkelhor(1979, 1984).

17 Browne & Finkelhor(1986) 76.

18 Kendall-Tackett, Williams & Finkelhor(1993) 164, 165, 175.

19 Malinosky-Rummell & Hansen(1993) 75.

20 Nelson(1984).

21 Belsky(1993) 424.

22 M. Beard, *Times Literary Supplement* 14~20 (1990년 9월): 968.

23 Greenland(1988).

24 *New York Times*, 1990년 6월 28일자, A13.

25 Romans et. al.(1993).

26 O'Neill(1992) 121.

27 Pickering(1986).

28 Latour & woolgar(1979).

29 Gelles(1975).

5장

1 Goff & Simms(1993). 1800~1965년 사이의 사례 52명 중 남자가 44%였다.

2 Bliss(1980)의 사례 14명 모두 여자였고, Bliss(1984)의 32명 중 20명이 여자였다. Sterm(1984)의 8명 중 7명이, Horevitz & Braun(1984)의 33명 중 24명이, Kluft(1984)의 33명 중 25명이 여자였다. 그렇다고 진단받은 환자의 1/4은 남자라고 결론내려서는 안 되는데, 이들 사례 중 일부에 남자를 포함시키려는 의식적인 욕구가 있었기 때문이다.

3 Putnam et. al.(1986).

4 Ross, Norton & Wozney(1989).

5 Wilbur(1985).

6 Allison & Schwartz(1980) "남성 다중인격 찾기" 7장.

7 Ross(1989) 97. 해리 경험의 남녀 차이가 없다는 주장은 7장에서 기술할 해리경험척도(DES)에 따른 것이다.

8 청소년을 조사한 짧은 보고서 시리즈에서 11명 중 7명이 남자였다. Dell & Eisen-hower(1990) 참조. 아동다중인격 6명 중 4명은 소년이었다. Tyson(1992) 참조.

9 Brodie(1992).

10 Loewenstein(1990).

11 이는 분명 위대한 소설에는 맞는 말이다. 다중인격 파도가 일어날 때마다 여자를 주인공으로 한 감상적 소설로 남녀비율이 조정되었다. Ellenberger(1970, 165~168)는《지킬과 하이드》를 비롯해서 프랑스의 이중인격 유행 이후 출간된 8

개의 소설을 소개했다. 4명이 남자, 4명이 여자였다. 근래에 여자와 아동 다중인격이 나오는 것이 있다. Stowe(1991); Clark(1992) 참조.

12 호프만은 G. H. 폰 슈베르트를 알았고, 그의 강의(1814, 108~111)에 이중인격에 관한 설명이 많이 포함되어 있음도 알았다. 호프만과 슈베르트에 관해서는 Herdman(1990) 3 참조. 《사면된 죄인의 사적 비망록과 고백》의 저자 호그와 《수면의 철학》의 저자 로버트 맥니쉬(Robert McNish)의 이중적 관계에 관해서는 Miller(1987) 9 참조. 로버트 루이스 스티븐슨은 《지킬과 하이드》를 집필하는 동안 피에르 자네와 서신을 주고받았다. 도스토옙스키의 《분신》에 나오는 골랴드킨은 저자 자신이 앓던 뇌전증을 가졌을 수 있다.

13 Kleist(1988) 265. 클라이스트는 드레스덴에서 슈베르트의 강의에 참석했다. Tymms(1949) 16 참조. 이복누이에게 보낸 유명한 편지에서, 〈펜테질레아〉 연극에는 자기 영혼의 추악함과 빛이 모두 다 담겨 있다고 적었다. 그러나 누군가는 그가 추악함(Schmutz)이 아니라 고통(Schmerz)을 쓰려 했던 것이 아니었을까 의문을 가진다. 이중인격에 관해 쓴 대부분의 이야기는 스티븐슨의 《지킬과 하이드》를 제외하고는 거의가 저자 자신이 겪은 고통과 추악함에 대한 저자의 느낌에 관한 것임은 의심의 여지가 없다.

14 Berman(1974). Kenny(1986)도 19세기 미국의 이중인격에 관해 유사한 주장을 했다.

15 Olsen, Lowenstein & Hornstein(1992).

16 Rush(1980).

17 Rivera(1988).

18 Rivera(1991).

19 MacKinnon(1987).

20 Leys(1992) 168, 204, Rose(1986).

21 Dewar(1828).

22 예를 들어, 의사이자 최면술사인 담당 치료사와 사랑에 빠져 임신한 젊은 여자의 이야기가 있다. Bellanger(1854)에서 극적으로 이야기하고 있고, 일부는 Gilles de la Tourette(1889) 262~268에 요약돼 있다.

23 Rosenzweig(1987).

24 Dewey(1907)에서 다른 인격은 레즈비언이었다. 여성 다중인격에서 남성 인격의 파편이 나타나는 것을 영화에 담은 것은 Wholey(1926, 1933) 참조. Taylor & Martin(1944)의 한 조사에서 다중인격이라고 불린 사례 67명중 일부는 현재의 DSM 기준과 꼭 맞지는 않지만 동성애에 침묵하던 당시로서는 놀랍게도 여성의 본 인격에 동성애 다른 인격 또는 남성 다른 인격이 있는 젠더 양면성을 가진 사례가 9명이나 있었다.

25 Schreiber(1973) 214.

26 Bliss(1980).

27 9살의 소년 인격을 가진 젊은 여자의 사례는 Atwood(1978) 참조. 사람에게만 국
    한될 필요가 있었을까? 전형적인 동물 인격은 없었을까? Hendrikson, McCarty &
    Goodwin(1990)은 새, 개, 고양이, 팬서의 인격을 보고했다. 그 논문에 묘사된 어
    린 시절에는 역겨운 일들이 있었으나, 잠시 한 걸음 물러나서 보면, 저자의 분석
    이 고통스럽거나 평범한 삶의 단편과 매우 잘 맞아 들어갔음을 알 수 있다. 동물
    다른 인격은 "(1)어떤 동물처럼 행동하거나 살도록 강요되었을 때, (2)동물 훼손
    장면을 목격했을 때, (3)수간(獸姦)에 참여하도록 강요받았거나 목격했을 때, (4)
    반려동물을 괴롭게 상실했거나 죽게 했을 때에 나타났다. 치료과정에서 동물 인
    격의 실마리는 (1)어떤 동물과 지나치게 동일화할 때, (2)동물의 울음소리를 들을
    때, (3)동물에 대한 지나친 공포, (4)반려동물에 지나치게 집착할 때, (5)동물에
    대한 잔학행위 등에서 찾을 수 있다"라고 했다.(p218)

28 Rivera(1987).

29 Rivera & Olsen(1994).

30 Ross(1989) 68.

31 Lessing(1986) 34.

32 ibid., 146.

33 ibid., 148.

6장

1 그리브스가 로웬스타인이 말한 "해리 범위와 다중인격장애 현상"을 바꿔서 설명
   한 것이다. 1989년 6월 24일 버지니아주 알렉산드리아에서 열린 다중인격과 해리
   에 관한 1차 동부 총회에서 발표한 것이다.

2 이 개념을 현대식으로 말한 것은 Davidson(1967) 참조. 이에 대한 문제 제기는
   Anscombe(1981) 참조.

3 Wilbur & Kluft(1989) 2198.

4 Greaves(1993) 375, Spiegel(1993a).

5 Wilbur(1986) 136.

6 Marmer(1980) 455.

7 프로이트가 특히 다중성과 거리를 두려 했음을 고려할 때, 다중인격의 트라우마에
   관한 만장일치의 정신분석적 견해는 없다. 다중인격운동 초기의 관점에 대해서는
   Berman(1981) 참조. 최근 견해는 *Bulletin of the Meninger Clinic*(1993) 특별판 참조.

8 Saltman & Solomon(1982).

9 Coons(1984) 53. Coons(1980)와 비교해보라.

10 Kluft ed.(1985).

11 Putnam(1989) 45~54.

12 Van der Kolk & Greenberg(1987) 67.

13 Hacking(1991c).

14 Cartwright(1983).

15 Putnam(1988)은 Wolff(1987)를 인용했는데, 그는 유아와 다중인격을 비교할 것을 주장했다.

16 *American Heritage Dictionary*, 3판(1992). Donvan & McIntyre(1990) 57~70에는 퍼트넘의 논의가 꽤 많이 인용되어 있다. 그 책의 "정상적 해리와 병리적 해리(58)" 장에는 퍼트넘의 '규범적(normative)'이 '정상적(normal)'으로 바뀌어 기술되었다.

17 Donovan & McIntyre(1990) 57쪽에 Putnam(1989) 51쪽의 13줄이 길게 인용되어 있는데, 조건부 수식어구는 표시되어 있지 않다.

18 Kluft(1984).

19 Peterson(1990); Reager, Kaasten & Morelli(1992), Tyson(1992).

20 데니스 도노번은 1994년 9월 9일 편지에서 친절하게도 자신의 사례를 인용하도록 허락해주었다.

7장

1 Putnam(1989) 9.

2 ibid., 10.

3 Frankel(1990).

4 Berntein & Putnam(1986) 728.

5 Ross(1994) x~xi.

6 *Tests in Print*(Mitchell 1983) 최신판에는 검사 목적으로 자체 출판된 영어로 쓰인 심리검사가 2,672개 실려 있다. *Mental Measurement Handbook*(Krane & Connoly 1992) 최신판은 477개 검사를 리뷰한다. 곧 나올 12번째 판은 최초로 DES를 리뷰할 것이다. 다중인격과 직접 연관되지 않은 심리학자들의 최근 리뷰는 North et. al.(1993) 참조.

7 Binet(1889, 1892).

8 Jardine(1988, 1992). 자딘은 기준치 조정 개념을 더 일반적으로 사용해서 새로운 이론이 옛 이론을 대체하는 방식을 의미했다. 토머스 쿤이 말한 방식의 과학혁명만 있는 것은 아니다. 성공적인 새 이론은 옛 이론을 따라서 기준치 조정이 되기도 한다.

9 Carlson & Putnam(1993)에는 "타당성 구성하기"의 용법에 관한 명확한 설명이 담겨 있다. 두 저자는 타당성 구성하기란, "구성을 측정하는, 이 경우에는 해리를 측정하는 도구의 능력"이라고 했다. 그들은 계속해서, "DES의 타당성 구성하기

의 가장 명백한 근거는 검사에서 높은 점수가 나올 것으로 기대되는 사람이 높은 점수가 나오는 것"이라고 했다. 그들은 또한 "수렴타당도와 판별타당도"를 구분했다. "수렴타당도를 확립하려면 새 도구는 같은 구성의 다른 측정법들과 높은 상관성을 가짐을 보여야 한다." "판별타당도는 새로운 도구의 점수가 관심사의 구성과 무관하다고 생각되는 변수와 상관관계가 높지 않음을 보임으로써 확립된다." 짧게 말해서, DES에 관한 그들의 연구는 다른 해리 측정법의 결과에 대조해야 하고, 해리와 무관한 요인이 점수를 내지 않음을 확인해야 한다는 것이다.

10 따라서 여자가 남자보다 점수가 높았다. 이는 그 검사법에 문제가 있음을 나타내는 것이었다. 여자가 남자보다 높은 점수를 내는 항목은 삭제되고, 남자가 여자보다 높은 점수를 낼 항목이 추가되었다. Terman & Merritt(1937) 22f, 34 참조. 최근에는 문화와 계급의 구별에 따른 더욱 다양한 검사법들이 있다.

11 새로운 자기-기입식 설문지에는 QED(Questionnaire of Experiences of Dissociation, Riley 1988)와 DIS-Q(Dissociative Questionnaire, Vanderlinden et. al. 1991)가 있다.

12 Putnam(1993) 84.

13 Braun, Coons, Loewenstein, Putnam, Ross, Torem.

14 Carlson & Putnam(1993).

15 28개 문항마다 "이 경험이 당신에게 일어나는 시간 비율을 나타내는 숫자에 동그라미 치시오."라고 요구한다. 어떤 시간의 비율인가? 첫 번째 질문은 짧은 여행 도중 여행의 일부분을 기억하지 못함을 갑자기 깨닫는 경험에 관해서다. 얼마만큼의 시간 비율로 그 일이 일어났는가? 그야말로, 내가 (무언가를) "갑자기 깨닫는" 경험을 할 때의 시간 비율은 순간이다. 기껏해야 하루 중 20초가 갑작스런 깨달음에 할애된다. 양식 있는 사람은 관대하게도 그 질문을 여행시간의 얼마만큼의 의미로 받아들인다. 각 질문은 각각의 방식으로 해석되어야 한다.

16 Gilbertson et. al.(1992).

17 Kluft(1993a) 1.

18 Carlson et. al.(1993) 1035. 저자들은 Putnam(1989), Kluft(1991) 등이 이미 증상 학습에 관해 논의했음을 지적했다.

19 내가 강좌를 맡은 첫날 설문지를 돌린 2학년 학부생들은 인문계와 이공계가 반반씩 섞여 있었다. 설문지 결과는 평균 17점으로 인문계와 이공계 사이에 차이가 없었다.

20 어떤 검사에서건 가장 높은 해리 점수를 N($\leq$100), 가장 낮은 점수를 M($\geq$0)이라 할 때, 무간격 가설이란 M과 N 사이의 어떠한 식별가능구획에 대해서도, 그 점수 대에 속하는 사람이 반드시 있다고 말하는 것이다. 식별가능구획이란 검사상 유의하게 구별되는 구획으로서 검사 규약에 가령 4%로 정해놓는 식이다. 28개 질문

으로 된 검사에서 점수가 10 백분위수라면 어떤 두 개의 같지 않은 점수는 10/28
의 1% 즉 약 0.035% 정도 차이 난다.

21 가능한 점수가 0이나 M이고 그사이에 아무것도 없는, 식별가능한 역치 M은 없다
    는 것을 추가할 필요가 있다.

22 Frankel(1990) 827.

23 Ross, Joshi, & Currie(1991). 1,055명의 캐나다인 중 7%가 28개 질문 모두 0에 동
    그라미를 쳤다. 그렇다고 캐나다인 7%는 결코 백일몽에 빠지지 않는다거나, 영화
    에 몰입하지 않는다거나, 고통을 무시한다고 해석되지는 않는다. 캐나다인 중 많
    은 이는 오히려 조심성이 많아서 반복적으로 국민투표가 시행될 때 어디에나 다
    반대한다.

24 매끄러움은 보통 단조로운 증가 혹은 감소라고 표현되며 굴곡점이 하나다.

25 Berntein & Putnam(1986) 728.

26 "명백히 이 양상은 정상분포가 아니고, 이 데이터의 통계분석은 비모수(非母數)
    방식으로 다뤄야 한다." ibd, 732. 여기에는 정상성과 비모수 검사법이라는 두 가
    지 기술적 문제가 있다. 나는 비모수 검사법에 대해 말하지 않았기 때문에 본문
    에서 이 문장을 생략했다. 이후의 논문인 Carlson & Putnam(1993)은 30명 이상의
    집단을 대상으로 한 연구에서 비모수 통계법을 사용했다. 그럼에도 점수가 정상
    분포였다고 그들은 생각했을 수 있다.

27 현실적으로는 어불성설이다. R. A. 피셔의 말을 빌리면, 번스타인과 퍼트넘이 연
    구대상으로 선택한 비율의 사람들—정상인 5.4%, 정신분열증 6.2%, 광장공포증
    9.1% 등으로 구성된, 가설적으로 무한에 가까운 집단이라는 것은 현실세계의 그
    어떤 것의 모델이 될 수가 없다.

28 Ross, Joshi & Currie(1990).

29 Ross, Heber, & Anderson(1990).

30 Ellason, Ross & Fuchs(1992).

31 Steinberg(1985, 1993).

32 Draijer & Boon(1993).

33 Carlson & Putnam(1993) 20. 1991년의 ISSMP&D 8차 총회에서 발표된 것을 말한
    다. 동일한 곳에서 발표한 Schwartz & Frischolz(1993)에 의하면 "확증된 연구"라
    고 했다.

34 Ross, Joshi & Currie(1991).

35 Ray et. al.(1992).

36 Frankel(1990) 827.

37 학부 학생들은 여러 심리검사에 자료를 제공했다. 번스타인과 퍼트넘은 18~22세
    '대학생'을 청소년으로 지칭했다. Ross(1989), Ryan(1988) 등은 그들의 말대로라

면 무작위로 '대학생'을 선택했는데, 이들의 평균 나이는 27세였다. Ross(1992),
Ryan et. al.(1992). 이 표본 집단을 대상으로 해서 모든 대학생의 5%가 병적 해리
를 가지고 있다고 추정한 것이다.

38 Ross(1990) 449, Fernando(1990) 150.

39 Chu(1988).

40 Chu(1991).

41 Chu & Dill(1990).

42 Fogelin & Sinnot-Armstrong(1991) 123~126. "자기 밀봉식 논쟁은 다루기가 어려
운데, 그런 주장을 하는 사람은 때로 논쟁의 토대를 바꿔버리기 때문이다."

43 Root-Bernstein(1990).

44 Kahneman & Tversky(1973).

45 다중인격 옹호자들이 주장한, 정신과 입원환자의 2.4~11.3%가 다중인격이라는
말을 Carlson & Putnam(1993)이 인용했다. Bliss & Jeppsen(1985), Graves(1989),
Ross(1991), Ross et. al.(1991).

8장

1 Mulhern(1995).

2 Ganaway(1989) 211.

3 Van Benschoten(1990) 24.

4 Kluft(1989) 192.

5 Fine(1991).

6 Ganaway(1989) 207.

7 *FMS Foundation Newsletter*, 1992년 4월 1일.

8 Ganaway(1993).

9 Bryant, Kessler & Shirar(1992) 245.

10 Spencer(1989).

11 그 책이 Stratford(1988)로 1991년에 재출간되었다. 그에 관한 폭로기사는 Passan-
tino et. al.(1990) 참조.

12 Fraser(1990) 60.

13 Young et. al.(1991).

14 Mulhern(1991b), Young(1991).

15 Putnam(1993) 85. Putnam(1991)과 비교해보라.

16 Goodwin(1994). 개명의 주요 원인이 바로 이것이라고 했으나 더 많은 것이 걸려
있는 것으로 보였다.

17 악의적 배경 안에서 일어난 학대: 가정 내 심각한 학대를 파악하고 개입하기, 브

리티시컬럼비아 사법연구소가 제안함(1994년 9월 23일).

18 Lockwood(1993).

19 ibid., 이 책의 마지막 부분에 1984~1992년 사이의 고발건이 요약되어 있다.

20 *The Independent* (London), 1994년 6월 3일.

21 악마숭배의례 아동학대는 조직적으로 있어왔고 앞으로도 계속될 가능성이 있다고 생각한다. 내 고향은 예의 바르고, 안전하고, 세련된 도시라는 좀 과한 평판을 가진 활기 없는 북미의 큰 도시인데, 내 집에서 길 몇 개 건너에 있던 한 창고의 옥상에서 염소를 희생제물로 바치는 악마숭배의례가 있었다. 아무리 타락한 것일지라도 어떤 생각이 일단 알려지게 되면 누군가는 그것을 실연하려 들지 않을까 걱정된다. 한 세기 전의 악마주의자들이 아이들을 고문하지 않았다 할지라도, 인간 본성에 대한 불신은 언젠가 그런 일이 가능하지 않을까 생각하게 만든다. 야비한 이야기들이 마구 떠돌면, 분노에 차 있고 이미 잔인했던 자들은 허구의 이야기를 사실로 만들려 한다. 다른 곳의 집단과 상호작용이 느슨한 지역의 비밀스러운 사회는 무모하게 극단에 빠져들 수 있다. 어쩌면 어디에선가는 인간 제물을 위해 청소년을 아기공장으로 이용했을 수도 있다. 슬프게도 나는 그런 일이 불가능하다거나 일어날 리 없다고 생각하지는 않는다. 따라서 내 사견으로는, 원칙적으로 피해자가 도리어 정확한 기억을 가질 수는 있다고 생각한다.

21 Goodwin(1989).

22 Mulhern(1995, 1991b).

23 P. Kael, *5001 Nights at the Movies* (New York: Holt 1991) 462.

24 Condon(1959). 그 카드는 다이아몬드 퀸이었다.

25 공적 기록만 사용하겠다는 말을 취소해야겠다. 다음 설명은 한 개인의 관찰기록이다.

26 이 논의에 대한 최초의 출판물은 Smith(1992)를, 그에 대한 답신은 Ganaway(1992)를 보라.

27 *Toronto Star*, 1992년 5월 16일, 18일, 19일.

28 ibid., 1992년 5월 28일.

29 Fraser(1987). 프레이저는 3개의 다른 인격을 가지고 있었다.

30 Krüll(1986).

32 프레이저는 다음 중급 월간지가 기반을 다질 무렵에도 '중후군'이라는 용어를 공격했다. *Saturday Night* 109(1994년 3월): 18~21, 56~59.

33 *FMS Foundation Newsletter* 3, no.1(1994):1.

34 P. Freyd(1991, 1992).

35 J. F. Freyd(1993).

36 *New York Times*, 1994년 4월 8일자, A1, B16.

37 Taylor(1994)에 의하면, 허버트 스피겔이 털어놓기를, 시빌이 그에게 다른 인격
    인 헬렌처럼 말해야 하느냐고 물었다고 한다. 시빌이 그리하기를 원했다는 것이
    다. 스피겔은 그러지 말라고 했고 다중성에 관한 이야기는 거기에서 끝났다. 스피
    겔은 자신이 다중인격 진단을 거부하면서 생겼던,《시빌》의 저자인 슈라이버와의
    다툼을 묘사했다. 그는 시빌이 해리장애를 가졌다고 생각했다.

38 Fifth Estate(1993). 로스의 책(Colin J. Ross, *Satanic Ritual Abuse*. Toronto, Universi-
    ty of Toronto press, 1996)은 3년이 지나서야 출판되었다. 로스의 책에 나왔던 동
    일한 TV 쇼에서 스피겔은 잡지《에스콰이어》기사에 내기 위해 테일러에게 말했
    던 것을 거의 그대로 말했다. 단, 그가 말한 다른 인격의 이름은 헬렌이 아니라 플
    로라였다. 스피겔이 NBC 기자에게 최면을 거는 영상이 있는데, 이를 테일러에게
    도 보여주었다.

39 Ofshe & Watters(1994).

40 Loftus & Ketcham(1994).

41 Van der Kolk(1993).

42 Comaroff(1994).

43 *Crime and Punishment*, 6부 5장.

44 Tymms(1949) 99.

9장

1 Bleuler(1924) 137~138.

2 Breuer & Freud, Freud, *S. E.* 2:15f., 31~34, 37f., 42~47, 238.

3 Rosenbaum(1980).

4 Psutnam(1989) 33.

5 Greaves(1993) 359.

6 Ellenberger(1970) 287.

7 Bleuler(1908).

8 Bleuler(1950, 초판은 1911) 8.

9 ibid., 298~299.

10 Greaves(1993) 360.

11 M. Prince(1905), B.C.A(1908).

12 Appignanesi & Forrester(1992) 329~351.

13 세기가 바뀌기 전까지도 소위 다중성 혹은 인격의 분열에 관한 말들이 나돌았다.
    Laupts(1898) 참조.

14 Micale(1993) 525f.

15 Janet(1889, 1893~1894, 1907, 1909).

16   Janet(1919) 3:125.

17   Hart(1926) 247. 수정된 논문은 Hart(1939) vi를 보라. 수정 논문에서 "추가된 '해리의 개념' 장은 자네와 프로이트의 관점을 확장하고 더 명료히 하기 위한 것이다."

18   Jones(1955) 3:69.

19   Goettman, Greaves & Coons(1991).

20   《의과학 색인목록》에 등재되는 논문의 절대계수로 보면 잘못 이해될 수 있는데, 매년 출판되는 논문 수는 증가하고 있기 때문이다. 어림잡아서 1903년 히스테리아 논문이 100개였다면 1908년에는 140개가 되었다. 이후 꾸준히 감소하면서 1917년에는 20이 되었다. 1920년에 잠시 50개로 뛰어올랐다가 이후 지속적으로 감소되어왔다. 그 수가 훨씬 적은 신경쇠약증도 비슷한 양상을 보였고, 전쟁 이후에도 변동이 없었다. 히스테리아가 잠시 증가했던 이유는 전투신경증에 관한 연구 때문이다. 로젠바움이 계산했던 다중인격의 수가 히스테리아의 영향을 받지 않았다고 보는 이유는, 히스테리아는 1917년부터 이미 쇠락해 있었고 다중인격은 아직 급락이 시작되지 않았기 때문이다.

21   M. Prince(1920).

22   Hacking(1988).

23   Myers(1903).

24   W. F. Prince(1915~1916).

25   Braud(1991).

26   Irwin(1992, 1994).

27   Ross(1989) 181.

28   Adams(1989) 138.

29   Putnam(1989) 15.

30   Putnam(1992a)은 안나 O.가 다중인격이라고 기술했다. 프로이트의 다른 많은 사례들과 마찬가지로 안나 O. 역시 많은 이들이 새로운 진단을 시도했다. 몇 년간 30개 이상의 별개의 진단명으로 재진단되었다.

31   Rank(1971).

32   Bach(1985) 1장.

33   Schreiber(1973) 117.

34   Laing(1959).

35   Zubin et. al.(1983).

36   Andreason & Carpenter(1993).

37   Crose(1985).

38   Boyle(1990), 반정신의학 운동에 관한 설명.

39   Schneider(1959), 여기에 Schneider(1939)의 논문 번역이 포함되어 있다.

40 Kluft(1987).

41 Ross, Norton & Wozney(1989).

42 Ross(1994) xii.

43 John P. Wilson. 총회 책자 2쪽에 적혀 있다.

10장

1 Volgyesi(1956). 볼기예시는 이를 독일어로 1938년에 출판했다. 독일과 러시아에서는 사마귀를 "신에게 기도하는 자"라고 한다.

2 Spiegel(1993a).

3 Darnton(1968).

4 Braid(1843).

5 Lambek(1981).

6 Douglas(1992).

7 Borreau(1991, 1993).

8 Hacking(1991a).

9 *Encyclopédie ou dictionnaire raisonée*(1765) 15:340.

10 Azam(1876c) 268.

11 Gauld(1992a).

12 Crabtree(1993).

13 Mitchill(1817). 1816년 2월 발행.

14 Breuer & Freud(1893), Freud, *S. E.* 2:12.

15 Carlson(1981, 1974), Kenny(1986).

16 Gauld(1992b).

17 Ward(1849) 457.

18 Wilson(1842~1843).

19 H. Mayo(1837) 195. 허버트 메이오는 현대 다중인격운동의 주목을 받지 못했고, 그의 사례는 Goettman, Greaves & Coons(1991)에도 인용되지 않았다. 19세기에 지칭되던 "닥터 메이오의 사례"에서 말하는 메이오는 토머스 메이오가 아니라 허버트 메이오다. T. Mayo(1845)는 최근 다중인격 학계에서 '청소년' 다중인격 사례로 인정받았다. Bowman(1990) 참조.

20 Carlson et. al.(1981) 669.

21 J. C. Browne(1862~1863).

22 A. L. Wigan(1844) 371~378. 두 개로 분열된 뇌 관련 역사는 Harrington(1985, 1987) 참조.

23 19세기 어린이는 평균적으로 현대 어린이들보다 사춘기가 빨리 시작되었음에 주

목해야 한다. 1822년의 스코틀랜드에서 16세 소녀는 첫 월경 이후 성인으로 대우 받았다. Dewar(1823) 참조.

24 Bertrand(1827) 317~319.

25 Despine(1838). 1839년 10월에 발표. 중립적 견해를 요약한 것은 Ellenberger(1970) 129~131 참조.

26 Shorter(1992) 160f.

27 Fine(1988).

28 Janet(1919) 3:86.

29 Janet(1893~1894).

11장

1 Azam(1893) 37~38. 아잠은 여러 형태로 연구물을 재출판했다. 1893년 출판물에는 그의 주요 심리학 연구가 약각 편집되어 포함되어 있다. 1887년 출판물에는 1886년의 것과 거의 똑같은 내용이 약간 다르게 편집되어 들어 있다. 콜레주 드 프랑스의 라틴어 교수였던 아잠의 사위는 180편에 이르는 그의 저작 목록을 주석을 달아 출판했다. Julian(1903) 참조.

2 Janet(1907) 78.

3 뒤의 참고문헌 항목에서 Azam의 1876년부터 1879년까지의 논문들 참조.

4 Babinski(1889) 12. Didi-Huberman(1982) 참조.

5 Showalter(1993), Micale(1991, 1992).

6 Azam & Merskey(1992) 157.

7 Taine(1870) 1:372.

8 Taine(1878) 1:156.

9 Littré(1875) 344.

10 Ribot(1988) 107.

11 Janet(1888) 542.

12 Warlomont(1875).

13 Azam(1876a) 16.

14 Azam(1893) 90.

15 Egger(1887) 307.

16 Azam(1887) 92. "순수 형이상학은 오직 기억뿐이다"라고 뒤이어 말했다.

17 Azam(1887) 143~153.

18 Janet(1876) 574, Bouchut(1877), Dufay(1876).

19 Ladame(1888) 314.

12장

1 Voisin(1886) 100. Voisin(1885)와 비교해보라.

2 Borreau & Burot(1885, 1886b).

3 A. T. Myers(1896), "이중 혹은 다중인격 사례 1명의 생애." 더 유명한 그의 형은 동일한 사례를 다른 이름으로 발표했다. F. W. H. Myers(1896) "Multiplex Personality."

4 Binet & Féré(1887).

5 Binet(1886).

6 Babinski(1887).

7 Gauld(1992a) 332~336.

8 ibid., 334f.

9 Borreau & Burot(1888), Crabtree(1993) 303.

10 Camuset(1881). Ribot(1882) 82~84.

11 생조르주 보호소의 담당의사가 한 말이다. Borreau & Burot(1888) 24 참조.

12 Voisin(1886) 105.

13 인도차이나 정복은 1883년에 마쳤지만, 북부에서는 저항이 지속되었다. 부뤼와 뷔로에 따르면, 비베는 통킹 전투에 참여했다고 한다. 아잠은 의무복무였다고 말했다. 비베의 어느 한 상태는 분명 통킹에 가길 원치 않았다. 절도죄로 잡혀서 강제로 군에 보내졌을 수도 있다.

14 Borreau & Burot(1886a).

15 Borreau & Burot(1888) 35.

16 ibid., 39.

17 Gauld(1992a) 453.

18 Borreau & Burot(1888) 263.

19 ibid., 299f.

20 Gauld(1992a) 365f, Myers(1903) 1:309.

13장

1 Fischer-Homberg(1975) 79.

2 Micale(1990a) 389n.112.

3 Gilles Deleuze, "Zola et la fêlure"(1969), Emile Zola, *La Bête humaine*(1889) (Paris, Gallimard, 1977) 21.

4 Fischer-Homberg(1972).

5 Schivelbush(1986) 134~149.

6 Erichsen(1866).

7   ibid., 127.

8   Reynolds(1869a) 378.

9   Reynolds(1869b).

10   Trimble(1981).

11   Charcot(1886~1887) 18~22강, 부록1.

12   Micale(1990a).

13   이들은 유전성으로 알려진 퇴행으로 오염되었다고 했다. 퇴행은 영국과 독일에
     비교할 때 쇠락하는 프랑스를 설명하는 만능 개념이었다. 19세기 내내 퇴행은 저
     출산, 자살, 매춘, 동성애, 알코올남용, 광기, 방랑과 연관된다고 하였고 1880년 이
     후에는 샤르코에 의해 히스테리아와 연관지어졌다. Nye(1984) 참조.

14   Charcot(1886~1887) 335ff.

15   Pitres(1891) 28. 원래의 강좌는 1884~1885년 사이 여름학기에 있었다. 다베작(J.
     Davesac)이 필기한 강의 내용은 1886년 4월 4일부터《보르도 의학저널》에 연재되
     었다.

16   다베작이 피트르에게 경의를 표하는 리뷰논문. *Journal de médicine de Bordeaux*
     20(1891) 443.

17   Guinon(1889).

18   Fischer-Homberg(1971).

19   Lunier(1874).

20   Schivelbush(1986) 137. 1834년의 한 프랑스 의학논문에서 인용.

21   Lunier(1874) 사례 12, 111, 288, 300.

22   Rouillard(1885) 87.

23   ibid.,10.

24   Camuset(1886)의 리뷰. 대부분의 프랑스 학위논문은 100쪽 정도였는데, 그 논문
     은 252쪽이었다.

25   Azam(1881, 1893).

26   J. Janet(1888).

27   "Preliminary communication"(1893), *S. E.* 2:12.

28   Crocq & de Verbizier(1989).

29   "Hysteria"(1888), *S. E.* 1:41~57.

31   Gelfand(1992), Gelfand(1989).

32   "The Psychopathology of Everyday Life" *S. E.* 6:161.

33   *S. E.* 1:139.

34   Carter(1980).

35   *S. E.* 1:139.

36 *S. E.* 3:162~190.

37 Kitcher(1992).

38 Van der Kolk & van der Hart(1989) 1537~1538.

39 Nietzsche(1887) *Zur Genealogie der Moral*, 3부 16절.

40 Lampl(1988).

14장

1 Foucault(1972) 182. 오늘날 푸코를 독해하는 수많은 방식이 있다. 나의 견해는
   Hacking(1986a)에서 밝혔다.

2 Ellenberger(1970) 289~291. 저서의 부제가 《역동정신의학의 역사와 전개》이지만,
   정신의학에서 '역동'이라는 말은 "때로 혼란이 내포된 다양한 의미로 사용된다"
   라고 했다.

3 Delannay, *Gazette des Hopitaux*, no.81(1879): 645.

4 Rossi(1960), Yates(1966).

5 Carruthers(1990) 71.

6 Carruthers(1990) 260.

7 J. Locke, *An essay concerning Human Understanding*(1693) 2.10.7.

8 Broca(1861).

9 Lichtheim(1885). 뇌 부위에 관한 초기 연구들의 시기 구분은 Rosenfeld(1988)를
   따른 것이다.

10 Danziger(1991) 142.

11 Ebbinghaus(1885).

12 Murray(1983) 186.

13 본문으로도 알 수 있지만, 내가 사용하는 '최초'는 위대함의 의미가 아니라 하나
   의 표식임을 분명히 해야겠다. 에빙하우스의 통계와 무의미한 음절의 사용에 관
   해서는 Stigler(1978)를 보라. 심리학에서 확률을 사용한 최초의 사람은 에빙하우
   스가 아니라 페히너(Fechner)다. Heidelberger(1993) 참조. 페히너는 통계학자가
   아니었다. 그는 가우스 정규분포를 정신물리학의 사전 모델로 사용한 반면, 에빙
   하우스는 경험통계학, 곡선맞춤, 분산도를 사용했다.

14 Ribot(1881, 1883, 1885).

15 Brooks(1993).

16 Roth(1991a, 1991b).

17 Danziger(1991) 24~27.

18 Sauvages(1771) 1:157.

19 Ribot(1870). 연합주의 심리학이 리보의 출발점이었다.

20   Ribot(1881) 107.

21   Hartmann(1869).

22   Ribot(1881) 26~27.

23   ibid., 82. 나는 'moi'를 여러 문장에서 그대로 사용했는데, 그 이유는 '자아(self)'
      나 '에고(ego)' 또는 '나(me)' 등으로 일관되게 번역할 수 없었기 때문이다.

24   ibid., 83.

25   Ribot(1885) 1.

26   Ribot(1881) 94, 95.

27   일반적인 기억의 소멸 과정에서 기억해내는 능력의 상실은 일정한 순서로 진행된
      다. 최근 사건들, 일반적 생각, 느낌, 행동 순이다. 잘 알려진 부분적 소멸(실어증)
      의 경우, 고유명사, 일반명사, 형용사, 동사, 감탄사, 몸짓 순으로 소멸된다. 모두
      복합적인 것에서 단순한 것으로, 자의적인 것에서 자동적인 것으로, 잘 체계화된
      것에서 단순한 것 순으로 소멸된다. ibid., 164.

15장

1   Herman(1992) 9.

2   Foucault(1980) 139.

3   Comaroff(1994).

4   기능주의는 시대적 기호가 아니다. 비판은 Elster(1983) 참조. 반론은 Doug-
      las(1983) 3장 참조.

5   Hacking(1982).

6   Hacking(1983)에 초기의 개념이 실려 있다. 인구조사와 인간 유형 만들기의 관계
      에 관한 가장 체계적 연구는 Desrosières(1993) 참조.

7   Plint(1851).

8   Goldstein(1988).

9   Briquet(1859).

16장

1   McCrone(1994).

2   Wakley(1843).

3   James(1890).

4   James(1883) 269.

5   James(1890) 384~385.

6   ibid., 401.

7   Whitehead(1928) 141. 147쪽에서, : "여기에서 사용한 용어인 '사회'의 핵심은 자

급자족적이라는 것이다. …… 사회가 조직되기 위해서는 존재자나 유형의 이름으로서의 종속명사가 모든 구성원에게 적용되어야만 한다. 같은 사회에 속한 다른 구성원에게서 파생된 유전적인 것이 있다는 이유에서다."

8   ibid., 164.

9   Humphrey & Dennett(1989) 77.

10 Whitehead(1928) 164.

11 Dennett(1991) 419.

12 ibid., 422.

13 ibid., 420.

14 Taylor & Martin(1944) 297.

15 Hilgard(1986) 24, cf.18.

16 Wittgenstein(1956) I~80.

17 Braud(1991) 164.

18 Dennett(1992).

19 두 권의 저술 중 두 번째 것(1986)이다. 이 책의 주제에 내가 왜 동의하지 않는지는 Hacking(1993)에 기술되어 있다.

20 Wilkes(1988) vii.

21 가장 풍부한 정보를 담은 저서로 Rosenberg(1987)를 꼽는다.

22 Moore(1938).

23 Wilkes(1988) 128.

24 Wilkes의 주장에 도전하는 것으로는 Lizza(1993)가 있다.

25 Miller(1987) 348.

17장

1   Anscombe(1959), 특히 37~44.

2   이 세 가지는 도널드 데이비드슨이 말한 것으로 원래 앤스콤의 개념과 약간 다르다. 데이비드슨은 이 장에서 중요한 쟁점에 관해서는 앤스콤에 동의하는 편이지만, 행위의 이유와 원인에 관한 문제에서는 그녀와 생각이 다르다. 앤스콤은 이 둘을 계속 분리시켰고, 반면 데이비드슨은 많은 경우 이유가 원인이라고 주장했다. Davidson(1980) 참조.

3   처음에 데이비드슨은 이 견해를 가졌으나 후일 이를 수정했다. 따라서 《행위와 사건에 관한 에세이들Essays in Actions and Events》 중 첫 번째 에세이에서, "사건을 일어나게 한 의도는 하나의 실체라든가 어떤 종류의 상태를 지칭하지 않는다"라고 했으나, 5번째 에세이에서는 그 주제를 "부분적으로 약화"시켰다. 이 주제는 여기에서 논하기에는 너무 복잡하다. 다른 데에서 앤스콤 강경파의 관점에서 글을 쓰

게 될 것이다.

4   Hacking(1992)의 마지막 절들인 "이전의 세상"과 "새로운 세상"에서 이것을 논의
    했다. pp. 223~230.

5   Reppucci & Haugaard(1989)는 예방프로그램의 효과에 대해 주장했지만, 그 효과
    는 거의 알려져 있지 않다.

6   *Globe & Mail*(Toronto) 1994년 6월 5일, A6.

7   Joan Barfoot의 *Caesars of the Wilderness*(by Peter Newman) 서평, *New York Times
    Book Reviews*, 1987년 12월 20일자, 9.

8   Ariès(1962).

9   DeMause(1974).

10 Donovan(1991).

11 Goddard(1926, 1927).

12 Hacking(1991c). 이 책의 논의를 위해서 고더드의 보고가 정확하고 비교적 완결되
    었다고 가정했지만, 실제로는 그렇지 않다.

13 Terr(1979, 1994).

14 Carter(1983)는 프로이트가 유아성욕론을 '발견'했다고 보기 어렵다고 주장했다.
    당시 빈의 의학 문헌과 심리학 문헌에는 이 가설에 대한 논의가 이미 숙성되어 있
    었다.

15 Lessing(1986) 454.

16 Rosenfeld(1988).

17 둔주 사례인데, 문헌에는 또한 이중의식이라고 기술되기도 했다. A. Proust(1890).
    이 이야기는 《되찾은 시간*Le temps retrouvé*》에 보인다. M. Proust(1961) 3:716, Ray-
    mond & Janet(1895) 참조.

18 Ryle(1949) 272~279.

19 ibid., 279, 276.

18장

1   프로이트의 초기 저술에 차폐기억이 가장 잘 기술되어 있다. "Screen memories,"
    S. E. 3:304~322. 내가 두 번째로 꼽는 것은 Spence(1982)다.

2   푸코를 포스트모던이라고들 말하지만 푸코의 사고방식이 얼마나 전통적인지 사
    람들은 좀처럼 알아차리지 못한다. 푸코가 자신을 칸트주의자로 구성한 것에 대
    한 간략한 언급은 Hacking(1986c) 참조.

참고문헌

Adams, M. A.

1989 Internal Self Helpers of Persons with Multiple Personality Disorder. *Disso-ciation* 2:138~143.

Alam, C. M., and H. Merskey

1992 The Development of the Hysterical Personality. *History of Psychiatry* 3:135~165.

Aldridge-Morris, R.

1989 *Multiple Personality: An Exercise in Delusion.* Hove, England, and London: Lawrence Erlbaum.

Allison, R. B.

1974a A Guide to Parents: How to Raise Your Daughter to Have Multiple Personality. *Family Therapy* 1:83~88.

1974b A New Treatment Approach for Multiple Personalities. *American Journal of Clinical Hypnosis* 17:15~32.

1978a On Discovering Multiple Personality. *Svensk Tidskrift för Hypnos* 2:4~8.

1978b A Rational Psychotherapy Plan for Multiplicity. *Svensk Tidskrift för Hypnos* 3~4:9~16.

1984 Difficulties Diagnosing the Multiple Personality Syndrome in a Death Penalty Case. *International Journal of Clinical and Experimental Hypnosis* 32:102~117.

1991 In Search of Multiples in Moscow. *American Journal of Forensic Psychiatry* 12:51~65.

Allison, R. B., with T. Schwartz

1980 *Minds in Many Pieces.* New York: Rawson, Wade.

American Psychiatric Association

1980 *Diagnostic and Statistical Manual of Mental Disorders.* 3d ed. Washington, D.C.: American Psychiatric Association. 일명 *DSM-III*.

1987 *Diagnostic and Statistical Manual of Mental Disorders.* 3d ed., rev. Washington, D.C.: American Psychiatric Association. 일명 *DSM-III-R*.

1994 *Diagnostic and Statistical Manual of Mental Disorders.* 4th ed. Washington, D.C.:

American Psychiatric Association. 일명 *DSM-IV*.

Andreasson, N. C., and W. T. Carpenter Jr.

1993 Diagnosis and Classification of Schizophrenia. *Schizophrenia Bulletin* 19:199~214.

Anscombe, G. E. M.

1959 *Intention*. Oxford: Blackwell.

1981 Causality and Determinism. 1971. In *Metaphysics and the Philosophy of Mind: Collected Papers*, 2:133~147. Minneapolis: University of Minnesota Press.

Appignanesi, L., and J. Forrester

1992 *Freud's Women*. Basic Books: New York.

Ariès, P.

1962 *Centuries of Childhood*. London: Jonathan Cape.

Arsimoles, L.

1906 Sitiophobie intermittente à périodicité regulière—Double personnalité co-existante. *Archives Générales de Médecine* 82:790~797.

Atwood G. E.

1978 The Impact of *Sybil* on a Patient with Multiple Personality. *American Journal of Psychoanalysis* 38:277~279.

Austin, J. L.

1962 *Sense and Sensibilia*. Oxford: Clarendon Press.

Azam, E.

1860 Note sur le sommeil nerveux ou hypnotisme. *Archives générales de médécine*, ser. 5, 15:1~24. In Azam 1887, 1~59; Azam 1893, 13~33.

1876a Amnésie périodique, ou dédoublement de la vie. *Annales médico-psychologiques*, ser. 5, 16:5~35.

1876b Amnésie périodique, ou doublement de la vie. *Revue scientifique*, ser. 2, 5:481~487. In Azam 1893, 41~65. [Published 20 May 1876.] Reprinted in *Journal of Nervous and Mental Disease* 3 (1876): 584~612.

1876c Le dédoublement de la personnalité, suite de l'histoire de Félida X***. *Revue scientifique*, ser. 2, 6:265~269. In Azam 1893, 73~86. [Letter dated 6 September 1876.]

1876d Névrose extraordinaire, doublement de la vie. *Mémoires et Bulletins de la Société de Médecine et de Chirurgie de Bordeaux*, 11~14. [Read on 14 January 1876.]

1877a Amnésie périodique, ou dédoublement de la personnalité. *Séanc-*

es et travaux de l'Académie des Sciences Morales et Politiques. *Comptes Rendus* 108:363~413. In Azam 1887, 61~144. [Read by an Academician in Paris, 6 and 13 May 1876.]

1877b   Le dédoublement de la personnalité et l'amnésie périodique. Suite de l'histoire de Félida X . . . : relation d'un fait nouveau du même ordre. *Revue scientifique*, ser. 2, 7:577~581. In Azam 1887, 145~169, 221~229.

1877c   La double conscience. *Association Française pour l'Avancement des Sciences*. Compte rendu de la 5e session, Clermont-Ferrand, 1876, 787~788. [Read on 23 August 1876.]

1878   La double conscience. *Revue scientifique*, ser. 2, 8:194~196. In Azam 1887, 176~186; 1983, 194~196. [Read on 26 August 1878.]

1879a   La double personnalité. Double conscience. Responsibilité. *Revue scientifique*, ser. 2, 8:844~846. In Azam 1887, 191~202. [Letter dated 16 September 1878.]

1879b   Sur un fait de double conscience, déduction thérapeutique qu'on peut tirer. *Mémoires de la Société des Sciences Physiques et Naturelles de Bordeaux*, ser. 2, 3:249~256. In Azam 1878, 203~213; 1893, 111~118.

1880   De l'amnésie rétrograde d'origine traumatique. *Gazette hébdomadaire des sciences médicales de Bordeaux* 1:219~222. Included in Azam 1881.

1881   Les troubles intellectuels provoqués par les traumatismes du cerveau. *Archives générales de médécine*, February. In Azam 1893, 157~198.

1883   Les altérations de la personnalité. *Revue scientifique*, ser. 3, 3:610~618. In Azam 1887, 231~280; 1893, 119~141.

1887   *Hypnotisme, double conscience, et altérations de la personnalité*. Paris: Baillière.

1890a   Le dédoublement de la personnalité et le somnambulisme. *Revue scientifique* 2 (August): 136~141.

1890b   Les troubles sensoriels organiques et moteurs consécutifs aux traumatismes du cerveau. *Archives générales de médécine*, May.

1891   Un fait d'amnésie rétrograde. *Revue scientifique* 47:412.

1892   Double consciousness. In *A Dictionary of Psychological Medicine*, edited by D. Tuke, 401~406. Philadelphia: Balkiston.

1893   *Hypnotisme et double conscience. Origine de leur étude et divers travaux sur des sujets analogues*. Paris: Félix Alcan.

B. C. A. (Nellie Parsons Bean)

1908   My Life as a Dissociated Personality. *Journal of Abnormal Psychology*

3:240~260.

Babinski, J.

1886 Recherches servants à établir que certaines manifestations hysteriques peuvent être transferées d'un sujet à un autre sujet sans l'influence de l'aimant. *Revue philosophique* 22:697~700. 같은 제목의 더 긴 논문의 요약 집. Paris: Publications du progrès médicale (1887).

1889 *Grand et petit hypnotisme.* Paris: Publications du progrès médicale.

Bach, S.

1985 *Narcissistic States and the Therapeutic Process.* New York: Aronson.

Baker G. P., and P. M. S. Hacker

1980 *Wittgenstein: Understanding and Illusion. An Analytical Commentary on the Philosophical Investigations.* Vol. 1. Chicago: University of Chicago Press.

Beahrs, J.

1982 *Unity and Multiplicity.* New York: Brunner/Mazel.

Bellanger, A. -R.

1854 *Le magnétisme: vérités et chimères de cette science occulte.* Paris: Guillermet.

Belsky, J.

1993 Etiology of Child Maltreatment: A Developmental-Ecological Analysis. *Psychological Bulletin* 114:413~434.

Berman, E.

1974 Multiple Personality: Theoretical Approaches. *Journal of the Bronx State Hospital* 2:99~107.

1981 Multiple Personality: Psychoanalytic Perspectives. *International Journal of Psychoanalysis* 6:283~300.

Bernheim, H.

1886 *De la suggestion et ses applications à la thérapeutique.* Paris: Doin.

Bernstein, E. M.

1986 Development, Reliability and Validity of a Dissociation Scale. *Journal of Nervous and Mental Disease* 174:727~735.

Bertrand, A. -J. -F.

1827 *Traité du somnambulisme et des différents modifications qu'il présente.* 1823. Paris: Dentu.

Binet, A.

1886 Review of Bernheim 1886. *Revue philosophique* 22:557~563.

1889 Recherches sur les altérations de la conscience chez les hystériques. *Revue philosophique* 17:377~412, 473~503.

1890　*On Double Consciousness, with an Essay on Experimental Psychology in France.* Chicago: Open Court.

1892　*Les altérations de la personnalité.* Paris: Baillière.

Binet, A., and C. Féré

1887　*Le magnétisme animal.* Paris: Alcan.

Bleuler, E.

1908　Die Prognose des Dementia Praecox: Schizophreniengruppe. *Allgemeine Zeitschrift für Psychiatrie* 65:436~464.

1924　*Textbook of Psychiatry.* Translated by A. A. Brill from the German of 1916. New York: Macmillan.

1950　*Dementia Praecox, or the Group of Schizophrenias.* 1911. Translated by Joseph Zinkin. New York: International University Press.

Bliss, E. L.

1980　Multiple Personalities: A Report of Fourteen Cases with Implications for Schizophrenia and Hysteria. *Archives of General Psychiatry* 37:1388~1397.

1984　A Symptom Profile of Patients with Multiple Personalities, including MMPI Results. *Journal of Nervous and Mental Disease* 172:197~202.

Bliss, E. L., and E. A. Jeppson

1985　Prevalence of Multiple Personality among Psychiatric Inpatients. *American Journal of Psychiatry* 142:250~251.

Boon, S., and Draijer, N.

1993　*Multiple Personality Disorder in the Netherlands: A Study on Reliability and Validity of the Diagnosis.* Amsterdam: Swets and Zeitlinger.

Boor, M.

1982　The Multiple Personality Epidemic: Additional Cases and Inferences Regarding Diagnosis, Dynamics and Cure. *Journal of Nervous and Mental Disease* 170:302~304.

Bouchut, F.

1877　De la double conscience et de la dualité de moi. *Séances et travaux de l'Académie des Sciences Morales et Politiques. Comptes Rendus* 108:414~417.

Bourgeois, M., and M. Géraud

1990　Eugène Azam (1822~1899): Un chirurgien précurseur de la psychopathologie dynamique ("Hypnotisme et double conscience"). *Annales médico-psychologiques* 148:709~717.

Bourreau, A.

1991 Satan et le dormeur: une construction de l'inconscient au Moyen Age. *Chimère* 14:41~61.

1993 Le sabbat et la question de la personne dans le monde scholastique. In *Le sabbat des sorciers en Europe XVe~XVIIIe*, edited by N. Jacques-Chaquin. Paris: Jérôme Millon.

Bourru, H., and P. Burot

1885 Un cas de la multiplicité des états de conscience chez un hystéro-epileptique. *Revue philosophique* 20:411~416.

1886a *La suggestion mentale et l'action à distance des substances toxiques et médicamenteuses.* Paris: J. B. Baillière.

1886b Sur les variations de la personnalité. *Revue philosophique* 21:73~74.

1888 *Variations de la personnalité.* Paris: J. B. Baillière.

Bowers, M. K., and S. Brecher

1955 The Emergence of Multiple Personalities in the Course of Hypnotic Investigation. *International Journal of Clinical and Experimental Hypnosis* 3:188~199.

Bowers, M. K., et al.

1971 Therapy of Multiple Personality. *International Journal of Clinical and Experimental Hypnosis* 19:57~65.

Bowman, E. S.

1990 Adolescent Multiple Personality Disorder in the Nineteenth and Early Twentieth Centuries. *Dissociation* 3:179~187.

Bowman E. S., and W. E. Amos.

1993 Utilizing Clergy in the Treatment of Multiple Personality Disorder. *Dissociation* 6:47~53.

Boyle, M.

1990 *Schizophrenia: A Scientific Delusion?* London: Routledge.

Braid, J.

1843 *Neurypnology or the Rationale of Nervous Sleep.* London: J. Churchill.

Braude, S.

1986 *The Limits of Influence: Psychokinesis and the Philosophy of Science.* London: Routledge.

1991 *First Person Plural: Multiple Personality and the Philosophy of Mind.* London: Routledge.

Braun, B. G.

1986 Issues in the Psychotherapy of Multiple Personality Disorder. In *Treatment of Multiple Personality Disorder*, edited by B. G. Braun, 1~28. Washington, D.C.: American Psychiatric Press.

1993 Dissociative Disorders: The Next Ten Years. In *Proceedings of the Tenth International Conference on Multiple Personality/Dissociative States*, edited by B. G. Braun and J. Parks, 5. Chicago: Rush-Presbyterian-St. Luke's Medical Center.

Briquet, P.

1859 *Traité clinique et thérapeutique de l'hystérie*. Paris: Baillière.

Broca, P.

1861 Perte de la parole, ramollissement chronique et destruction partielle du lobe antérieur gauche du cerveau. *Bulletin de la Société d'Anthropologie* 2:235~237.

Brodie, F.

1992 *When the Other Woman Is His Mother*. Tacoma, Wash.: Winged Eagle Press.

Brook, J. A.

1992 Freud and Splitting. *International Review of Psychoanalysis* 19:335~350.

Brooks, J. L., III

1993 Philosophy and Psychology at the Sorbonne, 1885~1913. *Journal of the History of the Behavioral Sciences* 29:123~145.

Brouardel, P., A. Motet, and P. Garnier

1893 Affaire Valrof. *Annales d'hygiène publique et de médecine légale*, ser. 3, 29:497~525.

Browne A., and D. Finkelhor

1986 Impact of Child Sexual Abuse: A Review of the Research. *Psychological Bulletin* 99:66~77.

Browne, J. C.

1862~1863 Personal Identity and Its Morbid Manifestations. *Journal of Mental Science* 8:385~395, 535~545.

Browning, D. H., and B. Boatman

1977 Incest: Children at Risk. *American Journal of Psychiatry* 134:69~72.

Bryant, D., J. Kessler, and L. Shirar

1992 *The Family Inside: Working with the Multiple*. New York: Norton.

영혼 다시 쓰기

Camuset, L.

1881 Un cas de dédoublement de la personnalité. Période amnésique d'une an-
née chez un jeune homme. *Annales médico-psychologiques*, ser. 6, 7:75~86.

Carlson, Eve Bernstein, and Frank Putnam

1993 An Update on the Dissociative Experiences Scale. *Dissociation* 6:16~27.

Carlson, Eve Bernstein, F. W. Putnam, et al.

1993 Validity of the Dissociative Experiences Scale in Screening for Mul-
tiple Personality: A Multicenter Study. *American Journal of Psychiatry*
150:1030~1036.

Carlson, E. T.

1974 The History of Multiple Personality in the United States: Mary Reynolds
and Her Subsequent Reputation. *Bulletin of the History of Medicine* 58:72~82.

1981 The History of Multiple Personality in the United States: 1. The Begin-
nings. *American Journal of Psychiatry* 138:666~668.

Carlson, E. T., et al., eds.

1981 "Benjamin Rush's Lectures on the Mind." *Memoirs of the American Philosoph-
ical Society* (Philadelphia) 144:669.

Carruthers, M. J.

1990 *The Book of Memory: A Study of Memory in Medieval Culture.* Cambridge: Cam-
bridge University Press.

Carter, K. C.

1980 Germ Theory, Hysteria, and Freud's Early Work in Psychopathology.
Medical History 20:259~274.

1983 Infantile Hysteria and Infantile Sexuality in Late Nineteenth-Century
German-Language Medical Literature. *Medical History* 23:186~196.

Cartwright, N.

1983 *How the Laws of Physics Lie.* Oxford: Clarendon Press.

Casey J. F., with L. Fletcher

1991 *The Flock: The Autobiography of a Multiple Personality.* New York: Knopf.

Cavell, M.

1993 *The Psychoanalytic Mind: From Freud to Philosophy.* Cambridge: Harvard Univer-
sity Press.

Charcot, J. -M.

1886~1887 *Leçons sur les maladies du système nerveux.* Paris: Progrès Medicale.

22222

Chertok, L., and I. Stengers

1992 *A Critique of Psychoanalytic Reason: Hypnosis as a Scientific Problem from Lavoisier to Lacan.* Translated by M. N. Evans. Stanford: Stanford University Press.

Chu, J. A.

1988 Some Aspects of Resistance in the Treatment of Multiple Personality Disorder. *Dissociation* 1(2):34~38.

1991 On the Misdiagnosis of Multiple Personality Disorder. *Dissociation* 4:200~204.

Chu, J. A., and D. L. Dill

1990 Dissociative Symptoms in Relation to Childhood Physical and Sexual Abuse. *American Journal of Psychiatry* 149:887~893.

Clark, M. H.

1992 *All Around the Town.* New York: Simon and Schuster.

Comaroff, J.

1994 Aristotle Re-membered. In *Questions of Evidence: Proof, Practice, and Persuasion across the Disciplines*, edited by J. Chandler, A. I. Davidson, and H. Harootunian, 463~469. Chicago: University of Chicago Press.

Comstock, C. M.

1991 The Inner Self Helper and Concepts of Inner Guidance: Historical Antecedents, Its Role within Dissociation, and Clinical Utilization. *Dissociation* 4:165~177.

Condon, R.

1959 *The Manchurian Candidate.* New York: McGraw-Hill.

Confer, R.

1983 *Multiple Personality.* New York: Human Sciences Press.

Coons, P. M.

1980 Multiple Personality: Diagnostic Considerations. *Journal of Clinical Psychiatry* 41:330~336.

1984 The Differential Diagnosis of Multiple Personality: A Comprehensive Review. *Psychiatric Clinics of North America* 7:51~67.

1986 The Prevalence of Multiple Personality Disorder. *Newsletter. International Society for the Study of Multiple Personality and Dissociation* 4(3):6~8.

1988 Psychophysiological Investigation of Multiple Personality: A Review. *Dissociation* 1:47~53.

1993 The Differential Diagnosis of Possession States. *Dissociation* 6:213~221.

Coons, P. M., V. Milstein, and C. Marley

1982 EEG Studies of Two Multiple Personalities and a Control. *Archives of General Psychiatry* 39:823~825.

Crabtree, A.

1985 *Multiple Man: Explorations in Possession and Multiple Personality.* Toronto: Collins.

1993 *From Mesmer to Freud: Magnetic Sleep and the Roots of Psychological Healing.* New Haven: Yale University Press.

Crocq, L., and J. de Verbizier

1989 Le traumatisme psychologique dans l'oeuvre de Pierre Janet. *Bulletin de psychologie* 61:483~485.

Crose, T. J.

1980 Molecular Biology of Schizophrenia: More Than One Disease Process. *British Medical Journal* 280:66~86.

1985 The Two Syndrome ConceptÐOrigin and Current Status. *Schizophrenia Bulletin* 11:471~486.

Dailey, A. H.

1894 *Mollie Fancher: The Brooklyn Enigma.* Brooklyn: Eagle Book Printing Department.

Danziger, K.

1991 *Constructing the Subject.* Cambridge: Cambridge University Press.

Darnton, R.

1968 *Mesmerism and the End of the Enlightenment in France.* Cambridge: Harvard University Press.

Davidson, D.

1980 Causal Relations (1967). In *Essays on Actions and Events,* 149~162. Oxford: Clarendon Press.

Dell, P. F., and J. W. Eisenhower

1990 Adolescent Multiple Personality Disorder: A Preliminary Study of Eleven Cases. *Journal of the American Academy of Child and Adolescent Psychiatry* 29:357~365.

DeMause, L.

1974 The Evolution of Childhood. In *The History of Childhood: The Untold Story of Child Abuse,* edited by L. deMause, 1~73. New York: Psychohistory Press.

Dennett, D. C.

1991 *Consciousness Explained*. Boston: Little Brown.

1992 Letter to the *London Review of Books*, 9 July, 2.

Despine, C.H.A.

1838 *Observations de médecine pratique. Faites aux Bains d'Aix-en-Savoie*. Anneci: Aimé Burdet (dated 1838, issued October 1839).

1840 *De l'emploi du magnétisme animal et des eaux minérales dans le traitement des maladies nerveuses. Suivi d'une observation très curieuse de guérison de névropathie*. Paris: Germer Baillière.

Desrosières, A.

1993 *La politique des grands nombres*. Paris: Découverte.

deVito, R. A.

1993 The Use of Amytal Interviews in the Treatment of an Exceptionally Complex Case of Multiple Personality Disorder. In *Clinical Perspectives on Multiple Personality Disorder*, edited by R. P. Kluft and C. G. Fine, 227~240. Washington, D.C.: American Psychiatric Press.

Dewar, H.

1823 Report on a Communication from *Dr Dyce* of Aberdeen, to the Royal Society of Edinburgh. "On Uterine Irritation, and Its Effects on the Female Constitution." *Transactions of the Royal Society of Edinburgh* 9:365~379.

Dewey, R.

1907 A Case of Disordered Personality. *Journal of Abnormal Psychology* 2:142~154.

Didi-Huberman, C.

1982 *Invention de l'hystérie: Charcot et l'iconographie photographique de la Salpêtrière*. Paris: Editions Macula.

Donovan, D. M.

1991 Darkness Invisible. *Journal of Psychohistory* 19:165~184.

Donovan, D. M., and D. McIntyre

1990 *Healing the Hurt Child: A Developmental-Contextual Approach*. New York: Norton.

Douglas, M.

1983 *How Institutions Think*. Syracuse: Syracuse University Press.

1992 The Person in an Enterprise Culture. In *Understanding the Enterprise Culture: Themes in the Work of Mary Douglas*, edited by S. H. Heap and A. Ross, 41~62. Edinburgh: Edinburgh University Press.

Draijer, N., and S. Boon

  1993 The Validation of the Dissociative Experiences Scale against the Criterion of the SCID-D Using Receiver Operating Characteristics(ROC) Analysis. *Dissociation* 6:28~37.

Dufay, R.

  1876 La notion de la personnalité. *Revue philosophique*, 2d ser., 5:69~74.

Ebbinghaus, H.

  1885 *Über das Gedachtnis. Untersuchungen zur experimetallen Psychologie*. Leipzig: Duncker & Humblot.

Egger, V.

  1887 Review of Azam's *Hypnotisme, double conscience et altérations de la personnalité*. *Revue philosophique* 24:301~310.

Ellason, J., C. A. Ross, D. Fuchs, et al.

  1992 Update on the Dissociative Disorders Interview Schedule. In *Proceedings of the Ninth International Conference on Multiple Personality/Dissociative States*, edited by B. G. Braun and E. B. Carlson, 54. Chicago: Rush-Presbyterian-St. Luke's Medical Center.

Ellenberger H.

  1970 *The Discovery of the Unconscious*. New York: Basic Books.

Elster, J.

  1983 *Explaining Technical Change*. Cambridge: Cambridge University Press.

Engel, E.

  1872 Beitrage zur Statistik des Krieges von 1870~71. *Zeitschrift des Königlich preussischen statistichen Bureaus* 12:1~320.

Erichsen, J. E.

  1866 *On Railway and Other Injuries of the Nervous System*. London.

Faust, G. H.

  1991 The Sexton Tapes, News. *International Society for the Study of Multiple Personality & Dissociation* 9(6):7~8.

Fernando, L.

  1990 Letter. *British Journal of Psychiatry* 157.

Fifth Estate (Canadian Broadcasting Corporation)

  1993 Multiple Personality Disorder (8 P.M., 9 November 1993). Toronto: Media Tapes and Transcripts.

Fine, C. G.

  1988 The Work of Antoine Despine: The First Scientific Report on the Diag-
       nosis of a Child with Multiple Personality Disorder. *American Journal of
       Clinical Hypnosis* 31:33~39.

  1991 President's Message. *News. International Society for the Study of Multiple Person-
       ality & Dissociation* 9(1):1~2.

Finkelhor, D.

  1979 What's Wrong with Sex between Adults and Children? Ethics and the
       Problem of Sexual Abuse. *American Journal of Orthopsychiatry* 49:692~697.

  1984 *Child Sexual Abuse: New Theory and Research*. New York: Free Press.

Firschholz, E. J., et al.

  1991 Construct Validity of the Dissociative Experiences Scale (DES): I. The
       Relationship between the DES and Other Self-Report Measures of Dis-
       sociation. *Dissociation* 4:185~189.

Fischer-Homberg, E.

  1971 Charcot und die Ätiology der Neurosen. *Generus* 28:35~46.

  1972 Die Büchse der Pandora: Der mythische Hintergrund der Eisen-bahnk-
       rankheit des 19 Jahrhunderts. *Sudhoff's Archiv* 56:296~317.

  1975 *Die Traumatische Neurose: vom Somatischen zum sozialen Leiden*. Bern: Huber.

Fogelin, R., and W. Sinnott-Armstrong

  1991 *Understanding Arguments: An Introduction to Informal Logic*. 4th ed. New York:
       Harcourt Brace Jovanovich.

Forward S., and C. Buck

  1978 *Betrayal of Innocence: Incest and Its Devastation*. Harmondsworth: Penguin.

Foucault, M.

  1972 *The Archaeology of Knowledge*. New York: Harper and Row.

  1980 *A History of Sexuality*. Vol. 1, An Introduction. New York: Vintage.

Frankel F. H.

  1990 Hypnotizability and Dissociation. *American Journal of Psychiatry*
       147:823~829.

  1994 Dissociation in Hysteria and Hypnosis: A Concept Aggrandized. In *Dis-
       sociation: Clinical and Theoretical Perspectives*, edited by S. J. Lynn and J. W.
       Rhue, 80~93. New York: Guilford.

Fraser, G. A.

  1990 Satanic Ritual Abuse: A Cause of Multiple Personality Disorder. *Journal of*

Child and Youth Care, Special Issue: 55~66.

Fraser, S.

1987 *My Father's House: A Memoir of Incest and Healing*. Toronto: Doubleday.

Freeland, A., et al.

1993 Four Cases of Supposed Multiple Personality Disorder: Evidence of Un-justified Diagnoses. *Canadian Journal of Psychiatry* 38:245~247.

Freud, Sigmund

1953~1974 *S. E.(The Standard Edition of the Complete Psychological Works of Sigmund Freud)*. Translated from the German under the general editorship of James Strachey. 24 vols. London: The Hogarth Press and the Institute of Psycho-Analysis.

Freyd, J. F.

1993 Theoretical and Personal Perspectives on the Delayed Memory Debate. In *Proceedings: Controversies around Recovered Memories of Incest and Ritualistic Abuse*, 69~108. Jackson, Mich.: The Dissociative Disorders Program, The Center for Mental Health at Foote Hospital, 7 August 1993.

Freyd, P. (Jane Doe)

1991 How Could This Happen? Coping with a False Accusation of Incest and Rape. *Issues in Child Abuse Accusations* 3:154~165.

Freyd, P. (Anonymous)

1992 How Could This Happen? In *Confabulations: Creating False Memories, Destroying Families*, edited by Eleanor Goldstein with Kevin Farmer, 27~60. Boca Raton, Fla.: SIRS Books.

Ganaway, G. K.

1989 Historical Truth versus Narrative Truth: Clarifying the Role of Exogenous Trauma in the Etiology of Multiple Personality Disorder and Its Variants. *Dissociation* 2:205~220.

1992 On the Nature of Memories: Response to "A Reply to Ganaway." *Dissociation* 5:120~122.

1993 Untitled presentation. In *Proceedings: Controversies around Recovered Memories of Incest and Ritualistic Abuse*, 42~68. Jackson, Mich.: The Dissociative Disorders Program, The Center for Mental Health at Foote Hospital, 7 August 1993.

Gauld, A.

1992a *A History of Hypnotism*. Cambridge: Cambridge University Press.

1992b Hypnosis, Somnambulism and Double Consciousness. *Contemporary Hypnosis* 9:69~76.

Gelfand, T.

1989 Charcot's Response to Freud's Rebellion. *Journal of the History of Ideas* 50:293~307.

1992 Sigmund-sur-Seine: Fathers and Brothers in Charcot's Paris. In *Freud and the History of Psychoanalysis*, edited by T. Gelfand and J. Kerr, 27~42. Hillsdale, N.J.: Analytic Press.

Gelles, R. J.

1975 The Social Construction of Child Abuse. *American Journal of Orthopsychiatry* 45:363~371.

George E.

1988 *A Great Deliverance*. New York: Bantam.

Gilbertson, A., et al.

1992 Susceptibility of Common Self-Report Measures of Dissociation to Malingering. *Dissociation* 5:216~220.

Gilles de la Tourette, A.

1889 *L'hypnotisme et les états analogues au point de vue médico-légale*. Paris: Plon.

Goddard, H. H.

1926 A Case of Dual Personality. *Journal of Abnormal and Social Psychology* 21:170~191.

1927 *Two Souls in One Body? A Case of Dual Personality. A Study of a Remarkable Case: Its Significance for Education and for the Mental Hygiene of Childhood*. New York: Dodd Mead.

Goettman, C., G. B. Greaves, and P. M. Coons

1991 *Multiple Personality and Dissociation, 1791~1990: A Complete Bibliography*. Atlanta, Ga.: G. B. Greaves.

1994 *Multiple Personality and Dissociation, 1791~1992: A Complete Bibliography*. 2d ed. Lutherville, Md.: Sidran Press.

Goff D. G., and C. A. Simms

1993 Has Multiple Personality Disorder Remained Constant over Time? *Journal of Nervous and Mental Disease* 181:595~600.

Goldstein, J.

1988 *To Console and Classify: The French Psychiatric Profession in the Nineteenth Century*. Chicago: University of Chicago Press.

Goodwin, J.

1989 Satanism: Similarities between Patient Accounts and Pre-Inquisition His-
torical Sources. *Dissociation* 2:39~44.

1994 Sadistic Abuse: Definition, Recognition and Treatment. In *Treating Survi-
vors of Ritual Abuse*, edited by V. Sinason, 33~44. London: Routledge.

Graves, S. M.

1989 Dissociative Disorders and Dissociative Symptoms at a Community
Health Center. *Dissociation* 2:119~127.

Greaves, G. B.

1980 Multiple Personality: 165 Years after Mary Reynolds. *Journal of Nervous and
Mental Disease* 168: 577~596.

1987 President's Letter. Newsletter. *International Society for the Study of Multiple Per-
sonality & Dissociation* 5(2):1.

1993 A History of Multiple Personality Disorder. In *Clinical Perspectives on Mul-
tiple Personality Disorder*, edited by R. P. Kluft and C. G. Fine, 355~380.
Washington, D.C.: American Psychiatric Press.

Greenberg, W. M., and S. Attiah

1993 Multiple Personality Disorder and Informed Consent. Letter to the editor.
American Journal of Psychiatry 150:1126~1127.

Greenland, C.

1988 *Preventing C.A.N. Deaths: An International Study of Deaths Due to Child Abuse
and Neglect.* London: Routledge, Chapman & Hall.

Guinon, G.

1889 *Les agents provocateurs de l'hystérie.* Paris: Progrès Medical.

Hacking, I.

1982 Wittgenstein the Psychologist. *New York Review of Books*, 1 April, 42~44.

1983 Biopower and the Avalanche of Numbers. *Humanities and Society* 5:279~295.

1986a The Archaeology of Foucault. In *Foucault: A Critical Reader*, edited by D. C.
Hoy, 27~40. Oxford: Blackwell.

1986b Making Up People. In *Reconstructing Individualism: Autonomy, Individuality and
the Self in Western Thought*, edited by T. C. Heller et al., 222~236. Stanford:
Stanford University Press.

1986c Self-Improvement. In *Foucault: A Critical Reader*, edited by D. C. Hoy,
235~240. Oxford: Blackwell.

1988 Telepathy: Origins of Randomization in Experimental Design. *Isis*

79:427~451.

1991a Double Consciousness in Britain, 1815~1875. *Dissociation* 4:134~146.

1991b The Making and Molding of Child Abuse. *Critical Inquiry* 17:253~288.

1991c Two Souls in One Body. *Critical Inquiry* 17:838~867.

1992 World-Making by Kind-Making: Child Abuse for Example. In *How Classification Works: Nelson Goodman among the Social Sciences*, edited by M. Douglas and D. Hull, 180~238. Edinburgh: Edinburgh University Press.

1993 Some Reasons for Not Taking Parapsychology Very Seriously. *Dialogue* 32:587~594.

1994 The Looping Effects of Human Kinds. In *Causal Cognition: A Multidisciplinary Approach*, edited by D. Sperber, D. Premack, and A. J. Premack, 351~394. Oxford: Clarendon Press.

1996 *Les Aliénés voyageurs*: How Fugue Became a Medical Entity. *History of Psychiatry*.

Harrington, A.

1985 Nineteenth Century Ideas of Hemisphere Differences and "Duality of Mind." *Behavioral and Brain Sciences* 8:617~660.

1987 *Medicine, Mind, and the Double Brain: A Study in Nineteenth-Century Thought*. Princeton: Princeton University Press.

Hart, B.

1926 The Conception of Dissociation. *British Journal of Medical Psychology* 6:247.

1927 *Psychopathology: Its Development and Its Place in Medicine*. Cambridge: Cambridge University Press.

Hartmann, E. von

1869 *Philosophie des Unbewussten*. Berlin: Duncker.

Hawksworth H., and T. Schwartz

1977 *The Five of Me*. Chicago: Regnery.

Healy, D.

1993 *Images of Trauma: From Hysteria to Post-Traumatic Stress Disorder*. London: Faber and Faber.

Heidelberger, M.

1993 *Die innere Seite der Natur: Gustav Theodor Fechners wissennschaftliche Weltaufassung*. Frankfurt: Klostermann.

Helfer, R.

1968 The Responsibility and Role of the Physician. In *The Battered Child*, edited by R. E. Helfer and C. H. Kempe. Chicago: University of Chicago Press.

Hendrikson, K. M., T. McCarty, and J. Goodwin

1990 Animal Alters: Case Reports. *Dissociation* 3:218~221.

Herdman, J.

1990 *The Double in Nineteenth-Century Fiction*. London: Macmillan.

Herman, J. L.

1981 *Father-Daughter Incest*. Cambridge: Harvard University Press.

1992 *Trauma and Recovery*. New York. Basic Books.

Herman J., and L. Hirschman

1977 Father-Daughter Incest. *Signs* 2:735~756.

Hilgard, E.

1977 *Divided Consciousness: Multiple Controls in Human Thought and Action*. New York: Wiley.

1986 *Divided Consciousness: Multiple Controls in Human Thought and Action*. Expanded ed. New York: Wiley.

Horevitz, R. P., and B. G. Braun

1984 Are Multiple Personalities Borderline? An Analysis of Thirty-Three Cases. *Psychiatric Clinics of North America* 7:69~88.

Horton, P., and D. Miller

1972 The Etiology of Multiple Personality. *Comparative Psychology* 13:151~159.

Humphrey, N., and D. C. Dennett

1989 Speaking for Ourselves. *Raritan* 9:68~98.

Irwin, H. J.

1992 Origins and Functions of Paranormal Belief: The Role of Childhood Trauma and Interpersonal Control. *Journal of American Society for Psychical Research* 86:199~208.

1994 Childhood Trauma and the Origins of Paranormal Belief: A Constructive Replication. *Psychological Reports* 74:107~111.

James, W.

1890 *The Principles of Psychology*. 2 vols. New York: Holt.

1983 Notes on Ansel Bourne. In *Essays in Psychology*, 269. Cambridge: Harvard University Press. The notes were taken in 1890.

Janet, J.

1888 L'hystérie et l'hypnotisme, d'après la théorie de la double personnalité. *Revue scientifique*, ser. 3, 15:616~623.

Janet, Pierre

1886a Deuxième note sur le sommeil provoqué à distance et la suggestion mentale pendant l'état somnambulique. *Revue philosophique* 22:212~223.

1886b Note sur quelques phénomènes de somnambulisme. *Revue philosophique* 21:190~198.

1886c Les actes inconscients et la dédoublement de la personnalité pendant le somnambulisme provoqué. *Revue philosophique* 22:577~592.

1886d Les phases intermédiaires de l'hypnotisme. *Revue scientifique* 23:577~587.

1887 L'anesthésie systematisée et la dissociation des phénomènes psychologiques. *Revue philosophique* 23:449~472.

1888 Les actes inconscients et la mémoire pendant le somnambulisme provoqué. *Revue philosophique* 25:238~279.

1889 *L'automatisme psychologique.* Paris: Alcan.

1892 Etude sur quelques cas d'amnésie antétograde dans la maladie de la désagrégation psychologique. In *International Congress of Experimental Psychology, Second Session, London,* 26~30. London: Williams and Norgate.

1893 L'amnésie continue. *Revue générale des sciences* 4:167~179.

1893~1894 *Etat mental des hystériques.* 2 vols. Paris: Bibliothèque médical Charcot-Delbove.

1903 *Les obsessions et la psychasthénie.* 2 vols. Paris: Alcan.

1907 *The Major Symptoms of Hysteria.* London: Macmillan.

1909 *Les névroses.* Paris: Flammarion.

1919 *Les médications psychologiques. Etudes historiques, psychologiques et cliniques sur les méthodes de la psychothérapie.* 3 vols. Paris: Alcan.

Janet, Paul.

1876 La notion de la personnalité. *Revue scientifique,* ser. 2, 5:574.

1888 Une chair de psychologie expérimentale et comparée au Collège de France. *Revue de deux mondes,* ser. 3, 86: 518~549.

Jardine, N.

1986 *The Scenes of Inquiry.* Oxford: Clarendon Press.

1991 *The Fortunes of Inquiry.* Oxford: Clarendon Press.

Jones, E.

1955 *Sigmund Freud: Life and Work.* 3 vols. London: Hogarth Press.

Jullian, C.

1903 *Notes bibliographiques sur l'oeuvre du docteur Azam.* Bordeaux: Gounouilhou. Reprinted from *Actes de l'Académie Nationale des Sciences et Belles Lettres de Bordeaux*, ser. 3, 63 (1901).

Kahneman, D., and A. Tversky

1973 On the Psychology of Prediction. *Psychological Review* 80:237~251.

Kempe, C. H., et al.

1962 The Battered Child Syndrome. *Journal of the American Medical Association* 181(1):17~24.

Kendall-Tackett, K.A., L. M. Williams, and D. Finkelhor

1993 Impact of Sexual Abuse on Children: A Review and Synthesis of Recent Empirical Studies. *Psychological Bulletin* 113:164~180.

Kenny, M.

1986 *The Passion of Ansel Bourne*. Washington, D.C.: Smithsonian.

Keyes, D.

1981 *The Minds of Billy Milligan*. New York: Random House.

Kinsey, A. C.

1953 *Sexual Behavior in the Human Female*. Philadelphia: W. B. Saunders.

Kirk, S.

1992 *The Selling of DSM: The Rhetoric of Science in Psychiatry*. New York: de Gruyter.

Kitcher, P.

1992 *Freud's Dream: A Complete Interdisciplinary Science of Mind*. Cambridge: MIT Press.

Kleist, H. von

1988 *Five Plays*. Translated by Martin Greenberg. New Haven: Yale University Press.

Kluft, R. P.

1984 Treatment of Multiple Personality Disorder: A Study of Thirty-Three Cases. *Psychiatric Clinics of North America* 7:69~88.

1987 First-Rank Symptoms as a Diagnostic Clue to Multiple Personality Disorder. *American Journal of Psychiatry* 144:293~298.

1989 Editorial: Reflections on Allegations of Ritual Abuse. *Dissociation* 2:191~193.

1991 Clinical Presentations of Multiple Personality Disorder. *Psychiatric Clinics of North America* 14:605~629.

1993a The Editor's Reflective Pleasures. *Dissociation* 6:1~3.

1993b The Treatment of Dissociative Disorder Patients: An Overview of Discoveries, Successes, and Failures. *Dissociation* 6:87~101.

1993c The Treatment of Multiple Personality Disorder—1984~1993. Tape VIIE-860~93. Alexandria, Va.: Audio Transcripts.

Kluft, R. P., ed.

1985 *Childhood Antecedents of Multiple Personality*. Washington, D.C.: American Psychiatric Press.

Krane, J. J., and J. C. Connoly

1992 *The Eleventh Mental Measurements Handbook*. Lincoln, Nebr.: Buros Institute of Mental Measurement.

Krüll, M.

1986 *Freud and His Father*. German ed. 1979. Translated by A. J. Pomerans. New York: Norton.

Ladame, P. L.

1888 Observation de somnambulisme hystérique avec dédoublement de la personnalité, guéri par la suggestion hypnotique. *Annales médico-psychologiques* 46:313~320.

Laing, R. D.

1959 *The Divided Self: A Study of Sanity and Madness*. London: Tavistock.

Lakoff, G.

1987 *Women, Fire, and Dangerous Things: What Categories Reveal about the Mind*. Chicago: University of Chicago Press.

Lambek, M.

1981 *Human Spirits: A Cultural Account of Trance in Mayotte*. Cambridge: Cambridge University Press.

Lampl, H. E.

1988 *Flair du Livre. Friedrich Nietzsche und Théodule Ribot, eine trouvaille. Hundert Jahre "Zur Genealogie der Moral."* Zurich: am Abgrund.

Lancaster, E. (i.e., Chris Costner Sizemore)

1958 *The Final Faces of Eve*. New York: McGraw-Hill.

Landis, J. T.

1956 Experiences of Five Hundred Children with Adult Sexual Deviation. *Psychiatric Quarterly Supplement* 30:91~109.

Laporta, L. D.

1992 Childhood Trauma and Multiple Personality Disorder: The Case of a

영혼 다시 쓰기

Nine-Year-Old Girl. *Child Abuse and Neglect* 16:615~620.

Latour, B., and S. Woolgar

1979 *Laboratory Life: The Social Construction of a Scientific Fact*. London and Beverly Hills: Sage.

Laupts, Dr.

1898 Les phénomènes de la distraction cérébrale et les états dits de dédoublement de la personnalité. *Annales médico-psychologiques*, ser. 8, 8:353~372.

Lessing, D.

1986 *The Good Terrorist* (1985). New York: Vintage.

Leys, R.

1992 The Real Miss Beauchamp: Gender and the Subject of Imitation. In *Feminists Theorize the Political*, edited by J. Butler and J. Scott, 167~214. London: Routledge.

1994 Traumatic Cures: Shell Shock, Janet, and the Question of Memory. *Critical Inquiry* 20:623~662.

Lichtheim, L.

1885 On Aphasia. *Brain* 7:433~484.

Lindau P.

1893 *Der Andere*. Dresden: Teubner.

Littré, E.

1875 La double conscience: fragment de physiologie physique. *Revue de philosophie positive* 14:321~336.

Lizza, J. P.

1993 Multiple Personality and Personal Identity Revisited. *British Journal for the Philosophy of Science* 44:263~274.

Lockwood, C.

1993 *Other Altars: Roots and Realities of Cultic and Satanic Ritual Abuse and Multiple Personality Disorder*. Minneapolis: CompCare Publishers.

Loewenstein, R. J.

1990 The Clinical Psychology of Males with Multiple Personality Disorder: A Report of Twenty-One Cases. *Dissociation* 3:135~143.

1991 Psychogenic Amnesia and Psychogenic Fugue: A Comprehensive Review. *Review of Psychiatry* 10:189~222.

Loftus, E., and K. Ketcham

1994 *The Myth of Repressed Memories: False Memories and Allegations of Sexual Abuse*.

New York: St. Martin's Press.

Löwenfeld, L.

　1893　Paul Lindaus "Der Andere" und die ärztliche Erfahrung. *Medicinische Wochenschrift* 40:835~838.

Ludwig, A. M.

　1972　The Objective Study of a Multiple Personality. *Archives of General Psychiatry* 26:298~310.

Lunier, L.

　1874　*De l'influence des grands commotions politiques et sociales sur le développement des maladies mentales.* Paris: F. Savy.

MacKinnon, C.

　1987　*Feminism Unmodified: Discourses on Life and Law.* Cambridge: Harvard University Press.

Malinosky-Rummell, R., and D. J. Hansen

　1993　Long-term Consequences of Childhood Physical Abuse. *Psychological Bulletin* 114:68~79.

Marmer, S. S.

　1980　Psychoanalysis of Multiple Personality. *International Journal of Psychoanalysis* 61:439~459.

Masson J. M.

　1984　*The Assault on Truth: Freud's Suppression of the Seduction Theory.* New York: Farrar, Strauss and Giroux.

Mayo, H.

　1837　*Outlines of Human Physiology.* 4th ed. London: Renshaw.

Mayo, T.

　1845　Case of Double Consciousness. *London Medical Gazette, or Journal of Practical Medicine,* n.s., 1:120~121.

McCrone, J.

　1994　Don't Forget Your Memory Aide. *New Scientist,* no. 1911 (5 February): 32.

Merskey, H.

　1992　The Manufacture of Personalities: The Production of Multiple Personality Disorder. *British Journal of Psychiatry* 160:327~340.

Micale, M. S.

　1989　Hysteria and Its Historiography: A Review of Past and Present Writings. *History of Science* 27:223~261.

1990a Charcot and the Idea of Hysteria in the Male: Gender, Mental Science, and Medical Diagnosis in Late Nineteenth-Century France. *Medical History* 34:363~411.

1990b Hysteria and Historiography: The Future Perspective. *History of Psychiatry* 1:33~124.

1993 On the Disappearance of Hysteria: A Study in the Clinical Deconstruction of a Diagnosis. *Isis* 84:496~526.

Micale M. S., ed.

1993 *Beyond the Unconscious: Essays of Henri F. Ellenberger in the History of Psychiatry.* Princeton: Princeton University Press.

Middlebrook, D. W.

1991 *Anne Sexton: A Biography.* New York: Houghton Mif̄in.

Miller, K.

1987 *Doubles: Studies in Literary History.* 2d ed., corrected. Oxford. Oxford University Press.

Mitchell, J. V.

1983 *Tests in Print III.* Lincoln, Nebr.: Buros Institute of Mental Measurement.

Mitchill, S. L.

1817 A Double Consciousness, or a Duality of Person in the same Individual: From a Communication of Dr. MITCHILL to the Reverend Dr. NOTT, President of Union College. Dated January 16. 1816. *The Medical Repository of Original Essays and Intelligence Relative to Physic, Surgery, Chemistry and Natural History* etc. 18 [or New Series 3] From the issue of February 1816.

Moll, A.

1893 Die Bewusstseinspaltung in Paul Lindaus neuen Schauspiel. *Zeitschrift für Hypnotismus, Psychotherapie, sowie andere psychophysiologische und psychiatrische Forschungen* 1:307~310.

Moore, M.

1938 Morton Prince, M.D., 1854~1929: A Biographic Sketch and Bibliography. *Journal of Nervous and Mental Diseases* 87:701~710.

Mulhern, S.

1991a Embodied Alternative Identities: Bearing Witness to a World That Might Have Been. *Psychiatric Clinics of North America* 14:769~785.

1991b Letter. *Child Abuse and Neglect* 15:609~611.

1991c Satanism and Psychotherapy. In *The Satanism Scare*, edited by J. T. Richardson, J. Best, and D. G. Bromley, 145~173. New York: Aldine de Gruyter.

1993 A la recherche du trauma perdu. Le trouble de la personnalité multiple. *Chimères* 18:53~86.

1995 Deciphering Ritual Abuse: A Socio-Historical Perspective. *International Journal for Clinical and Experimental Hypnosis.*

Murphy, J. M., et al.

1987 Performance of Screening and Diagnostic Tests: Application of Receiver Operating Characteristic Analysis. *Archives of General Psychiatry* 44:550~555.

Murray, D.

1983 *A History of Western Psychology.* Englewood Cliffs, N.J.: Prentice-Hall.

Myers, A. T.

1896 The Life-History of a Case of Double or Multiple Personality. *Journal of Mental Science* 31:596~605.

Myers, F. W. H.

1896 Multiplex Personality. *Proceedings of the Society for Psychical Research* 4:596~514.

1903 *Human Personality and Its Survival of Bodily Death.* 2 vols. London: Longmans, Green.

Nelson, B.

1984 *Making an Issue of Child Abuse: Political Agenda Setting for Social Problems.* Chicago: University of Chicago Press.

North, C. S., et al.

1993 *Multiple Personalities, Multiple Disorders: Psychiatric Classification and Media Influence.* New York: Oxford University Press.

Nye, R. A.

1984 *Crime, Madness and Politics in Modern France: The Medical Concept of National Decline.* Princeton: Princeton University Press.

Ofshe, R., and E. Watters

1994 *Making Monsters: False Memories, Psychotherapy and Sexual Hysteria.* New York: Charles Scribners' Sons.

Olafson, E., D. L. Corwin, and R. C. Summitt

1993 Modern History of Child Sexual Abuse Awareness: Cycles of Discovery and Suppression. *Child Abuse and Neglect* 17:7~24.

Olsen, J. A., R. J. Loewenstein, and N. Hornstein

1992 Mini-Workshop: Gender Issues and In ̄uences in the Treatment of MPD.

Ninth International Conference of Multiple Personality and Dissociative States, Tape E-770-92. Alexandria, Va.: Audio Transcripts.

Ondrovik, J., and D. M. Hamilton

1990 Multiple Personality: Competency and the Insanity Defense. *American Journal of Forensic Psychiatry* 11:41~64.

O'Neill, P.

1992 Violence and Its Aftermath: Introduction. *Canadian Psychology* 33:119~127.

Orne, M. T., D. F. Dingfes, and E. C. Orne

1984 On the Differential Diagnosis of Multiple Personality in the Forensic Context. *International Journal of Clinical and Experimental Hypnosis* 32:118~169.

Passantino G., B. Passantino, and J. Trott

1990 Satan's Sideshow: The True Laura Stratford Story. *Cornerstone* 18:24~28.

Perr, I. N.

1991 Crime and Multiple Personality: A Case History and Discussion. *Bulletin of the American Academy of Psychiatry and Law* 19:203~214.

Peterson, G.

1990 Diagnosis of Childhood Multiple Personality Disorder. *Dissociation* 3:3~9.

Pickering, A.

1986 *Constructing Quarks.* Chicago: University of Chicago Press.

Pitres, A.

1891 *Leçons cliniques sur l'hystérie et l'hypnotisme faites à l'hôpital SaintAndré à Bordeaux.* 2 vols. Paris: Doin.

Plint, T.

1851 *Crime in England: Its Relation, Character and Extent, as Developed from 1801 to 1848.* London: Charles Gilpin.

Prince, M.

1890 Some of the Revelations of Hypnotism: Posthypnotic Suggestion, Automatic Writing, and Double Personality. *Boston Medical and Surgical Journal* 122:463~467.

1905 *The Dissociation of a Personality: A Biographical Study in Abnormal Psychology.* New York: Longmans, Green.

1920 Babinski's Theory of Hysteria. *Journal of Abnormal Psychology.* 20:312~324.

Prince, W. F.

1915~1916 The Doris Case of Quintuple Personality. *Proceedings of the American Society for Psychical Research* 9:23~700; 10:701~1419.

1923 The Mother of Doris. *Proceedings of the American Society of Psychical Research* 17:1~216.

Proust, A.

1890 Automatisme ambulatoire chez un hystérique. *Bulletin de médecine* 4:107~109.

Proust, M.

1961 *A la recherche du temps perdu*. 3 vols. Paris: Gallimard.

Putnam, F. W.

1988 The Switch Process in Multiple Personality Disorder and Other State-Change Disorders. *Dissociation* 1:24~32.

1989 *Diagnosis and Treatment of Multiple Personality Disorder*. New York: The Guilford Press.

1991 The Satanic Ritual Abuse Controversy. *Child Abuse and Neglect* 15:95~111.

1992a Altered States: Peeling Away the Layers of Multiple Personality. *The Sciences*, November/December, 30~38.

1992b Are Alter Personalities Fragments or Figments? *Psychoanalytic Inquiry* 12:95~111.

1993 Diagnosis and Clinical Phenomenology of Multiple Personality Disorder: A North American Perspective. *Dissociation* 6:80~86.

Putnam, F. W., T. P. Zahn, and R. M. Post

1990 Differential Autonomic Nervous System Activity in Multiple Personality Disorder. *Psychiatric Research* 31:251~260.

Putnam F. W., et al.

1986 The Clinical Phenomenology of Multiple Personality Disorder: A Review of One Hundred Recent Cases. *Journal of Clinical Psychiatry* 47:285~293.

Rank, Otto

1971 Translated and edited by Harry Tucker, Jr. *The Double: A Psychoanalytic Study*. University of North Carolina Press.

Ray, W. J., et al.

1992 Dissociative Experiences in a College Population: A Factor Analytic Study of Two Dissociative Scales. *Personal and Individual Differences* 13:417~424.

Raymond, F., and Pierre Janet

1895 Les délires ambulatoires ou les fugues. *Gazette des hôpitaux*, 754~762, 787~793. [Notes taken by Janet of Raymond's lecture.]

Reagor, P. A., J. D. Kaasten, and N. Morelli

1992 A Checklist for Screening Dissociative Disorders in Childhood and Early

Adolescence. *Dissociation* 5:4~19.

Reppucci, N. D., and J. J. Haugaard

1989 Prevention of Child Sexual Abuse: Myth or Reality. *American Psychologist*, October, 1266~1275.

Reynolds, J. R.

1869a Certain Forms of Paralysis depending on Idea. *British Medical Journal* 2:378.

1869b Remarks on Paralysis, and Other Disorders of Motion and Sensation, Dependent on Idea. *British Medical Journal* 2:483~485.

Ribot, T.

1870 *La psychologie anglaise contemporaine et expérimentale*. Paris: Ladrange.

1881 *Les maladies de la mémoire*. Paris: Baillière.

1883 *Les maladies de la volonté*. Paris: Alcan.

1885 *Les maladies de la personnalité*. Paris: Alcan.

Richards, D. G.

1991 A Study of the Correlation between Subjective Psychic Experiences and Dissociative Experiences. *Dissociation* 4:83~91.

Riley, K. C.

1988 Measurement of Dissociation. *Journal of Nervous and Mental Disease* 176:149~150.

Rivera, M.

1987 Am I a Boy or a Girl? Multiple Personality as a Window on Gender Differences. *Resources for Feminist Research/Documentation sur la Recherche Féministe* 17(2):41~43.

1988 "All of Them to Speak: Feminism, Poststructuralism, and Multiple Personality." Ph.D. diss., University of Toronto.

1991 Multiple Personality Disorder and the Social Systems: 185 Cases. *Dissociation* 4:79~82.

Rivera, M., and J. A. Olson

1994 Treating Multiple Personality in Its Social Context: A Feminist Perspective. Abstract for 1994 ISSMP&D Fourth Annual Spring Conference. Vancouver, Canada.

Romans, S. E., et al.

1993 Otago Women's Health Survey Thirty Month Follow-up. I. Onset Patterns of Non-psychotic Psychiatric Disorder. II. Remission Patterns of Non-psychotic Psychiatric Disorder. *British Journal of Psychiatry*

163:733~738, 739~746.

Root-Bernstein, R. S.

1990 Misleading Reliability. *The Sciences*, March/April, 44~47.

Rosch, E.

1978 Principles of Categorization. In *Cognition and Categorization*, edited by E. Rosch and B. B. Lloyd, 27~48. Hillside, N.J.: Lawrence Erlbaum.

Rose, J.

1986 *Sexuality in the Field of Vision*. London: Verso.

Rosenbaum, M.

1980 The Role of the Term Schizophrenia in the Decline of Multiple Personality. *Archives of General Psychiatry* 37:1383~1385.

Rosenfeld, I.

1988 *The Invention of Memory: A New View of the Brain*. New York: Basic Books.

Rosenzweig, S.

1987 Sally Beauchamp's Career: A Psychoarchaeological Key to Morton Prince's Classic Case of Multiple Personality. *Genetic, Social and General Psychology Monographs* 113:5~60.

Ross, C. A.

1987 Inpatient Treatment of Multiple Personality Disorder. *Canadian Journal of Psychiatry* 32:779~781.

1989 *Multiple Personality Disorder: Diagnosis, Clinical Features and Treatment*. New York: Wiley.

1990 Letter. *British Journal of Psychiatry* 156:449.

1991 Epidemiology of Multiple Personality and Dissociation. *Psychiatric Clinics of North America* 14:503~517.

1993 Conversations with the President of ISSMP&D. Tape XIIE-860-93. Alexandria, Va.: Audio Transcripts.

1994 *The Osiris Complex: Case Studies in Multiple Personality Disorder*. Toronto: University of Toronto Press.

Ross, C. A., G. Anderson, W. P. Fleisher, and G. R. Norton

1991 The Frequency of Multiple Personality among Psychiatric Inpatients. *American Journal of Psychiatry* 148:1717~1720.

Ross, C. A., S. Heber, and G. Anderson

1990 The Dissociative Disorders Interview Schedule. *American Journal of Psychiatry* 147:1698~1699.

Ross, C. A., S. Heber, et al.

1989 Differences between Multiple Personality Disorder and Other Diagnostic Groups on the Structured Diagnostic Interview. *Journal of Nervous and Mental Disease* 177:487~491.

Ross, C. A., S. Joshi, and R. Currie

1990 Dissociative Experiences in the General Population. *American Journal of Psychiatry* 147:1547~1552.

1991 Dissociative Experiences in the General Population: A Factor Analysis. *Hospital and Community Psychiatry* 42:297~301.

Ross, C. A., S. D. Miller, et al.

1990 Structured Interview Data on 102 Cases of Multiple Personality Disorder from Four Centers. *American Journal of Psychiatry* 147:596~601.

Ross, C. A., G. R. Norton, and K. Wozney

1989 Multiple Personality Disorder: An Analysis of 236 Cases. *Canadian Journal of Psychiatry* 34:413~418.

Ross, C. A., L. Ryan, L. Vaught, and L. Eide

1992 High and Low Dissociators in a College Student Population. *Dissociation* 4:147~151.

Rossi, P.

1960 *Clavis Univeralis: Arti Mnemoniche e logica combinatoria de Lulle a Leibniz.* Milan: Ricardi.

Roth, M. S.

1991a Dying of the Past: Medical Studies of Nostalgia in Nineteenth-Century France. *History and Memory* 3:5~29.

1991b Remembering Forgetting: *Maladies de la mémoire* in Nineteenth Century France. *Representations* 26:49~68.

1992 The Time of Nostalgia: Medicine, History, and Normality in Nineteenth-Century France. *Time and Society* 1(2):271~286.

Rouillard, A. -M. -P.

1885 *Essai sur les amnésies principalement au point de vue étiologique.* Paris: Le Clerc.

Rowan, J.

1990 *Subpersonalities: The People Inside Us.* London and New York: Routledge.

Rush, F.

1980 *The Best Kept Secret: Sexual Abuse of Children.* New York: McGraw-Hill.

Ryan, L.

1988 Prevalence of Dissociative Disorders and Symptoms in a University Popu-
lation. Ph.D. diss., California Institute of Integral Studies, San Francisco.

Ryle, G.

1949 *The Concept of Mind*. London: Hutchinson.

Safferman, A., et al.

1991 Update on the Clinical Efficiency and Side Effects of Clozapine. *Schizo-
phrenia Bulletin* 17:247~261.

Sakheim, D., and S. E. Devine

1992 *Out of Darkness: Exploring Ritual Abuse*. New York: Lexington.

Saks, E. R.

1994a Does Multiple Personality Disorder Exist? The Beliefs, the Data and the
Law. *International Journal of Law and Psychiatry* 17:43~78.

1994b Integrating Multiple Personalities, Murder and the Status of Alters as Per-
sons. *Public Affairs Quarterly* 8:169~182.

Saltman V., and B. Solomon

1982 Incest and Multiple Personality. *Psychological Reports* 50:1127~1141.

Sanders, B.

1992 The Imaginary Companion Experience in Multiple Personality. *Dissociation*
5:159~162.

Sauvages, F. Boissière de la C.

1771 *Nosologie methodique* (Latin 1768). 3 vols. Paris: Hérissent et fils.

Saxe, G. N., et al.

1993 Dissociative Disorders in Psychiatric Inpatients. *American Journal of Psychia-
try* 150:1037~1042.

Schivelbush, W.

1986 *The Railway Journey*. Berkeley and Los Angeles: University of California
Press.

Schneider, K.

1959 *Clinical Psychopathology*. Translated by M. H. Hamilton. New York: Grune
and Stratton.

Schreiber, F. R.

1973 *Sybil*. Chicago: Regnery.

Schubert, G. H. von

1814 *Die Symbolik des Traumes*. Leipzig: Brockhaus.

Sgroi, S.

1975 Sexual Molestation of Children: The Last Frontier of Child Abuse. *Children Today*, May~June 1975, 18~21 and continuation.

Shorter, E.

1992 *From Paralysis to Fatigue: A History of Psychosomatic Illness in the Modern Era*. New York: Free Press.

Showalter, E.

1993 Hysteria, Feminism and Gender. In *Hysteria beyond Freud*, edited by S. L. Gilman et al., 286~344. Berkeley and Los Angeles: University of California Press.

Sizemore, C. C.

1989 *A Mind of My Own*. New York: Morrow.

Sizemore, C. C., and E. S. Pitillo

1977 *I'm Eve*. Garden City, N.Y.: Doubleday.

Slovenko, R.

1993 The Multiple Personality and the Criminal Law. *Medicine and Law* 12:329~340.

Smith, M.

1992 A Reply to Ganaway: The Problem of Using Screen Memories as an Explanatory Device in Accounts of Ritual Abuse. *Dissociation* 5:117~119.

1993 *Ritual Abuse: What It Is, Why It Happens, How to Help*. San Francisco: Harper.

Spence, D. P.

1982 *Narrative Truth and Historical Truth: Meaning and Interpretation in Psychoanalysis*. New York: Norton.

Spencer, J.

1989 *Suffer the Child*. New York: Pocket Books.

Spiegel, D.

1993a Dissociation, Trauma and *DSM-IV*. Lecture to the Tenth International Conference on Multiple Personality/Dissociative States, Chicago, 15~17 October; Tape VII-860-93. Alexandria, Va.: Audio Transcripts.

1993b Letter, 20 May 1993, to the Executive Council, International Society for the Study of Multiple Personality and Dissociation. *News. International Society for the Study of Multiple Personality & Dissociation* 11(4):15.

Spitzer, R. L., et al.

1989 *DSM-III-R Casebook: A Learning Companion to the Diagnostic and Statistical Man-*

ual. 3d ed., rev. Washington, D.C.: American Psychiatric Press.

Steinberg, M.

1985 *Structured Clinical Interview for the DSM-III-R Dissociative Disorders(SCI-D).* New Haven, Conn.: Yale University Graduate School of Medicine.

1993 *Interviewer's Guide to the Structured Clinical Interview for DSM-IV Dissociative Disorders; Structured Clinical Interview for DSM-IV Dissociative Disorders(SCI-D).* Washington, D.C.: American Psychiatric Press.

Steinberg, M., J. Bancroft, and J. Buchanan

1993 Multiple Personality Disorder in Criminal Law. *Bulletin of the American Academy of Psychiatry and Law* 21:345~355.

Steinberg, M., B. Rounsaville, and D. V. Cicchetti

1990 The Structured Clinical Interview for DSM-III-R Dissociative Disorders: Preliminary Report on a New Diagnostic Instrument. *American Journal of Psychiatry* 147:76~82.

1991 Detection of Dissociative Disorders in Psychiatric Patients by a Screening Instrument and a Structured Diagnostic Interview. *American Journal of Psychiatry* 148:1050~1054.

Steinberg, M., et al.

1993 Clinical Assessment of Dissociative Symptoms and Disorders: The *Structured Clinical Interview for DSM-IV Dissociative Disorders(SCI-D). Dissociation* 6:3~15.

Stern, C R.

1984 The Etiology of Multiple Personalities. *Psychiatric Clinics of North America* 7:149~160.

Stigler, S. M.

1978 Some Forgotten Work on Memory. *Journal of Experimental Psychology, Human Learning and Memory* 4:1~4.

Stowe, R.

1991 *Not the End of the World.* New York: Pantheon.

Stratford, L.

1988 *Satan's Underground.* Harvest House. Reissued. Gretna, La.: Pelican Publishing Co., 1991.

Suryani, L., and G. D. Jensen

1993 *Trance and Possession in Bali: A Window on Western Multiple Personality, Possession Disorder, and Suicide.* New York: Oxford University Press.

영혼 다시 쓰기

Taine, H.-A.

1870 *De l'intelligence*. 2 vols. Paris: Hachette. Vol. 1.

1878 *De l'intelligence*. 2 vols. Paris: Hachette. 3d ed. Vol. 1.

Taylor, J.

1994 The Lost Daughter. *Esquire*, March, 76~87.

Taylor, W. S., and M. F. Martin

1944 Multiple Personality. *Journal of Abnormal and Social Psychology* 39:281~300.

Terman, L. M., and A. Maud

1937 *Measuring Intelligence*. London: Harrap.

Terr, L.

1979 Children of Chowchilla: A Study of Psychic Trauma. *Psychoanalytic Study of the Child* 34:547~623.

1994 *Unchained Memories: True Stories of Traumatic Memories, Lost and Found*. New York: Basic Books.

Thigpen, C. H., and H. Cleckley

1954 A Case of Multiple Personality. *Journal of Abnormal and Social Psychology* 49:135~151.

1957 *The Three Faces of Eve*. New York: McGraw-Hill.

1984 On the Incidence of Multiple Personality Disorder. *International Journal of Clinical and Experimental Hypnosis* 32:63~66.

Tissié, P.

1887 *Les aliénés voyageurs*. Paris: Doin.

Torem, M. S.

1990a Covert Multiple Personality Underlying Eating Disorders. *American Journal of Psychotherapy* 44:357~68.

1990b A Dialogue with Dr. Cornelia Wilbur. *Trauma and Recovery* 3:8~12.

1992 Mini-WorkshopÐEating Disorders in MPD patients. Tape C-770-92b. Alexandria, Va.: Audio Transcripts.

Torem, M. S., et al. (ISSMP&D Executive Council)

1993 Letter, 17 May 1993, to David Spiegel. *News. International Society for the Study of Multiple Personality & Dissociation* 11(4):13~15.

Trimble, M. R.

1981 *Post-Traumatic Neurosis: From Railway Spine to the Whiplash*. New York: Wiley.

Tymms, R.

1949. *Doubles in Literary Psychology*. Cambridge: Bowes and Bowes.

Tyson G. M.

1992 Childhood Multiple Personality Disorder /Dissociative Identity Disorder: Applying and Extending Current Diagnostic Checklists. *Dissociation* 5:20~27.

van Benschoten, S. C.

1990 Multiple Personality Disorder and Satanic Ritual Abuse: The Issue of Credibility. *Dissociation* 3:22~30.

van der Hart, O.

1993a Guest Editorial: Introduction to the Amsterdam Papers. *Dissociation* 6:77~78

1993b Multiple Personality in Europe: Impressions. *Dissociation* 6:102~118.

1996 Ian Hacking on Pierre Janet: A Critique with Further Observations. *Dissociation* 9:80~84.

van der Hart, O., and S. Boon

1990 Contemporary Interest in Multiple Personality in the Netherlands. *Dissociation* 3:34~37.

van der Kolk, B.

1993 The Intrusive Past: The Flexibility of Memory and the Engraving of Trauma. Tape XIII-860-93A. Alexandria, Va.: Audio Transcripts.

van der Kolk, B. A., and B. A. Greenberg

1987 The Psychobiology of the Trauma Response: Hyperarousal, Constriction, and Addiction to Traumatic Reexposure. In *Psychological Trauma*, edited by B. A. van der Kolk. Washington, D.C.: American Psychiatric Press.

van der Kolk, B. A., and O. van der Hart.

1989 Pierre Janet and the Breakdown of Adaptation in Psychological Trauma. *American Journal of Psychiatry* 146:1530~1540.

Vanderlinden, J., et al.

1991 Dissociative Experiences in the General Population in the Netherlands: A Study with the Dissociative Questionnaire (DIS-Q). *Dissociation* 4:180~184.

Vibert, C.

1893 Contribution à l'étude de la névrose traumatique. *Annales d'hygiéne publique et de médecine légale*, ser. 3, 29:96~117.

Voisin, J.

1885 Un cas de grande hystérie chez l'homme avec dédoublement de la person-

영혼 다시 쓰기

nalité. *Archives de neurologie* 10:212~225.

1886 Note sur un cas de grande hystérie chez l'homme avec dédoublement de la personnalité. Arrêt de l'attaque par la pression des tendons. *Annales médico-psychologiques*, ser. 7, 3:100~114.

Völgyesi, F. A.

1956 *Hypnosis of Man and Animals.* Translated by M. W. Hamilton from the German edition of 1938. London: Methuen.

Wakley, T.

1842~1843 (Unsigned editorial). *The Lancet* 1:936~939.

Ward, T. O.

1849 Case of Double Consciousness Connected with Hysteria. *Journal of Psychological Medicine and Mental Psychology* 2:456~461.

Warlomont, J.C.E.

1875 *Louise Lateau: Rapport médical sur la stigmatisée de Bois-d'Haine fait à l'Académie Royale de Médecine de Belgique.* Brussels: Muquardrt; Paris: Baillière.

Watkins, J. G.

1984 The Bianchi (L.A. Hillside Strangler) Case: Sociopath or Multiple Personality. *International Journal of Clinical and Experimental Hypnosis* 32: 67~101.

Whewell, W.

1840 *Philosophy of the Inductive Sciences.* London: Longman.

Whitehead, A. N.

1928 *Process and Reality.* Cambridge: Cambridge University Press.

Wholey, C. C.

1926 Moving Picture Demonstration of Transition States in a Case of Multiple Personality. *Psychoanalytic Review* 13:344~345.

1933 A Case of Multiple Personality (Motion Picture Presentation). *American Journal of Psychiatry* 12:653~688.

Wigan, A. L.

1844 *The Duality of the Mind Proved by the Structure Functions and Diseases of the Brain and by the Phenomena of Mental Derangement, and Shown to Be Essential to Moral Responsibility.* London: Longman, Brown, Green and Longmans.

Wilbur, C. B.

1984 Multiple Personality and Child Abuse. *Psychiatric Clinics of North America* 7:3.

1985 The Effect of Child Abuse on the Psyche. In *The Childhood Antecedents of Multiple Personality*, edited by R. P. Kluft, 21~36. Washington, D.C.: American Psychiatric Press.

1986 Psychoanalysis and Multiple Personality Disorder. In *Treatment of Multiple Personality Disorder*, edited by B. Braun, 135~142. Washington, D.C.: American Psychiatric Press.

1991 Sybil and Me: How I Got to Be This Way. *Trauma and Recovery* 4:4~7.

Wilbur C., and R. P. Kluft

1989 Multiple Personality Disorder. In *Treatments of Psychiatric Disorders*, 3:2197~2234. Washington, D.C.: American Psychiatric Association.

Wilkes, K. V.

1988 *Real People: Personal Identity without Thought Experiments*. Oxford: Clarendon Press.

Wilson, J.

1842~1843 A Normal and Abnormal Consciousness Alternating in the Same Individual. *The Lancet* 1:875~876.

Wittgenstein, L.

1956 *Remarks on the Foundations of Mathematics*. Oxford: Blackwell.

Wolff, P. H.

1987 *The Development of Behavioral States and the Expression of Emotions in Early Infancy*. Chicago: University of Chicago Press.

Wong, J.

1993 On the Very Idea of the Normal Child. Ph.D. diss., University of Toronto.

World Health Organization

1992 *The ICD-10 Classification of Mental and Behavioural Disorders: Clinical Descriptions and Diagnostic Guidelines*. Geneva: World Health Organization.

Yank, J. R.

1991 Handwriting Variations in Individuals with Multiple Personality Disorder. *Dissociation* 4:2~12.

Yates, F.

1966 *The Art of Memory*. London: Routledge and Kegan Paul.

Young, W. C.

1991 Letter. *Child Abuse and Neglect* 15:611~613.

Young, W. C., et al.

1991 Patients Reporting Ritual Abuse in Childhood: A Clinical Syndrome. Report of Thirty-seven Cases. *Child Abuse and Neglect* 15:181~189.

Zubin, J., et al.

1983 Metamorphoses of Schizophrenia: From Chronicity to Vulnerability. *Psychological Medicine* 13:551~571.

찾아보기

영혼 다시 쓰기

콜레주 드 프랑스: ~의 심리학과장 260,
   268, 335
콜린스, W. 307
콩디야크, E. B. de 266
콩트, A. 266
쿠쟁, V. 266, 336
쿤, T. 66, 231, 441
쿤스, P. M. 42, 205
큐브릭, S. 88
크랩트리, A. 244, 246, 282, 296
크레펠린, E. 214, 220
크뢸, M. 202
클라이스트, H. von 126, 384, 439
클러프트, R. P. 28, 135, 142, 206, 438;
   ~와《해리》96;
   ~의 4가지 요인 모델 152;
   데스핀에 대하여 84~85, 254~256;
   악마숭배의례 학대에 대하여
      191~195;
   DES의 남용에 대하여 173;
   MPD 하위문화에 대하여 73
키처, P. 315, 319
키케로 326, 327
킨제이, A. C. 113

ㅌ

타당성 구성하기 166~167, 183, 441
터, L. 399~400
텐, H. A. 259, 266~267, 269, 271, 335
텔레비전 64
텔레파시 223

토마스주의 241
톨스토이, L. 188
통각: ~의 중추 370~371;
   ~의 선험적 통일 372
통계학 86, 331, 352, 452
통일교 198
퇴행 269, 451
투렛, G. de la 439
트라우마 225, 231, 297~320, 342;
   ~에 대한 연구 399;
   ~와 프로이트 434;
   ~의 기억 344;
   ~의 심리화 211, 309;
   단일 사건 ~ 399;
   리베라의 견해 129;
   샤르코의 견해 303~304;
   신체적 ~ 297~320, 338;
   심리적 ~ 306, 313, 318;
   아동기 학대의 ~ 36, 39, 46, 80, 190;
   앨리슨의 견해 124;
   윌버의 견해 144;
   자네의 견해 309~311, 316~317,
      419~420, 434;
   정신적 ~ 298, 306;
   퍼트넘의 견해 147, 150~151;
   히스테리아와 ~ 301~307
트라우마성 스트레스 147, 231, 342
트라우마성 신경증 298, 305
트버스키, A. 184

504   영혼 다시 쓰기

피터슨, G. 67, 154, 433

피트르, A. 451

핀켈호어, D. 113~116

필요충분조건 49~51

필체 62

ㅎ

하르트만, E. von 334~335

하반신 마비 256, 284, 286, 290

하트, B. 221, 447

학대: ~의 의료화 105~106;
　성~ 58, 111~120, 315, 421~422;
　신체적 ~ 114~115;
　아동~ 19, 36~39, 58, 76, 93~95,
　　100~120, 187, 340, 355, 383~386;
　악마숭배의례 ~ 65~68, 189,
　　193~195, 445

해리 38, 246;
　~의 선형적 연속성 52, 152~153,
　　163~167, 179~185, 239, 371;
　~의 측정 152~153, 163~185;
　용어의 발명 82

《해리》 76, 84, 96, 190, 191

해리 설문지(DQ) 442

해리경험척도(DES) 163~164, 168~171,
　441

해리성몽환장애 234

해리성정체감장애 20, 42~44, 72, 98,
　124, 142, 375, 382, 427;
　~의 진단기준 45

해리연구국제협회(ISSD) 44, 187

해리장애 38

해리장애 인터뷰 조사표(DDIS) 179

해링턴, A. 448

해부-정치 346, 351~352

해체 83

행위: ~의 기억 401;
　~의 재서술 311, 402;
　서술하의 ~ 311, 378, 398;
　의도적 ~ 378

허먼, J. 100, 131, 343~345

험프리, N. 360, 363~364, 367

헤겔 267

헤로도토스 305

호그, J. 77, 126, 439

호레비츠, R. P. 438

호프만, E. T. W. 126, 439

홀로코스트 19, 191, 341, 342

홀리, C. C. 433, 439

화이트헤드, A. N. 361~363, 364

환각 231

환생 89

후천성면역결핍증후군(AIDS) 39, 184

휴얼, W. 50

흄, D. 406

히스테리아 23, 47, 59, 122, 146~148,
　165, 216~223, 253, 271~276, 299,
　343, 354;
　~와 유전 303, 312;
　~와 트라우마 309~311;
　~의 유인 304, 313~314;
　~의 통계 304;
　남성 ~ 276~277, 279, 303~304;

영혼 다시 쓰기

영혼 다시 쓰기

다중인격과 기억의 과학들

초판 1쇄 발행 2024년 5월 20일

지은이   이언 해킹
옮긴이   최보문
책임편집   이기홍 권오현
디자인   윤철호

펴낸곳   (주)바다출판사
주소   서울시 마포구 성지1길 30 3층
전화   02-322-3675(편집), 02-322-3575(마케팅)
팩스   02-322-3858
이메일   badabooks@daum.net
홈페이지   www.badabooks.co.kr

ISBN   979-11-6689-249-3 03400